电脑艺术设计系列教材

# Illustrator CS6 中文版 基础与实例教程

## 第 4 版

张凡　等编著

设计软件教师协会　审

机 械 工 业 出 版 社

本书属于实例教程类图书。全书分为基础入门、基础实例和综合实例3部分，内容包括：矢量化图形语言，Illustrator CS6的基本操作，基本工具，绘图与着色，图表、画笔与符号，文本，渐变、混合与渐变网格，透明度、外观与效果，蒙版与图层，综合实例演练。本书通过网盘（获取方式请见封底）提供书中范例、电子教案和部分高清晰度教学文件。

本书内容丰富、实例典型、讲解详尽，既可作为本专科院校相关专业或社会培训班的教材，也可作为平面设计爱好者的自学或参考用书。


**图书在版编目（CIP）数据**

Illustrator CS6 中文版基础与实例教程/ 张凡等编著．—4版．—北京：机械工业出版社，2014.4（2019.8 重印）

电脑艺术设计系列教材

ISBN 978-7-111-45901-9

Ⅰ．①I…　Ⅱ．①张…　Ⅲ．①图形软件—高等学校—教材　Ⅳ．①TP391.41

中国版本图书馆 CIP 数据核字（2014）第 030159 号

机械工业出版社（北京市百万庄大街 22 号　邮政编码 100037）

责任编辑：郝建伟

责任印制：张　博

三河市宏达印刷有限公司印刷

2019 年 8 月第 4 版・第 2 次印刷

184mm×260mm　・17 印张・10 插页・451 千字

3001—4200 册

标准标号：ISBN 978-7-111-45901-9

定价：46.00 元

# 前 言

Illustrator 是由 Adobe 公司开发的矢量图形绘制软件，在平面广告等领域得到了广泛的应用。目前最高版本为Illustrator CS6。

本书属于实例教程类图书，全书分为3部分，共10章。每章都有“本章重点”和“练习（或课后练习）”，以便读者掌握该章的重点，并在学习该章后能够进行相应的操作。本书的每个实例都包括制作要点和操作步骤两部分。

第1部分基础入门，包括2章。第1章介绍了矢量化图形语言的相关知识；第2章介绍了Illustrator CS6的基本操作。

第2部分基础实例，包括7章。第3章详细讲解了Illustrator CS6中各种基本工具的使用方法；第4章介绍了绘图与着色的技巧，并详细讲解了无缝贴图和路径查找器的制作方法；第5章介绍了图表、画笔与符号的使用，详细讲解了自定义画笔、自定义表格，以及符号的使用方法；第6章介绍了文本的使用技巧，详细讲解了特效字的制作方法；第7章介绍了渐变、混合与渐变网格的使用；第8章介绍了透明度、外观与效果面板的使用，详细讲解了常用滤镜和效果的方法；第9章详细讲解了蒙版和图层的使用技巧。

第3部分综合实例为第10章。本章从实战角度出发，通过4个综合实例，对本书前9章讲解的内容做了一个总结，旨在拓展读者思路和提高读者综合使用Illustrator CS6的能力。

本书是“设计软件教师协会”推出的系列教材之一，具有实例内容丰富、结构清晰、实例典型、讲解详尽、富有启发性等特点。全部实例是由多所院校（中央美术学院、北京师范大学、清华大学美术学院、北京电影学院、中国传媒大学、北京工商大学艺术与传媒学院、天津美术学院、天津师范大学艺术学院、首都师范大学、山东理工大学艺术学院、河北职业艺术学院）具有丰富教学经验的教师和一线优秀设计人员从长期教学和实际工作中总结出来的。为了便于读者学习，本书通过网盘提供书中范例、电子教案和部分高清晰度教学文件，具体获取方式请见封底。正文中“配套光盘中的”文件，也可以通过网盘下载获取。

参与本书编写工作的有张凡、于元青、郭开鹤、郑志宇、李岭、谭奇、冯贞、顾伟、李松、程大鹏、关金国、许文开、宋毅、李波、宋兆锦、孙立中、肖立邦、韩立凡、王浩、张锦、曲付、李羿丹、刘翔、田富源。

本书既可作为大专院校相关专业或社会培训班的教材，也可作为平面设计爱好者的自学或参考用书。

由于作者水平有限，书中难免存在疏漏与不妥之处，敬请广大读者批评指正。

编 者

# 目　　录

前言

## 第 1 部分　基 础 入 门

第 1 章　矢量化图形语言 ······ 2
1.1　矢量图形的概念及相关软件的设计思路 ······ 2
1.1.1　矢量图形的概念 ······ 2
1.1.2　矢量图形软件的设计思路 ······ 2
1.2　矢量图形设计原理 ······ 3
1.2.1　色块的分解与重构（点、线、面构成法） ······ 3
1.2.2　减法原则 ······ 5
1.2.3　应用数学思维进行图形运算 ······ 7
1.2.4　矢量写实 ······ 9
1.3　现代矢量图形设计的新探索 ······ 11
1.3.1　矢量图形肌理构成的探索 ······ 11
1.3.2　奇特的三维形体与光影变幻 ······ 12
1.4　练习 ······ 14
第 2 章　Illustrator CS6 的基本操作 ······ 15
2.1　Illustrator CS6 的操作界面 ······ 15
2.1.1　工具箱 ······ 16
2.1.2　面板 ······ 22
2.1.3　课后练习 ······ 28
2.2　基本工具的使用 ······ 29
2.2.1　绘制线形 ······ 29
2.2.2　绘制图形 ······ 32
2.2.3　绘制网格 ······ 37
2.2.4　光晕工具 ······ 40
2.2.5　徒手绘图与修饰 ······ 41
2.2.6　课后练习 ······ 45
2.3　绘图与着色 ······ 45
2.3.1　“路径查找器”面板 ······ 46
2.3.2　“颜色”面板和“色板”面板 ······ 49
2.3.3　描摹图稿 ······ 52
2.3.4　课后练习 ······ 53

2.4 图表、画笔和符号 ……54
2.4.1 应用图表 ……54
2.4.2 使用画笔 ……59
2.4.3 使用符号 ……63
2.4.4 课后练习 ……68
2.5 文本 ……69
2.5.1 创建文本 ……69
2.5.2 设置字符、段落的格式 ……72
2.5.3 将文字转换为路径 ……73
2.5.4 图文混排 ……74
2.5.5 课后练习 ……74
2.6 渐变、渐变网格和混合 ……75
2.6.1 使用渐变填充 ……75
2.6.2 使用渐变网格 ……77
2.6.3 使用混合 ……80
2.6.4 课后练习 ……82
2.7 透明度、外观属性与效果 ……83
2.7.1 透明度 ……83
2.7.2 “外观”面板 ……85
2.7.3 效果 ……89
2.7.4 课后练习 ……89
2.8 图层与蒙版 ……90
2.8.1 “图层”面板 ……90
2.8.2 创建剪贴蒙版 ……92
2.8.3 课后练习 ……93

## 第2部分 基础实例

第3章 基本工具 ……95
3.1 “钢笔工具”的使用 ……95
3.2 旋转的圆圈 ……98
3.3 制作由线构成的海报 ……99
3.4 练习 ……105
第4章 绘图与着色 ……106
4.1 阴阳文字 ……106
4.2 五彩圆环 ……107
4.3 制作重复图案 ……110
4.4 练习 ……112

第 5 章　图表、画笔与符号 ………………………………………………………… 114
5.1　制作趣味图表 ………………………………………………………… 114
5.2　锁链 ………………………………………………………………… 126
5.3　水底世界 ……………………………………………………………… 130
5.4　练习 ………………………………………………………………… 137
第 6 章　文本 ………………………………………………………………… 138
6.1　立体文字效果 ………………………………………………………… 138
6.2　变形的文字 …………………………………………………………… 139
6.3　商标 ………………………………………………………………… 142
6.4　单页广告版式设计 …………………………………………………… 146
6.5　练习 ………………………………………………………………… 156
第 7 章　渐变、混合与渐变网格 ……………………………………………… 158
7.1　勺子效果 ……………………………………………………………… 158
7.2　立体五角星效果 ……………………………………………………… 160
7.3　玫瑰花 ………………………………………………………………… 161
7.4　杯子效果 ……………………………………………………………… 163
7.5　练习 ………………………………………………………………… 167
第 8 章　透明度、外观与效果 ………………………………………………… 168
8.1　扭曲练习 ……………………………………………………………… 168
8.2　制作“Loop”艺术字体中颜色的循环 ………………………………… 171
8.3　报纸的扭曲效果 ……………………………………………………… 177
8.4　练习 ………………………………………………………………… 181
第 9 章　蒙版与图层 ………………………………………………………… 182
9.1　半透明的气泡 ………………………………………………………… 182
9.2　放大镜的放大效果 …………………………………………………… 183
9.3　制作世界名枪效果 …………………………………………………… 185
9.4　练习 ………………………………………………………………… 196

## 第 3 部分　综 合 实 例

第 10 章　综合实例演练 ……………………………………………………… 198
10.1　面包纸盒包装设计 …………………………………………………… 198
10.2　制作卡通形象 ………………………………………………………… 214
10.3　制作汽车插画设计 …………………………………………………… 233
10.4　制作柠檬饮料包装 …………………………………………………… 255
10.5　练习 ………………………………………………………………… 279

# 第1部分　基础入门

■第1章 矢量化图形语言

■第2章 Illustrator CS6的基本操作

# 第1章　矢量化图形语言

## 本章重点：

本章将对矢量图形的概念、矢量图形的设计原理（包括色块的分解与重构、减法原则等）、矢量写实作品的风格特色，以及矢量图形软件 Illustrator 设计思维的发展和现代矢量图形艺术领域的最新发展做一个具体介绍。通过本章的学习，可以使读者在进行后面章节的学习之前，先对软件所属领域及其创作方法进行全面讲解，有助于读者对 Illustrator 软件所包含的科技和艺术概念有更深的理解。

## 1.1　矢量图形的概念及相关软件的设计思路

作为计算机图形学（CG）的一个重要组成部分，矢量图形具有数码技术对图形描述的“硬边”表现风格。从矢量作品的创作思路与画面风格上来看，尽管它具有超强的模拟真实三维物象的绘画功能，但它绝不是一种追求与自然对象基本相似或极为相似的艺术，而是从自然中抽象出的几何概念。矢量图形将繁复的世界转变为由点、线、面等数学元素构成的形式，对特定对象加以大胆变形和装饰化处理，或将不同对象的局部特征进行适当组合，从而将对象纳入抽象化的程式中，使之偏离原来的外观。

当今，网络上铺天盖地的卡通动漫、矢量插画、Flash 动画、游戏及手机彩信等，使矢量艺术完全成了这个时代一个耀眼的时尚元素。同时还诞生了一批运用矢量手法来表现商业设计及个人创作的自由艺术家。在短短的二十多年中，矢量图形已逐渐成为设计师所普遍接受的一种强势的艺术风格。本节将具体讲解矢量图形的概念及相关软件的设计思路。

### 1.1.1　矢量图形的概念

在计算机中，图像是以数字方式进行记录、处理和保存的，所以图像也称为数字化图像。数字化图像类型分为矢量式与点阵式两种。一般来说，经过扫描输入和图像软件（Photoshop）处理的图像文件都属于点阵图，点阵图的工作是基于方形像素点的。而矢量图形（Vector）是用一组指令集合来描述图形内容的，这些指令用来描述构成该图形的所有直线、圆、圆弧、矩形和曲线等的位置、维数和形状。

在屏幕上显示矢量图形，要有专门的软件将描述图形的指令转换成在屏幕上显示的形状和颜色。这种程序不仅可以产生矢量图形，而且可以操作矢量图形的各个成分，例如对矢量图形进行移动、缩放、旋转和扭曲等变换操作。也就是说，矢量图形不是基于像素点的，而是依靠指令来描述与修改图形的各种属性的。

### 1.1.2　矢量图形软件的设计思路

现在常用的矢量图形软件有 Adobe 公司推出的 Illustrator 和 Corel 公司推出的 CorelDRAW，它们具有相似的原理和操作，都是利用贝塞尔（Bazier）工具来绘制曲线的。贝塞尔曲线（如图 1-1 所示）是一种应用于二维图形程序的数学曲线，该曲线由起始点、终止点（也称锚点）及两个相互分离的中间点（一共 4 个点）组成。拖动两个中间点，贝塞尔曲线的形状会发生变化。

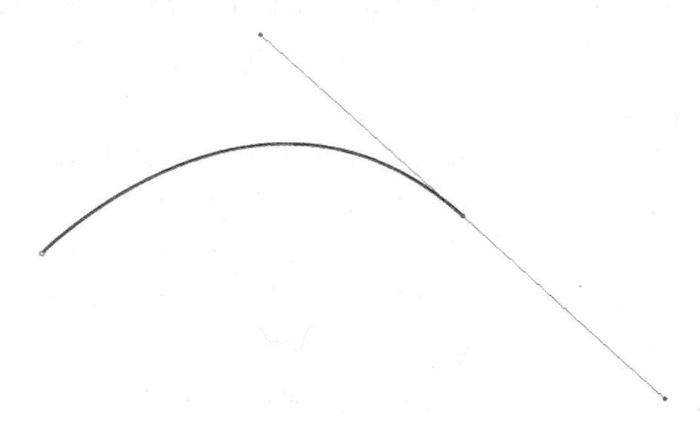

图 1-1　贝塞尔曲线

# 1.2　矢量图形设计原理

本节包括色块的分解与重构（点、线、面构成法）、减法原则、应用数学思维进行图形运算和矢量写实 4 个部分。

## 1.2.1　色块的分解与重构（点、线、面构成法）

如图 1-2 右侧所示的卡通形象是由左侧分别绘出的模块拼接、重叠而成的，看起来有点像趣味拼图游戏。这种拼接法就是矢量图形软件的基本绘画原理。在各种轮廓线内填充上纯色或渐变色，可以形成稳定而充实的形态，然后再通过简单的叠加，即可形成复杂或概念化的形体。其实这种绘图思路与平面构成的原理相同，都是从包豪斯精神发展出来的现代方法，是一种对“造型力”的培养。

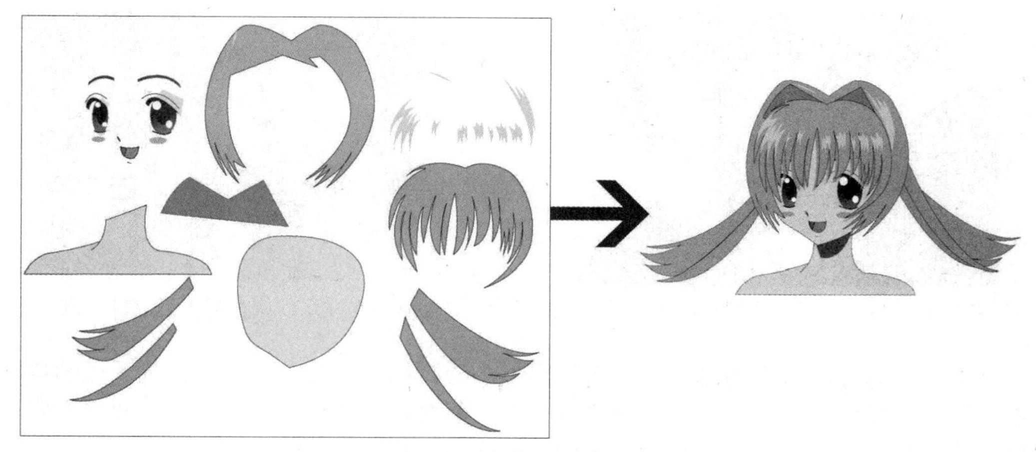

图 1-2　犹如拼图游戏一样绘制出的矢量图形

任何抽象形式的艺术作品，其实都离不开对现实世界的深切感受，下面就来看看如何从自然形态中抽象出点、线、面的构成。如图 1-3 所示是影星马龙·白兰度一张较早的黑白剧照。一名对这张图片产生兴趣的学生要将它作为素材进行矢量化绘图，而且根据个人的想象为其上色。这个过程并不容易，它和个人对影像的理解、视觉造诣、造型基础及色彩归纳的能力都有很大关系。由于矢量软件绘画原理是色块的并置与重叠构成，是以基本形的变化与色块的复杂性来形成画面层次（不像点阵图以像素点为基本单位）的，因此，在处理层次丰富的人物题材时尤其困难。

原稿是一张模糊不清的黑白图，根据它的基本外形和大体光影，首先要概括地勾勒出五官的位置和脸部的光影效果，如图 1-4 所示。然后在此基础上添加更多的面积较小的层叠图形，此时原图像写实的概念形体被拆解成由各种直线与曲线构成的二维图形，它们相互交叉、相互重叠（基于一定的透明度），从而产生一些具有无限变化可能的图形，如图 1-5 所示。接着进一步放大人脸的局部，如图 1-6 所示，以便可以单击选中每个独立的色块，然后反复修改它们的形状、颜色与位置，从而得到最理想的拼图效果。

图 1-3　点阵图（扫描的黑白照片）

图 1-4　先概括地勾勒出五官的位置和脸部的光影效果

图 1-5　将原图脸部中模棱两可的元素转换成抽象清晰的形状

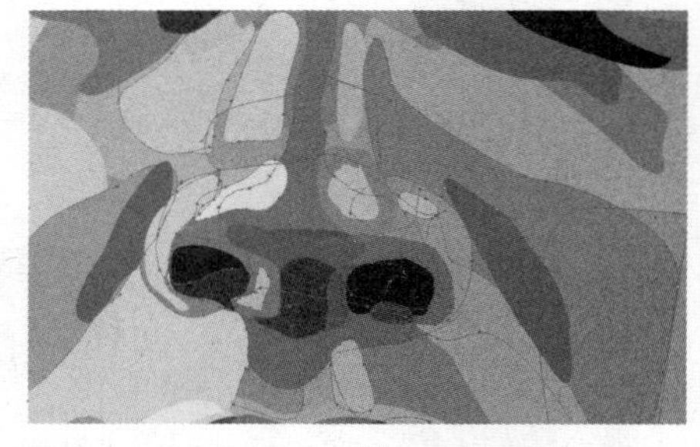

图 1-6　色块可以永远处于可编辑状态

这种形与色的分解与重构绝对是一次规模不小的再创造过程，而不是经过图像的自动描摹产生图形那么简单。由于构成矢量图的点、线、面都具有各种个性特征，因此虽然同样是块面拼接的原理，却可以演变出多种矢量构形风格。

如图 1-7 所示是国外插画家 Benjamin Wachenje 以矢量风格绘制的一些英国 hip-hop 爱好者的人物肖像。他对人物外形的概括与分解可谓流畅自如，使矢量图形的硬边风格与 hip-hop 这种源于街头的文化现象、文化运动和生活方式相吻合，很好地再现了个性化的 hip-hop 爱好者形象。

图 1-7　Benjamin Wachenje 的矢量人物肖像作品

## 1.2.2　减法原则

加和减、添加和删除是两对矛盾的元素。这对矛盾的元素在绘画中是不可分割的统一体，在描绘特定的形象时，减的目的往往是为了加，即以削弱非本质属性的办法来突出形象的本质特征。套用一句格言，即“在艺术中，少即是多”。中国水墨写意画的最初形式称为“简笔”，也叫“减笔”，就是主张在造型中删减那些多余的、并不体现物象本质的浮光掠影，以简洁、洗练的图式或笔法表现理想中的物象真实。因为大脑的注意力是有限的，它需要那种能简洁地抓住它的东西，而色彩和阴影的概括更能引起观看者的神经反应。

矢量图形的创作是对自然对象的外观加以减约、提炼或重新组合的过程。因此，在矢量图形的创作中，首先需要运用“减法处理”将多余的东西删掉。例如，图 1-8 中左侧的原稿通过对头发和衣褶的繁复、面部光影的过渡等进行简化，得到了图 1-8 中右侧所示的矢量插画效果。

图 1-8　原图（左）经减法原则的整理，得到矢量插画（右）

下面以头发的简化处理为例进行说明。头发是人像矢量化过程中的难点，大量的发丝、多样的发质、千变万化的发型，以及复杂的光影作用，都给概括归纳的过程设置了障碍。在进行删减的过程中，一定要将感性的直观认识和科学化的细致分析相结合。如图 1-9 中模特的发型基本属于直发的自然风格，图 1-10 在转换时尽量将其绘制成飘逸的、轻柔的、根据头发整体走向排布的曲线色块，并在内部及边缘添加了大量随风起舞的发丝，柔和的色块与飘动的细线融为一体，使线条、形态具有丰富的表现力；而图 1-11 则采取了另一种个性更为鲜明的转换方法，用大面积的沉稳的黑色块概括出头发外形，只在周围添加一些带有动感的断续表达的黑色细线形。由此可见，不能只根据感性经验，将“发丝”直接翻译为“线”，而要转变为粗细、面积、光影、曲率皆在随意变化的形，以产生巧妙的对比，从而描绘出“物”的美感。

图 1-9　点阵图黑白原稿

图 1-10　柔和的色块与飘动的细线融为一体

图 1-11　一种个性更为鲜明的转换方法

因此，简单来说减法原则就是要在深入分析原稿图片的基础上，将原图复杂的层次概括为各种不同的简单形状，对于多余的部分要大胆地去除，否则会冲淡图形整体的表现性。这种抽象方式是立足于二维空间的表现手法，它既不十分需要形象与周围环境间的三维空间关系，又不太需要形象自身的体量感（因此人物面部的光影被减去，只处理几个平涂的颜色块）。

在作者丰富联想的基础上，对复杂图形还可以进行另一种创造性的删添。从形式角度出发，为了使图形形象更加丰富饱满，往往在其间去掉自然形，添加一些抽象的点、线、面或其他形象。但是，一定要注意整个画面的协调统一，慎用这些抽象造型元素，要做到“因繁就简”，这个“简”是针对“烦琐繁杂”而来的，它既要求简化，更要求在“简”的图像中蕴含比原型更多的内涵，也可以称之为“图形的简练”。例如，参照图 1-12 所示的灰度摄影原稿，作者将其概括为柔和含蓄的图形，如图 1-13 所示。这种图形的分解更接近于绘画的思路。然后作者对原稿进行了大胆的改造与创新，尤其是右部形态极度简化后，将头发图形变形为夸张的抽象曲线，如图 1-14 所示。与前面的处理手法相比，该图形具有更强的视觉震憾力。

总之，创作可以根据构思、构图的需要，在较单一的形象上进行减法之后再加以适度的夸张变形，从而达到更完美、更具装饰性的目的。

图 1-12　点阵图摄影原稿

图 1-13　这种分解法更接近于绘画的思路

图 1-14　头发图形进行了大胆的夸张变形

### 1.2.3　应用数学思维进行图形运算

安那堡密歇根大学的 Bob Brill 研究了许多数学运算的潜在艺术价值，他说：“在各种数学系统中潜伏着有序和美丽的世界，而这种系统是可以用简单的算法使其可视的。”来看一张早期的计算机图形作品，如图 1-15 所示是计算机图形艺术先驱 A.Michael Noll 于 1960 年对 90 条平行线所做的排列试验。这种形式在今天的图形软件中可以轻而易举地完成（矢量图形软件一般都很擅长制作规律性变化的曲线轨迹）。如图 1-16 所示的是 2008 年美国设计师 Jeffrey Docherty 做的 CD 包装设计，他密集地使用细线条的理性排列，用线的走向来形成视觉上的转折面，以线的疏密产生立体凹凸的视错觉，追求一种空间中奇异的平衡和形态，这一类作品体现了数学原则和思想的非同寻常的形象化。

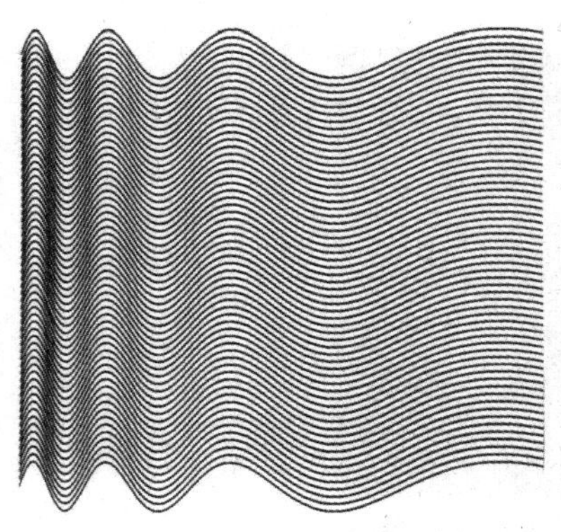

图 1-15　Noll 平行线条的周期性增长

图 1-16　Jeffrey Docherty 做的 CD 包装设计

图形软件除了对人性化绘画方式的追求，也包含着大量的数学运算法则，例如对向中心集中的线的处理。向一点集中的线会出现集中定向型的构图，它具有强烈的统一感，在多数情况下还会形成动感，这种具有递进关系的复杂线条构成在计算机软件的算法中可以非常简单地实现，如图 1-17 所示。换句话说，计算机图形最初诞生的形态就是这种具有数学概念的理性图形（线条），现在将其称为矢量图形。它主要依靠指令来描述与修改图形，如位置、维数、形状等各种属性，可以在简单的色块之间进行加、减、重叠、相交等运算，通过数学运算将基本造型要素巧妙地组合起来，这样的方法往往会构成出乎意料的新形态。这种理性的算法很符合标志图形以精练的形象表达一定含义的本质特点，因此在标志设计领域应用较多。如图 1-18 所示为国外的优秀标志设计，这些标志都包含有趣而又精妙的数学思维。

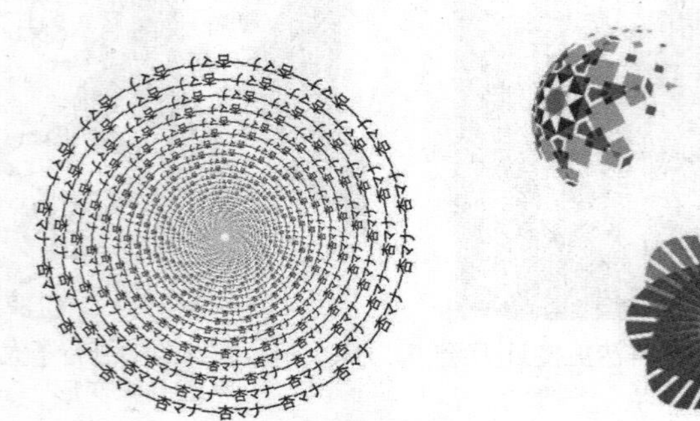

图 1-17　向中心集中的线

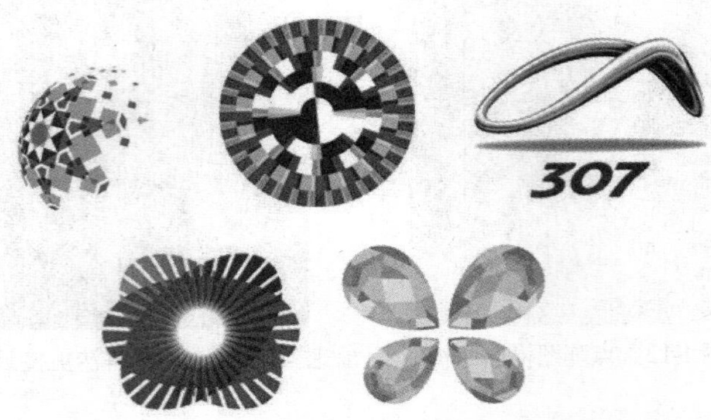


图 1-18　这些标志中都包含有趣而又精妙的数学思维

现在，一些生成艺术的软件也能创作出奇妙的矢量图。所谓生成艺术就是在开放源代码的程序语言及开发环境中制作图像、动画、声音和装置。其实，从计算机出现之后生成艺术就存在了，只是最近几年才开始在主流区域掀起一些波浪。例如，免费开源生成软件 Scriptographer 是 Adobe Illustrator 的一个 Scripting 插件，用户可以通过使用 JavaScript 语言来扩展 Illustrator 功能，Scriptographer 允许设立鼠标控制的绘图工具，通过使用程序来修改现有的图形。安装 Scriptographer Java 虚拟机环境后，设计者可以自己编写脚本以支持交互创作，并且可以创造出大量随机的、奇异的矢量图形。如图 1-19 所示是应用程序控制线条沿字母形状起伏；如图 1-20 和图 1-21 所示是应用这个生成艺术的小插件创造的矢量字体。

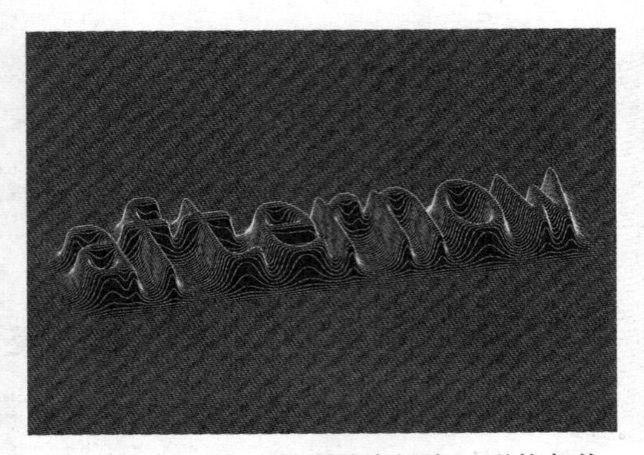

图 1-19　应用程序控制线条沿字母形状起伏

图 1-20　应用插件创造的矢量字体 (1)

图 1-21　应用插件创造的矢量字体 (2)

## 1.2.4　矢量写实

计算机图形图像软件常用来探索一种类似于写实的观念，它极力用自身的语言来创造一种虚拟的真实。在各种二维 / 三维软件的写实效果之中，最令人叹为观止的其实是矢量写实，因为矢量图形具有数码技术对图形描述的“硬边”表现风格。本节研究分析的就是这种不同寻常的矢量写实。

在早期的 Illustrator 软件版本之中，由于渐变功能尚不完善，因此要设计出模拟自然光影与形态的写实作品是很困难的。Illustrator 9.0 后出现的“渐变网格”功能为矢量“新写实主义”风格做出了巨大的贡献。它使图形软件跳出了抽象的硬边轮廓线阶段，开始进入色彩融合的阶段，数字艺术家的矢量艺术作品中出现了凝固的三维空间所能表现的无穷无尽的细节。

先来看一看对特殊材质的表现。面对各种不同质地、不同光泽、不同透明度的材料，以及鞋、包、帽、首饰等千变万化的物件，只要处理好基于同样数学原理的点、线的形状和拥有纯粹再造的想象能力，即可完成设计作品。如图 1-22 所示为一幅通过对左侧渐变网格点进行调整并进行着色后，形成右侧惟妙惟肖的皮鞋写实作品。

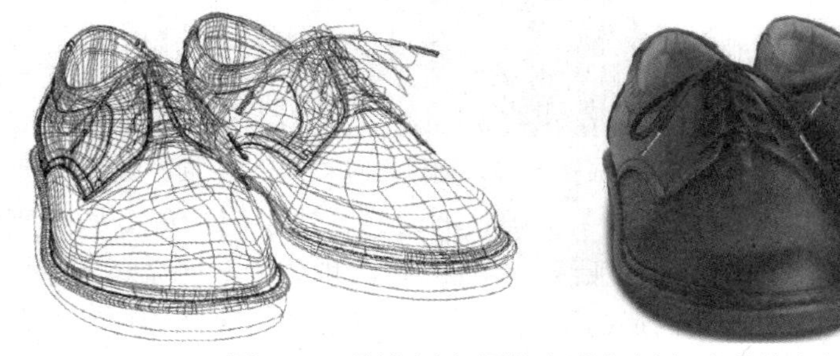

图 1-22　通过 (左) 网格点形成 (右) 皮革的真实质感

渐变网格的特点是：以节点和它发射出的 4 条线为一个着色单位，节点处的颜色为用户选中的颜色，沿着线的走向，该颜色与周围颜色会形成自然过渡。可以看出，线本身没有颜色，只用于控制颜色的走向。渐变网格具有很强大的功能，可以模仿出极具立体感的效果，甚至 3D 效果。它的缺点是费时费力，需要极大的耐心，要一点一点地去调整。从图中数量可观的线数与点数可以想象到，要在这样复杂的结构中以点线来控制全局的色彩变化，的确不是易事。再如图 1-23 所示的“猫”矢量写实作品，动物的毛十分细密，就算是应用传统的画笔工具也不容易创造出完全写实的效果，但通过复杂到一定程度的网格点却可以得到几乎以假乱真的动物图形。

图 1-23　通过复杂到一定程度的网格点就可以得到几乎以假乱真的动物图形

如图 1-24 所示是应用 Illustrator 软件完成的“人物矢量化”作品，它的再造空间与形态写实程度，让人很难相信是应用以“硬边”著称的矢量软件绘制完成的。但对照原稿照片，我们必须承认它是以非常写实的手法来完成的。该矢量作品不但没有过多的主观臆造，而且对物体的距离、大小、方位、形状等空间特征也赋予了正常化的知觉，符合传统造型艺术所追求的在二维空间上努力塑造三维空间，通过透视、色调、光影、虚实等手段来体现客观形象的真实性。

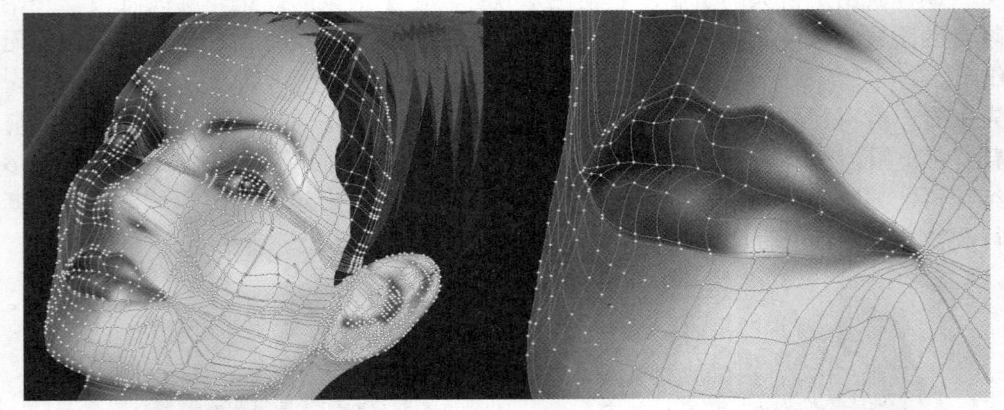

图 1-24　放大脸部后显示出渐变网格的控制线与点，通过它们来形成多方向、多颜色的融合

下面将“汽车”概念单独提出来形成一个单独的议题，这是因为矢量构形原理中的几何元素极其适合表现汽车大跨度而流畅的弧线、大面积过渡均匀的金属光泽及理性设计的金属零部件等。其实，对于这一类金属构造的工业产品，交通工具、金属器皿、乐器、电子产品等，在处理上都异曲同工，能够使功能主义及形式主义在绘画的视觉空间中得到完美结合。西方艺术史家指出：“这是一个科学和机器的时代，而抽象艺术正是这个时代的艺术表达。”矢量图形能绝妙地表达出工业产品流畅而缜密的几何造型。晶莹剔透的风格与忠于细节的写

实表现则是作为平衡因素出现的，写实主义加上图形创造中童话寓言般的梦幻加工与联想，既强调功能、理性，又与美观、时尚、梦幻相结合，完全消除了单纯追求功能的理性设计的冷漠感和同质性。如图 1-25 所示为使用矢量图形表现出汽车产品的流畅而缜密的几何造型。

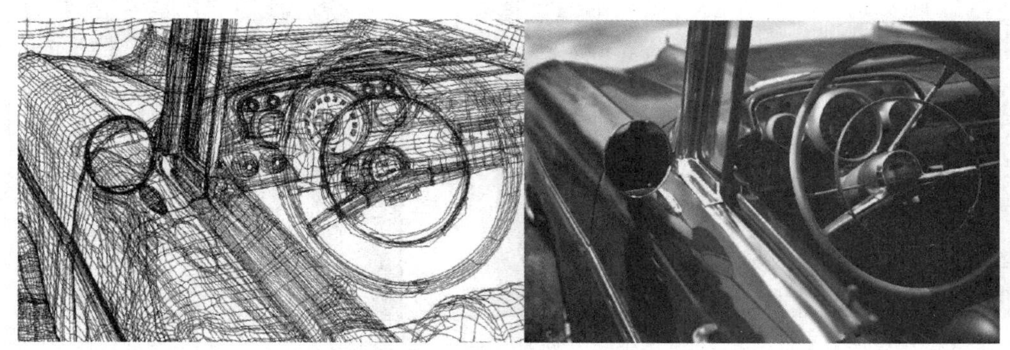

图 1-25　矢量图形能绝妙地表现出汽车产品流畅而缜密的几何造型

## 1.3　现代矢量图形设计的新探索

不断有人批评在数码艺术创作过程中，由于数字技术的要求，必须将人类视觉感官对色彩的感受转换为对其数字化的处理，从而造成数码作品缺乏亲和力。这些由数码技术的工整与精密所导致的机械感，就是数码作品缺乏亲和力的关键所在，是现代数码艺术作品普遍存在的不足。其实，矢量艺术并不像想象中的那么冷酷与机械，它是一种涵盖面很广的现代图形传达语言，许多生活在数字时代的年轻艺术家都非常偏爱它，并不断在对矢量图形的探索中展现自己的才华。限于篇幅，本节只选择了两位在现代矢量图形设计领域崭露头角的新艺术家，看一看他们对矢量艺术大胆的创新。

### 1.3.1　矢量图形肌理构成的探索

来自俄罗斯北部城市圣彼得堡的年轻设计师 Evgeny Kiselev，作为一名全球性视角的设计师，作品数量多而且质量上乘。他的作品曾经被发表在 IDN ( 中国香港 )、ROJO ( 西班牙 )、Grafik magazine ( 英国 )、eautiful Decay ( 美国 )、E-tapes ( 法国 )、Chewonthis magazine ( 美国 )、I.O. Magazine ( 德国 ) 等众多的杂志上（这些作品的展示网址是 http://www.ekiselev.com）。

他的作品以圆形（及衍生图形）的万千变化为主，在画面中习惯运用很多小圆圈元素做陪衬，风格偏向魔幻抽象，色彩大胆明亮，绚丽的色彩和充满奇幻的图形让他的设计受到全世界各大杂志的追捧。

Evgeny Kiselev 的许多作品都是一种在精确的对称和无节制的图形繁殖之间的试验。如图 1-26 所示是他非常典型的一幅作品，混合效果是从一些生动的小图案开始的，它们不断地一边镜像、一边膨胀、一边无节制地进行复制，直到快要超出包容它们的逻辑边界的极限为止。这种图形繁殖能带给人一种无限延伸与动态的感觉。如图 1-27 所示是他的另一幅作品，多个基本图形像分裂的细胞一样扭曲、缠绕、重叠，从简单的线条画中浮现出来，仿佛再也无法受到约束控制。这幅作品其实构成了一种繁复而有趣的新肌理——矢量图形肌理，这个方向是现代肌理研究的一个很有价值的领域。

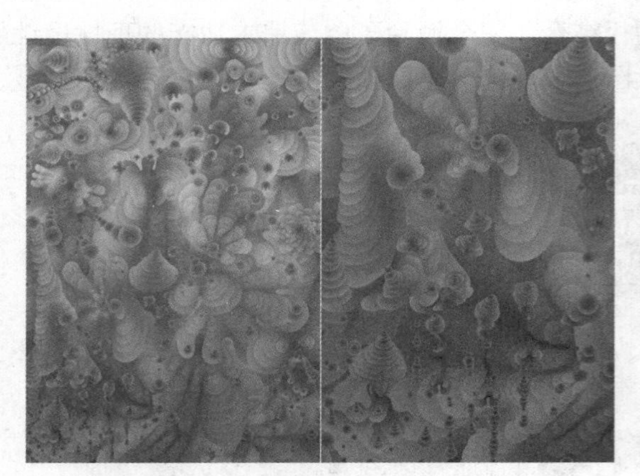

图 1-26 图形繁殖带给人一种无限延伸与动态的感觉

图 1-27 构成了一种矢量肌理的效果

在设计中，将有一个核心基本图形进行连续不断的反复排列，称为重复基本形。大的基本形重复，可以产生整体构成后的秩序的美感；细小、密集的基本形重复，可以产生类似肌理的效果。如图 1-28 中的大量细密的圆形在图像中重复排列无数次，具有一定规模的重复会产生强烈的秩序美感和视觉冲击力，甚至在页面内持续地构建了一种扭曲的、近似于持续延展的空间感。而图 1-29 是一幅美丽的矢量图形肌理作品，没有过多的软件技巧，但图形繁殖具有的方向性与规律性构成了一些似是而非的形态，尤其是那些沿着曲线旋转而复制的渐变图形，它们所能达到的颜色与层次的复杂性是难以预测的。这些就是 Evgeny Kiselev 一直在不断地试验并提高的所谓抽象合成物，基于他对矢量图形的热爱与超常的耐心而形成的一种复杂的新抽象艺术。

图 1-28 具有一定规模的重复会产生强烈的秩序美感和视觉冲击力

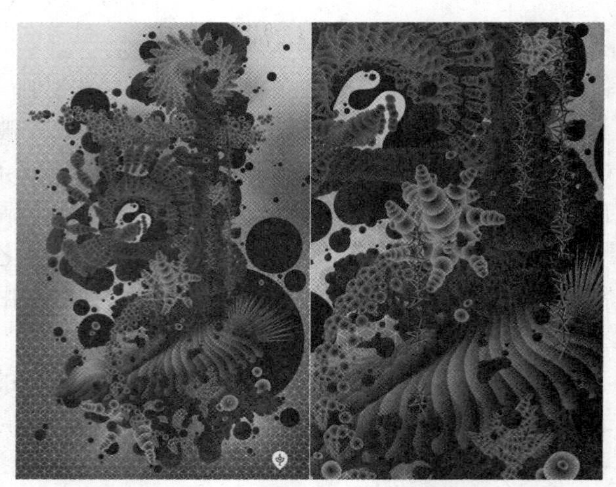

图 1-29 Evgeny Kiselev 一直在不断地试验并提高的所谓抽象合成物

## 1.3.2 奇特的三维形体与光影变幻

Gary Fernandez 是西班牙马德里一位自由插画师和图形艺术家，同时身兼某 T-shirt 品牌的创意总监，《上海壹周》和《数码艺术》有过对他的报导。在他的矢量风格作品中，“女人和精灵般的鸟儿”是永恒的主题。当第一次看到他的作品时，通常会被这种奇特甚至诡异的矢量风格所吸引。Gary Fernandez 把自己的创作比喻成“宛如脊柱一般的有条理”，他说自己总爱画一些超现实的人物、不可能完成的动作和迷幻的组合，并且将零碎的东西整合成一个有节奏感的整体。如图 1-30 和图 1-31 所示，女人与鸟的形象带着浓重的诡异色彩，我们先来分析一下他创造的代表变形鸟羽的图滑图形，这种图形具有强烈的立体凸起感，内部包含隐约的半透明几何图案，表面还具有微妙的光影和色彩的变化，清晰的边缘、规则的图案、立体变形、半透明重叠……这些都是矢量软件的基本功能，这种图形给人的感觉是玄妙的，它所创造的功能集合对设计者具有很大的启发性。

图 1-30　Gary Fernandez 创作的带有神秘色彩的矢量插画

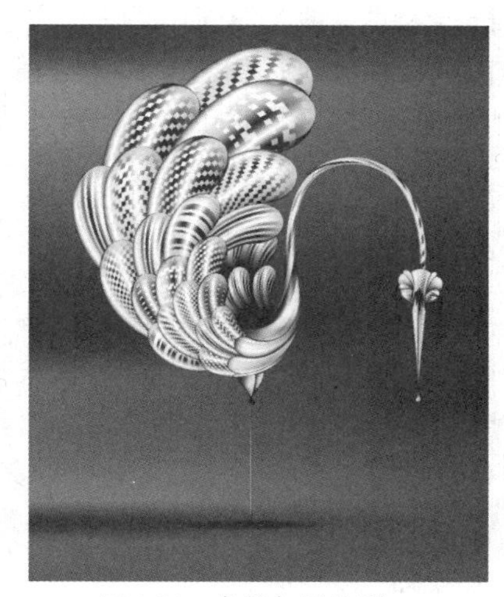

图 1-31　鸟的矢量造型

设计也像语言一样既要有概念也要有表达，这种表达需要人们在图像认知方面达到共识。图 1-32 中对人形进行了大胆的变形，这些变形都是由具体的图形出发，然后在不断的变形与抽象过程中使之拥有文化和商业的内涵，最终获得一个有高度概括性的“生态图形”。如图 1-33 所示是 Gary Fernandez 的作品在商业设计中的表现，该作品在诡异的图形与色彩之中还包含一种矢量图形所带来的理性的唯美感觉。他的作品展示网址是 www.garyfernandez.net 。

图 1-32　插画中对人形大胆的变形

图 1-33　Gary Fernandez 的作品在商业设计中的表现

由于计算机图形是从科技和工业中产生的，“矢量艺术”这个概念缺乏艺术的遗传根源，商业是它最本质的发源因素，因此许多评论家认为它并不具备像传统绘画那样纯粹的艺术因素和美学地位。然而，当代艺术旨在挣脱传统的束缚，在艺术的观念和形式上都力求创新，它在更高意义上使艺术创作获得了前所未有的广阔空间。它的特点是：以更宽容的态度对待艺术问题和新出现的各种不同的艺术现象，更加尊重个性的表达，使多元并存成为广泛现象。艺术家们在传统与创新的交织之中可自由选择创作手法，充分体现艺术创作主体自然、真实的状态。在这个时代，电子传输媒介的不断发展使视觉符号展现异彩纷呈，科技的迅猛发展不仅带来了记录方式和传播方式的变迁，也改变着人们对视觉符号的创作手法。对于视觉传播时代的新人类，矢量艺术是一种完全渗透到他们日常生活之中的视觉艺术，目前它作为流行艺术的一种主导创作手法，成千上万的年轻人（掌握美术基础或完全没有美术经验的）都在用它释放自己的想象力和心情，然而一切繁华与喧嚣终有安静下来的时候。往往是在人们对种种时尚的爱好成为过去之后，艺术作品作为文化结构的品质才能显露出来，因此，有一天它的艺术价值或许将打破它与生俱来的商业性，在艺术创作领域占据重要的地位。

## 1.4 练习

（1）简述数字图像的概念。

（2）图 1-33 是西班牙图形艺术家 Gary Fernandez 的作品，请在完成对本书的学习之后，应用 Illustrator 软件模仿制作图中“具有立体凸起感、内部包含隐约的半透明几何图案、表面还有微妙的光影和色彩的变化”的矢量效果。

# 第2章　Illustrator CS6的基本操作

## 本章重点：

本章将学习 Illustrator CS6 基本操作方面的相关知识，为后面章节的实例应用打下基础。

## 2.1　Illustrator CS6的操作界面

启动 Illustrator CS6 后，将会进入操作界面，如图 2-1 所示。

图 2-1　操作界面

通过菜单中的“新建”命令，可新建文件。其方法如下：执行菜单中的“文件 | 新建”命令（快捷键〈Ctrl+N〉），将弹出“新建文档”对话框，如图 2-2 所示。

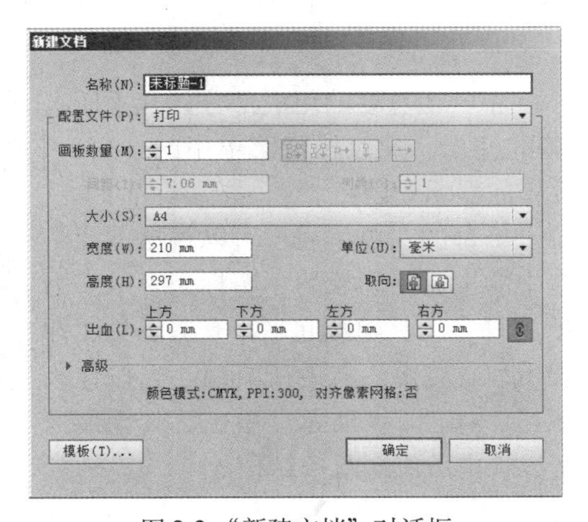


图 2-2 “新建文档”对话框

在“新建文档”对话框中设置文档的“名称”、“配置文件”、“大小”、“单位”、“取向”和“颜色模式”等参数后，单击“确定”按钮，将会新建一个当前工作文档，从而出现完整的工作界面。

如图 2-3 所示为使用 Illustrator CS6 打开的一幅图像的工作窗口。从图中可以看出，Illustrator CS6 的工作界面包括标题栏、菜单栏、选项栏、工具箱、面板、状态栏等组成部分。下面重点介绍工具箱和面板。

❶—标题栏 ❷—菜单栏 ❸—选项栏 ❹—工具箱 ❺—面板 ❻—状态栏

图 2-3 工作界面

## 2.1.1 工具箱

工具箱是 Illustrator CS6 中一个重要的组成部分，几乎所有作品的完成都离不开工具箱的使用。通过执行菜单中的“窗口 | 工具”命令，可以控制工具箱的显示和隐藏。

在默认状态下工具箱位于屏幕的左侧，用户可以根据需要将它移动到任意位置。工具箱中的工具用形象的小图标来表示。为了节省空间，Illustrator CS6 将许多工具隐藏起来，有些工具图标右下方有一个小三角形，表示包含隐藏工具的工具组。当按住该图标不放时就会显示隐藏工具，如图 2-4 所示。单击工具箱最顶端的小图标，可将工具箱变成长单条或短双条结构 。

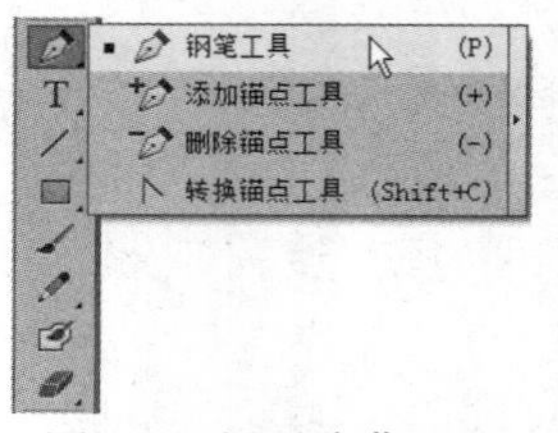


图 2-4 显示隐藏工具

工具箱中主要工具的功能和用途如下。

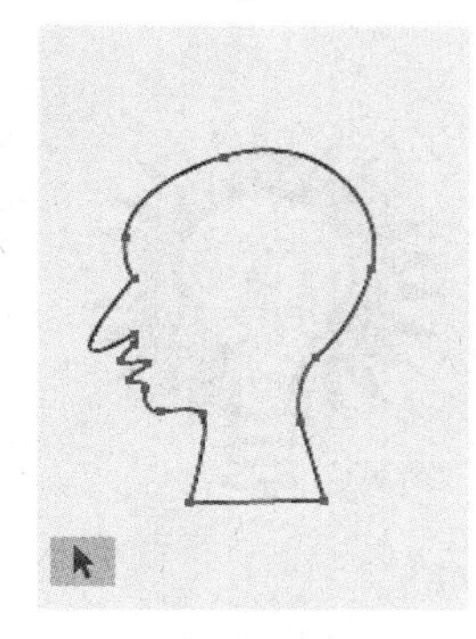

**选择工具**

用来选择整个图形对象。如果是成组后的图形，将选中一组对象。

**直接选择工具**

用于选择单个或几个节点，经常用于路径形状的调整。

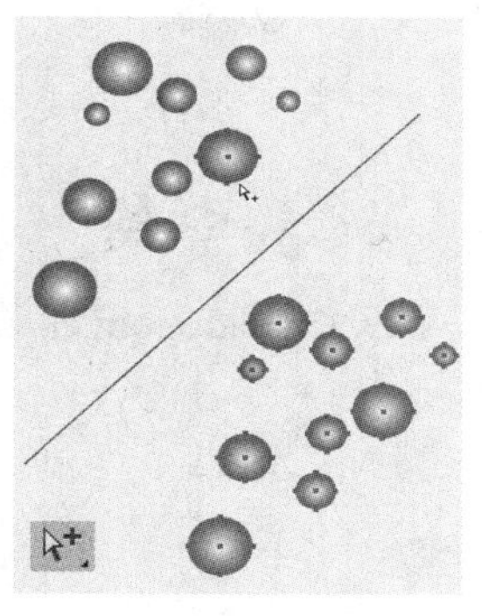

**编组选择工具**

用来选择编组中的子对象。单击编组中的一个对象，可以将其选中。双击该对象，可以选中对象所在的编组。

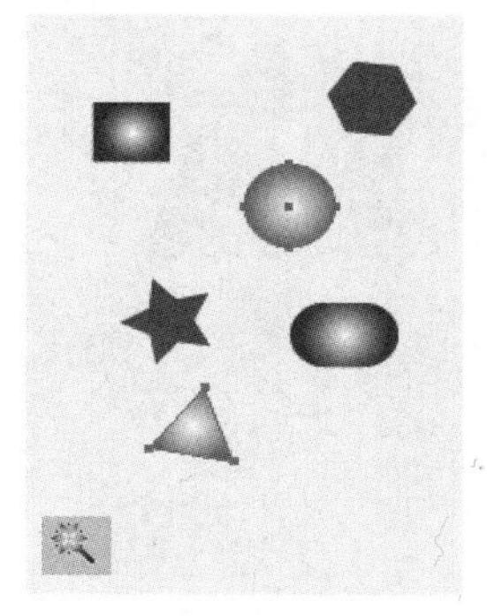

**魔棒工具**

用来选择具有相似填充、边线或透明属性的对象。

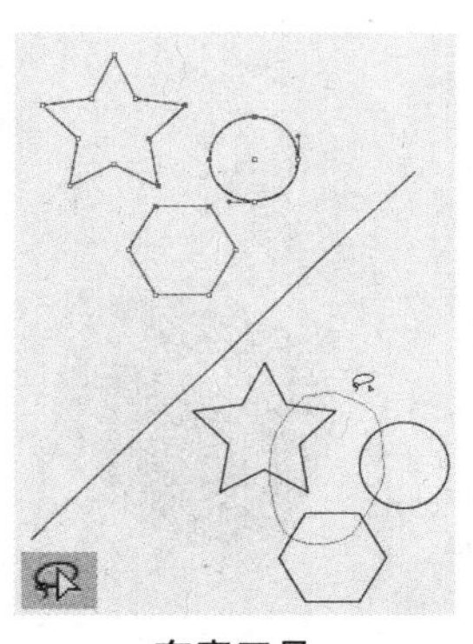

**套索工具**

利用该工具可以选择鼠标所选区域内的所有锚点，这些锚点可以位于一个对象，也可以位于多个对象。

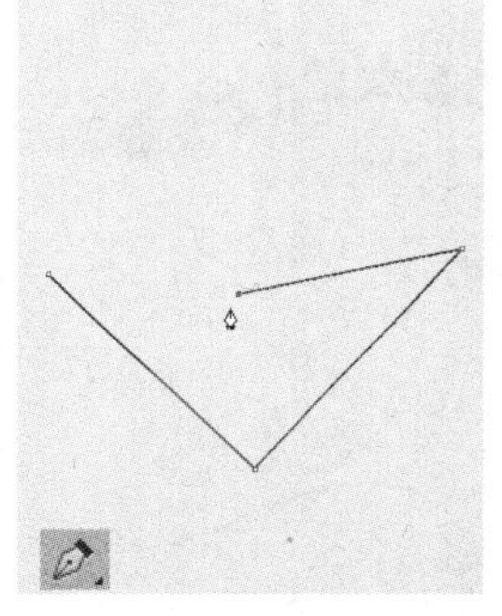

**钢笔工具**

绘制路径的基本工具，与添加锚点、删除锚点、转换锚点工具组合使用，可以生成复杂的路径。

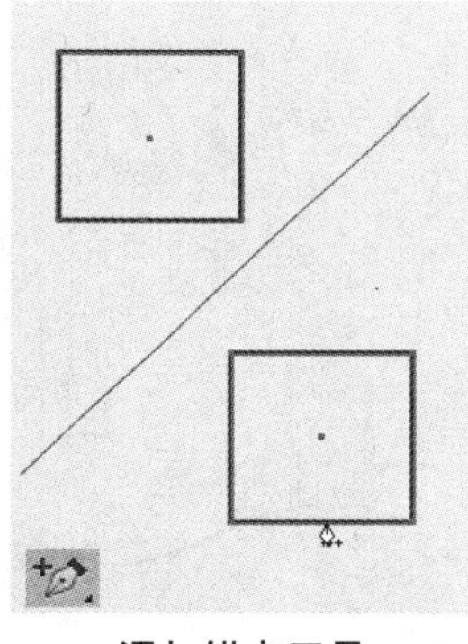

**添加锚点工具**

用于在已有路径上添加锚点。

**删除锚点工具**

用来删除已有路径上的锚点。

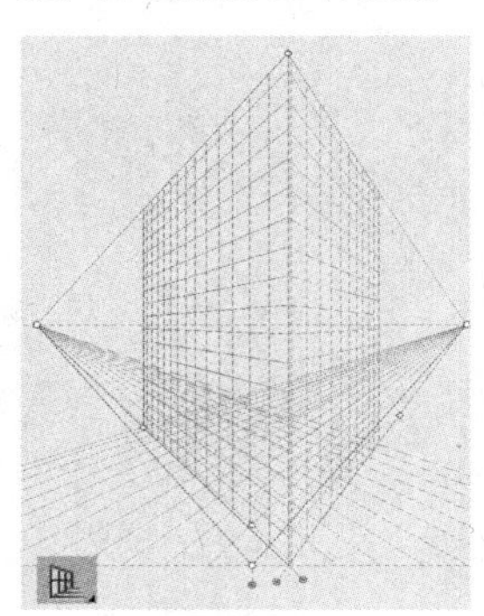

**透视网格工具**

利用该工具可以使图形根据透视网格产生相应的透视效果。

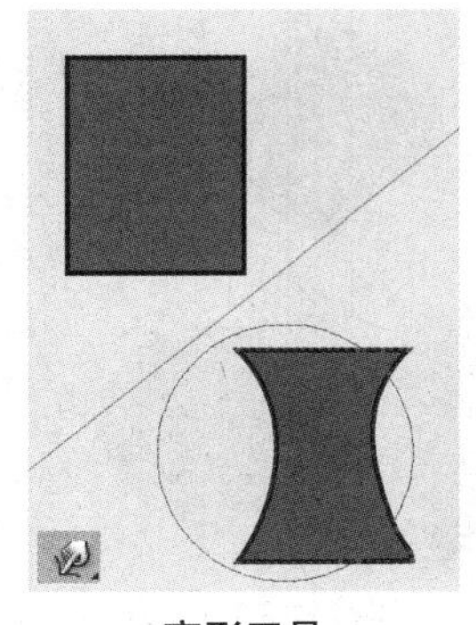

**变形工具**

利用该工具可以使图形随着变形工具的笔刷拖动而变形。

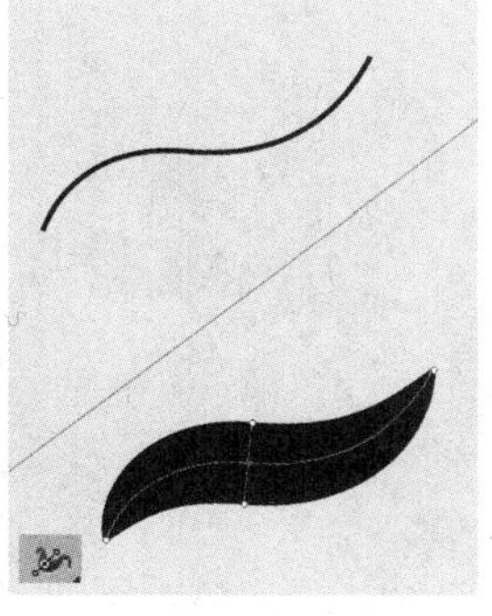

**宽度工具**

使用该工具，可以使绘制的路径描边变宽，并调整为各种多变的形状效果。

**斑点画笔工具**

使用该工具，可以绘制带有外轮廓的路径。

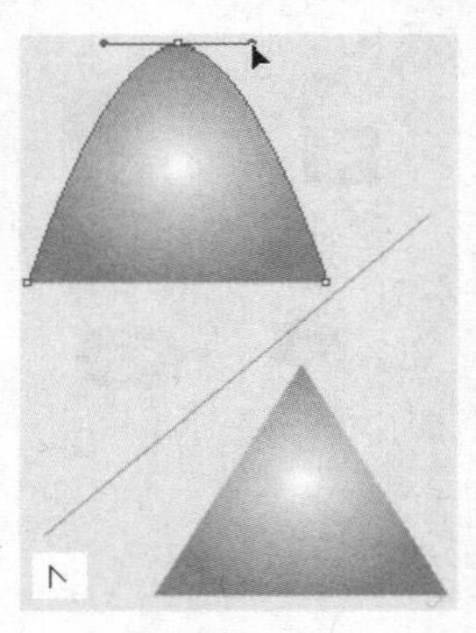

**转换锚点工具**

可用来将角点转换为平滑点，或将平滑点转换为角点。主要用于调整路径形状。

**文字工具**

用来书写排列整齐的点文字或段落文字。

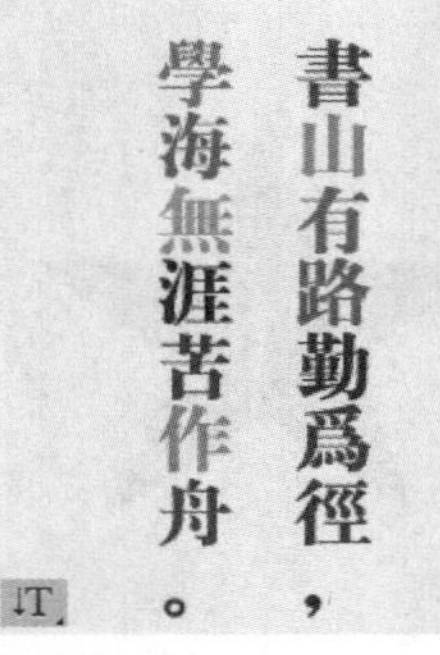


**直排文字工具**

与文字工具相似，但文字排列方向为纵向，和古代文字写法一致。

**区域文字工具**

可以将文字约束在一定范围内，从而使版面更加生动。

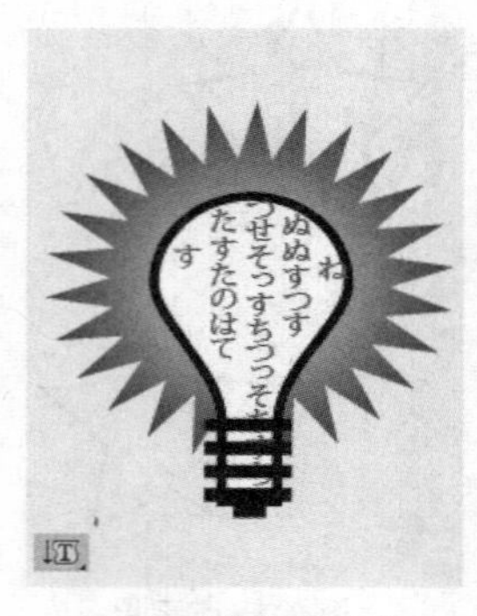

**直排区域文字工具**

与区域文字工具类似，但文字排列方向为纵向。

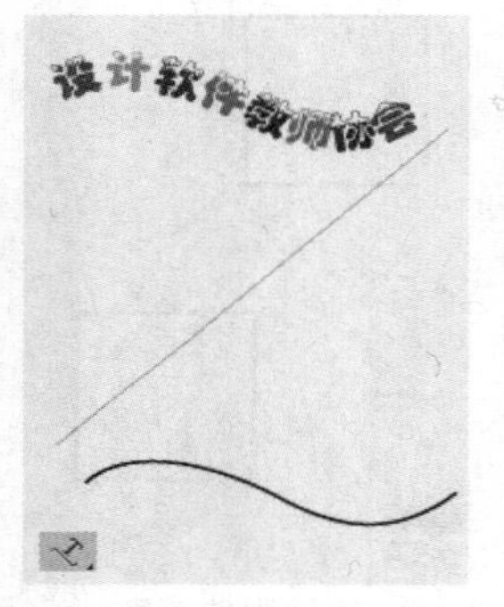


**路径文字工具**

可以沿路径水平方向排列文字。

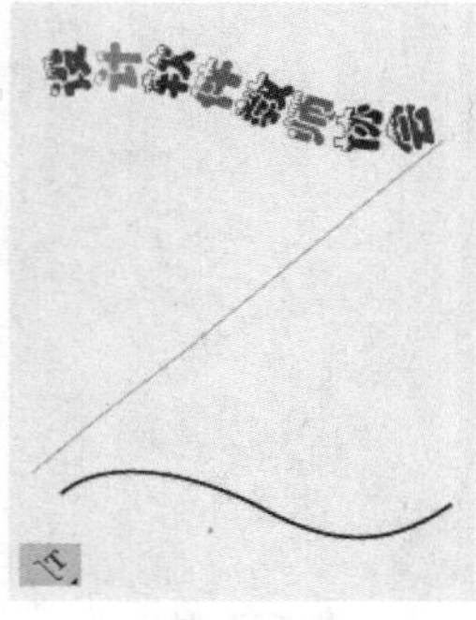

**直排路径文字工具**

可以沿路径垂直方向排列文字。

**光晕工具**

用来绘制光晕对象。

**画笔工具**

可用来描绘具有画笔外观的路径。Illustrator 中共提供了 4 种画笔：书法、散点、艺术与图案。

**铅笔工具**

可用来绘制与编辑路径，在绘制路径时，节点随鼠标运动的轨迹自动生成。

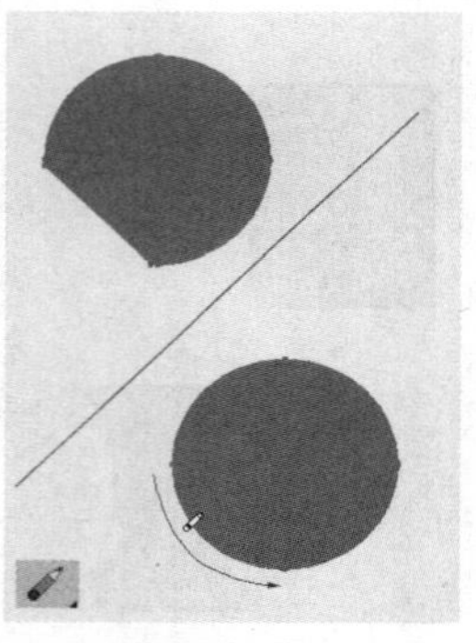

**路径橡皮擦工具**

用来擦除路径的一部分或全部。

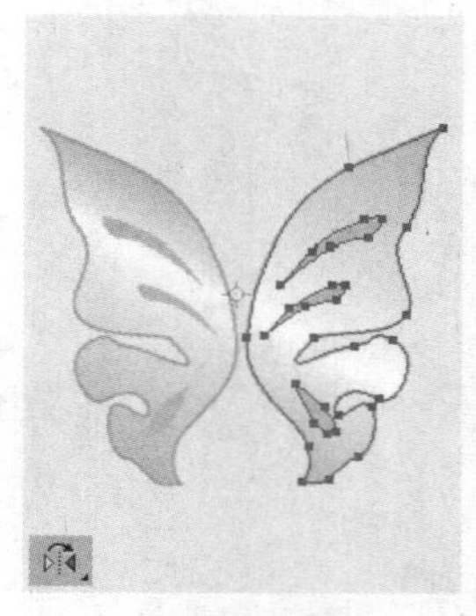

**镜像工具**

可沿一条轴线翻转图形对象。

**旋转工具**

可沿自定义的轴心点对图形及填充图案进行旋转。

**比例缩放工具**

可以改变图形对象及其填充图案的大小。

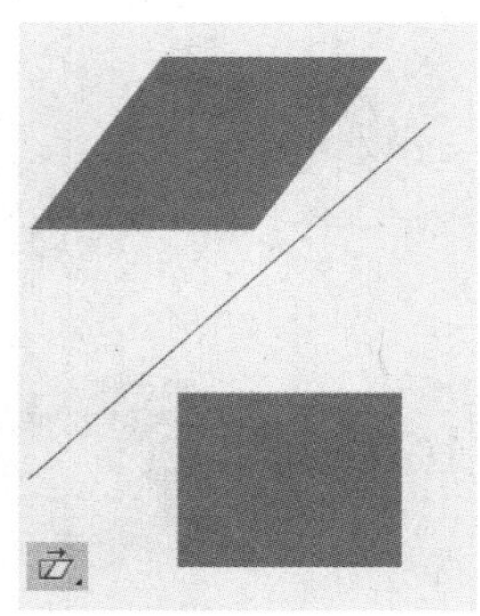

**倾斜工具**

可以倾斜图形对象。

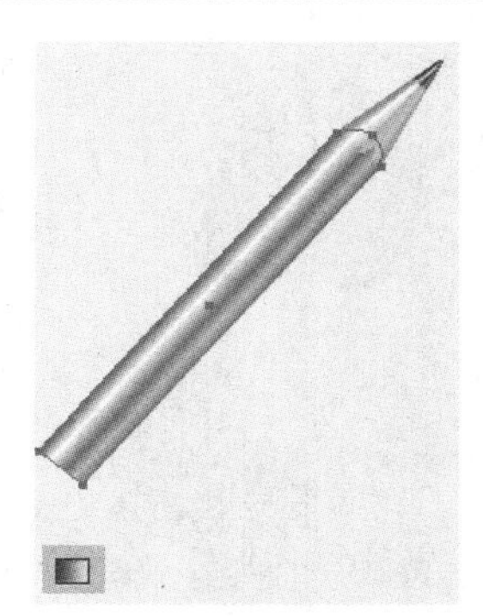

**渐变工具**

用来调节渐变起始和结束的位置及方向。

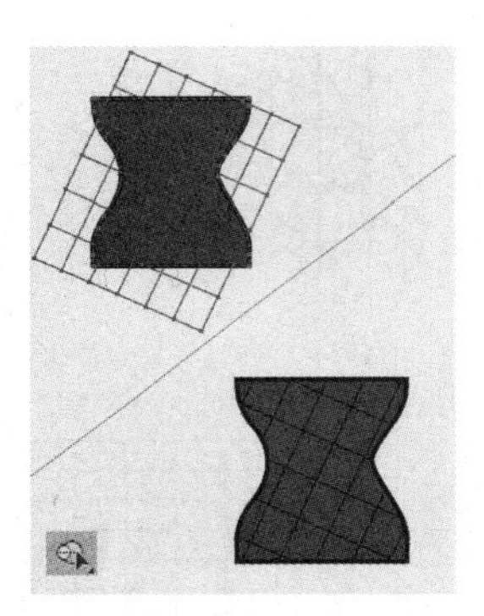

**形状生成器工具**

使用该工具，可以将绘制的多个简单图形合并为一个复杂的图形，还可以分离、删除重叠的形状，快速生成新的图形。

**混合工具**

可以在多个图形对象之间生成一系列的过渡对象，以产生颜色与形状上的逐渐变化。

**剪刀工具**

用来剪断路径。

**美工刀工具**

可以任意裁切图形对象。

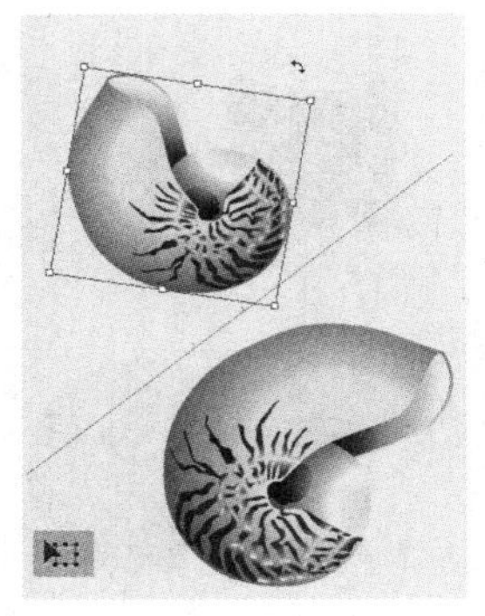

**自由变换工具**

可以对图形对象进行缩放、旋转或倾斜变换。

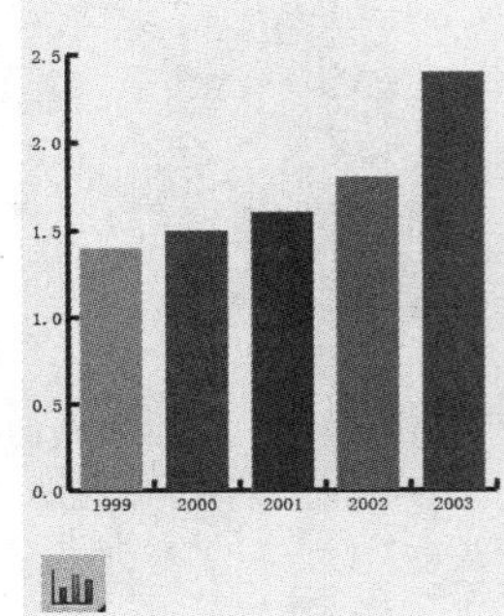


**柱形图工具**

9 种图表工具中的一种，用垂直的柱形图来显示或比较数据。

**符号喷枪工具**

用来在画面上施加符号对象。它与复制图形相比，可节省大量的内存，提高设备的运算速度。

**符号旋转器工具**

可用来旋转符号。

**符号着色器工具**

可用自定义的颜色对符号进行着色。

**符号滤色器工具**

可用来改变符号的透明度。

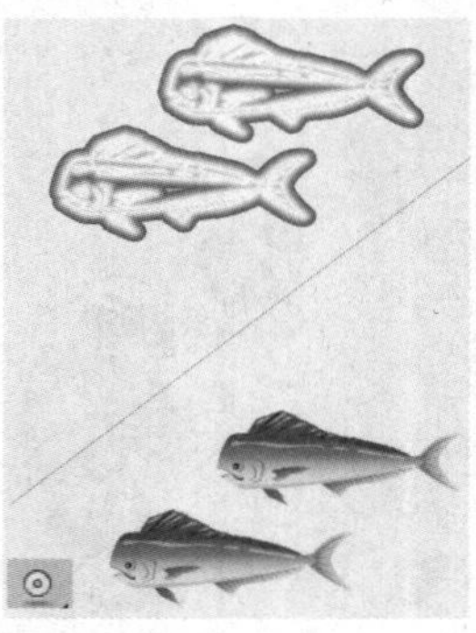

**符号样式器工具**

可用来对符号施加样式。

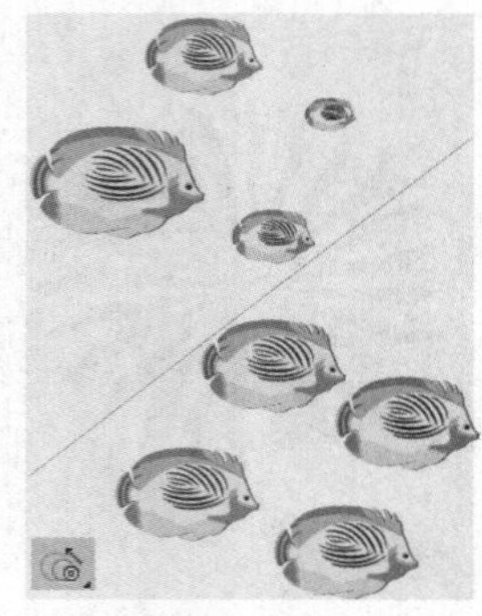

**符号缩放器工具**

可用来放大或缩小符号,从而使符号具有层次感。

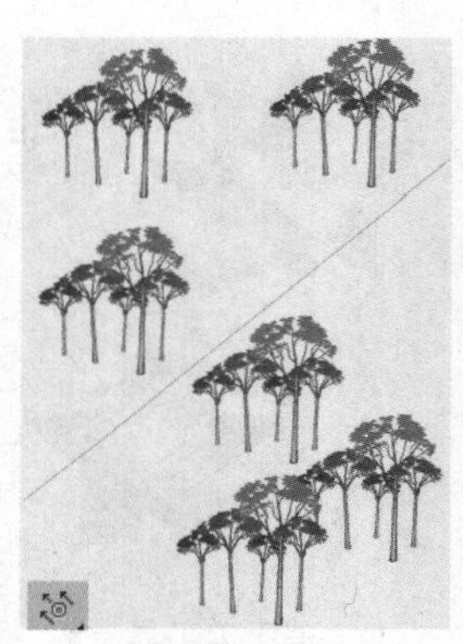

**符号移位器工具**

用来移动符号。

**符号紧缩器工具**

可用来收拢或扩散符号。

**扇贝工具**

可在图形对象轮廓上添加一些类似扇贝壳表面的凹凸纹理。

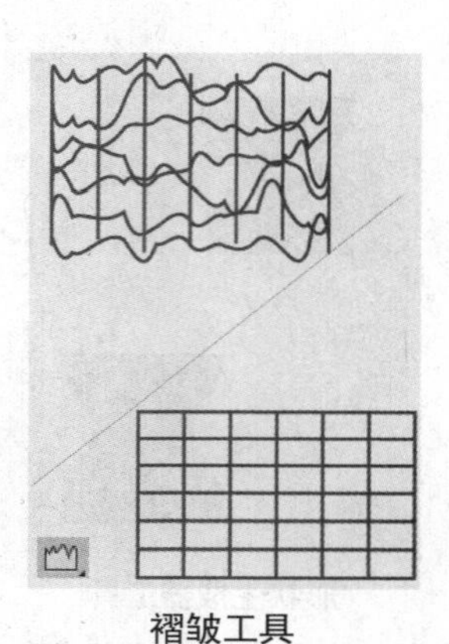

**褶皱工具**

可在图形对象轮廓上添加一些褶皱。

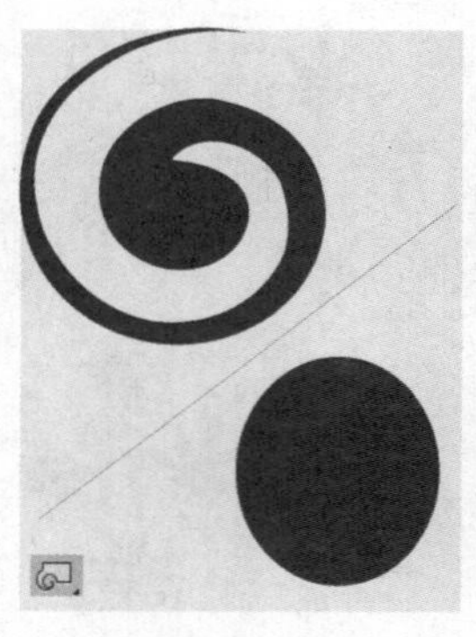

**旋转扭曲工具**

可使图形对象卷曲变形。

**膨胀工具**

可使图形对象膨胀变形。

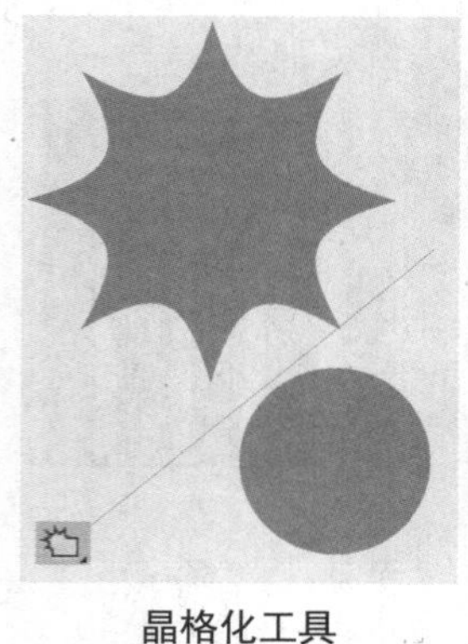

**晶格化工具**

可在图形对象轮廓上添加一些尖锥状的突起。

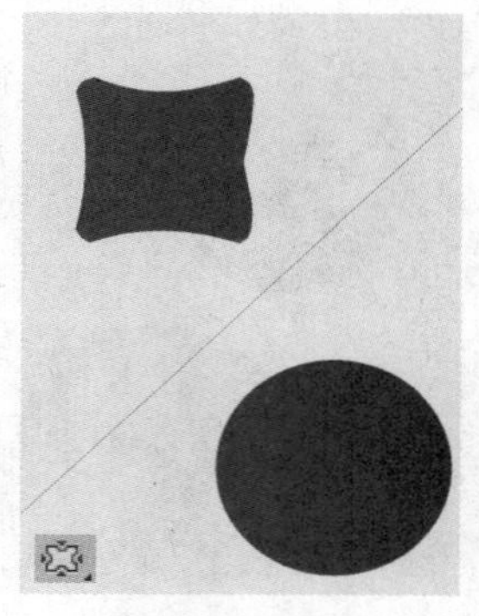

**缩拢工具**

可使图形对象收缩变形。

缩放工具

在窗口中放大或缩小视野，以便查看图像局部细节或整体概貌，并不改变图形对象的大小。

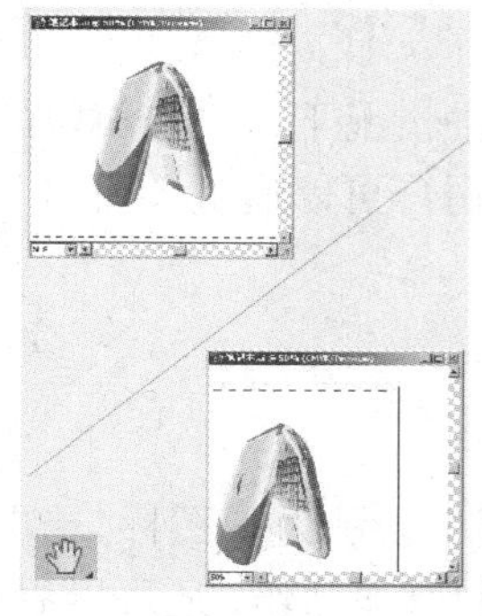

抓手工具

用来移动画板在窗口中的显示位置，并不改变图形对象在画板中的位置。

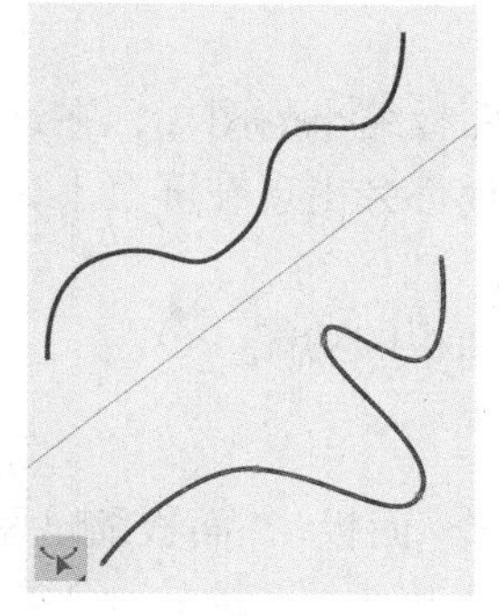

整形工具

使用该工具，可使路径如同卷曲的钢丝一样变形。

平滑工具

用于对路径进行平滑处理。

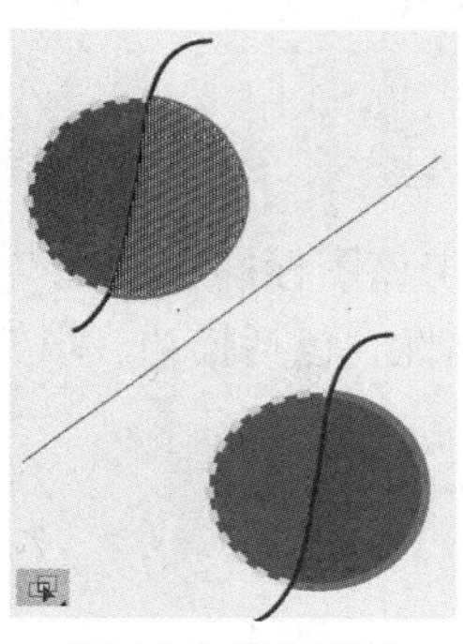

实时上色选择工具

用于选择实时上色后的线条或填充，以便进行修改。

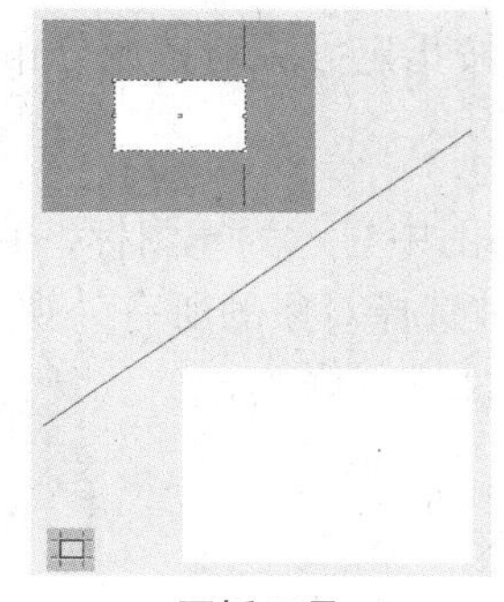

画板工具

可利用自定义特征或预定义特征绘制多个裁剪区域。可以快速创建完全裁剪到选区的单页 PDF，使其能够存储供客户和同事查看的图稿变化。

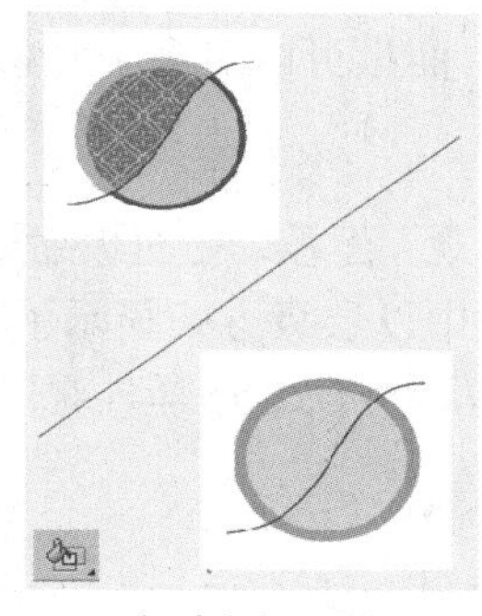

实时上色工具

使用不同颜色为每个路径段描边，并使用不同的颜色、图案或渐变填充每个封闭路径。

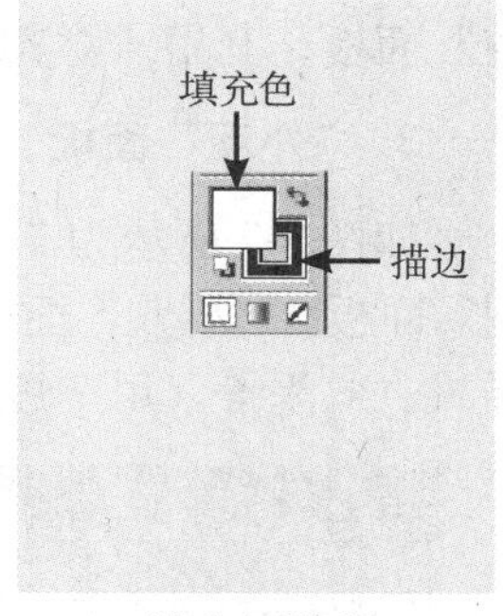


填充与描边

其中□显示当前填充的状态，■可为选定对象应用渐变填充，☐可使对象无填充色或线条色。

网格工具

用于手动创建网格。

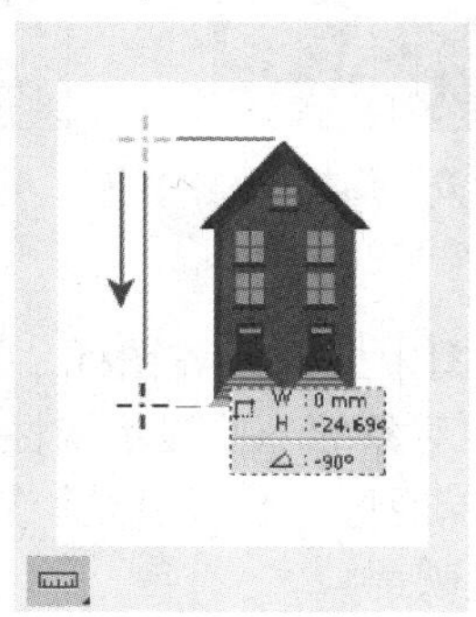


度量工具

用于测量两点之间的距离。

切片工具

用于将一幅图像分割成多幅图像。

切片选择工具

用于选择和移动切片的位置。

## 2.1.2　面板

Illustrator CS6 将面板缩小为图标，在这种情况下，单击相应的图标，会显示出相关的面板。并不是所有的面板都会出现在屏幕上，用户可以通过“窗口”菜单下的命令调出或关闭相关的面板。

下面简单介绍各个面板的功能。

### 1. “动作”面板

如图 2-5 所示为“动作”面板，在面板缩略图中显示为图标，单击该图标即可调出“动作”面板。使用“动作”面板可以记录、播放、编辑和删除动作，还可以用来存储和载入动作文件。

动作用来记录固定的工作流程（使用命令和工具的过程）。对于重复性的工作而言，将操作过程保存为动作，并在自动任务中加以调用，可以大大提高工作效率。

### 2. “对齐”面板

如图 2-6 所示为“对齐”面板，在面板缩略图中显示为图标，单击该图标即可调出“对齐”面板。利用“对齐”面板可以将多个对象按指定方式对齐或分布。

### 3. “外观”面板

如图 2-7 所示为“外观”面板，在面板缩略图中显示为图标，单击该图标即可调出“外观”面板。“外观”面板中以层级方式显示了被选择对象的所有外观属性，包括描边、填充、样式、效果等，用户可以很方便地选择外观属性进行修改。

图 2-5 “动作”面板

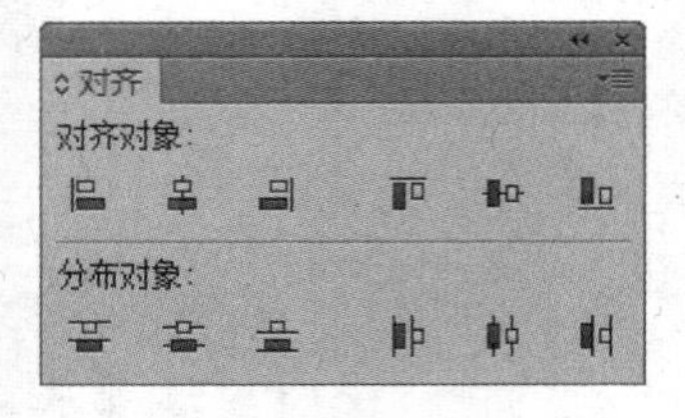


图 2-6 “对齐”面板

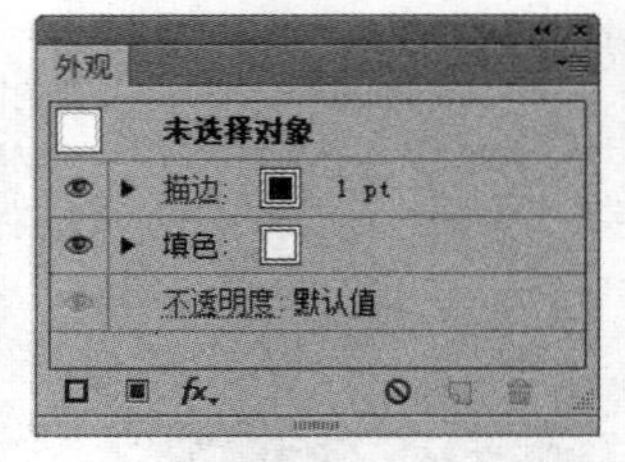


图 2-7 “外观”面板

### 4. “属性”面板

如图 2-8 所示为“属性”面板，在面板缩略图中显示为图标，单击该图标即可调出“属性”面板。“属性”面板的主要功能是设置选定对象的一些显示属性。使用该面板中的选项，可以选择显示或者隐藏选定对象的中心点，可以通过“叠印填充”复选框来决定是否显示或者打印叠印，还可以为多个 URL 链接建立图像映射。

### 5. “画笔”面板

如图 2-9 所示为“画笔”面板，在面板缩略图中显示为图标，单击该图标即可调出“画笔”面板。画笔是用来装饰路径的，可以使用“画笔”面板来管理文件中的画笔，也可以对画笔进行添加、修改、删除和应用等操作。

### 6. “颜色”面板

如图 2-10 所示为“颜色”面板，在面板缩略图中显示为图标，单击该图标即可调出“颜色”面板。可以在“颜色”面板中基于所选颜色模式来定义或调整填充色与描边色，也可以通过拖动滑块或输入数字来调整颜色，还可以直接选取色样。具体用法可参见 2.3.2 节。

图 2-8 “属性”面板

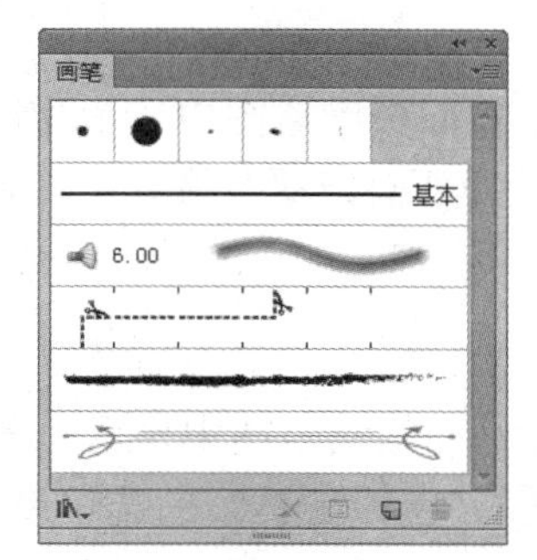


图 2-9 “画笔”面板

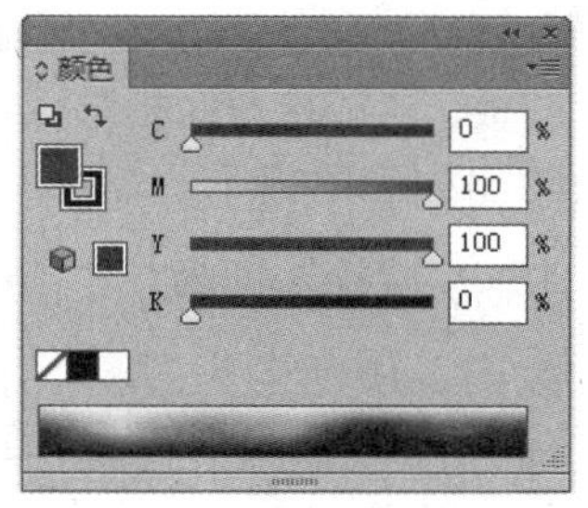


图 2-10 “颜色”面板

### 7. “文档信息”面板

如图 2-11 所示为“文档信息”面板，在面板缩略图中显示为图标，单击该图标即可调出“文档信息”面板。用户可以在“文档信息”面板中查看文件的多种信息，包括文件存储在磁盘上的位置、颜色模式等。

### 8. “渐变”面板

如图 2-12 所示为“渐变”面板，在面板缩略图中显示为图标，单击该图标即可调出“渐变”面板。“渐变”面板用来定义或修改渐变填充色。它有“线性”和“径向”两种渐变类型可以选择。

### 9. “信息”面板

如图 2-13 所示为“信息”面板，在面板缩略图中显示为图标，单击该图标即可调出“信息”面板。“信息”面板用来查看所选对象的位置、大小、描边色、填充色及某些测量信息。

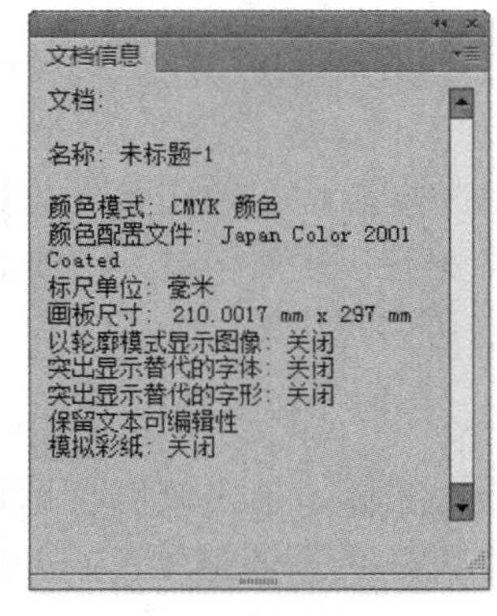


图 2-11 “文档信息”面板

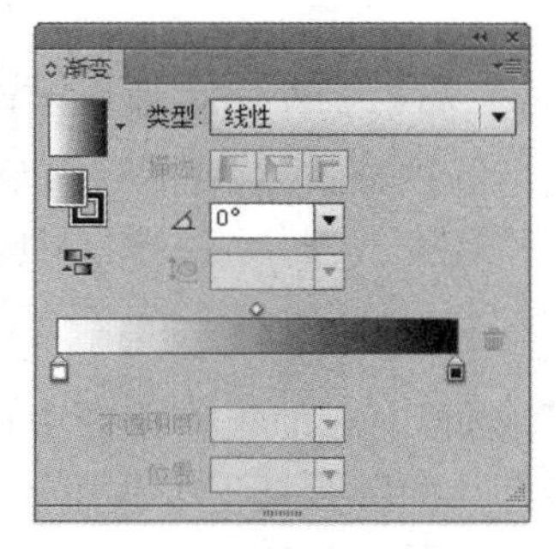


图 2-12 “渐变”面板

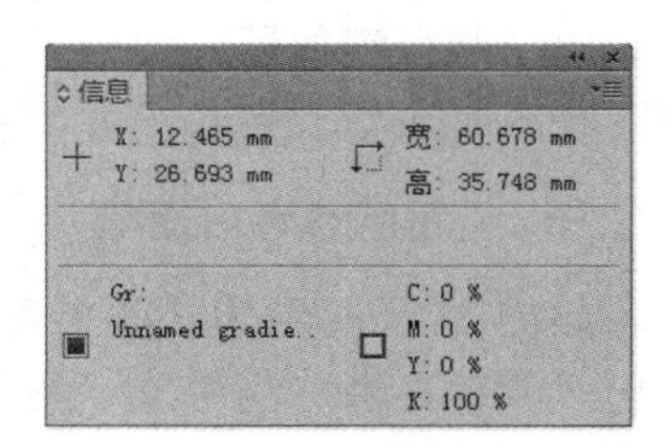


图 2-13 “信息”面板

### 10. “图层”面板

如图 2-14 所示为“图层”面板，在面板缩略图中显示为图标，单击该图标即可调出“图层”面板。“图层”面板是用来管理图层及图形对象的。“图层”面板显示了文件中的所有图层及图层中的所有对象，包括这些对象的状态（如隐藏与锁定）、它们之间的相互关系等。为了便于区分，Illustrator CS6 用不同的颜色标明了不同的父图层。对于父图层下面的子图层，则显示与父图层相同的颜色。

### 11. “链接”面板

如图 2-15 所示为“链接”面板，在面板缩略图中显示为图标，单击该图标即可调出“链接”面板。“链接”面板显示了文档中所有链接与嵌入的图像。如果链接图像被更新或丢失，则会给出相应的提示。

### 12. “魔棒”面板

如图 2-16 所示为“魔棒”面板，在面板缩略图中显示为图标，单击该图标即可调出“魔棒”面板。“魔棒”面板相当于（魔棒工具）的选项设置窗口，从中可以设置属性相似对象的相关条件。

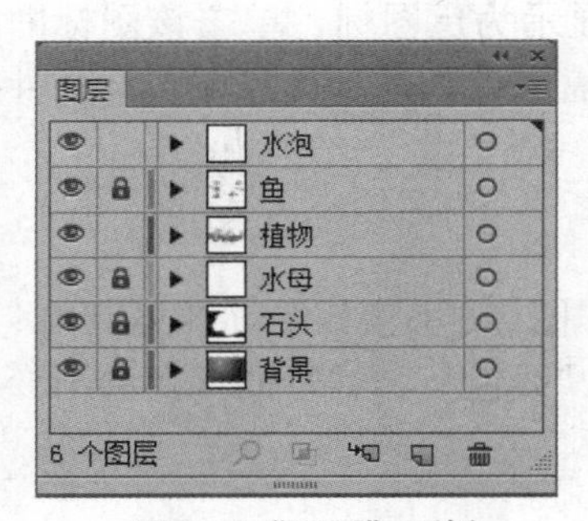


图 2-14 “图层”面板

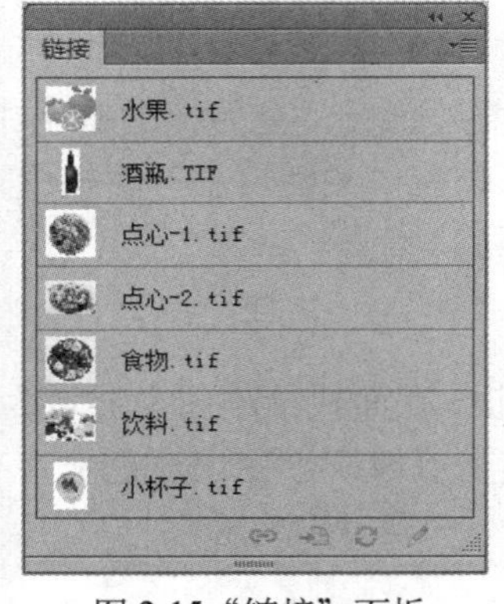


图 2-15 “链接”面板

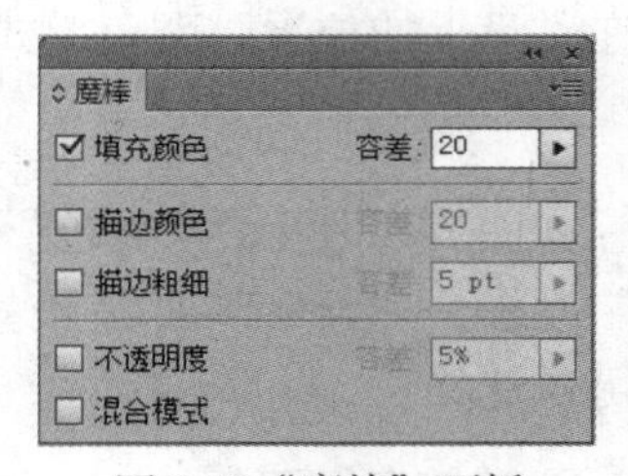


图 2-16 “魔棒”面板

### 13. “导航器”面板

如图 2-17 所示为“导航器”面板，在面板缩略图中显示为图标，单击该图标即可调出“导航器”面板。使用“导航器”面板可以方便地控制屏幕中画面的显示比例及显示位置。

### 14. “路径查找器”面板

如图 2-18 所示为“路径查找器”面板，在面板缩略图中显示为图标，单击该图标即可调出“路径查找器”面板。利用“路径查找器”面板可以将多个路径以多种方式组合成新的形状。它包括“形状模式”和“路径查找器”两大类。具体用法可参见 2.3.1 节。

### 15. “颜色参考”面板

如图 2-19 所示为“颜色参考”面板，在面板缩略图中显示为图标，单击该图标即可调出“颜色参考”面板。“颜色参考”面板会基于工具面板中的当前颜色来调整颜色。利用该面板可以用这些颜色对图稿着色，也可以将这些颜色存储为色板。

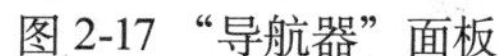
图 2-17 “导航器”面板

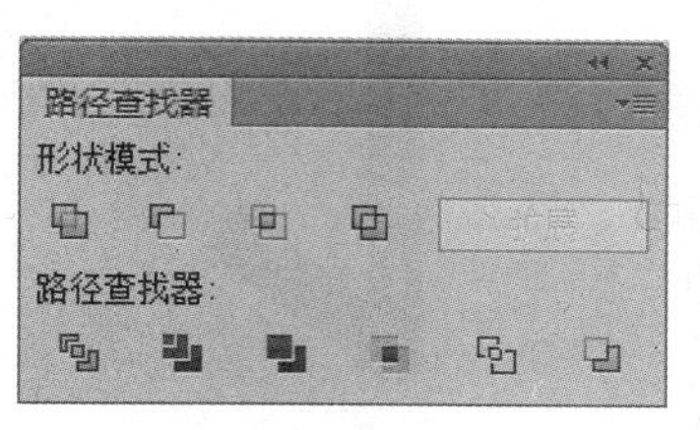


图 2-18 “路径查找器”面板

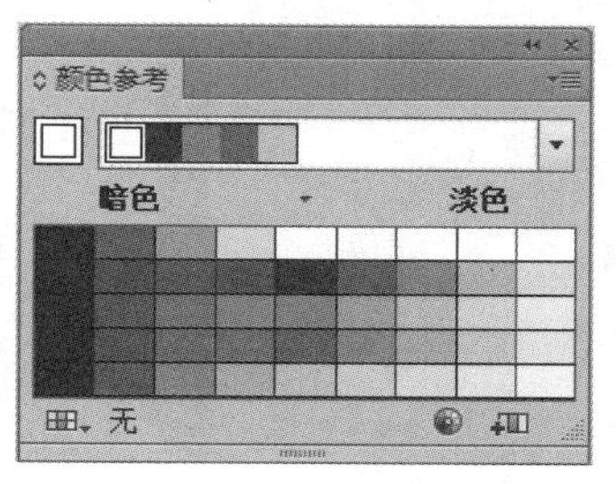


图 2-19 “颜色参考”面板

## 16. “描边”面板

如图 2-20 所示为“描边”面板，在面板缩略图中显示为图标，单击该图标即可调出“描边”面板。“描边”面板用来指定线条是实线还是虚线、虚线类型（如果是虚线）、描边粗细、描边对齐方式、斜接限制、箭头、宽度配置文件和线条连接的样式及线条端点。

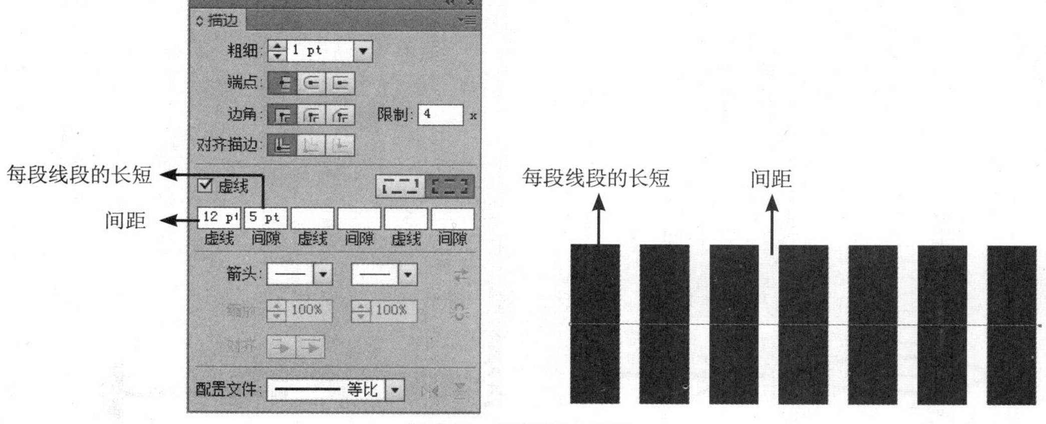


图 2-20 “描边”面板

“描边”面板中的端点有平头端点、圆头端点和方头端点 3 种类型，如图 2-21 所示为各种端点类型的效果比较。

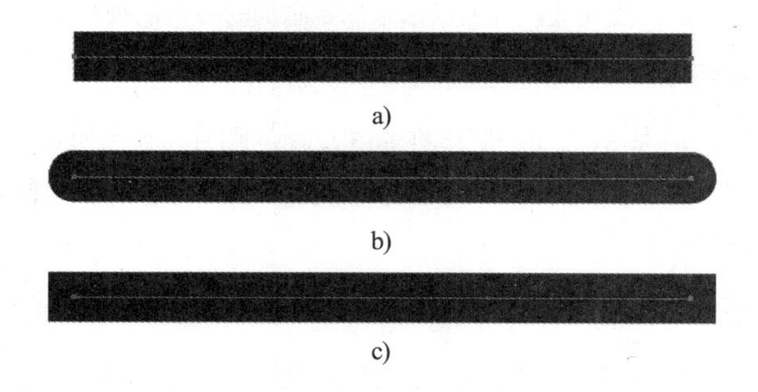


图 2-21 各种端点类型的效果比较

a) 平头端点　b) 圆头端点　c) 方头端点

“描边”面板中的连接有斜接连接、圆角连接和斜角连接 3 种类型，如图 2-22 所示为各种连接类型的效果比较。

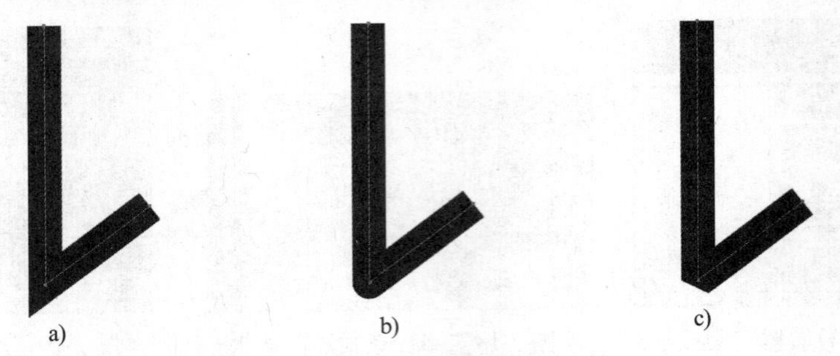


图 2-22 各种连接类型的效果比较

a) 斜接连接 b) 圆角连接 c) 斜角连接

“描边”面板中有多种开始和结束箭头可供选择，如图 2-23 所示为可在线段开始和结束位置添加的各类箭头。

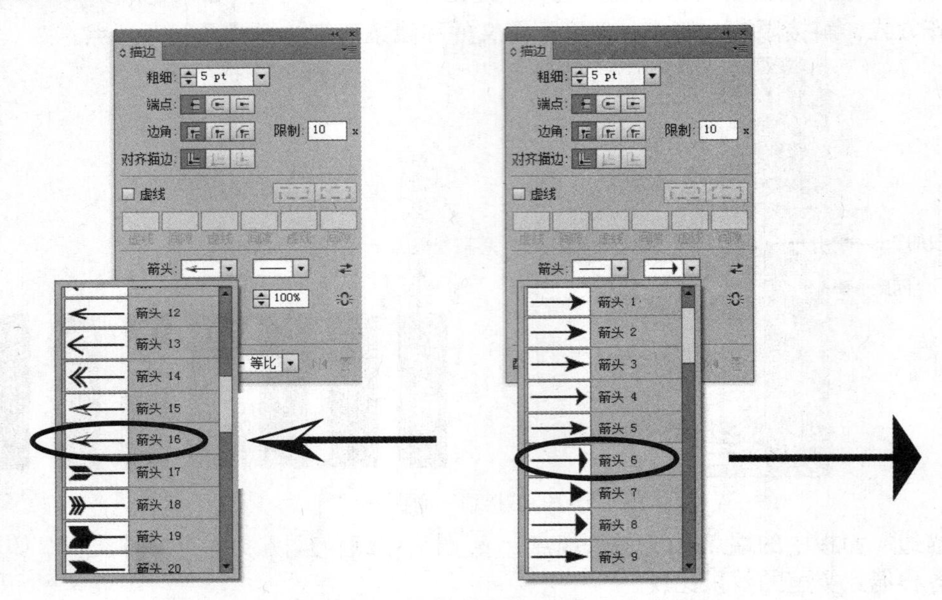


图 2-23 可在线段开始和结束位置添加的各类箭头

### 17. “图形样式”面板

如图 2-24 所示为“图形样式”面板，在面板缩略图中显示为图标，单击该图标即可调出“图形样式”面板。“图形样式”面板可以将对象的各种外观属性作为一个样式来保存，以便快速应用到对象上。

### 18. “SVG交互”面板

如图 2-25 所示为“SVG 交互”面板，在面板缩略图中显示为图标，单击该图标即可调出“SVG 交互”面板。当输出用于网页浏览的 SVG 图像时，可以利用“SVG 交互”面板添加一些用于交互的 JavaScript 代码（如鼠标响应事件）。

### 19. “变量”面板

如图 2-26 所示为“变量”面板，在面板缩略图中显示为图标，单击该图标即可调出“变量”面板。文档中每个变量类型和名称均列在“变量”面板中，可以使用“变量”面板来处理变量和数据组。如果将变量绑定到一个对象上，则“对象”列将显示绑定对象在“图层”面板中显示的名称。

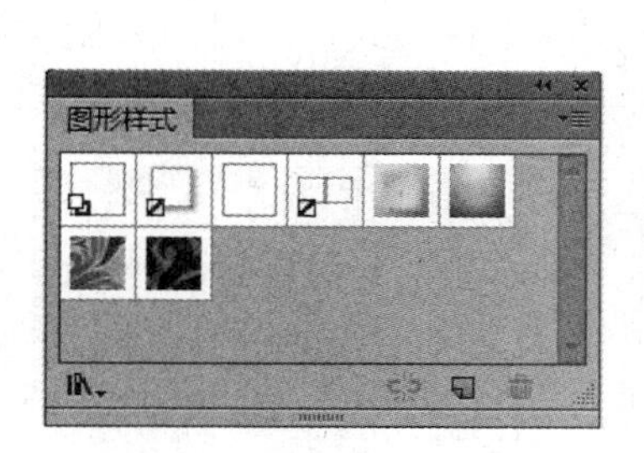


图 2-24“图形样式”面板

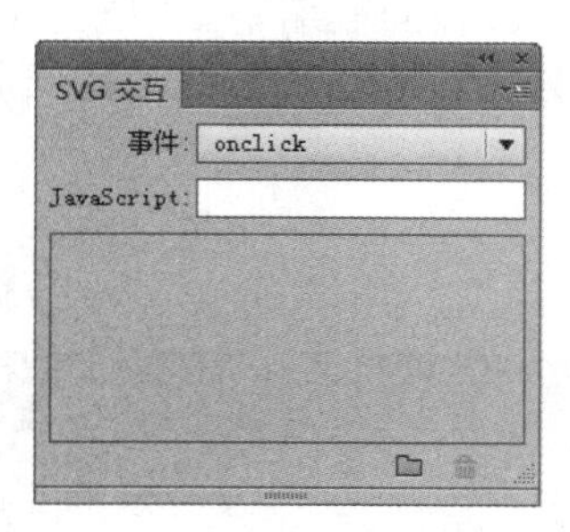


图 2-25“SVG 交互”面板

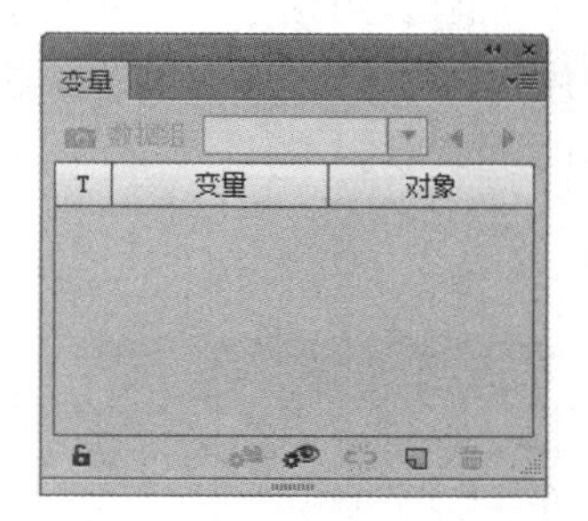


图 2-26“变量”面板

### 20. “色板”面板

如图 2-27 所示为“色板”面板，在面板缩略图中显示为图标，单击该图标即可调出“色板”面板。“色板”面板可以将调制好的纯色、渐变色和图案作为一种色样保存，以便快速应用到对象上。具体用法可参见 2.3.2 节。

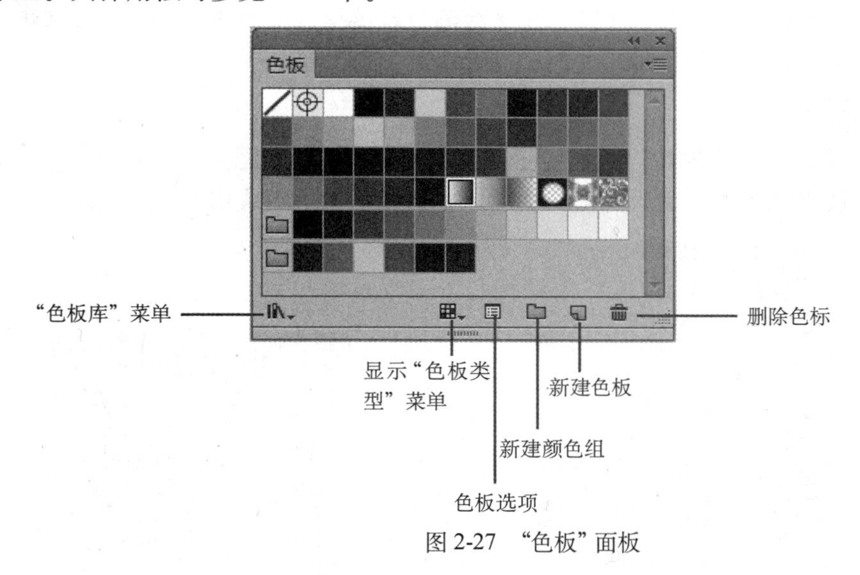


图 2-27 “色板”面板

### 21. “符号”面板

如图 2-28 所示为“符号”面板，在面板缩略图中显示为图标，单击该图标即可调出“符号”面板。符号用来表现具有相似特征的群体，可以将 Illustrator CS6 中绘制的各种图形对象作为符号来保存。

### 22. “变换”面板

如图 2-29 所示为“变换”面板，在面板缩略图中显示为图标，单击该图标即可调出“变换”面板。“变换”面板提供了被选择对象的位置、尺寸和方向等信息。利用“变换”

面板可以精确地控制变换操作。

### 23. “透明度”面板

如图 2-30 所示为“透明度”面板，在面板缩略图中显示为图标，单击该图标即可调出“透明度”面板。“透明度”面板可用来控制被选择对象的透明度与混合模式，还可用来创建不透明度蒙版。

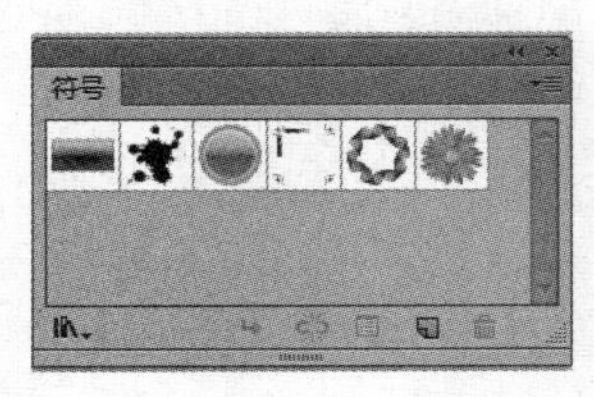


图 2-28 “符号”面板

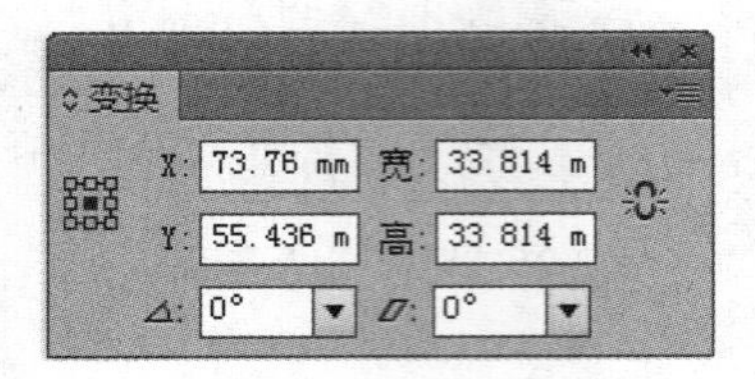


图 2-29 “变换”面板

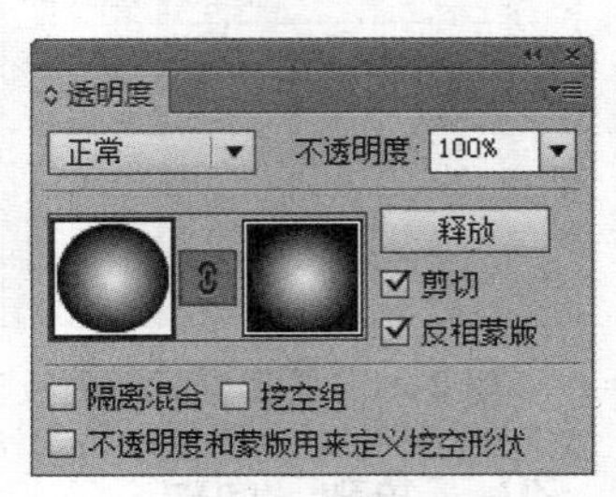


图 2-30 “透明度”面板

### 24. “字符”面板

如图 2-31 所示为“字符”面板，在面板缩略图中显示为图标，单击该图标即可调出“字符”面板。“字符”面板提供了格式化字符的各种选项（如字体、字号、行间距、字间距、字距微调、字体拉伸和基线移动等）。

### 25. “段落”面板

如图 2-32 所示为“段落”面板，在面板缩略图中显示为图标，单击该图标即可调出“段落”面板。使用“段落”面板可对文字对象中的段落文字设置格式化选项。

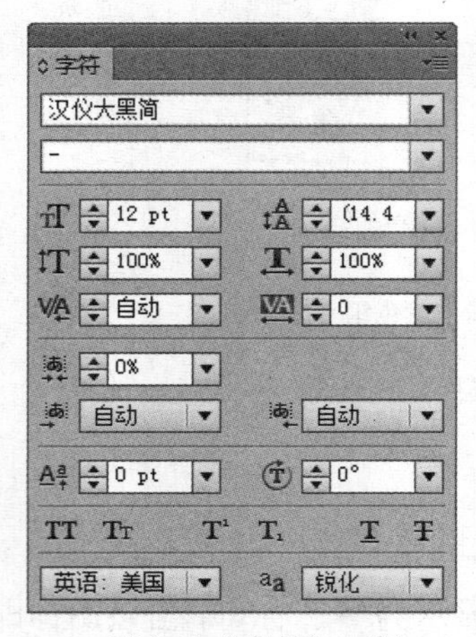


图 2-31 “字符”面板

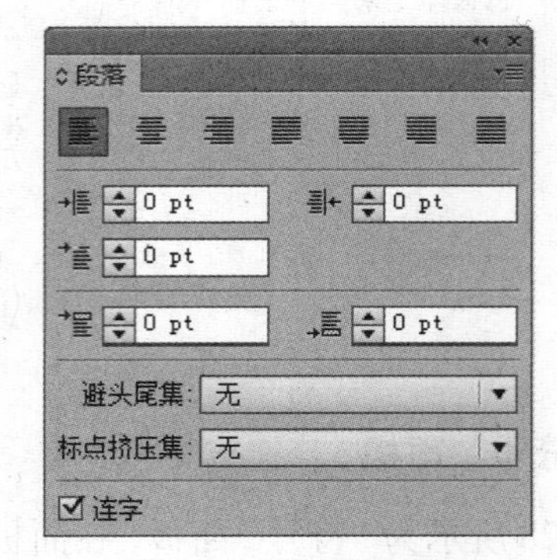


图 2-32 “段落”面板

## 2.1.3 课后练习

### 1. 填空题

（1）Illustrator CS6 的工作界面包括 ______、______、______、______、______、______ 等组成部分。

（2）“描边”面板中的“端点”有 ______、______ 和 ______3 种类型。

**2. 选择题**

（1）在“新建文档”对话框中，可以指定文档的参数有（　）。

A. 名称　　　　B. 大小

C. 颜色模式　　D. 单位

（2）用于选择单个节点的工具为（　）。

A.　　B.　　C.　　D.

（3）下列（　）属性可以在“描边”面板中进行定义。

A. 宽度　　B. 长度　　C. 端点　　D. 拐角

**3. 简答题**

（1）如何将 Illustrator CS6 工具箱中的隐藏工具调出来？

（2）简述工具箱中各工具的使用方法。

## 2.2　基本工具的使用

作为一款矢量图绘制软件，绘制图形是 Illustrator CS6 的一项基本功能。任何一个精美的、复杂的图形都是由若干个基本图形组合而成的，所以掌握绘制基本图形的方法和技巧是一个图形设计者的基本功。利用 Illustrator CS6 提供的绘图工具，可以绘制丰富多样、用途各异的基本图形，比如矩形、圆、椭圆、多边形、星形、直线、弧线、螺旋线及任意形状的图形等。

### 2.2.1　绘制线形

线形是平面设计中经常会用到的一种基本图形。在 Illustrator CS6 的工具箱中提供了多种绘制线形的工具，利用它们可以绘制直线、弧线和螺旋线等。

**1. 绘制直线**

直线是平面设计中最简单、最基本的图形对象。绘制直线使用的是工具箱中的（直线段工具），如图 2-33 所示。

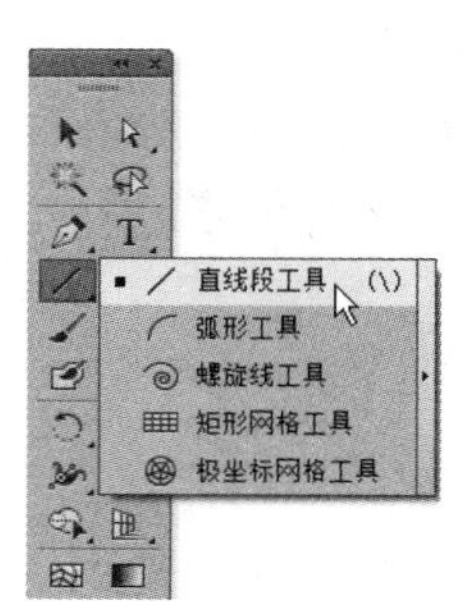

图 2-33　选择“直线段工具”

绘制直线的具体操作步骤如下：

1）选择工具箱中的（直线段工具），光标将变成十字形。然后按照两点确定一条直线的原则，在画布上任意一点单击，作为直线的起始点。再拖动鼠标，当到达直线的终止点后释放鼠标左键，即可完成任意长度、任意倾角的直线绘制，如图 2-34 所示。

2）在拖动鼠标绘制直线的过程中，结合〈Shift〉、〈Alt〉、〈~〉等功能键可以得到一些具有特殊效果的直线。比如，在拖动鼠标绘制直线的过程中按住〈Shift〉键，可以得到水平方向、垂直方向或者倾角为 45° 的直线，如图 2-35 所示。按住〈Alt〉键，可以得到以单击点为中心的直线。

3）用拖动鼠标的方法只能粗略地绘制直线，当需要精确指定直线的长度和方向时，可以选择（直线段工具），单击画布的任意位置，此时会弹出如图 2-36 所示的对话框。

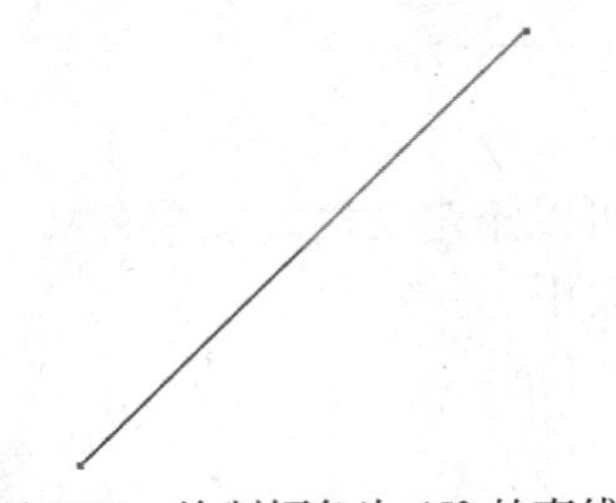

图 2-34 绘制直线　　图 2-35 绘制倾角为 45° 的直线

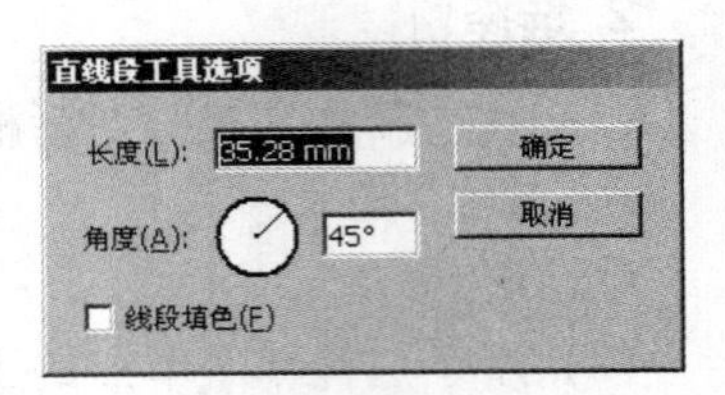


图 2-36“直线段工具选项”对话框

4）在该对话框中，“长度”文本框用于设定直线的长度，“角度”文本框用于设定直线的角度。设定完毕后，单击“确定”按钮，即可精确地绘制所需的直线。

**2. 绘制弧线**

弧线也是一种重要的基本图形，直线可以看作是弧线的一种特殊情况，所以弧线有着更为广泛的用途。Illustrator CS6 提供的绘制弧线的方法很丰富，利用这些方法，可以绘制出长短不一、形状各异的弧线。

绘制弧线的具体操作步骤如下：

1）选择工具箱中的（弧形工具），如图 2-37 所示，然后在画布上拖动鼠标，从而形成弧线的两个端点。在两个端点之间，将会自然地形成一段光滑的弧线。如图 2-38 所示为使用（弧形工具）绘制的弧线。

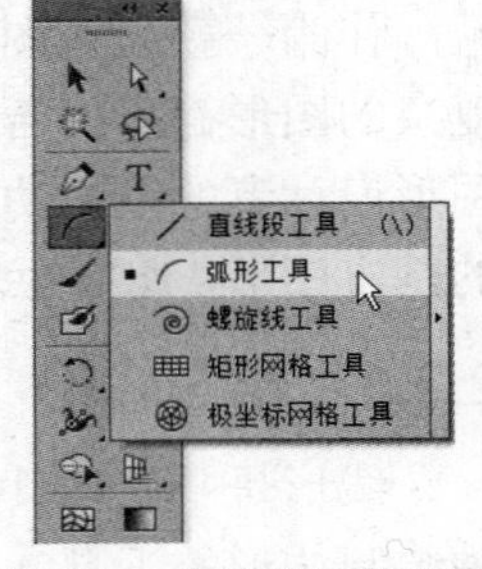


图 2-37 选择“弧形工具”

2）在拖动鼠标的过程中，按住键盘上的〈Shift〉、〈Alt〉、〈~〉等功能键，以及〈C〉、〈F〉键等，可以得到一些具有特殊效果的弧线。比如，在拖动鼠标绘制弧线时，按住〈Shift〉键，将得到在水平和垂直方向长度相等的弧线，如图 2-39 所示；按住〈Alt〉键，可以得到以单击点为中心的弧线；按住〈C〉键，可以通过增加两条水平和垂直的直线，得到封闭的弧线，如图 2-40 所示；按住〈~〉键，可以同时绘制得到多条弧线，从而制作出特殊的效果，如图 2-41 所示；按住〈F〉键，则可以改变弧线的凹凸方向；按住上、下方向键，则可以增加或减少弧度。

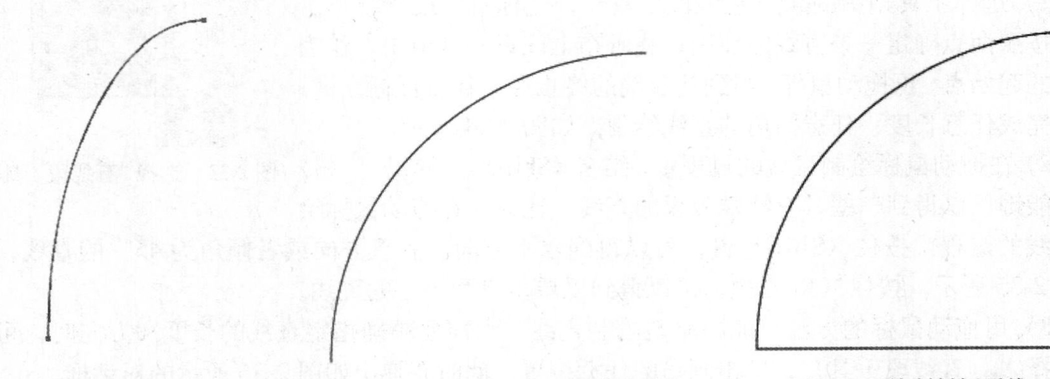

图 2-38 绘制弧线　　图 2-39 水平和垂直方向长度相等的弧线　　图 2-40 绘制封闭弧线

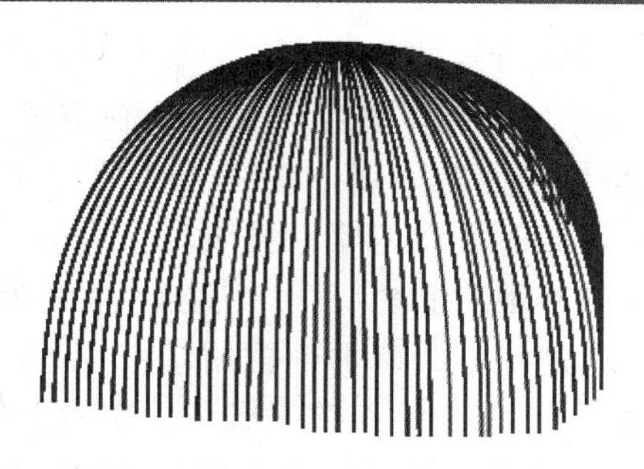

图 2-41　同时绘制多条弧线

3）利用拖动鼠标的方法只能粗略地绘制弧线。当需要精确指定弧线的长度和方向时，可以在选择（弧形工具）的情况下，单击画布的任意位置，此时会弹出如图 2-42 所示的对话框。

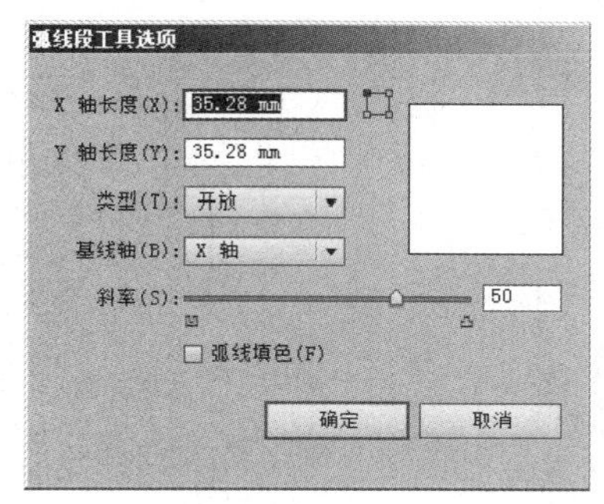


图 2-42 “弧线段工具选项”对话框

4）在该对话框中，可以精确设定弧线各轴向的长度、凹凸方向和弯曲程度。

### 3. 绘制螺旋线

相对于直线和弧线而言，螺旋线是一种并不常用的线形。但在某些场合中，它也是必不可少的一种线形。

绘制螺旋线的具体操作步骤如下：

1）选择工具箱中的（螺旋线工具），如图 2-43 所示。然后在要绘制的螺旋线中心处按住鼠标左键在画布上拖动，接着释放鼠标即可绘制出螺旋线，如图 2-44 所示。

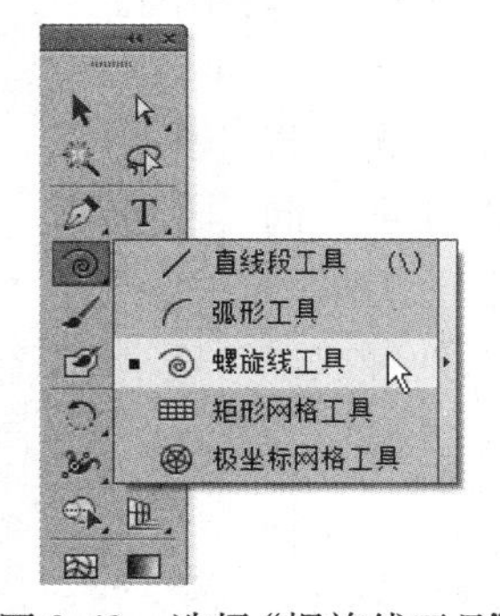


图 2-43　选择“螺旋线工具”

图 2-44　绘制螺旋线

2）在绘制螺旋线的过程中，通过配合键盘上不同的键，可以实现某些特殊效果。比如，按上、下方向键，可以增加或减少螺旋线的圈数；按住〈~〉键，将会同时绘制出多条螺旋线；在绘制螺旋线的过程中，按住空格键，会“冻结”正在绘制的螺旋形，此时可以在屏幕上任意移动，当松开空格键后可以继续绘制螺旋线；按住〈Shift〉键，可以使螺旋线以 45°的增量旋转；按住〈Ctrl〉键，可以调整螺旋线的紧密程度。

3）用拖动鼠标的方法只能粗略地绘制螺旋线。当需要精确指定螺旋线的长度和方向时，可以在选中（螺旋线工具）的情况下，单击画布的任意位置。此时会弹出如图 2-45 所示的对话框，可以通过详细设置该对话框中的参数来精确绘制所需的螺旋线。

4）在该对话框中，“半径”文本框用于设置螺旋线的半径值，即螺旋线中心点到螺旋线终止点之间的直线距离，如图 2-46 所示；“衰减”文本框用于为螺旋线指定一个所需的衰减度；“段数”用于设定螺旋线的段数；“样式”用于设置螺旋线旋转的方向，有顺时针和逆时针两个选项供用户选择。

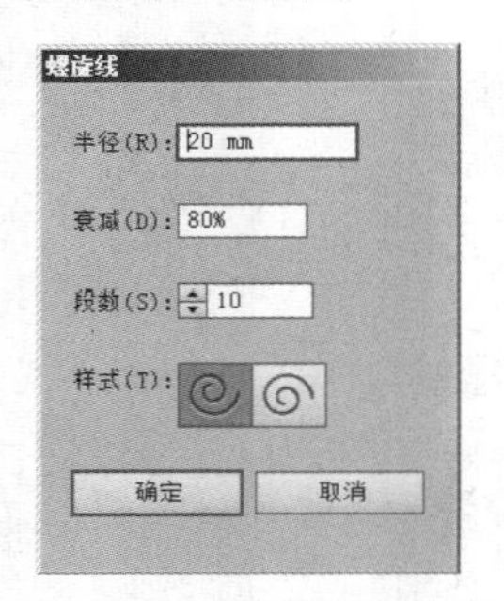


图 2-45　设置螺旋线参数

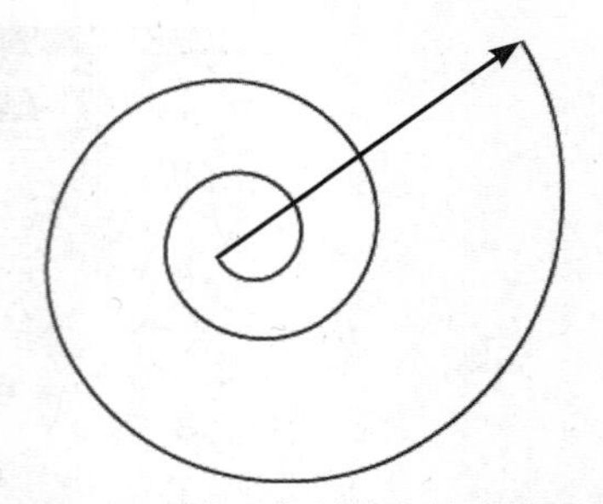

图 2-46　中心点到终点的直线距离

## 2.2.2　绘制图形

本节所指的“图形”是一个狭义的概念，是指使用绘图工具绘制的，封闭的，可直接设置填充和线型的基本图形，包括矩形、圆、椭圆、多边形和星形等。通过这些基本的图形，可以组合出丰富多彩的复杂图形。

### 1. 绘制矩形

绘制矩形有两种方法：第一种是在屏幕上拖动鼠标绘制出矩形或圆角矩形；第二种是通过输入确定的数值绘制矩形或圆角矩形。当只需粗略确定矩形大小的时候，用前一种方法更为快捷；当需要精确指定矩形的长和宽的时候，用后一种方法更为精确。

绘制矩形的具体操作步骤如下：

1）选择工具箱中的（矩形工具），如图 2-47 所示，光标将变成十字形。然后在画布上的某一点处按下鼠标左键，往任意方向拖动，此时将会出现蓝色的矩形框，如图 2-48 所示。

2）当最终确定矩形的大小后，在矩形起始点的对角点处释放鼠标左键，即可完成矩形的绘制，如图 2-49 所示。

提示：在拖动鼠标的同时，按住〈Shift〉键，就可以绘制出正方形，如图 2-50所示；按住〈Alt〉键，将从中心开始绘制矩形；按住空格键，就会暂时“冻结”正在绘制的矩形，此时可以在屏幕上任意移动预览框的位置，松开空格键后可以继续绘制矩形。

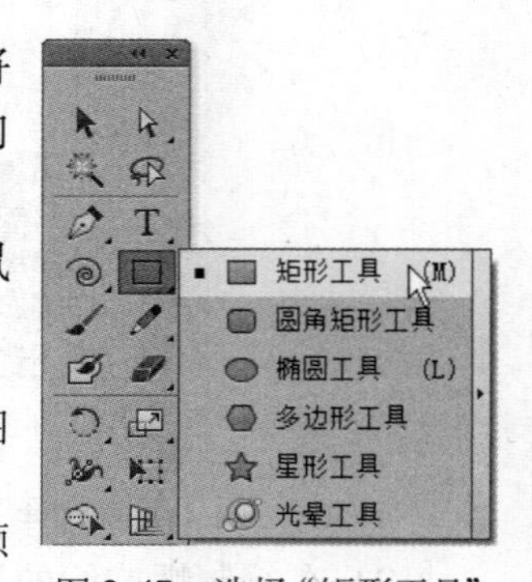


图 2-47　选择“矩形工具”

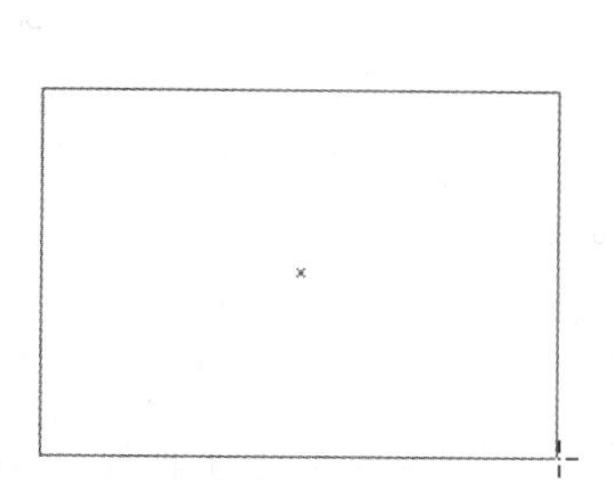

图 2-48　出现蓝色的矩形框

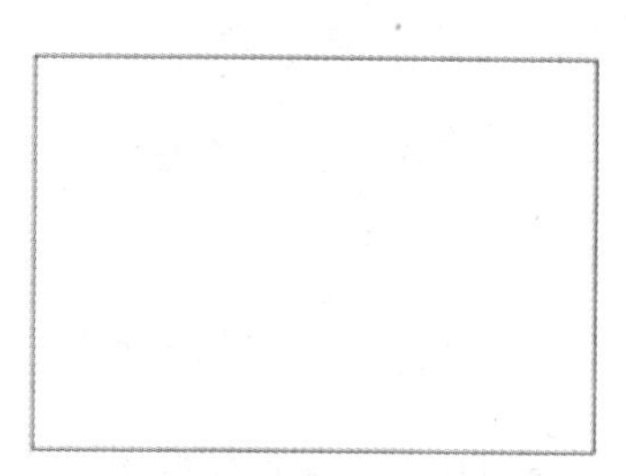

图 2-49　绘制矩形

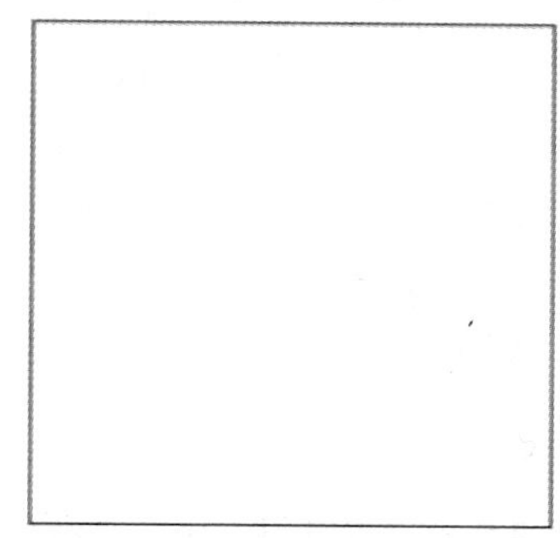

图 2-50　绘制正方形

3）如果需要精确地绘制矩形，即要精确地指定矩形的长和宽，可以选择工具箱中的（矩形工具），在屏幕上任意位置单击，此时，将会弹出如图 2-51 所示的对话框。

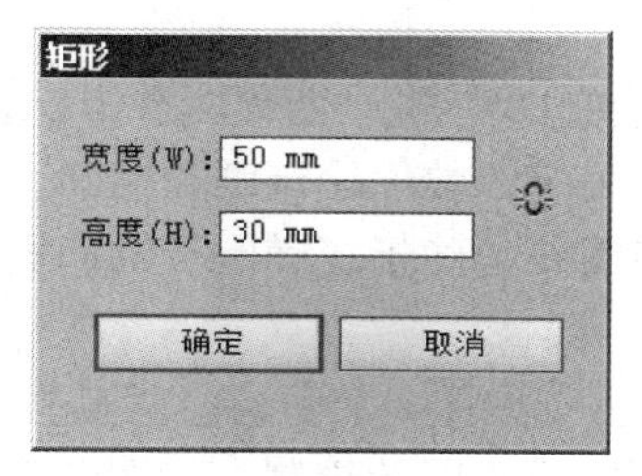


图 2-51 “矩形”对话框

4）在该对话框中，“宽度”文本框用于设置矩形的宽度，“高度”文本框用于设置矩形的高度。设置完成后，单击“确定”按钮即可。

## 2. 绘制圆角矩形

绘制圆角矩形的基本操作方法与绘制矩形的基本一致，其具体操作步骤如下：

1）选择工具箱中的（圆角矩形工具），如图 2-52 所示。然后在画面上拖动，松开鼠标后即可绘制出一个圆角矩形，如图 2-53 所示。

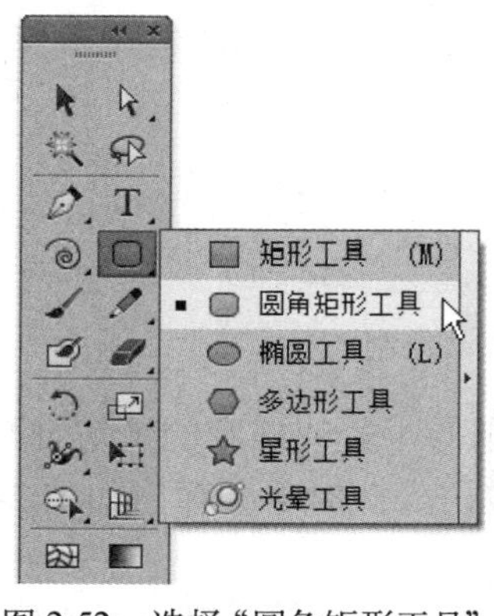


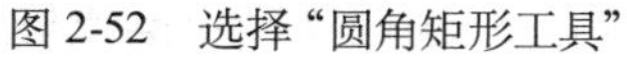

图 2-52　选择“圆角矩形工具”

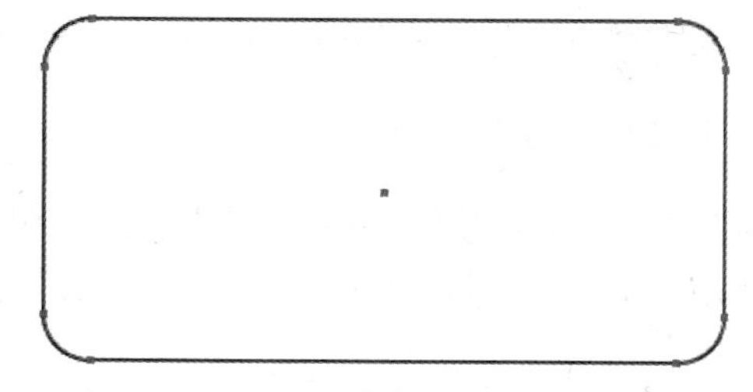

图 2-53　绘制圆角矩形

2）如果需要精确地绘制圆角矩形，即要精确地指定圆角矩形的长、宽及圆角半径的值，则可以选择工具箱中的（圆角矩形工具），在屏幕上任意位置单击，此时会弹出如图 2-54 所示的对话框。

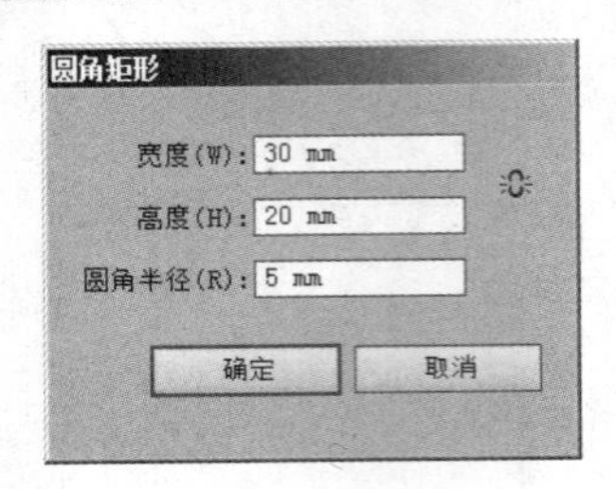


图 2-54 “圆角矩形”对话框

3）在该对话框中，“宽度”文本框用于设置圆角矩形的宽度，“高度”文本框用于设置圆角矩形的高度，“圆角半径”文本框用于指定圆角矩形的圆角半径。设置完成后，单击“确定”按钮即可。

**3. 绘制圆和椭圆**

与绘制矩形和圆角矩形一样，绘制圆和椭圆也有两种方法。第一种是在屏幕上拖动鼠标绘制圆和椭圆；第二种是通过输入确定的数值绘制圆和椭圆。当只需粗略确定圆和椭圆大小的时候，用前一种方法更快捷；当需要精确指定椭圆长轴和宽轴的值时，用后一种方法更精确。

1）选择工具箱中的（椭圆工具），如图 2-55 所示。然后按住鼠标左键，在画布上拖动，当达到所需的大小后释放鼠标，即可完成椭圆的绘制，如图 2-56 所示。

提示：在拖动鼠标时按住〈Shift〉键，即可绘制出一个标准的圆；按住〈Alt〉键，将不是从左上角开始绘制椭圆，而是从中心开始；按住空格键，会“冻结”正在绘制的椭圆，可以在屏幕上任意移动预览图形的位置，松开空格键后可以继续绘制椭圆。

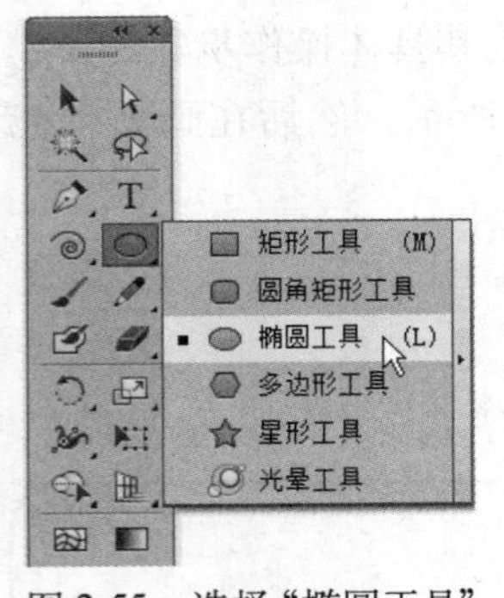


图 2-55　选择“椭圆工具”

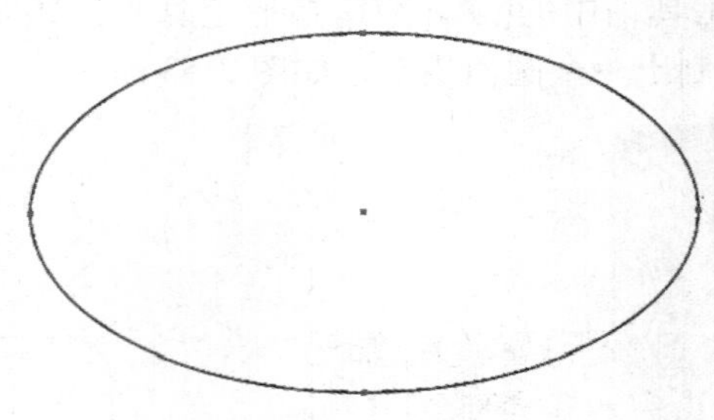

图 2-56　绘制椭圆

2）如果需要精确地绘制圆或椭圆（即要精确指定圆的半径或椭圆的长短轴），则可以选择工具箱中的（椭圆工具），在屏幕上任意位置单击，此时将会弹出如图 2-57 所示的对话框。

3）在该对话框中，不是通过直接指定圆的半径或椭圆的长短轴来确定圆或椭圆的大小，而是通过指定圆或椭圆的外接矩形的长和宽来确定圆或椭圆的大小。其中，“宽度”文本框用于设置外接矩形的宽度，“高度”文本框用于设置外接矩形的高度。设置完毕后，单击“确定”按钮即可。

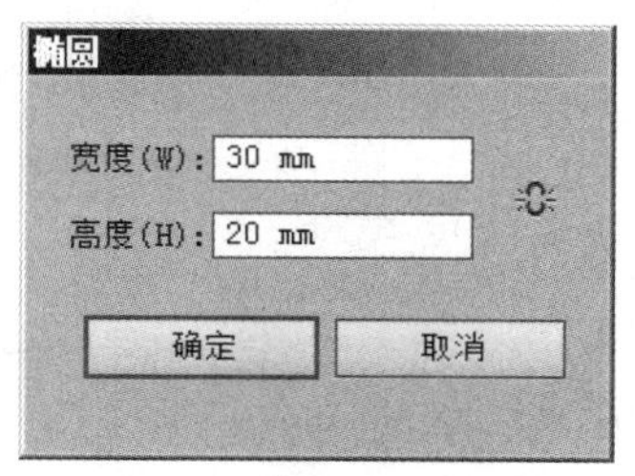

图 2-57 “椭圆”对话框

### 4. 绘制星形

星形是常用的图形之一，在 Illustrator CS6 中提供了专门绘制星形的工具。

绘制星形的具体操作步骤如下：

1）选择工具箱中的☆（星形工具），如图 2-58 所示，然后在画布的任意位置进行拖动，最后释放鼠标即可绘制出星形，如图 2-59 所示。

提示：在绘制星形的过程中，可以按向上或向下的箭头键增加和减少星形的边数；按住〈Ctrl〉键，可以在不改变内径大小的情况下改变外径的大小。

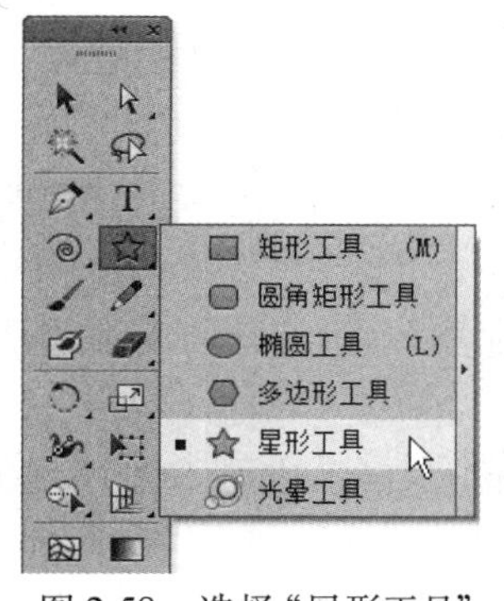

图 2-58　选择“星形工具”

图 2-59　绘制星形

2）如果要精确绘制星形，则可以选择工具箱中的☆（星形工具），然后在画布的任意位置单击，将会弹出如图 2-60 所示的对话框。

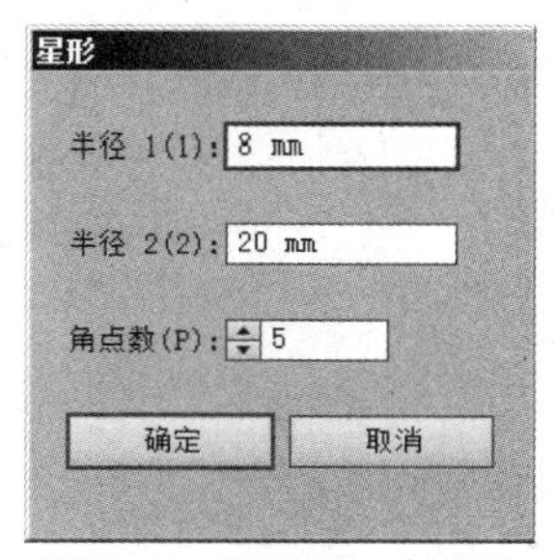

图 2-60 “星形”对话框

3）在“星形”对话框中，可以通过“角点数”文本框选取或输入所需要绘制的星形的外凸点数。比如，绘制五角星，则此处设置为 5。如图 2-61 所示为使用☆（星形工具）绘制的不同角点数的星形。

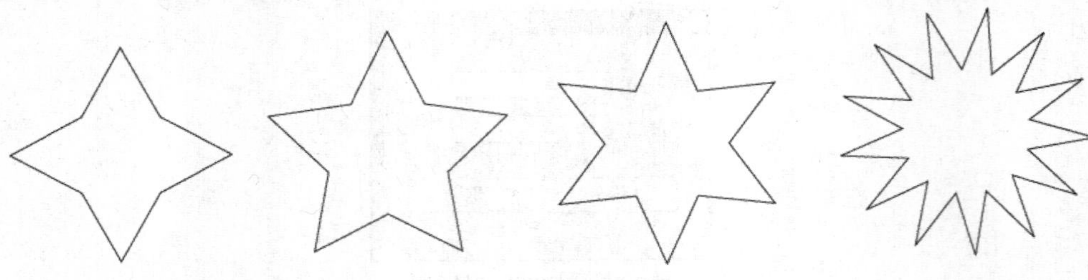

图 2-61　绘制不同角点数的星形

4）在“星形”对话框中，“半径 1”文本框用于设置星形的内凹半径，即内凹点到中心点的距离；“半径 2”文本框用于设置星形的外凸半径，即外凸点到中心点的距离，如图 2-62 所示。

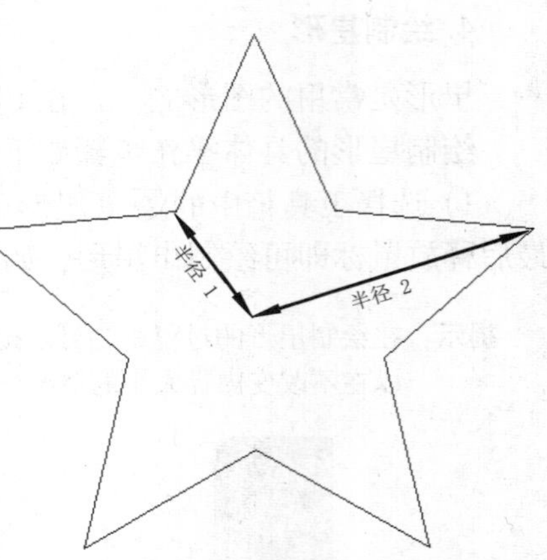


图 2-62 “半径 1”和“半径 2”的范围

5）在拖动鼠标的过程中按住键盘上的〈~〉键，可以同时绘制出多个星形，从而形成一些特殊的效果。

**5. 绘制多边形**

在 Illustrator CS6 中，可以绘制任意边数的正多边形。与绘制矩形和椭圆的方法类似，也分为拖动鼠标绘制的方法和精确绘制的方法。

绘制多边形的具体操作步骤如下：

1）选择工具箱中的（多边形工具），如图 2-63 所示。然后按住鼠标左键在画布上拖动，最后释放鼠标即可绘制出多边形，如图 2-64 所示。

2）如果要精确绘制多边形，则可以选择工具箱中的（多边形工具），在画布的任意位置单击鼠标，此时会弹出如图 2-65 所示的对话框。

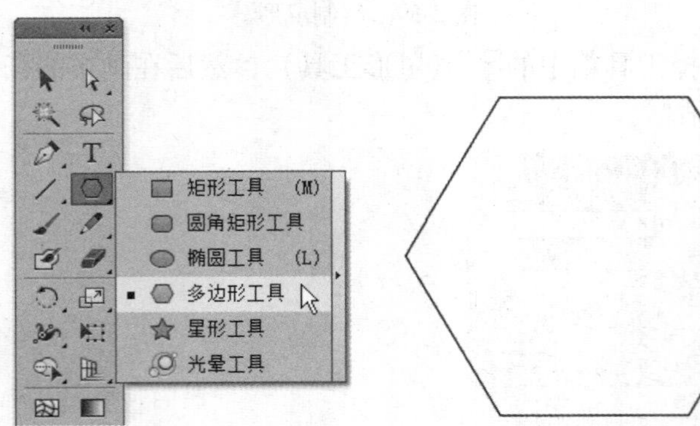


图 2-63　选择“多边形工具”

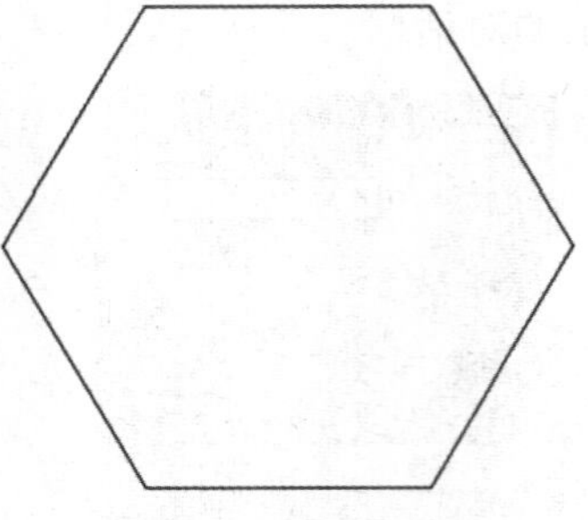

图 2-64　绘制多边形

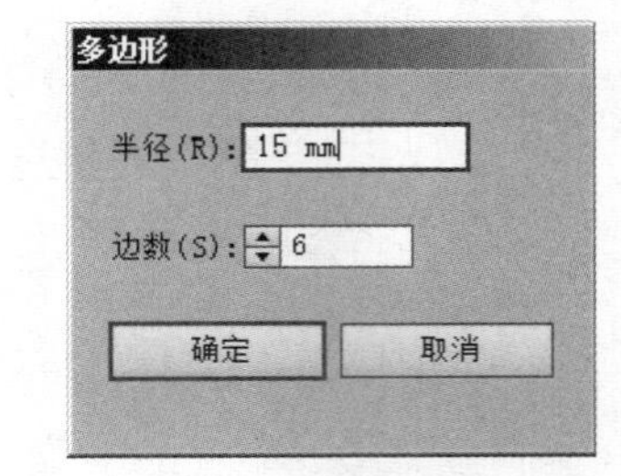


图 2-65 “多边形”对话框

3）在“多边形”对话框中，可以在“边数”文本框中选取或者输入所需绘制的正多边形的边数；可以在“半径”文本框中输入正多边形外接圆的半径。设置完毕后，单击“确定”按钮即可。

4）在绘制的过程中，左右移动鼠标可以转动多边形，从而形成非规则放置的多边形，如图 2-66 所示。在拖动鼠标的过程中，按住键盘上的〈~〉键，可以同时绘制出多个多边形，从而形成一些特殊的效果，如图 2-67 所示。

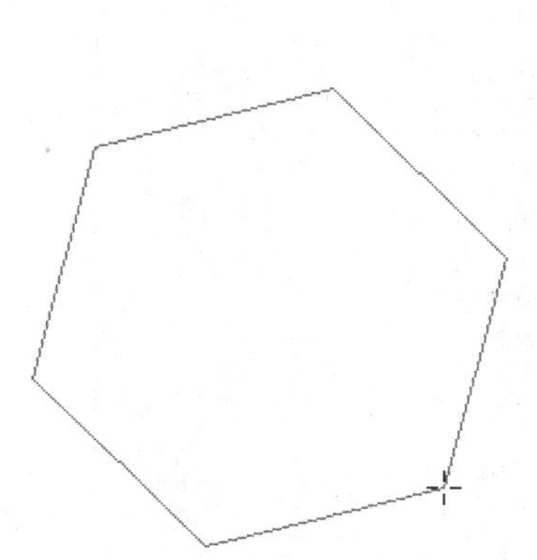

图 2-66　绘制非规则放置的多边形

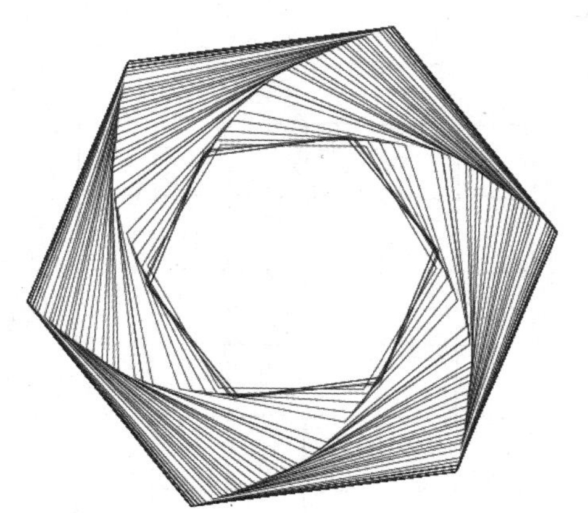

图 2-67　同时绘制多个多边形

## 2.2.3　绘制网格

在平面设计中，网格是经常用到的。矩形网格和极坐标网格是最常用的两种网格。使用▦（矩形网格工具）和◎（极坐标网格工具）能够快速地绘制出矩形网格和极坐标网格。

### 1. 绘制矩形网格

绘制矩形网格的具体操作步骤如下：

1）选择工具箱中的▦（矩形网格工具），如图 2-68 所示，然后在画布上拖动鼠标，可以通过确定的两个对角点来确定矩形网格的位置和大小，所绘制的矩形网格如图 2-69 所示。

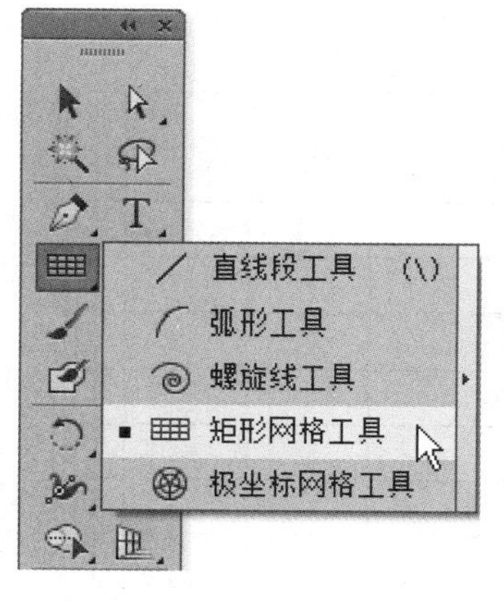


图 2-68　选择"矩形网格工具"

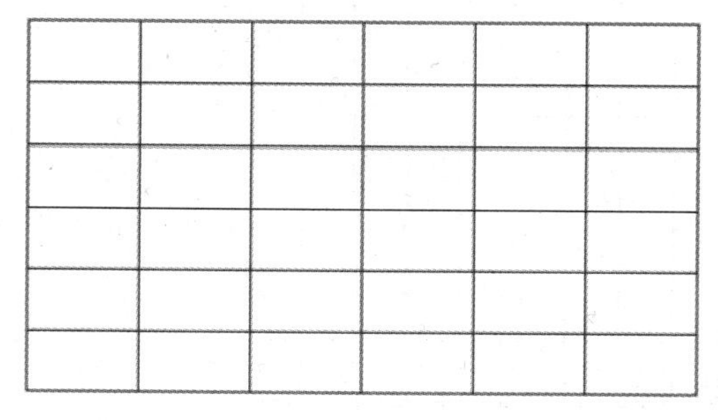

图 2-69　绘制矩形网格

2）在拖动鼠标绘制矩形网格的过程中，如果按住键盘上的〈Shift〉键则可以得到正方形网格，如图 2-70 所示；如果按住键盘上的向上箭头键则可以增加矩形网格的行数，按住键盘上的向下箭头键可以减少矩形网格的列数。

3）如果要精确绘制矩形网格，则可以选择工具箱中的▦（矩形网格工具），然后在画布的任意位置单击，此时会弹出如图 2-71 所示的对话框。

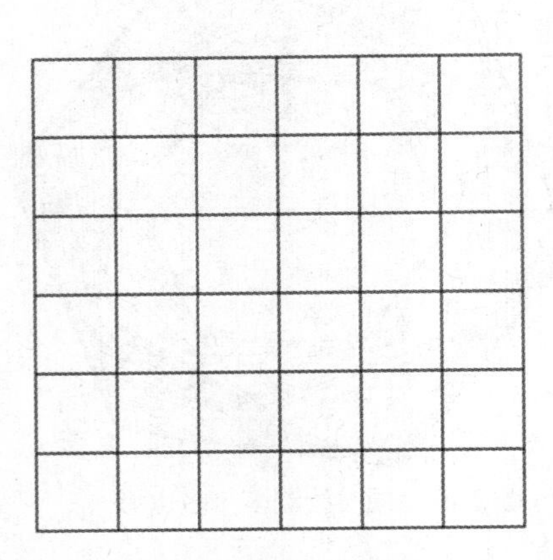

图 2-70　正方形网格

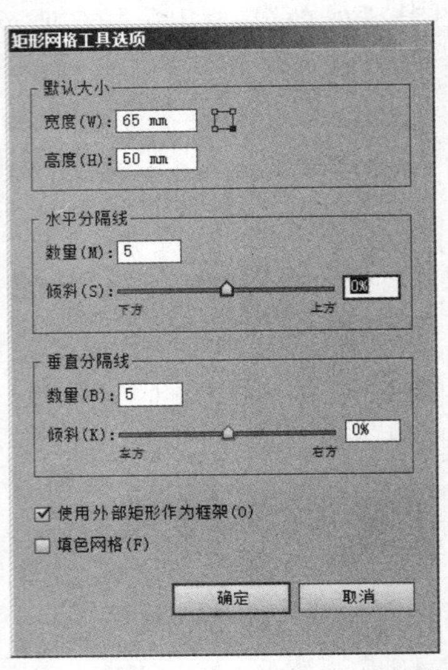


图 2-71　“矩形网格工具选项”对话框

4）在该对话框中，“默认大小”选项组用于设置矩形网格的宽度和高度；“水平分隔线”选项组中的“数量”文本框用于设置水平分隔线的数目，“倾斜”文本框用于指定水平分隔线与网格水平边缘的距离；“垂直分隔线”选项组中的“数量”文本框用于设置垂直分隔线的数目，“倾斜”文本框用于设置垂直分隔线与网格垂直边缘的距离。如果将水平“倾斜（S）”值设为 60%，将会得到如图 2-72 所示的矩形网格；如果将垂直“倾斜（K）”值设为 60%，将会得到如图 2-73 所示的矩形网格。

提示：在绘制矩形网格的过程中，利用键盘的向上和向下箭头键，同样可以得到如图 2–72 和图 2–73 所示的效果。

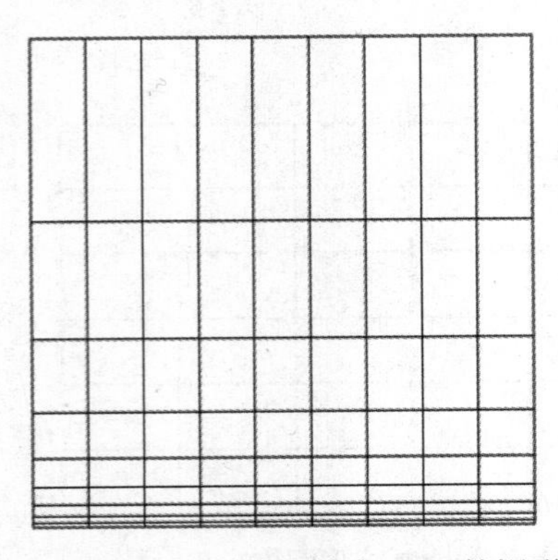

图 2-72　水平“倾斜（S）”值为 60% 的矩形网格

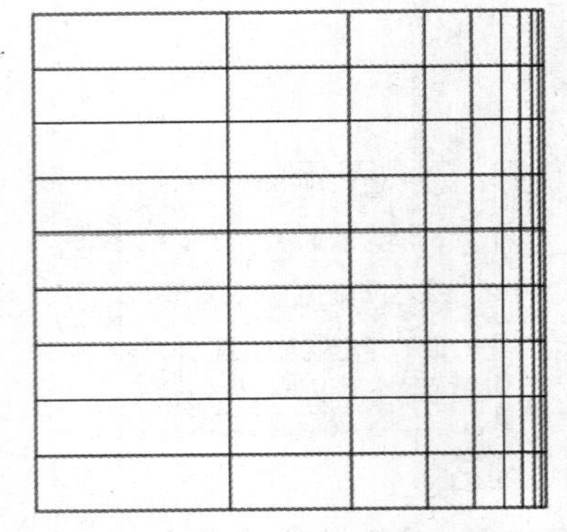

图 2-73　垂直“倾斜（K）”值为 60% 的矩形网格

5）如果在该对话框中选中了“使用外部矩形作为框架”复选框，则将矩形网格最外层的矩形作为整个网格的边框；如果选中了“填充网格”复选框，则将填充网格。如图 2-74 所示为填充了的矩形网格。

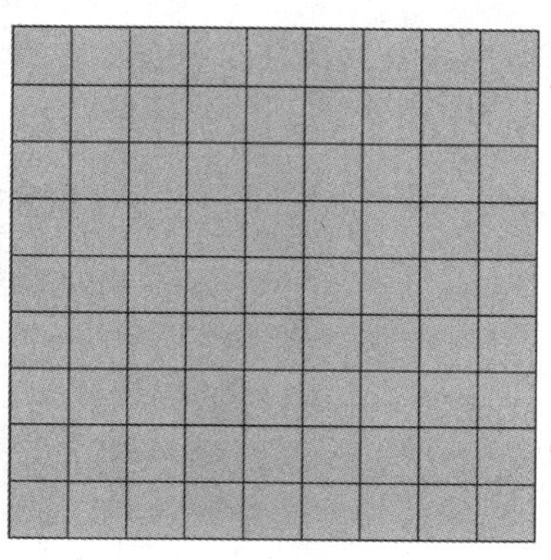

图 2-74 填充了的矩形网格

## 2. 绘制极坐标网格

绘制极坐标网格的具体操作步骤如下：

1）选择工具箱中的（极坐标网格工具），如图 2-75 所示，然后在画布上拖动鼠标，可以通过确定外轮廓圆的外接矩形的两个对角点来确定极坐标网格的位置和大小，所绘制的极坐标网格如图 2-76 所示。

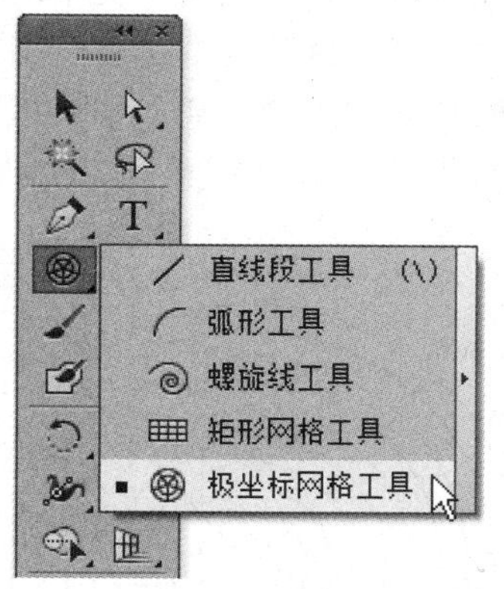


图 2-75 选择“极坐标网格工具”

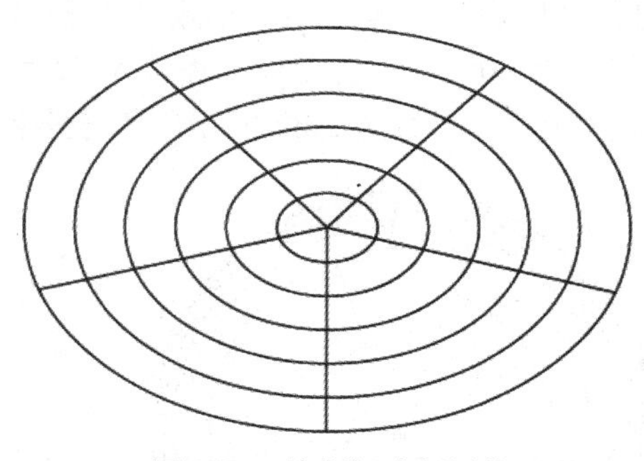

图 2-76 绘制极坐标网格

2）在拖动鼠标绘制极坐标网格的过程中，如果按住键盘上的〈Shift〉键，则可以得到外轮廓为正圆的极坐标网格，如图 2-77 所示；如果按住键盘上的向上箭头键，则可以增加极坐标网格同心圆的数目，如图 2-78 所示；如果按住键盘上的向右箭头键，则可以增加极坐标网格射线的数目，如图 2-79 所示。

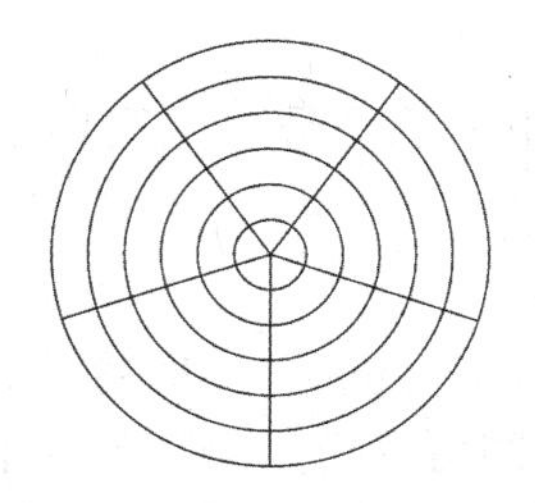

图 2-77 外轮廓为正圆的极坐标网格

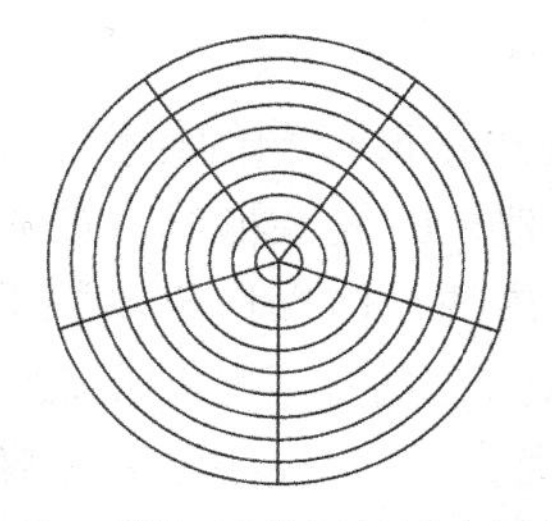

图 2-78 增加极坐标的同心圆数目

3）如果要绘制精确的极坐标网格，则选择工具箱中的 （极坐标网格工具），然后在画布的任意位置单击，将会弹出如图 2-80 所示的对话框。

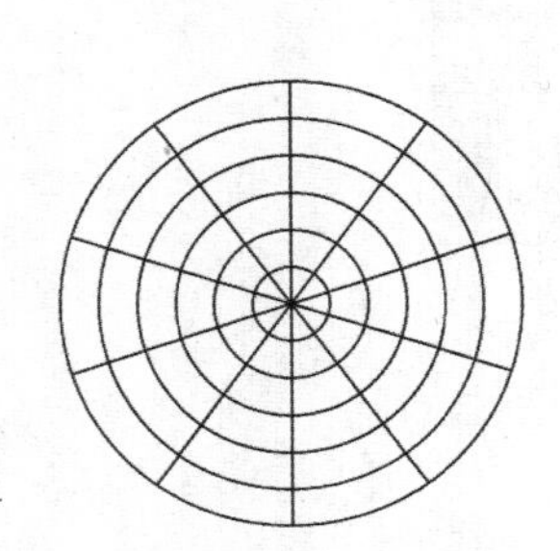

图 2-79　增加极坐标的网格射线数目

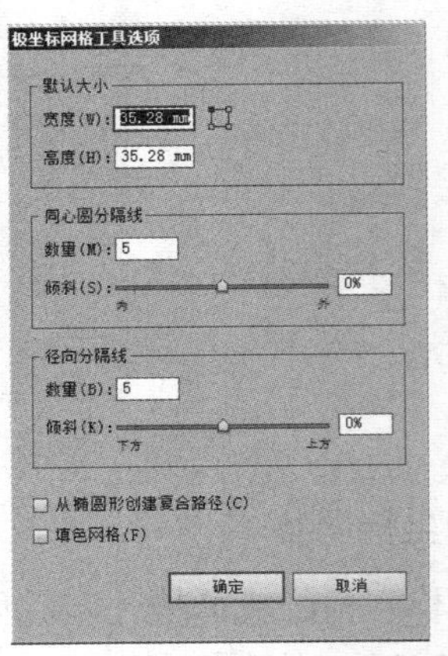


图 2-80 “极坐标网格工具选项”对话框

4）在该对话框中，“默认大小”选项组用于设置极坐标网格外接矩形的宽度和高度；“同心圆分隔线”选项组中的“数量”文本框用于指定分隔线的数目，“倾斜”文本框用于指定分隔线与网格轴向边缘的距离；“径向分隔线”选项组中的“数量”文本框用于指定径向分隔线的数目，“倾斜”文本框用于指定径向分隔线与网格径向起点的距离。如果将水平“倾斜（S）”值设为 60%，将会得到如图 2-81 所示的极坐标网格；如果将垂直“倾斜（K）”值设为 60%，将会得到如图 2-82 所示的极坐标网格。

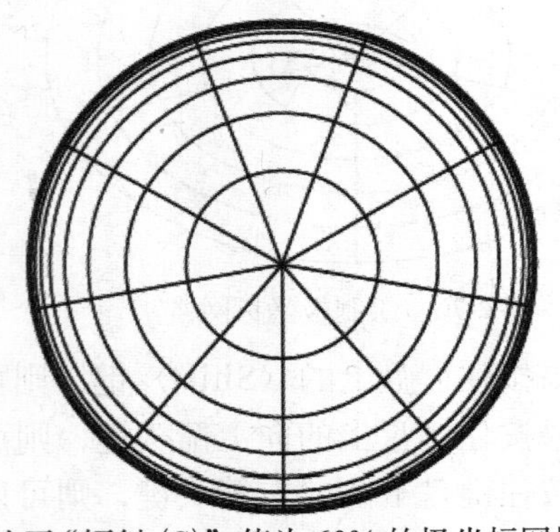

图 2-81　水平“倾斜（S）”值为 60% 的极坐标网格

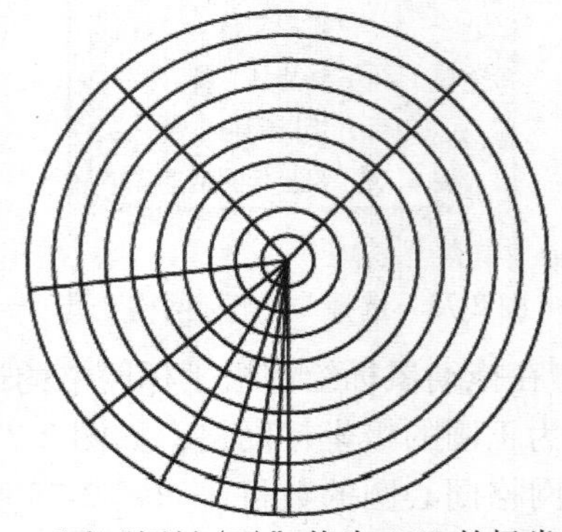

图 2-82　垂直“倾斜（K）”值为 60% 的极坐标网格

## 2.2.4　光晕工具

光晕工具是一种很特殊的绘图工具，利用它绘制出来的图形不是简单的基本图形，而是一种具有闪耀效果的复杂形体，如图 2-83 所示。

绘制光晕效果的具体操作步骤如下：

1）选择工具箱中的 （光晕工具），如图 2-84 所示。此时，光标将变成一个实十字和虚十字相间的形状，然后按住鼠标左键在画布上拖动，即可进行光晕图形的绘制，如图 2-85 所示。

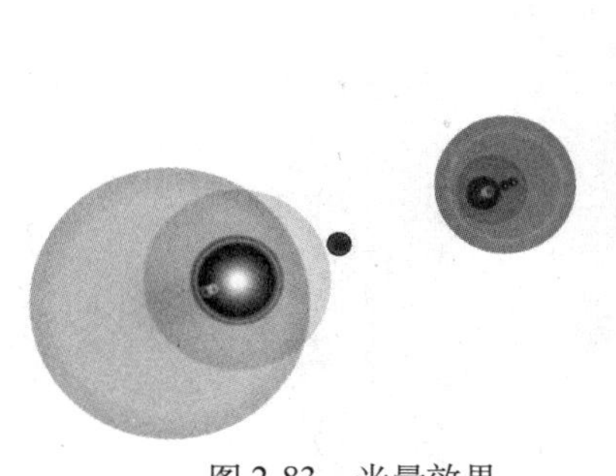

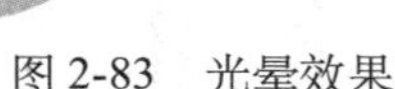

图 2-83　光晕效果

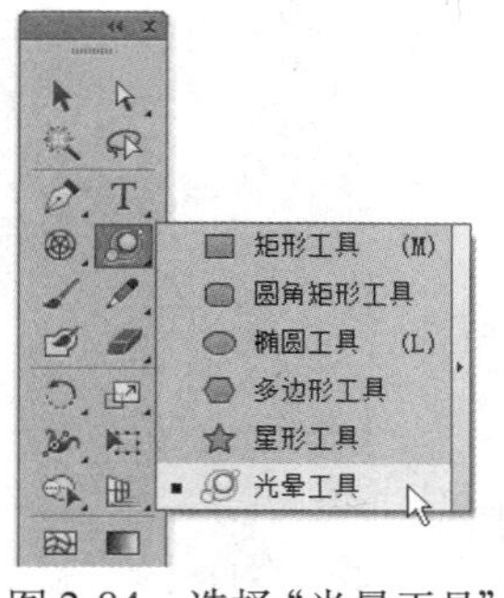


图 2-84　选择“光晕工具”

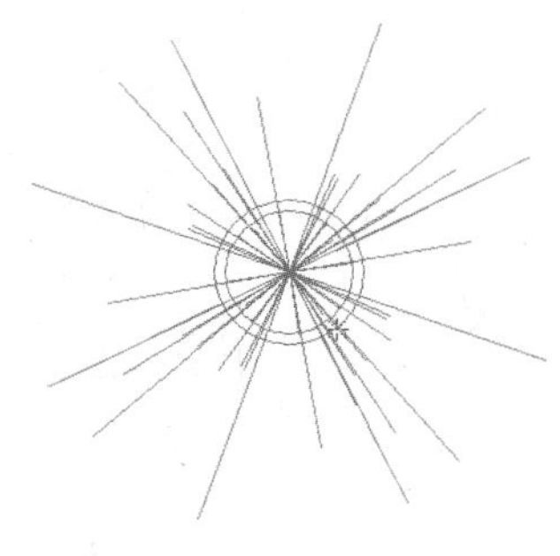

图 2-85　绘制光晕图形的过程

2）在拖动鼠标绘制的过程中，可以以图形的中心为圆心转动图形。如果不想旋转闪耀图形，可按住键盘上的〈Shift〉键；如果在拖动鼠标的过程中按住空格键，就会暂停绘制操作，并可在页面上任意移动未绘制完成的闪耀图形；按住向下箭头键，则可以减少闪耀图形的射线数目；如果当前的闪耀图形满足要求，即可释放鼠标左键，效果如图 2-86 所示。

3）此时，并没有完成闪耀图形的绘制。要完成最终的闪耀图形，必须双击所绘制的闪耀图形的框架图，然后在弹出的如图 2-87 所示的对话框中进行设置，设置完成后单击“确定”按钮即可。

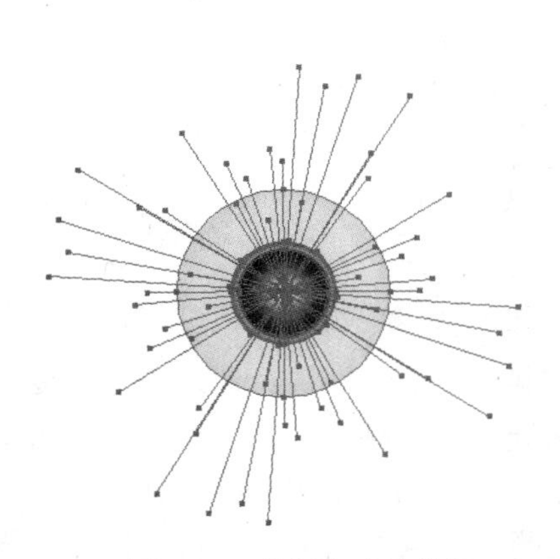

图 2-86　绘制完成的效果

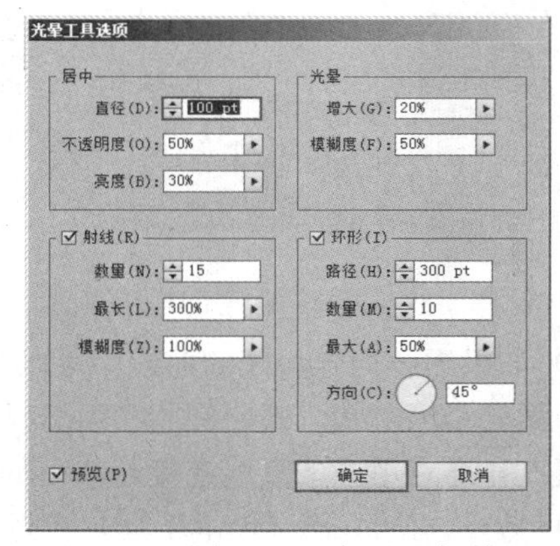


图 2-87　“光晕工具选项”对话框

## 2.2.5　徒手绘图与修饰

在平面设计中，并非所有的线条都是类似直线、椭圆的规则图形，更多的时候需要用灵巧的双手和铅笔等作图工具，来绘制一些不规则的图形。本节将讲解（铅笔工具）、（平滑工具）和（路径橡皮擦工具）的使用。

### 1. 使用（铅笔工具）

使用（铅笔工具）可以随意绘制出自由不规则的曲线路径。在绘制的过程中，Illustrator CS6 会自动依据鼠标的轨迹来设定节点生成路径。使用“铅笔工具”既可以绘制闭合路径，又可以绘制开放路径。并且绘制时使用“铅笔工具”还可以将已存在曲线的节点作为起点，延伸绘制出新的曲线，从而达到修改曲线的目的。如图 2-88 所示为使用（铅笔工具）绘制的 4 帧人物原画。

图 2-88 4 帧人物原画

"铅笔工具"的具体使用方法如下：

1）选择工具箱中的 （铅笔工具），如图 2-89 所示，此时光标将变为 。然后在合适的位置按下鼠标左键，拖动鼠标绘制路径，接着释放鼠标完成曲线的绘制，如图 2-90 所示。

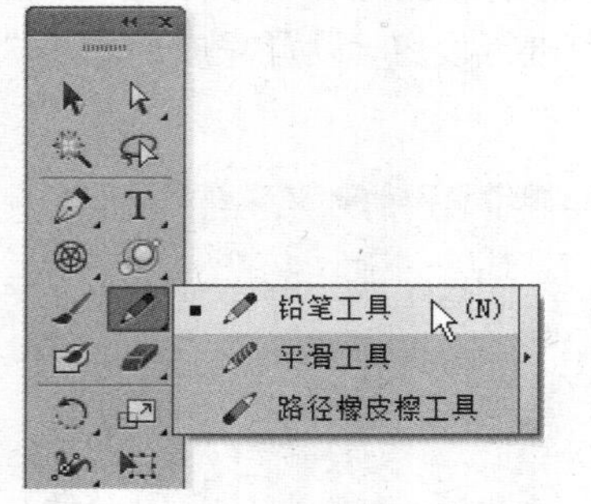


图 2-89 选择"铅笔工具"

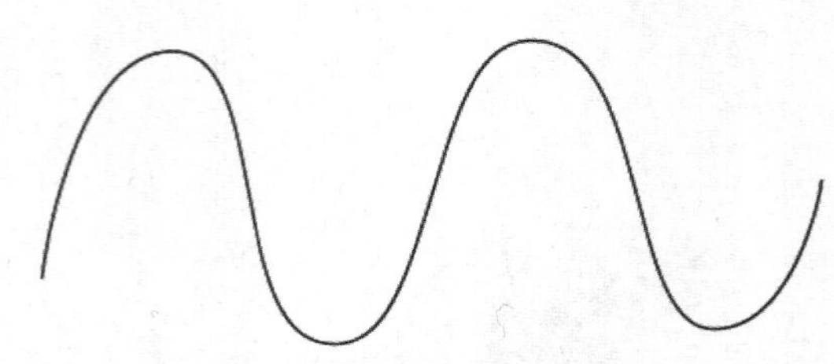

图 2-90 绘制曲线

2）如果需要得到封闭的曲线，可以在拖动鼠标时按住〈Alt〉键，此时光标将变为一个带有圆圈的铅笔形状，其中圆圈表示可以绘制封闭曲线。在这种状态下，系统将会自动将曲线的起点和终点用一条直线连接起来，从而形成封闭的线，如图 2-91 所示。

3）另外，使用 （铅笔工具）在封闭图形上的两个节点之间拖动，可以修改图形的形状。如图 2-92 所示为经过铅笔适当修改后的形状。

提示：必须选中需要更改的图形才可以改变图形的形状。

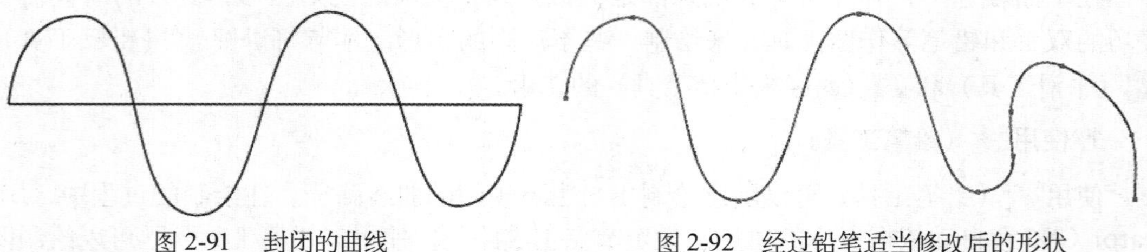

图 2-91 封闭的曲线　　图 2-92 经过铅笔适当修改后的形状

4）在使用"铅笔工具"时，还可以对"铅笔工具"进行参数预置。其具体方法是：双击工具箱中的 （铅笔工具），此时会弹出如图 2-93 所示的对话框。

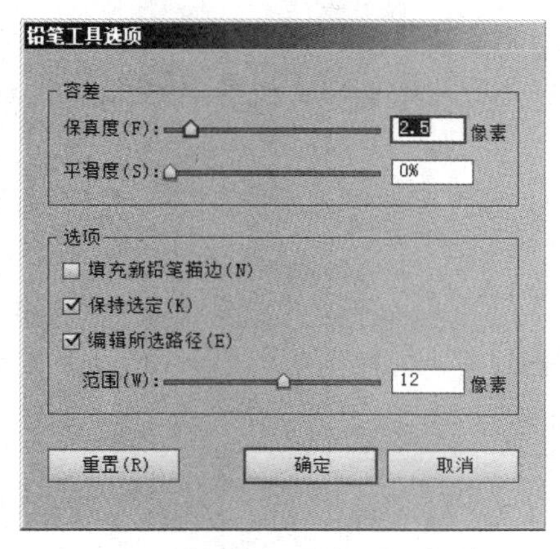


图 2-93 “铅笔工具选项”对话框

5）在该对话框中有“容差”和“选项”两个选项组。其中，“容差”选项组中的“保真度”用来设置由“铅笔工具”绘制得到的曲线上的点的精确度，单位为像素，取值范围为 0.5~20。值越小，所绘制的曲线将越粗糙。如图 2-94 所示为不同“保真度”的比较效果。

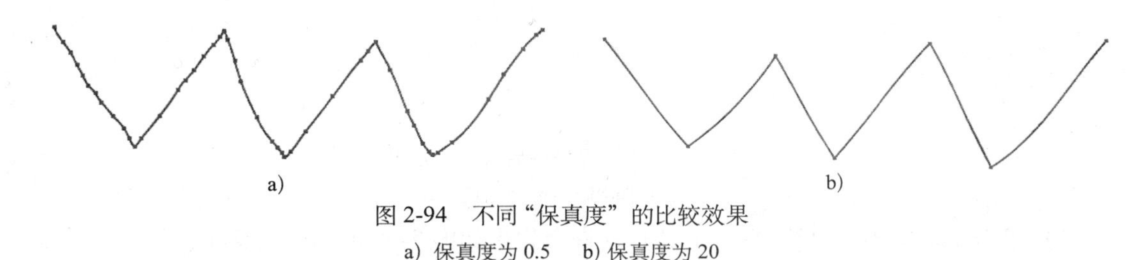

a)　　　　b)

图 2-94　不同“保真度”的比较效果

a）保真度为 0.5　b）保真度为 20

“容差”选项组中的“平滑度”用于指定所绘制曲线的平滑程度。值越大，所得到的曲线就越平滑。如图 2-95 所示为设定了不同平滑度的比较效果。

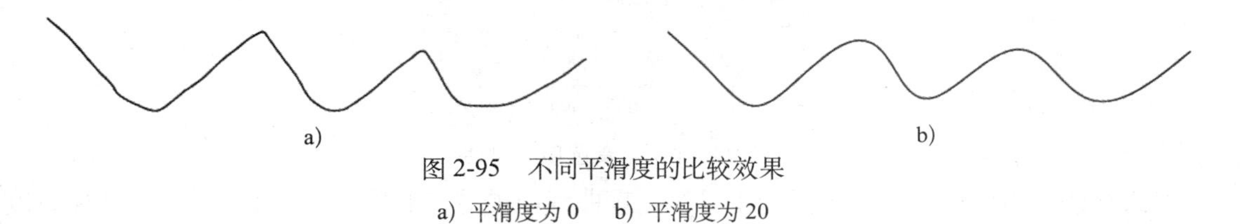

a)　　　　b)

图 2-95　不同平滑度的比较效果

a）平滑度为 0　b）平滑度为 20

在“选项”选项组中，选中“保持选定”复选框，可以保证曲线在绘制完毕后自动处于被选取状态；选中“编辑所选路径”复选框，表示可对选中的曲线进行再次编辑。

### 2. 使用（平滑工具）

在使用鼠标徒手绘制图形时，往往不能够像现实中使用铅笔或钢笔那样得心应手，此时可以使用（平滑工具），以使曲线变得更平滑。

“平滑工具”的具体使用方法如下：

1）选择工具箱中的（平滑工具），如图 2-96 所示，光标将变为带有螺纹图案的铅笔形状。然后按住鼠标左键在画布上拖动，此时会显示光标的拖动轨迹，如图 2-97 所示。

提示：在使用（铅笔工具）时，按住键盘上的〈Alt〉键不放，“铅笔工具”将变成（平滑工具）；而释放键盘上的〈Alt〉键后将恢复为（铅笔工具）。

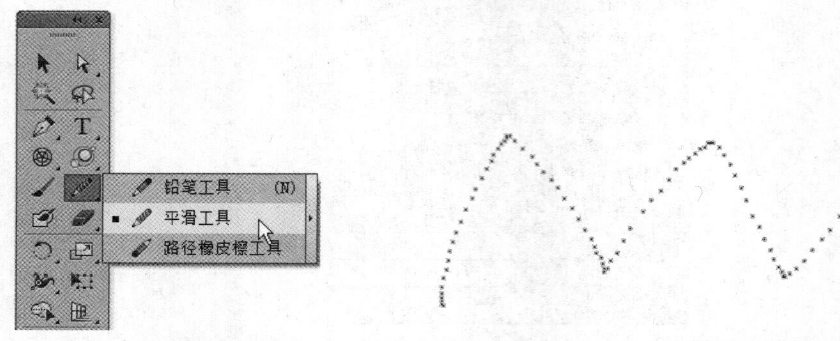


图 2-96　选择“平滑工具”　　图 2-97　在画布上拖动时显示出的拖动轨迹

2）对目标路径实施平滑操作时，要首先选择（平滑工具），然后将光标移至需要进行平滑操作的路径旁，按下鼠标左键并拖动。当完成平滑操作后，释放鼠标左键，得到的目标路径会更为平滑。如图 2-98 所示为实施了平滑操作前后的比较效果。

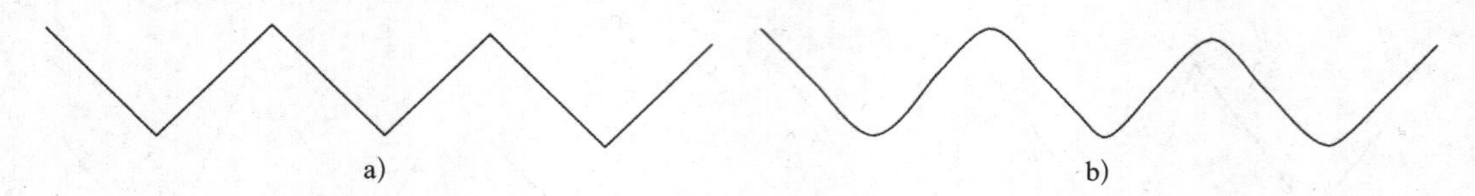


图 2-98　平滑操作前后的比较效果

a) 平滑前　b) 平滑后

3）双击工具箱中的（平滑工具），将会弹出如图 2-99 所示的对话框。

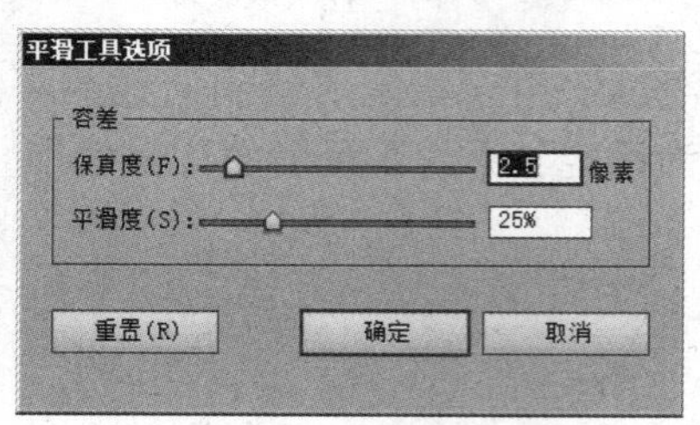


图 2-99　“平滑工具选项”对话框

该对话框用于调整使用“平滑工具”处理曲线时的“保真度”和“平滑度”。“保真度”和“平滑度”的参数值越大，处理曲线时对原图形的改变也就越大，曲线也就相应变得越平滑；参数值越小，处理曲线时对图形原形的改变也就越小。

### 3. 使用（路径橡皮擦工具）

和（平滑工具）一样，（路径橡皮擦工具）也是一种徒手修饰工具，使用它能清除已有路径。

“路径橡皮擦工具”的具体使用方法如下：

1）选中需要擦除的路径，然后选择工具箱中的（路径橡皮擦工具），在需要擦除的地方拖动鼠标，完成擦除工作。

2）使用“路径橡皮擦工具”可以将目标路径的端部清除，也可以将目标路径的中间某一段清除，从而形成多条路径。

### 2.2.6 课后练习

#### 1. 填空题

（1）在绘制曲线时，如果需要得到封闭的曲线，可以在拖动鼠标时按住 ______ 键，此时系统会自动将曲线的起点和终点用一条直线连接起来，从而形成封闭的线。

（2）在使用（铅笔工具）时，可以对“铅笔工具”进行参数预置。其中，______ 用来设置绘制得到的曲线上的点的精确度，单位为像素，取值范围为 0.5~20，值越小，所绘制的曲线将越粗糙；______ 用于指定所绘制曲线的平滑程度，值越大，所得到的曲线就越平滑。

#### 2. 选择题

（1）在绘制弧线时，按住（ ）键将得到在水平和垂直方向长度相等的弧线；按住（ ）键，可以得到以单击点为中心的直线；按住（ ）键，可以通过增加两条水平和垂直的直线来得到封闭的弧形；按住（ ）键，可以同时绘制得到多条弧线，从而制作出特殊的效果；按住（ ）键可以改变弧线的凹凸方向；按住（ ）键，则可以增加和减少弧度。

A. 〈~〉　B. 〈F〉　C. 〈Shift〉　D. 〈Alt〉　E. 上下方向键

（2）在绘制多边形的过程中，可以按向上或向下的箭头键增加和减少多边形的边数；按住（ ）键，可以在不改变内径大小的情况下改变外径的大小。

A. 〈~〉　B. 〈F〉　C. 〈Shift〉　D. 〈Alt〉　E. 上下方向键

（3）在绘制弧线和多边形时，按住键盘上的（ ）键，可以绘制出如图 2-100 所示的效果。

A. 〈Shift〉　B. 〈Ctrl〉　C. 〈~〉　D. 〈Alt〉

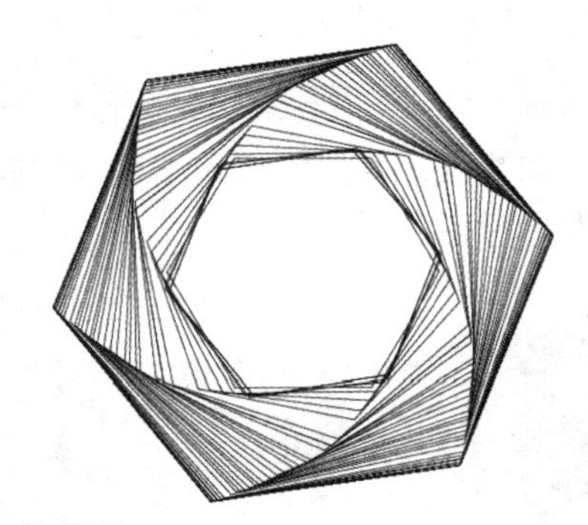

图 2-100　效果图

#### 3. 简答题

（1）简述绘制矩形的两种方法。

（2）简述（铅笔工具）、（平滑工具）和（擦除工具）的使用方法。

## 2.3 绘图与着色

在 Illustrator CS6 中，除了可以绘制各种图形外，在图形之间还可以进行各种计算，从而生成复合图形或者新的图形。另外，还可以对图形添加各种颜色。

## 2.3.1 “路径查找器”面板

在 Illustrator CS6 中编辑图形时，“路径查找器”面板是最常用的工具之一。它包含一组功能强大的路径编辑命令，通过它可以将一些简单的图形进行组合，从而生成复合图形或者新的图形。

### 1. “路径查找器”面板

执行菜单中的“窗口 | 路径查找器”命令，调出“路径查找器”面板，如图 2-101 所示。

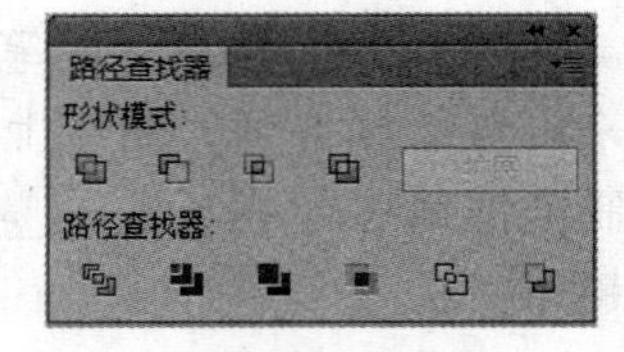


图 2-101 “路径查找器”面板

“路径查找器”面板中的按钮分为“形状模式”和“路径查找器”两组。

（1）形状模式

“形状模式”按钮组中一共有 5 个按钮，从左到右分别是联集、减去顶层、交集、差集和扩展。

单击前 4 个按钮，均可以通过不同的组合方式在多个图形间制作出相应的复合图形；而单击扩展按钮则能够将复合图形扩展为复合路径。

提示：“扩展”按钮只有在执行前4个按钮命令时才可用。

（2）路径查找器

“路径查找器”按钮组的主要作用是将对象分解成各个独立的部分，或者删除对象中不需要的部分。这组按钮一共有 6 个，从左到右分别是分割、修边、合并、裁剪、轮廓和减去后方对象。

### 2. 联集、差集、交集和减去顶层

- （联集）：可以将选定图形中的重叠部分联合在一起，从而生成新的图形。新图形的填充和边线属性与位于顶部图形的填充和边线属性相同。如图 2-102 所示为联集前后的效果对比。

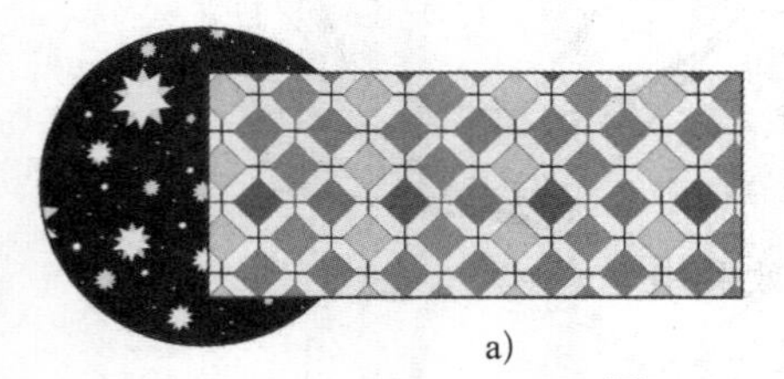

a)

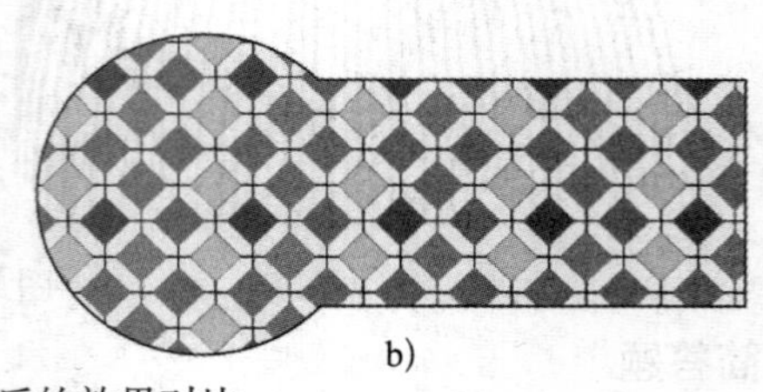

b)

图 2-102 联集前后的效果对比

a) 联集前效果 b) 联集后效果

- （减去顶层）：可以用前面的图形减去后面的图形，计算后前面图形的非重叠区域被保留，后面的图形消失，最终图形和原来位于前面的图形保持相同的填充和边线属性。如图 2-103 所示为减去顶层前后的效果对比。

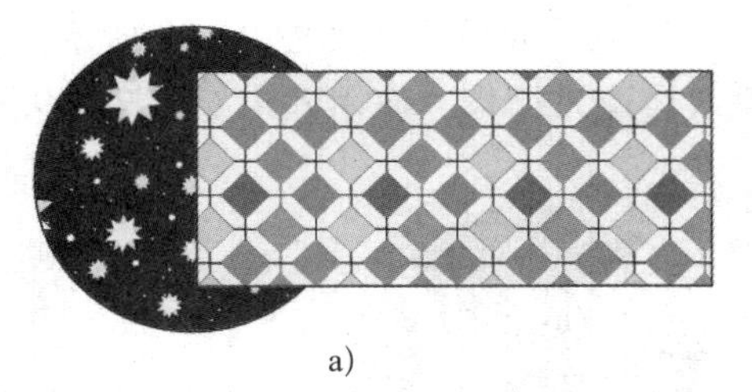
a)

b)

图 2-103　减去顶层前后的效果对比
a）减去顶层前效果　b）减去顶层后效果

● （交集）：用于保留图形中的重叠部分，最终图形和原来位于最前面的图形具有相同的填充和边线属性。如图 2-104 所示为交集前后的效果对比。

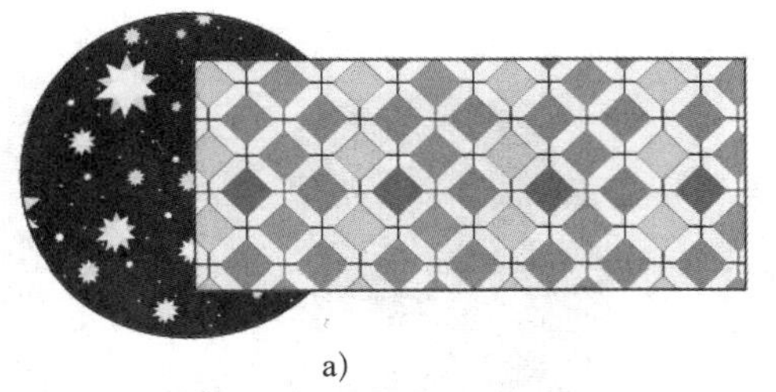
a)

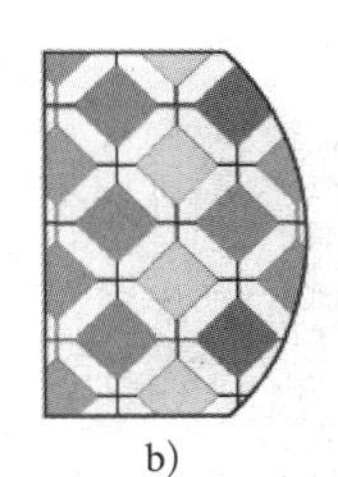
b)

图 2-104　交集前后的效果对比
a）交集前效果　b）交集后效果

● （差集）：用于删除多个图形间的重叠部分，而只保留非重叠的部分。所生成的新图形将具有原来位于最顶部图形的填充和边线等属性。如图 2-105 所示为差集前后的效果对比。

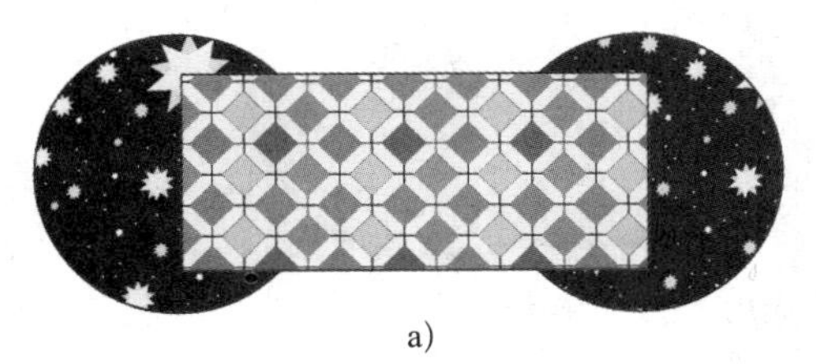
a)

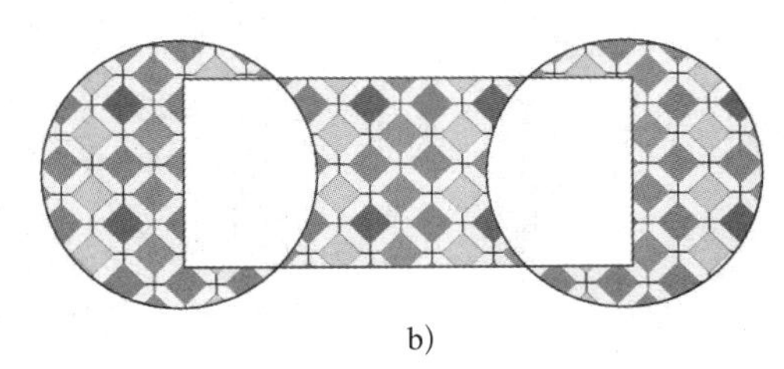
b)

图 2-105　差集前后的效果对比
a) 差集前效果　b) 差集后效果

### 3. 拆分、修剪、合并和裁剪

● （分割）：用于将多个有重叠区域的图形的重叠和非重叠部分进行分离，从而得到多个独立的图形。拆分后生成的新图形的填充和边线属性与原来的图形保持一致。如图 2-106 所示为分割前后的效果对比。

● （修边）：用于将后面图形被覆盖的部分剪掉。修剪后的图形保留原来的填充属性，但描边色将变为无色。如图 2-107 所示为修剪前后的效果对比。

● （合并）：比较特殊，它根据所选中图形的填充和边线属性的不同而有所不同。如果图形的填充和边线属性都相同，则类似于并集，此时可将所有图形组成一个整体，合并成一个对象，但对象的描边色将变为无色，应用效果如图 2-108 所示；如果图形的填充和边线属性不相同，则相当于 （修边）操作，应用效果如图 2-109 所示。

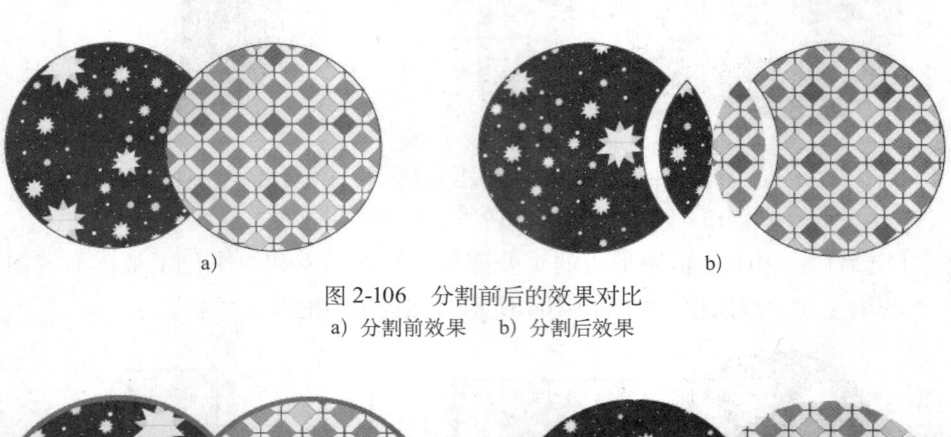

a)　　　　b)

图 2-106　分割前后的效果对比
a）分割前效果　b）分割后效果

a)

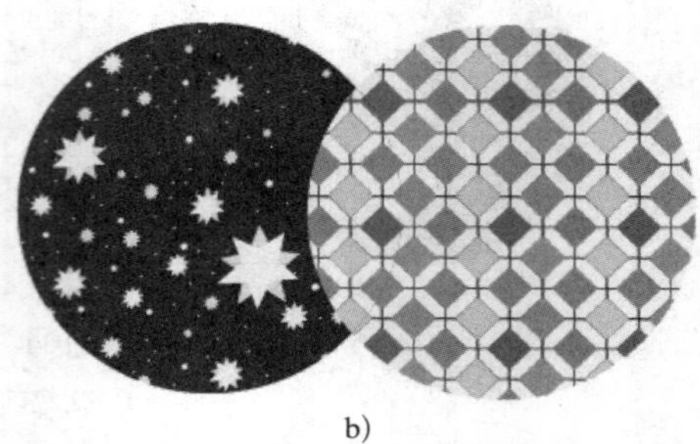

b)

图 2-107　修边前后的效果对比
a）修边前效果　b）修边后效果

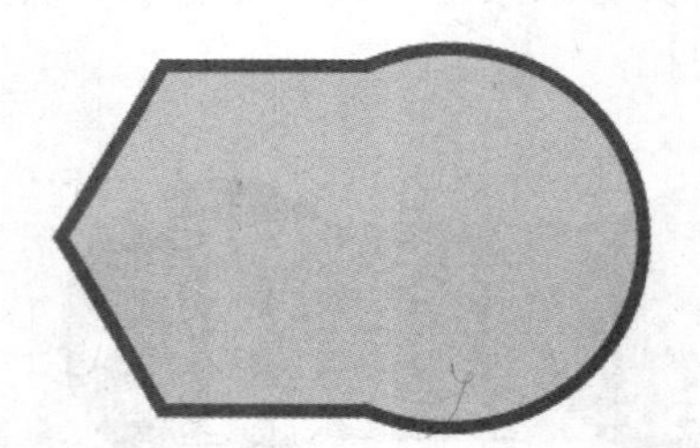

图 2-108　属性相同的图形应用“合并”操作的效果

图 2-109　属性不相同的图形应用“合并”操作的效果

- （裁剪）：它的工作原理与蒙版十分相似，对于两个或多个有重叠区域的图形，裁剪操作可以将所有落在最上面图形之外的部分裁剪掉，同时裁剪器本身消失。如图 2-110 所示为裁剪前后的效果对比。

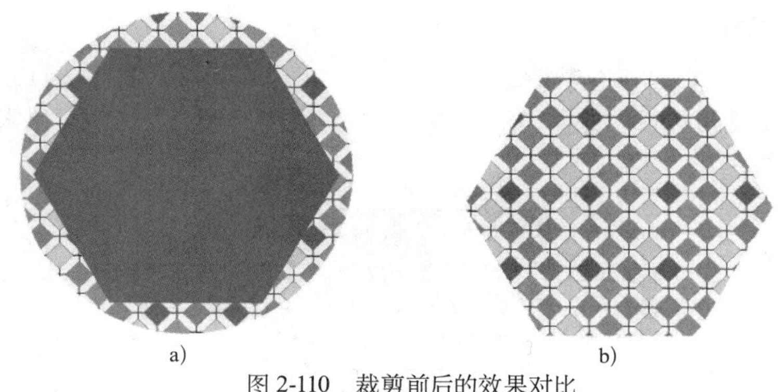

a)　　b)

图 2-110　裁剪前后的效果对比

a）裁剪前效果　b）裁剪后效果

### 4. 轮廓和减去后方对象

● （轮廓）：用于将所有的填充图形转换为轮廓线，计算后结果为轮廓线的颜色和原来图形的填充色相同，且描边色变为 1pt。如图 2-111 所示为轮廓前后的效果对比。

a)　　b)

图 2-111　轮廓前后的效果对比

a）轮廓前效果　b）轮廓后效果

● （减去后方对象）：是用前面的图形减去后面的图形，计算后结果为前面图形的非重叠区域被保留，后面的图形消失，最终图形和原来位于前面的图形保持相同的描边色和填充色。如图 2-112 所示为减去后方对象前后的效果对比。

a)　　b)

图 2-112　减去后方对象前后的效果对比

a）减去后方对象前效果　b）减去后方对象后效果

## 2.3.2　“颜色”面板和“色板”面板

颜色是提升作品表现力最强有力的手段之一。对于绝大多数的绘图作品来说，色彩是一件必不可少的利器。通过不同色彩的合理搭配，可以在简单而无色的基本图形的基础上创造出各种美轮美奂的效果。

### 1. “颜色”面板

执行菜单中的“窗口 | 颜色”命令，即可调出“颜色”面板，如图 2-113 所示。它是 Illustrator CS6 中对图形进行填充操作最重要的手段。利用“颜色”面板可以很方便地设定图形的填充色和描边色。

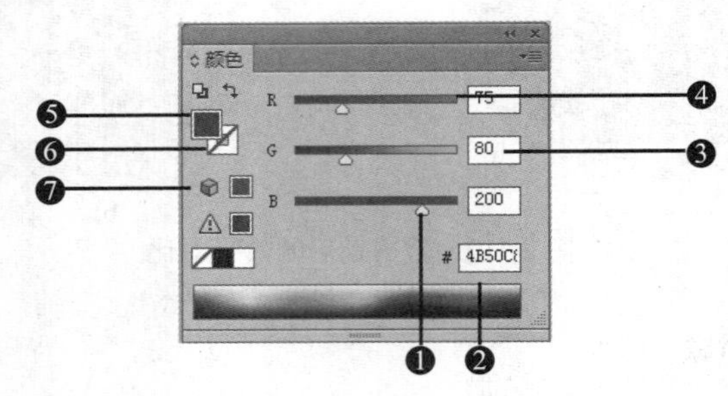


图 2-113　“颜色”面板

❶ 滑块：拖动滑块可调节色彩模式中所选颜色所占的比例。
❷ 色谱条：显示某种色谱内所有的颜色。
❸ 参数值：显示所选颜色色样中各颜色之间的比例。
❹ 滑杆：结合滑块一起使用，用于改变色彩模式中各颜色之间的比例。
❺ 填充显示框：用于显示当前的填充颜色。
❻ 轮廓线显示框：显示当前轮廓线的填充颜色。
❼ 等价颜色框：该框中的颜色，显示为最接近当前选定的色彩模式的等价颜色。

单击“颜色”面板右上角的小三角，在弹出的快捷菜单中有“灰度”、“RGB”、“HSB”、“CMYK”和“Web 安全 RGB” 5 种颜色模式供用户选择，如图 2-114 所示。

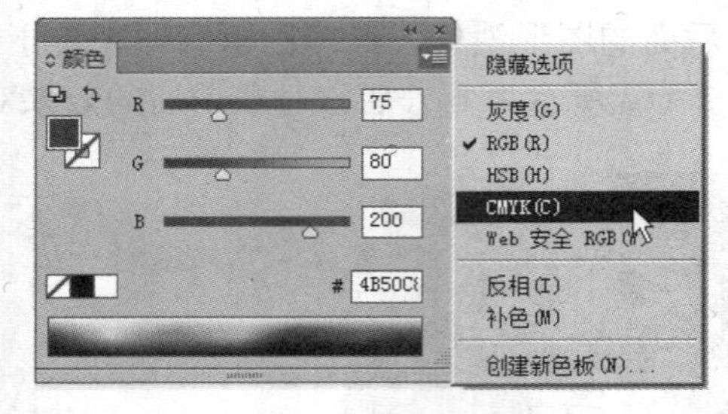


图 2-114　5 种颜色模式

### 2. “色板”面板

使用“颜色”面板可以给图形应用填充色和描边色，使用“色板”面板也可以进行填充色和描边色的设置。在该面板中存储了多种色样样本、渐变样本和图案样本，而且存储在其中的图案样本不仅可以用于图形的颜色填充，还可以用于描边色填充。执行菜单中的“窗口 | 色板”命令，即可调出“色板”面板，如图 2-115 所示。

❶ 无色样本：可以将所选图形的内部和边线填充为无色。

❷ 注册样本：应用注册样本，将会启用程序中默认的颜色，即灰度颜色。同时，“颜色”面板也会发生相应的变化。

❸ 纯色样本：可对选定图形进行不同的颜色填充和边线填充。

❹ 渐变填充样本：可对选定的图形进行渐变填充，但不能对边线进行填充。

❺ 图案填充样本：可对选定的图形进行图案填充，而且能对边线进行填充。

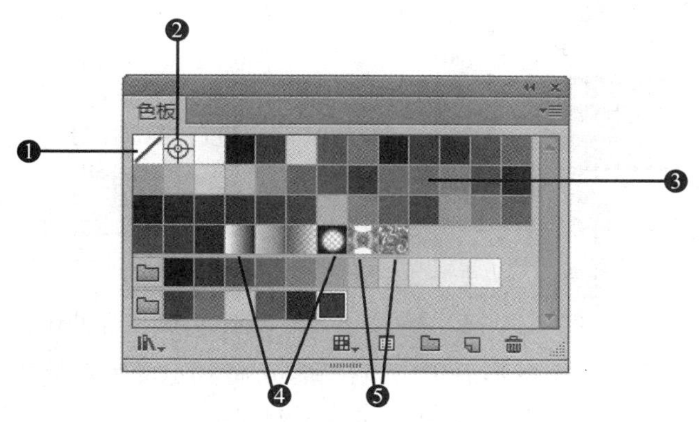


图 2-115　“色板”面板

在“色板”面板下方有 6 个按钮，下面分别介绍。

- （“色板库”菜单）：单击该按钮，将弹出如图 2-116 所示的快捷菜单，从中可以选择其他的色板进行调入。
- （“显示色板类型”菜单）：单击该按钮，将弹出如图 2-117 所示的快捷菜单，从中可以选择色板以何种方式进行显示。

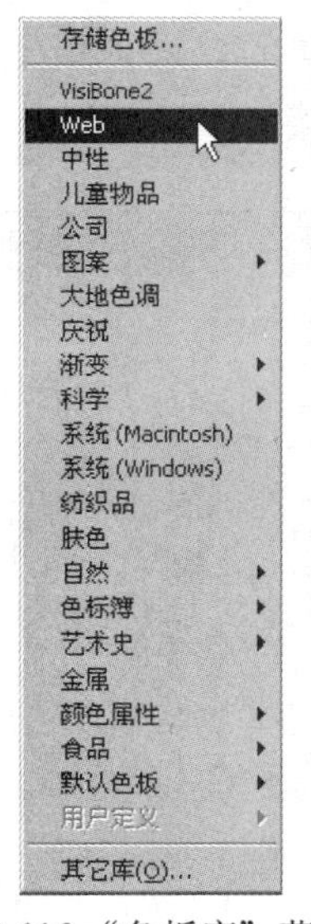


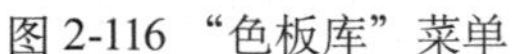

图 2-116　“色板库”菜单

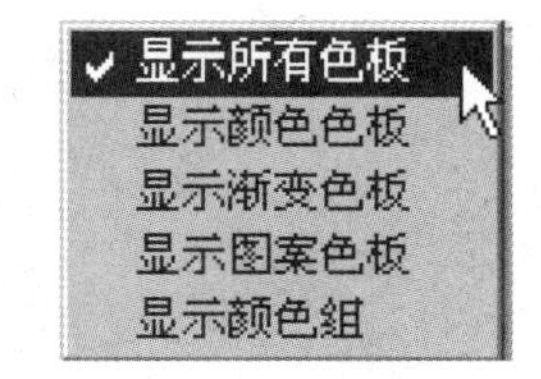


图 2-117　“显示色板类型”菜单

- （色板选项）：在色板中选择一种颜色，然后单击该按钮，将弹出如图 2-118 所示的“色板选项”对话框，从中可查看该颜色的相关参数，并可对其进行修改。
- （新建颜色组）：单击该按钮，将弹出如图 2-119 所示的“新建颜色组”对话框，选择相应参数后单击“确定”按钮，即可新建一个颜色组。

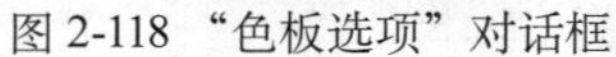
图 2-118 “色板选项”对话框

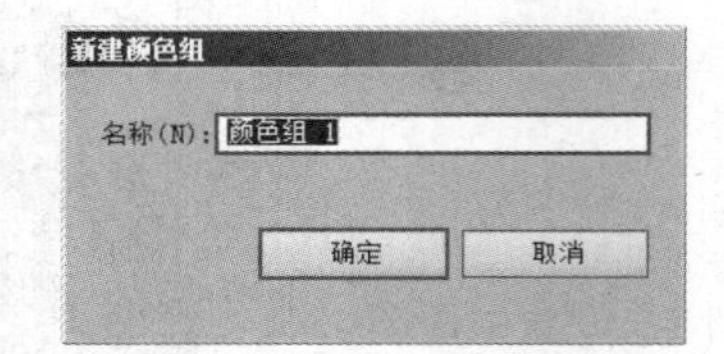


图 2-119 “新建颜色组”对话框

- （新建色板）：选中一个图形后单击该按钮，可将其定义为新的样本并添加到面板中。
- （删除色板）：单击该按钮，可删除选定的样本。

## 2.3.3 描摹图稿

在 Illustrator CS6 中可以轻松地描摹图稿。例如，通过将图形引入 Illustrator 并描摹，可以基于纸张或另一图形程序中存储的栅格图像上绘制的铅笔素描创建图形。

描摹图稿最简单的方式是打开或将文件置入到 Illustrator 中，然后执行“实时描摹”命令描摹图稿。此时，还可以控制细节级别和填色描摹的方式。当对描摹结果满意时，可将描摹转换为矢量路径或“实时上色”对象。如图 2-120 所示为导入的一幅图像，单击“实时描摹”按钮，即可对其进行描摩。如图 2-121 所示为描摹图稿的效果，如图 2-122 所示为单击“扩展”按钮后将其转换为矢量路径的效果。

图 2-120　导入图像

图 2-121　描摹图稿的效果

图 2-122　转换为矢量路径的效果

## 2.3.4　课后练习

### 1. 填空题

（1）“路径查找器”面板中的按钮分为“形状模式”和“路径查找器”两组。其中，“形状模式”按钮组包括 4 个按钮，它们分别是 ______、______、______ 和 ______；“路径查找器”按钮组包括 6 个按钮，它们分别是 ______、______、______、______、______ 和 ______。

(2) 单击“颜色”面板右上角的小三角，在弹出的快捷菜单中有 5 种颜色模式供用户选择，它们分别是 ______、______、______、______ 和 ______。

**2. 选择题**

(1) “路径查找器”面板中的按钮分为“形状模式”和“路径查找器”两组，下列（　）按钮不属于“路径查找器”按钮组。

A.　　B.　　C.　　D.

(2) 在“色板（Switches）”面板中，下列（　）样本不能对边线进行填充。

A. 纯色样本　B. 渐变样本　C. 注册样本　D. 图案样本

(3) 图 2-123 中左侧的两个图形执行“路径查找器”面板中的（　）命令，可以生成右侧的图形。

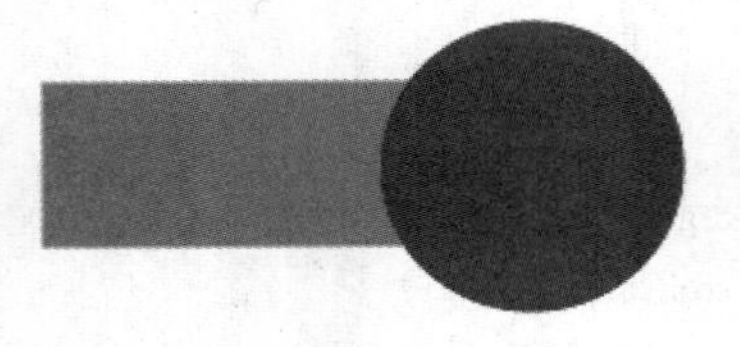
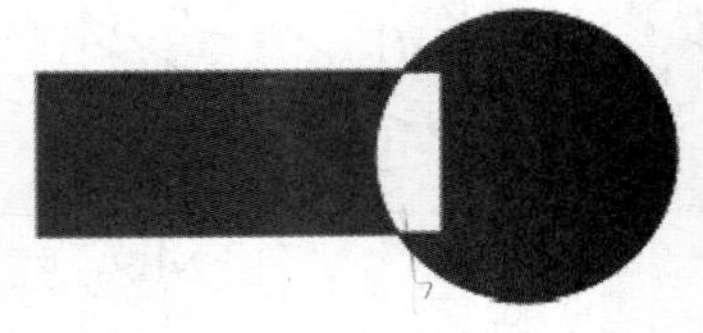

图 2-123　效果图 1

A.　　B.　　C.　　D.

(4) 图 2-124 中左侧的两个图形执行“路径查找器”面板中的（　）命令，可以生成右侧的图形。

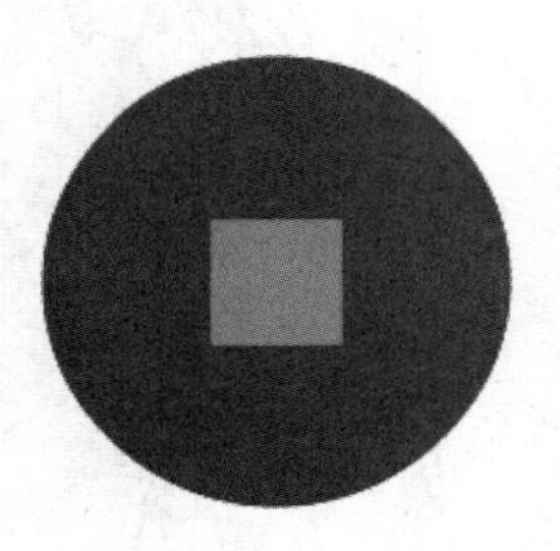
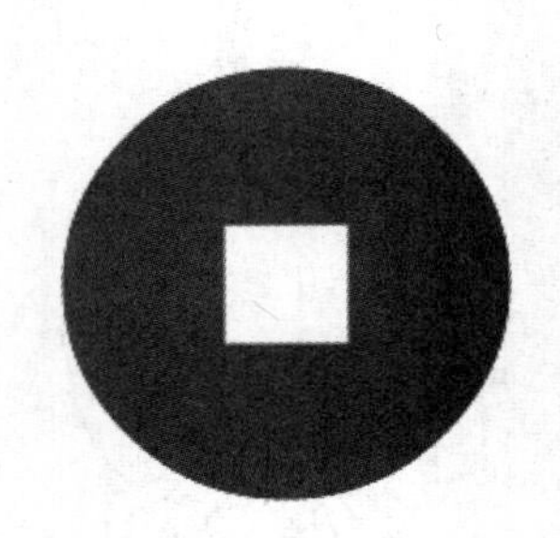

图 2-124　效果图 2

A.　　B.　　C.　　D.

**3. 简答题**

(1) 简述利用“路径查找器”面板中各按钮产生的图形的特点。

(2) 简述“颜色”和“色板”面板中各部分的功能。

## 2.4　图表、画笔和符号

本节讲解 Illustrator CS6 中图表、画笔和符号的使用。

### 2.4.1　应用图表

图表是我们非常熟悉的一种表达工具。通过图表，可以直观、清晰、准确地表示出大量有规律的数据信息。在 Illustrator CS6 中，提供了强大的图表制作工具和丰富的图表类型，通过它们可以制作出应用广泛且别具一格的图表。

### 1. 图表工具的类型

Illustrator CS6 提供了 9 种不同类型的图表工具，它们分别是：（柱形图工具）、（堆积柱形图工具）、（条形图工具）、（堆积条形图工具）、（折线图工具）、（面积图工具）、（散点图工具）、（饼图工具）和（雷达图工具）。

- （柱形图工具）：最常用的图表工具，也是 Illustrator CS6 默认的图表工具类型。该图表使用一组平排的矩形来表示各种数据的大小，矩形的长度与数据大小成正比。该图表的最大优点是可以直接读出各种统计数据值，如图 2-125 所示。
- （堆积柱形图工具）：与使用（柱形图工具）绘制的图表类似，但矩形条是堆叠放置的，而不是并排放置的。该图表的优点是可用来反映部分与整体的关系，如图 2-126 所示。

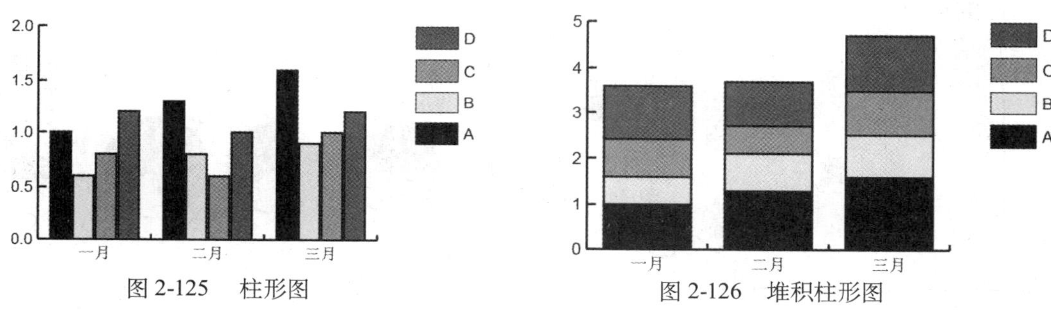


图 2-125　柱形图　　　　图 2-126　堆积柱形图

- （条状图工具）：也与使用（柱形图工具）绘制的图表类似，但矩形是水平放置的，水平方向上的长度代表各统计数据的大小，如图 2-127 所示。
- （堆积条形图工具）：与使用（堆积柱形图工具）绘制的图表类似，但矩形条是水平放置的，且按类别堆积，如图 2-128 所示。

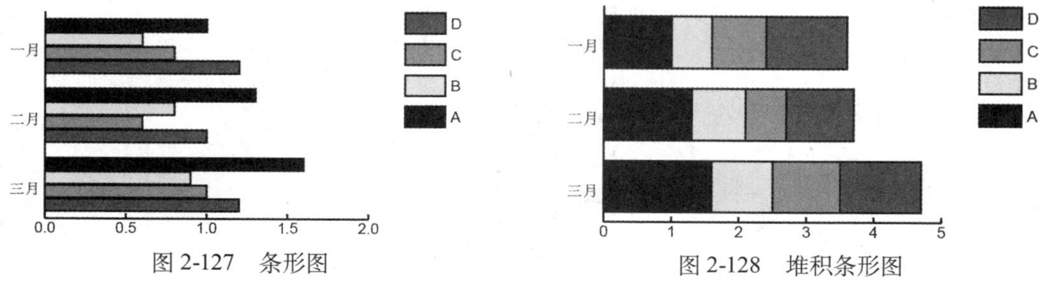


图 2-127　条形图　　　　图 2-128　堆积条形图

- （折线图工具）：所绘制的图表用点来表示一组或多组数值，以不同颜色的折线连接不同组的所有点，如图 2-129 所示。其优点是可以将数据在一定时期内的变化趋势清楚地显示出来。
- （面积图工具）：与使用（折线图工具）绘制的图表类似，是用点来表示一组或多组数值的，以不同颜色的折线连接不同组的所有点，且与横坐标轴形成封闭区域，强调各统计数据在整体上的变化，如图 2-130 所示。

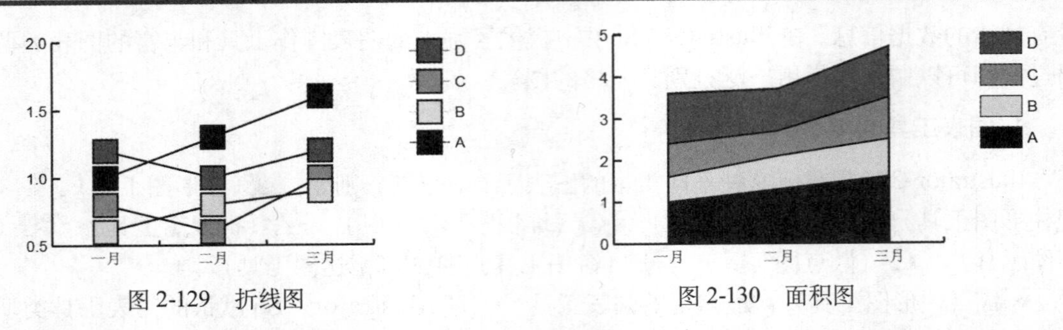


图 2-129　折线图　　　　图 2-130　面积图

● （散点图工具）：所绘制的图表是根据一组成对的坐标值（x，y）来绘制数据点的，如图 2-131 所示。散点图表可用于反映数据的模式或变化趋势。该图表也可以说明两个变量之间的相互关系。

● （饼图工具）：所绘制的图表是一种外观为圆形的图表，如图 2-132 所示。其中的扇形图反映了所比较的数值占总体的百分比。该图表适用于显示各种数据在整体中所占的比例。

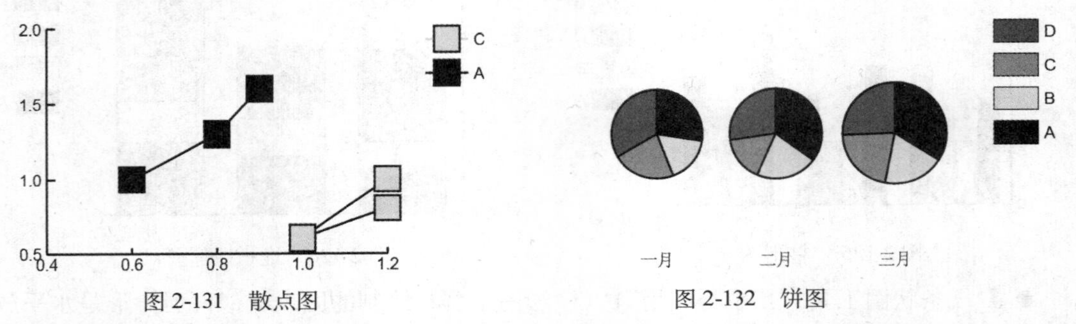


图 2-131　散点图　　　　图 2-132　饼图

● （雷达图工具）：所绘制的图表是在某一特定时间点或特定类别上比较数值组，并以圆形格式表示，如图 2-133 所示。这类图表也被称为网状图。

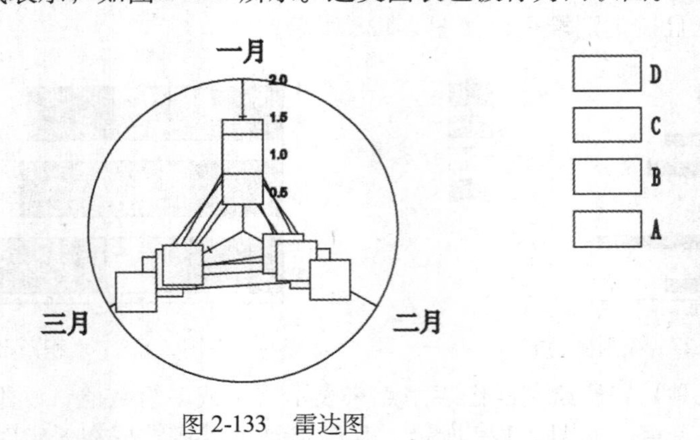


图 2-133　雷达图

### 2. 创建图表

对于 Illustrator CS6 提供的 9 种不同类型的图表，其创建方法在总体思路上是完全一致的，下面以柱形图表为例说明图表的创建方法。

绘制柱形图表的具体操作步骤如下：

1）选择工具箱中的（柱形图工具），如图 2-134 所示。然后在画布上需要创建图表的位置通过拖曳鼠标的方式拖出一个矩形框，从而确定所创建柱形图表的位置和大小。

2）如果需要精确地指定柱状图表的大小，可以在选中（柱形图工具）的情况下，在需要创建图表的位置单击，然后在弹出的“图表”对话框的“宽度”和“高度”文本框中输入图表的宽度值和高度值，如图 2-135 所示。

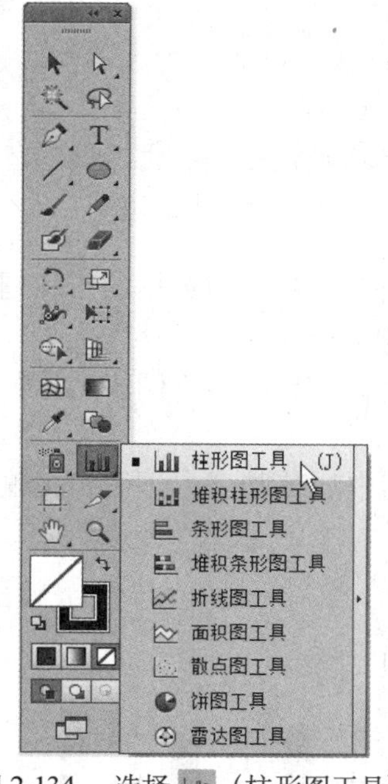


图 2-134　选择（柱形图工具）

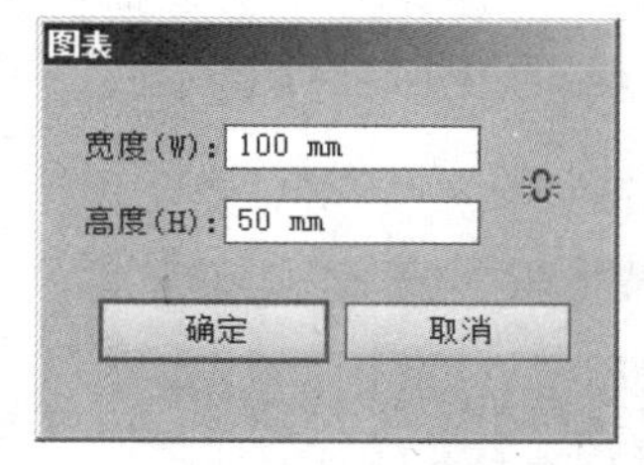


图 2-135 “图表”对话框

3）在“图表”对话框中进行了图表大小的设置后，单击“确定”按钮，则会在画布上指定的位置出现指定了大小的图表。因为尚未输入图表的数据，所以按照默认的数据来显示初始图表，如图 2-136 所示。同时，将会弹出“图表数据”对话框，如图 2-137 所示。

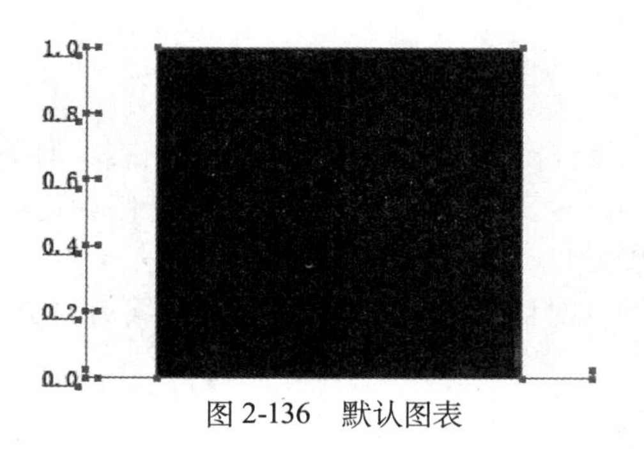


图 2-136　默认图表

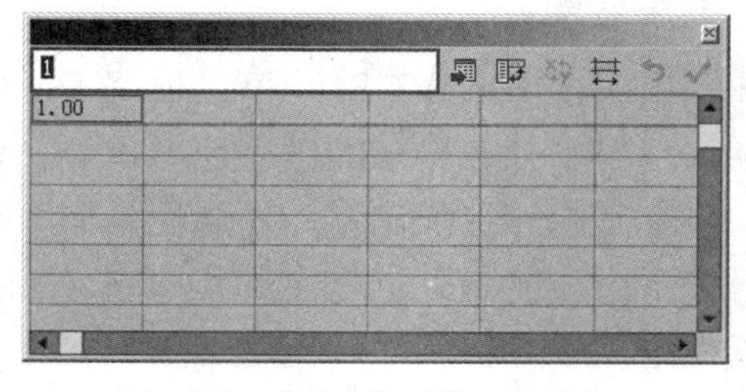


图 2-137 “图表数据”对话框

4）单击“图表数据”对话框中的按钮，弹出“单元格样式”对话框，如图 2-138 所示。该对话框中的“小数位数”文本框用于设置小数点后所要保留的小数位数；“列宽度”文本框用于设置单元格的宽度值。在设置完毕后单击“确定”按钮，即可回到“图表数据”对话框。

5）在“图表数据”对话框的各单元格中输入相应数据，如图 2-139 所示。

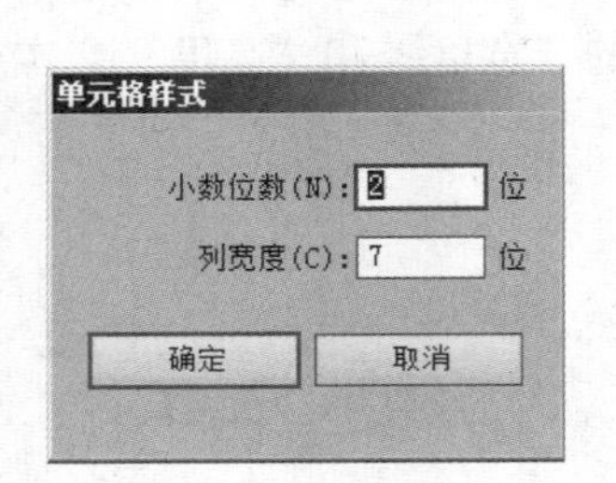


图 2-138 “单元格样式”对话框

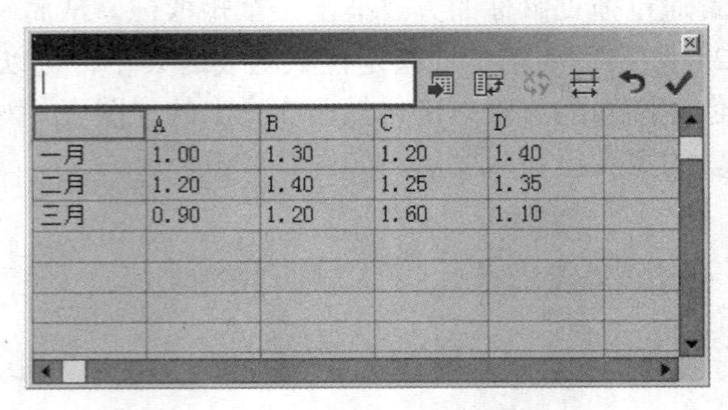

| | A | B | C | D |
|---|---|---|---|---|
| 一月 | 1.00 | 1.30 | 1.20 | 1.40 |
| 二月 | 1.20 | 1.40 | 1.25 | 1.35 |
| 三月 | 0.90 | 1.20 | 1.60 | 1.10 |

图 2-139　输入相应数据

6）如果单击“图表数据”对话框中的按钮，将会把图表中数据的行和列相互调换，如图 2-140 所示。再次单击该按钮，可重复调换行列的动作。

7）如果单击“图表数据”对话框中的按钮，将会弹出“导入图表数据”对话框，在其中可以选取并导入已经存在的图表数据。

8）在“图表数据”对话框中完成设置后，单击其中的按钮，即可根据输入的数据创建柱形图表，如图 2-141 所示。

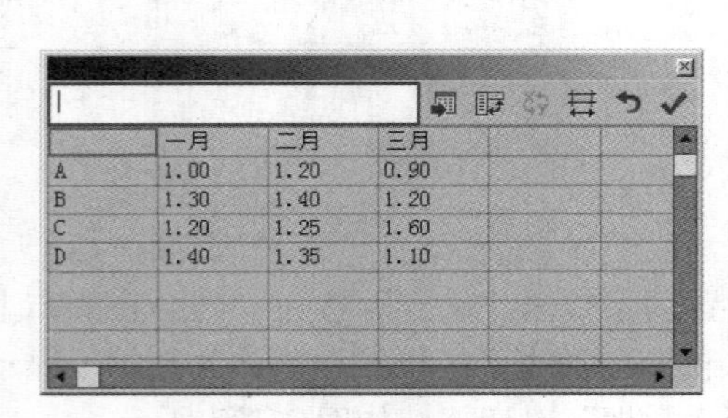

| | 一月 | 二月 | 三月 |
|---|---|---|---|
| A | 1.00 | 1.20 | 0.90 |
| B | 1.30 | 1.40 | 1.20 |
| C | 1.20 | 1.25 | 1.60 |
| D | 1.40 | 1.35 | 1.10 |

图 2-140　行和列相互调换

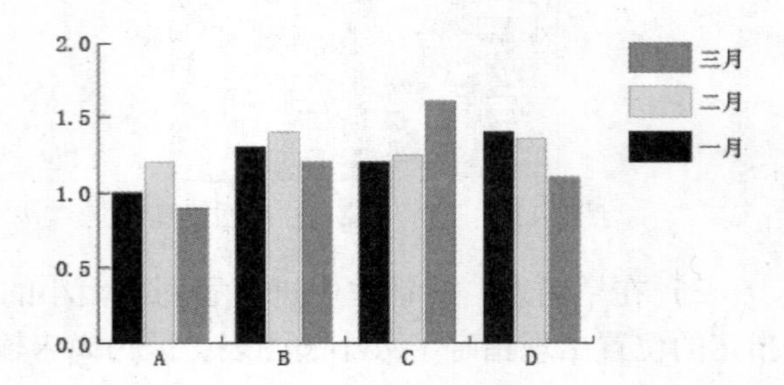


图 2-141　根据输入的数据创建柱形图表

### 3. 编辑图表

使用 Illustrator CS6，可以根据不同的使用场合和目的创建各种类型的图表。但是在这种默认情况下创建出来的图表色彩单调、样式单一、表现力不是很强。下面介绍如何编辑图表，以使其内容更加丰富，外观更具有表现力。

关于图表的各种选项全部集成在“图表类型”对话框中。在选中需要进行编辑的图表后，可以使用以下 3 种方法调出对话框。

- 执行菜单中的“对象 | 图表 | 类型”命令。
- 单击鼠标右键，在弹出的快捷菜单中选择“类型”命令。
- 在工具箱中双击相应的图表工具图标。

在“图表类型”对话框中可对“图表选项”、“数值轴”和“类别轴”进行设置，如图 2-142 所示。

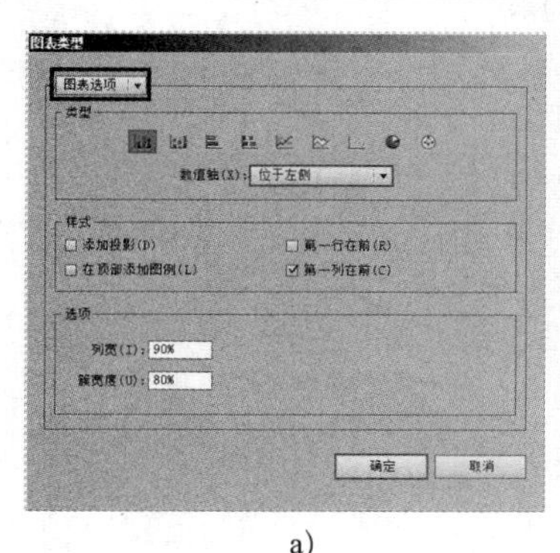


a)

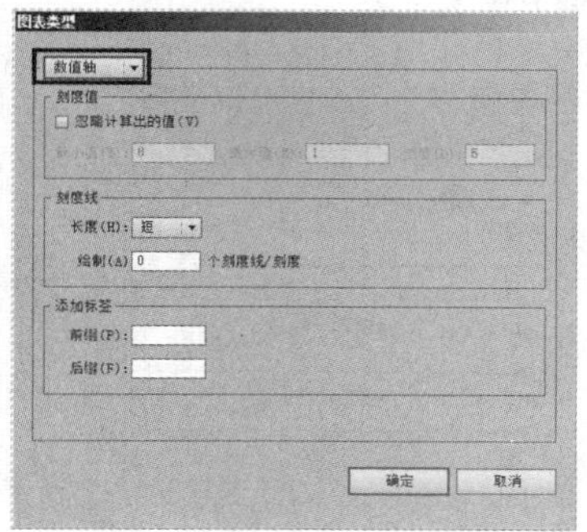


b)

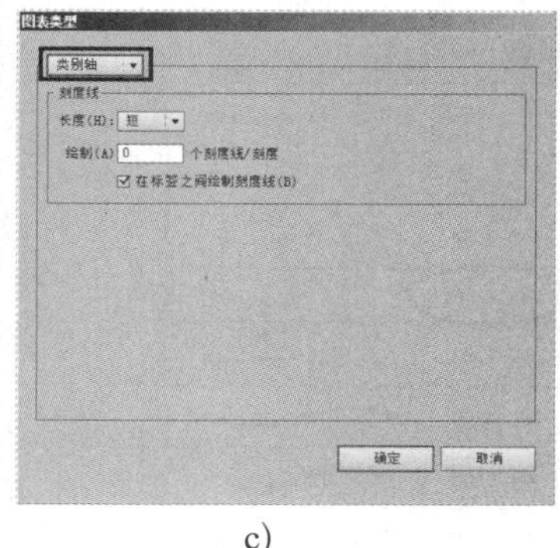


c)

图 2-142　对不同选项进行设置

a）图表选项　b）数值轴　c）类别轴

## 2.4.2　使用画笔

在绘图过程中，除了可以使用“铅笔工具”外，还可以使用功能更为强大的“画笔工具”制作出更加丰富多彩的效果。

### 1. 使用“画笔工具”绘制图形

使用“画笔工具”绘制图形的具体操作步骤如下：

1）选择工具箱中的![icon]（画笔工具），如图 2-143 所示。该工具一般要和“画笔”面板配合使用。如果工作窗口中没有显示“画笔”面板，可以执行菜单中的“窗口 | 画笔”命令，调出“画笔”面板，如图 2-144 所示。

2）Illustrator CS6 默认面板中只有两种画笔笔刷，如果要载入其他画笔笔刷，可以单击面板下方的![icon]（画笔库菜单）按钮，从弹出的快捷菜单中选择相应的命令，如图 2-145 所示，调出相应的画笔库，如图 2-146 所示。然后单击相应的画笔笔刷，即可将其载入画笔面板，如图 2-147 所示。

3）在“画笔”面板中选取一种画笔样式，然后将光标移到页面上的合适位置，单击鼠标左键并拖动，然后释放鼠标即可完成绘制。

4）双击工具箱中的![icon]（画笔工具），将打开“画笔工具选项”对话框，如图 2-148 所示。

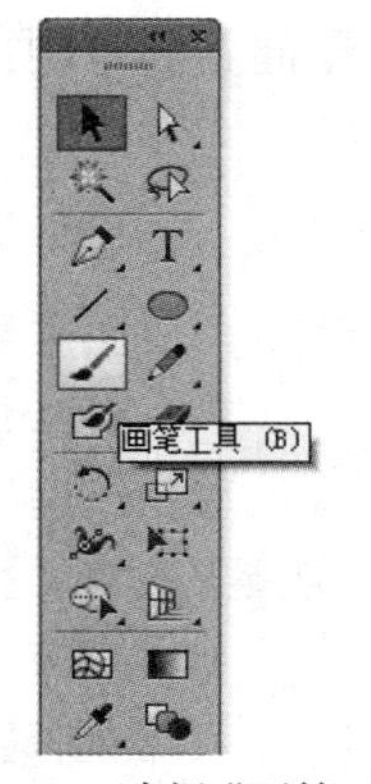


图 2-143　选择“画笔工具”

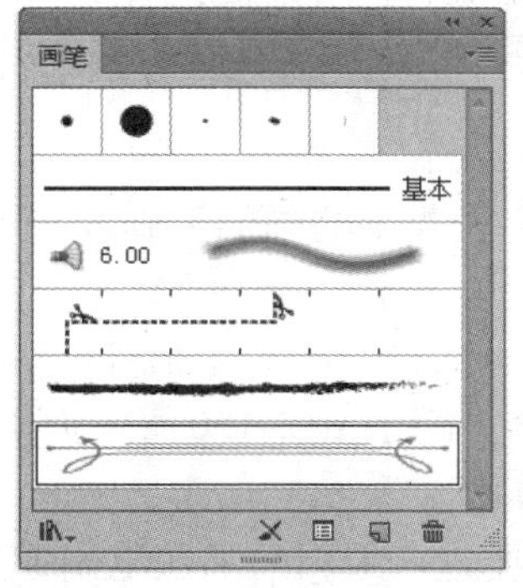


图 2-144　默认的“画笔”面板

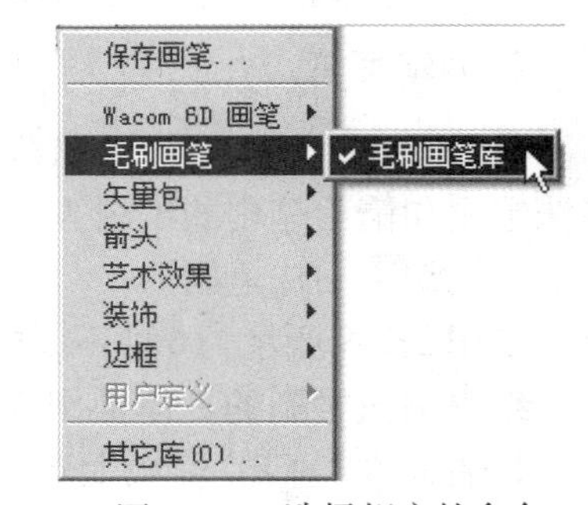


图 2-145　选择相应的命令

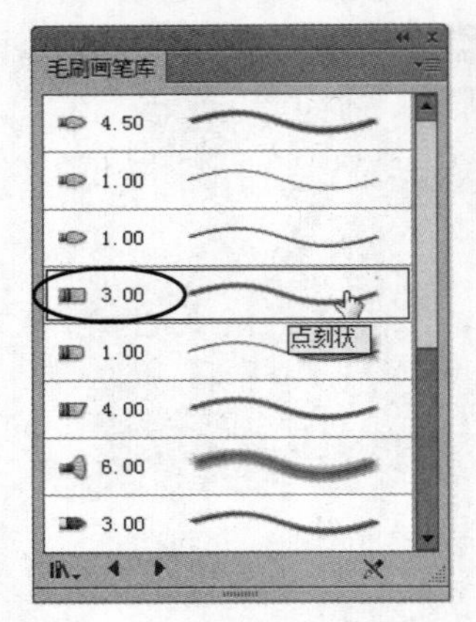


图 2-146 选择相应的画笔笔刷

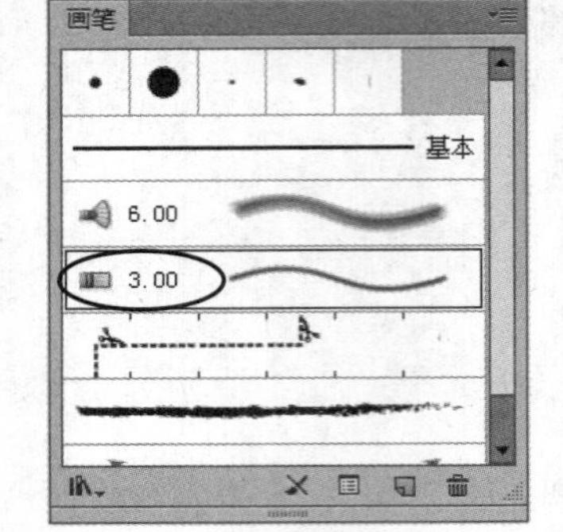


图 2-147 将画笔载入画笔面板

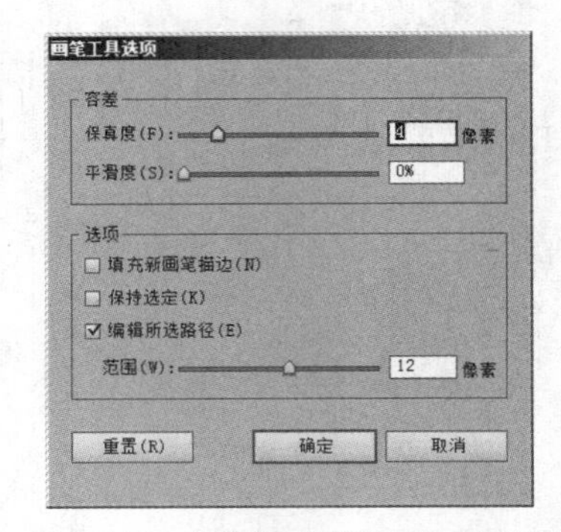


图 2-148 “画笔工具选项”对话框

5）该对话框“容差”选项组中的“保真度”文本框用于设定（画笔工具）绘制曲线时所经过的路径上的点的精确度，以像素为度量单位，取值范围为 0~20，值越小，所绘制的曲线越粗糙。“平滑度”文本框用于指定（画笔工具）所绘制曲线的平滑程度，值越大，所得到的曲线就越平滑。

在“选项”选项组中，如果选中了“填充新画笔描边”复选框，则在每次使用（画笔工具）绘制图形时，系统都会自动以默认颜色来填充对象的轮廓线；如果选中了“保持选定”复选框，则绘制完的曲线将会自动处于被选取状态；如果选中了“编辑所选路径”复选框，（画笔工具）可对选中的路径进行编辑。

6）使用（画笔工具）创建图形后，如果更改笔刷类型，可以选中要更改的图形，然后在“画笔”面板中单击要替换的笔刷。

7）在“画笔”面板下方有 5 个按钮，如图 2-144 所示。

- 画笔库菜单：单击该按钮，将弹出如图 2-145 所示的快捷菜单，从该菜单中可以选择相应的画笔笔刷进行载入。
- 移去画笔描边：用于将当前图形上应用的笔刷删除，而留下原始路径。
- 所选对象的选项：用于打开应用到被选中图形上的笔刷的选项对话框，在该对话框中可以编辑笔刷。
- 新建画笔：用于打开“新建笔刷”对话框，利用该对话框可以创建新的笔刷。
- 删除画笔：用于删除该笔刷类型。

### 2. 编辑画笔

在 Illustrator CS6 中可以载入多种类型的画笔笔刷，并可对其进行编辑。下面主要讲解书法笔刷和箭头笔刷的编辑方法。

（1）编辑书法笔刷

如图 2-149 所示为 6 种不同的书法笔刷。图 2-150 所示为使用这 6 种书法笔刷绘制的图形。

编辑书法笔刷的具体操作步骤如下：

1) 首先在“画笔”面板上双击需要进行编辑的书法笔刷类型，此时会弹出“书法画笔选项”对话框，如图 2-151 所示。图 2-152 所示为应用该画笔的效果。

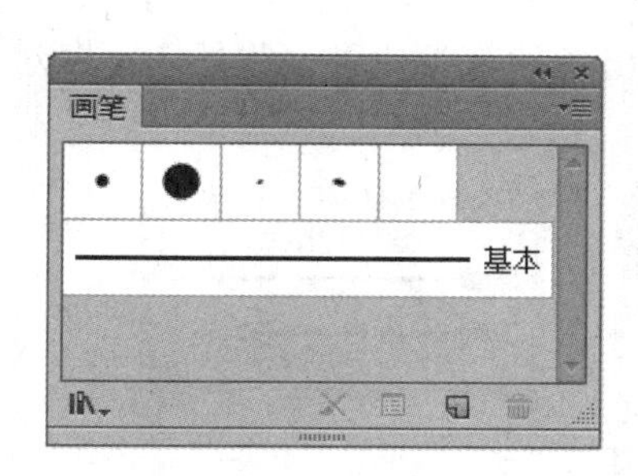


图 2-149　6 种不同的书法笔刷

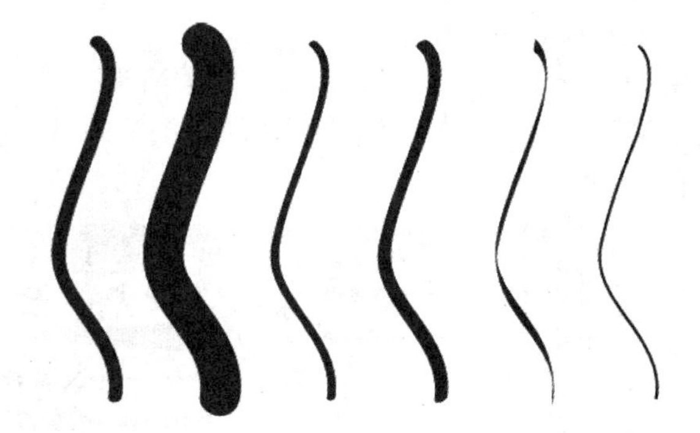

图 2-150　使用这 6 种书法笔刷绘制的图形

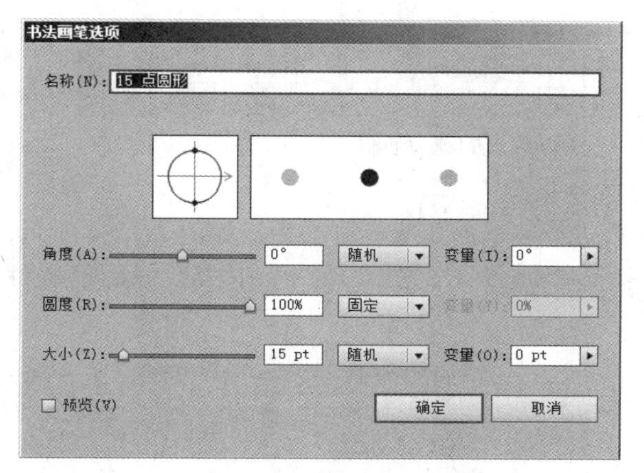


图 2-151　“书法画笔选项”对话框

图 2-152　应用该画笔的效果

2）在该对话框中可以设置画笔笔尖的“角度”、“圆度”和“大小”等。同时，在其下拉列表中还有“固定”、“随机”和“压力”等选项可供选择。如图 2-153 所示为更改后的设置，图 2-154 所示为更改设置后的效果。

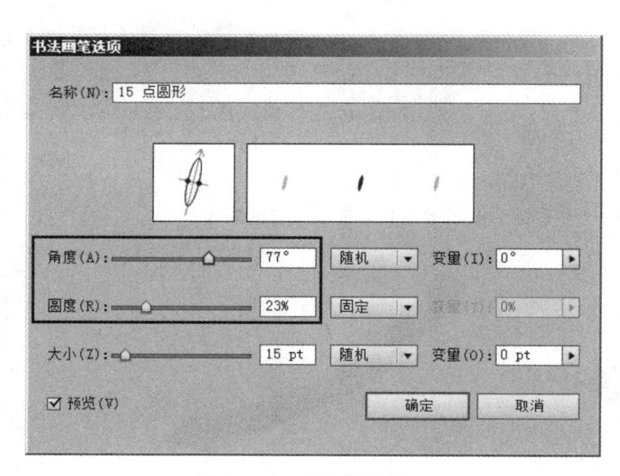


图 2-153　更改设置

图 2-154　更改设置后的效果

（2）编辑箭头笔刷

Illustrator CS6 默认可以载入“图案箭头”、“箭头_标准”和“箭头_特殊”3 种类型的箭头笔刷，如图 2-155 所示。利用箭头笔刷可以绘制出各种箭头效果，此外还可以对其进行编辑。

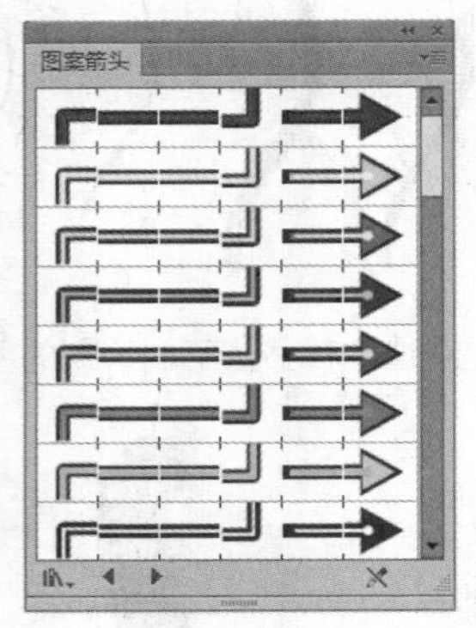

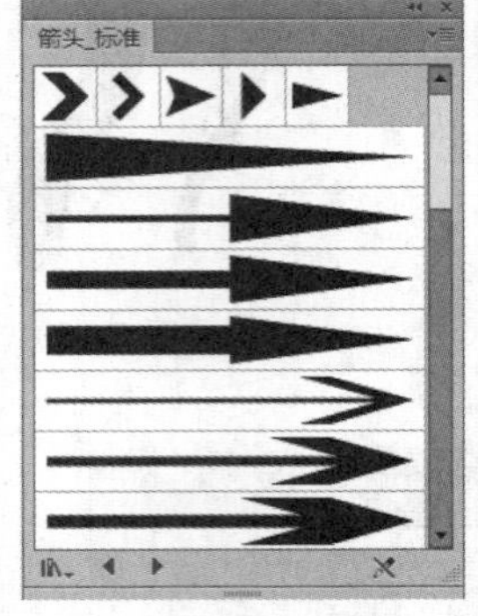

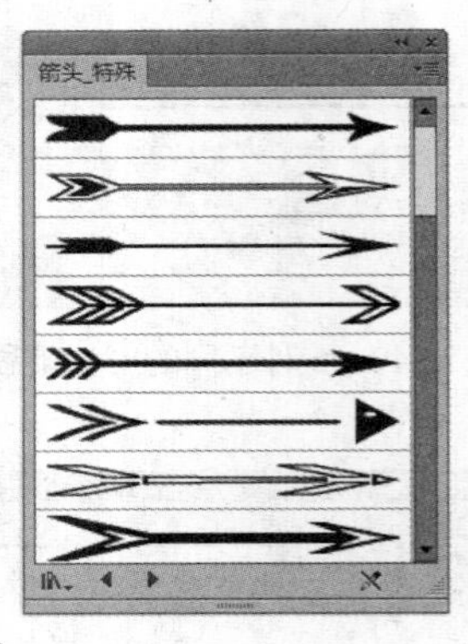


图 2-155 可以载入的箭头笔刷

编辑箭头笔刷的具体操作步骤如下：

1）首先在“画笔”面板上双击需要进行编辑的箭头笔刷类型，如图 2-156a 所示，此时会弹出“艺术画笔选项”对话框，如图 2-156b 所示。图 2-157 所示为应用该画笔绘制的曲线效果。

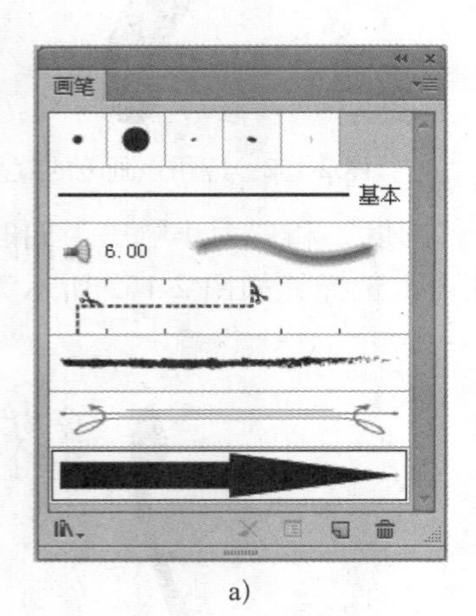


a)

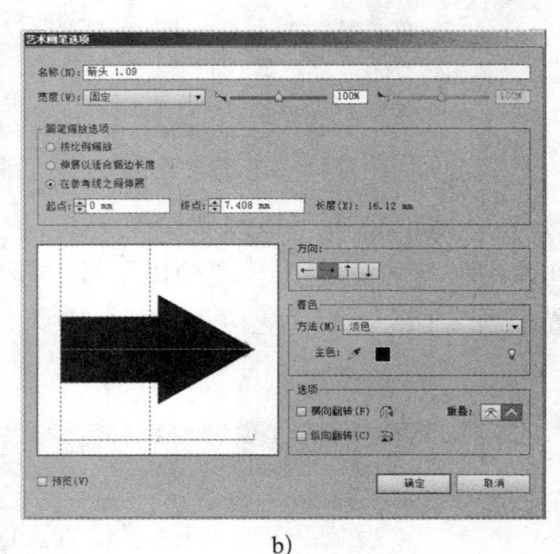


b)

图 2-156 编辑箭头笔刷

a) 双击需要编辑的箭头笔刷 b) “艺术画笔选项”对话框

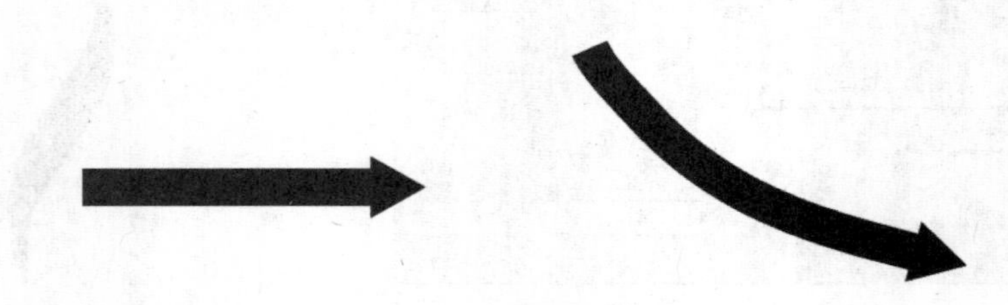

图 2-157 应用该画笔的效果

2）在该对话框中可以设置画笔笔尖的“方向”、“大小”和“翻转”等参数。图 2-158 所示为更改后的设置，图 2-159 所示为更改设置后的效果。

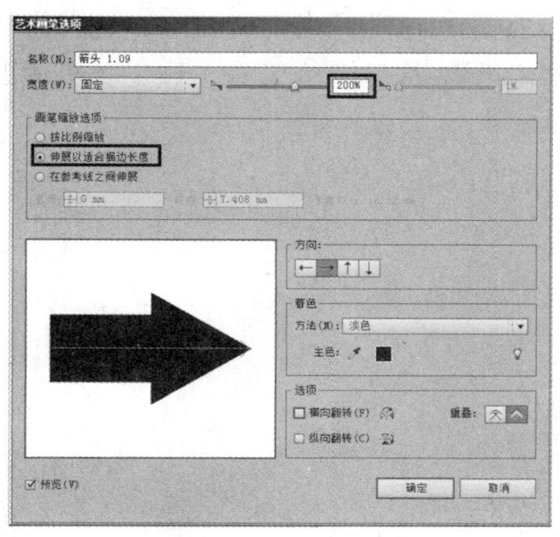


图 2-158　更改设置

图 2-159　更改设置后的效果

## 2.4.3　使用符号

符号最初的目的是为了让文件变小，但在 Illustrator CS6 中将符号变成了极具魅力的设计工具。以前，要产生大量的相似物体，例如，树上的树叶及屏幕中的星辰等形成复杂背景的物体，就要重复数不清的复制和粘贴等操作。如果再对每个物体做少许的变形，那么将非常复杂。现在一切都变得简单了，利用“符号”面板，可以创建自然的、疏密有致的集合体，且只需先定义符号即可。

任何 Illustrator 元素都可以作为符号存储起来，包括直线等简单的符号到结合了文字和图像的复杂图形等。符号提供了方便的、用于管理符号的界面，也能产生符号库，并能够和其他成员共享符号库，就像画笔和样式库一样。

### 1.“符号”面板

Illustrator CS6 提供了一个专门用来对符号进行操作的“符号”面板，执行菜单中的“窗口 | 符号”命令，可以调出“符号”面板，如图 2-160 所示为 Illustrator CS6 默认的“符号”面板。

“符号”面板是创建、编辑、存储符号的工具，在面板下方有 6 个按钮。

- 符号库菜单：单击该按钮，将弹出如图 2-161 所示的快捷菜单，从该菜单中可以选择相应的符号类型进行载入。
- 置入符号实例：用于在页面的中心位置选中一个符号范例。
- 符号选项：单击该按钮，将会弹出相应的“符号选项”对话框。
- 断开符号链接：用于将添加到图形中的符号范例与“符号”面板断开链接，断开链接后的符号范例将成为符号的图形。
- 新建符号：选中要定义为符号的图形，单击该按钮，即可将其添加到“符号”面板中作为符号。

● 删除符号：用于删除“符号”面板中的符号。

将“符号”面板中的符号应用到文档中，常用的方法有两种：一种是使用鼠标拖动的方法。首先在“符号”面板中选中合适的符号，直接将其拖动到当前文档中，这种方法只能得到一个符号范例，如图 2-162 所示。另一种是使用 符号喷枪工具，该工具可同时创建多个符号范例，并且将它们作为一个符号集合。

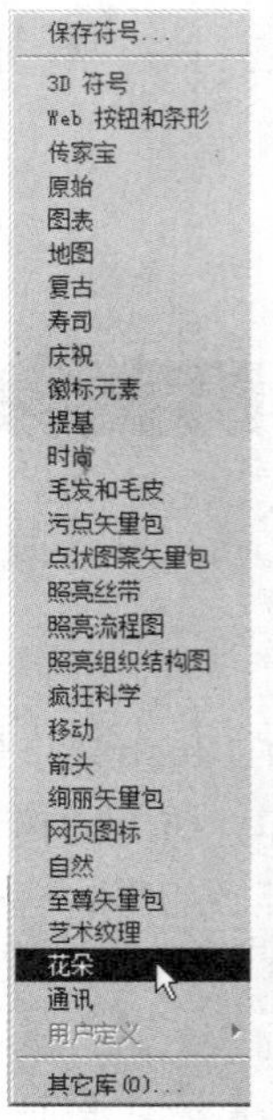

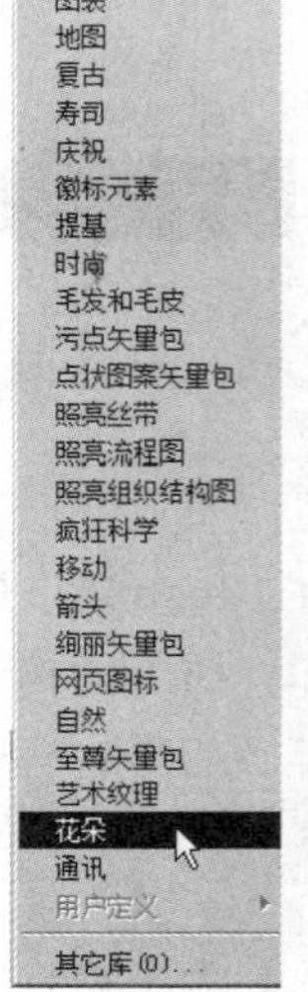
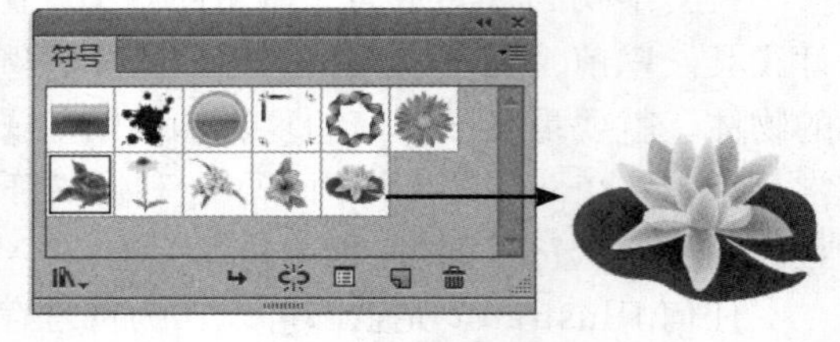


图 2-160　默认的“符号”面板　图 2-161　符号库快捷菜单　　图 2-162　将符号直接拖入文档

在 Illustrator CS6 中，各种普通的图形对象、文本对象、复合路径、光栅图像、渐变网格等均可以被定义为符号。如果要创建新的符号，可以将对象直接拖入到“符号”面板中，如图 2-163 所示。此时会弹出如图 2-164 所示的对话框，选择相应参数后单击“确定”按钮，即可创建新的符号，如图 2-165 所示。

提示：“符号”的功能和应用方式都类似于“画笔”。但需要区分的是，Illustrator中的画笔是一种画笔技术，而符号的应用则是作为一种对图形进行整体操作的技术。另外，工具箱中的“符号系”工具组包含多个工具，能够对应用到文档中的符号进行各种编辑，这是“画笔”所不具备的。

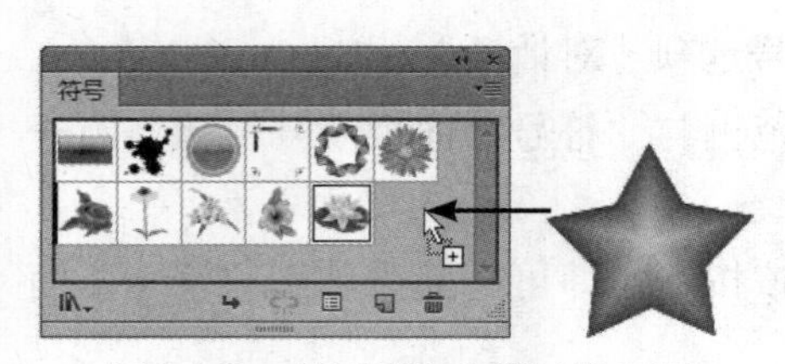


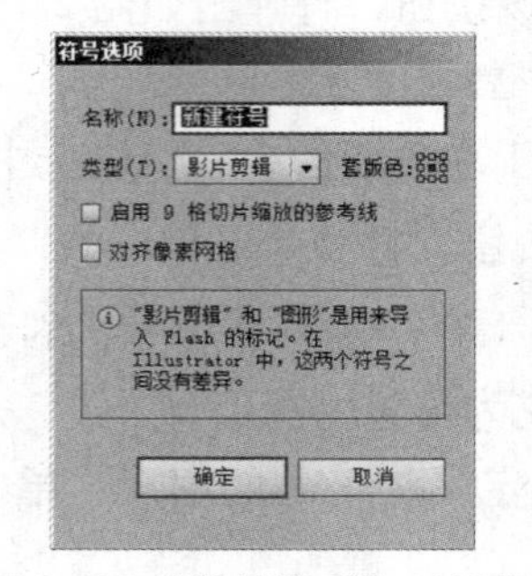


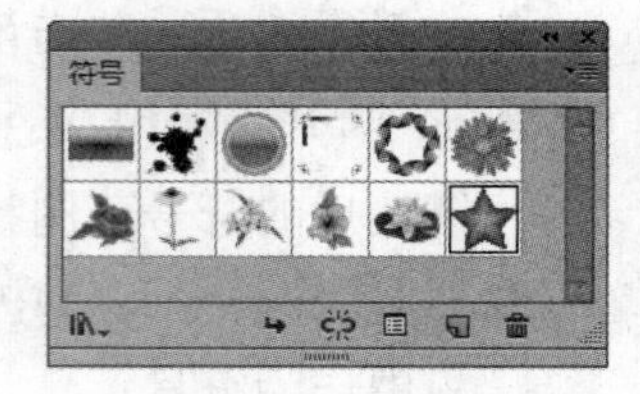


图 2-163　将图形拖入“符号”面板　　图 2-164 “符号选项”对话框　　图 2-165　创建新的符号

### 2. 符号系工具

在工具箱中的“符号系”工具组中提供了 8 种关于符号操作的工具，如图 2-166 所示。

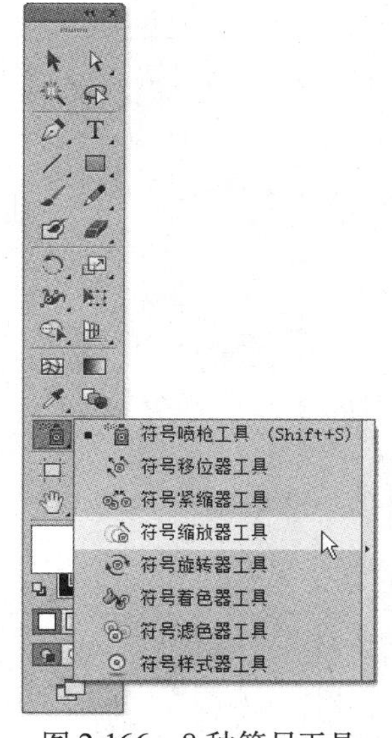


图 2-166　8 种符号工具

- 符号喷枪工具：用来在画面上施加符号对象。它与复制图形相比，可节省大量的内存，从而提高设备的运算速度。
- 符号移位器工具：用来移动符号。
- 符号紧缩器工具：用来收拢或扩散符号。
- 符号缩放器工具：用来放大或缩小符号，从而使符号具有层次感。
- 符号旋转器工具：用来旋转符号。
- 符号着色器工具：用自定义的颜色对符号进行着色。
- 符号滤色器工具：用来改变符号的透明度。
- 符号样式器工具：用来对符号施加样式。

符号系工具的具体使用方法如下：

1）选择工具箱中符号系工具组中的（符号喷枪工具），此时光标将变成一个带有瓶子图案的圆形，然后在“符号”面板中选择一种符号，如图 2-167 所示。接着，在画布上单击鼠标左键并拖动鼠标，此时会沿着鼠标拖动的轨迹喷射出多个符号，如图 2-168 所示。

提示：这些符号将自动组成一个符号集合，而不是以独立的符号出现。

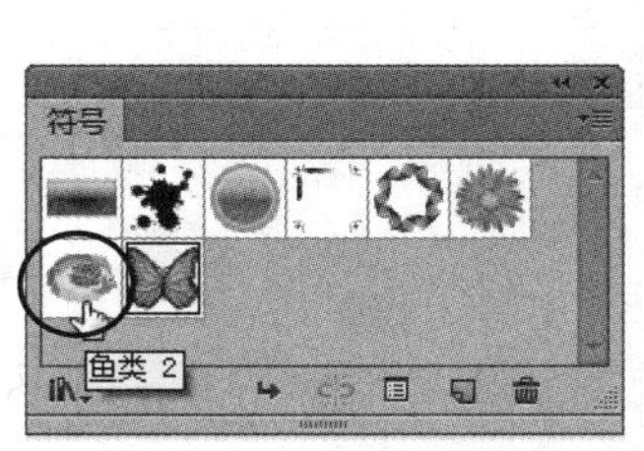


图 2-167　选择一种符号

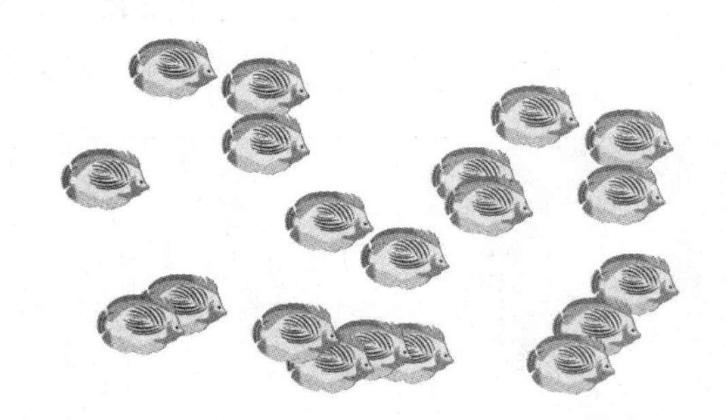

图 2-168　利用（符号喷枪工具）喷射出多个符号

2）在应用了符号或者使用了（选择工具）选中符号集合后，如果要移动符号，可以选择符号系工具组中的（符号移位器工具），将光标移动到要移动的符号上单击鼠标左键并拖动鼠标，则笔刷范围内的符号将随着鼠标发生移动，如图 2-169 所示。

3）如果要紧缩符号，可以先选中符号集合，然后选择符号系工具组中的（符号紧缩器工具），再将光标移动到要紧缩的符号上，单击鼠标左键并拖动鼠标实现紧缩符号的目的，如图 2-170 所示。

4）如果要缩放符号，可以先选中符号集合，然后选择符号系工具组中的（符号缩放器工具），将光标移动到要缩放的符号上拖动鼠标，此时光标圆中的符号范例将变大；如果按住〈Alt〉键，则可以缩小符号，如图 2-171 所示。

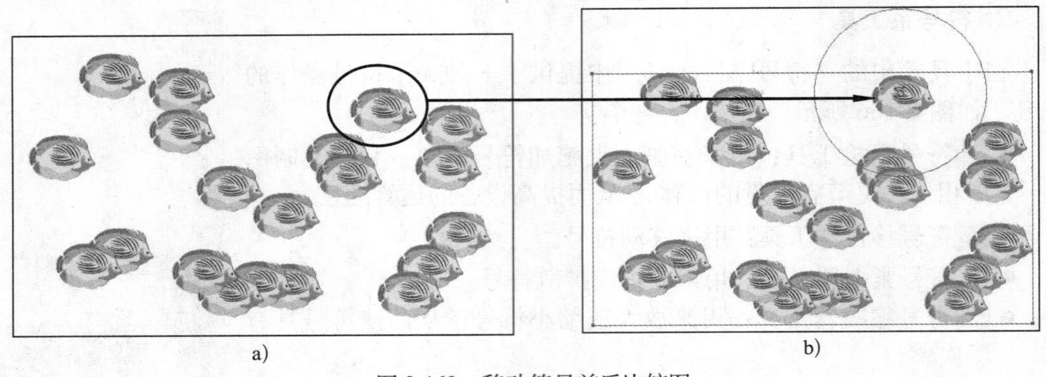

a) b)

图 2-169 移动符号前后比较图

a）移动前 b）移动后

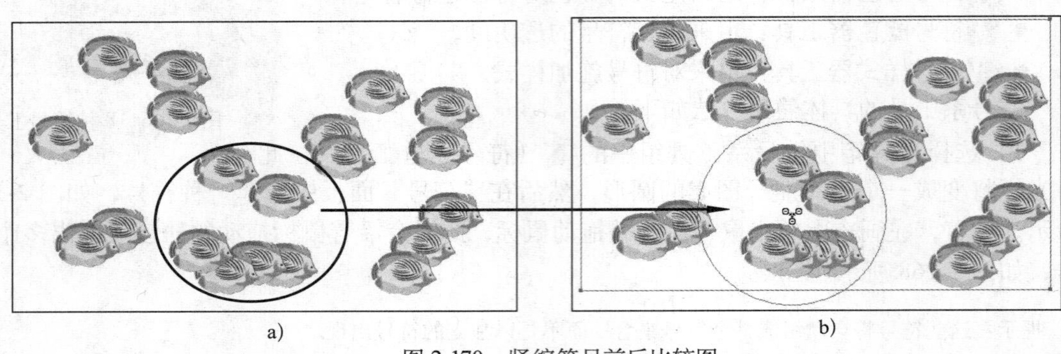

a) b)

图 2-170 紧缩符号前后比较图

a）紧缩前 b）紧缩后

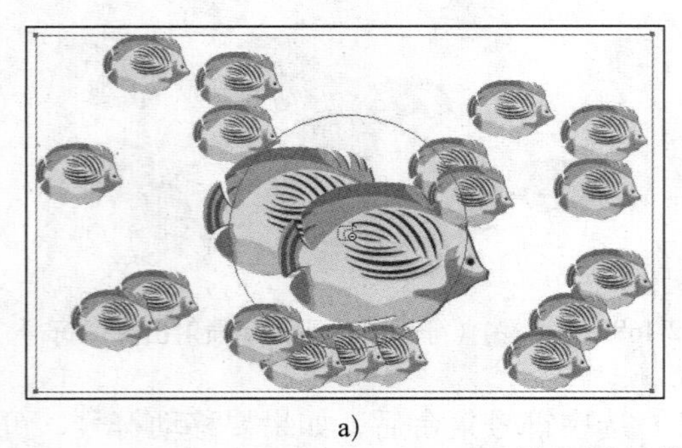

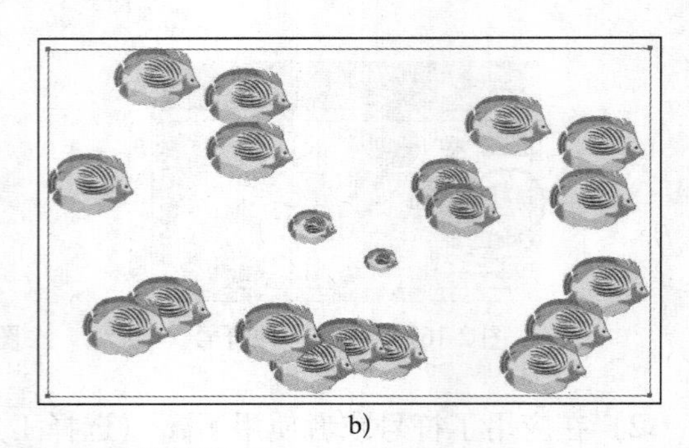

a) b)

图 2-171 缩放符号前后比较图

a) 放大 b）缩小

5）如果要旋转符号，可以先选中符号集合，然后选择符号系工具组中的 （符号旋转器工具），将光标移动到要旋转的符号上单击并拖动鼠标，此时光标圆中的符号将发生旋转，如图 2-172 所示。

6）如果要为符号上色，可以在“色板”或“颜色”面板中设定一种颜色作为当前色。然后选中符号集合，再选择符号系工具组中的 （符号着色器工具），将光标移动到要改变填充色的符号上单击并拖动鼠标，此时光标圆中符号的填充色将变为当前颜色，如图 2-173 所示。

提示：在为符号上色的时候，在光标圆中呈现的是径向渐变效果，而不是单纯的上色。

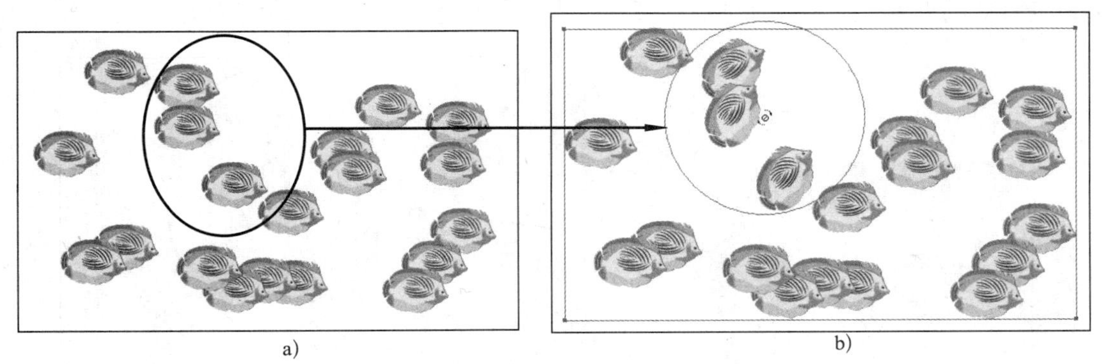


图 2-172 旋转符号前后比较图

a) 旋转前 b) 旋转后

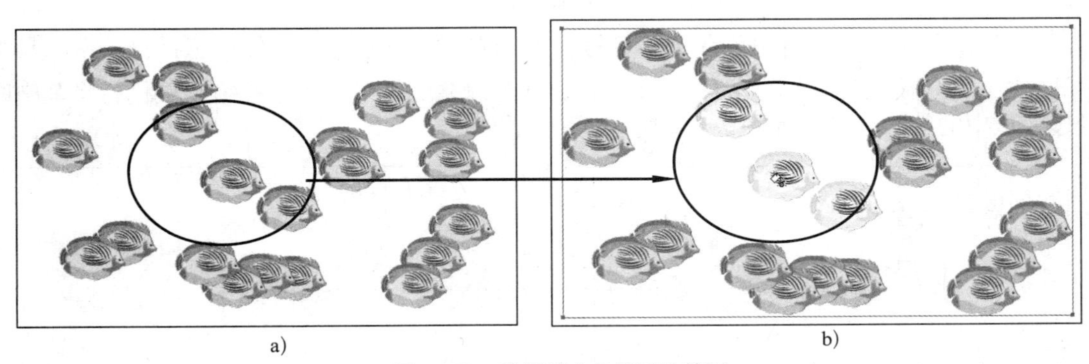


图 2-173 给符号上色前后比较图

a) 上色前 b) 上色后

7）如果要改变符号的透明度，可以先选中符号集合，然后选择符号系工具组中的（符号滤色器工具），将光标移动到要改变透明度的符号上，此时光标圆中的符号范例的透明度就会发生变化，如图 2-174 所示。

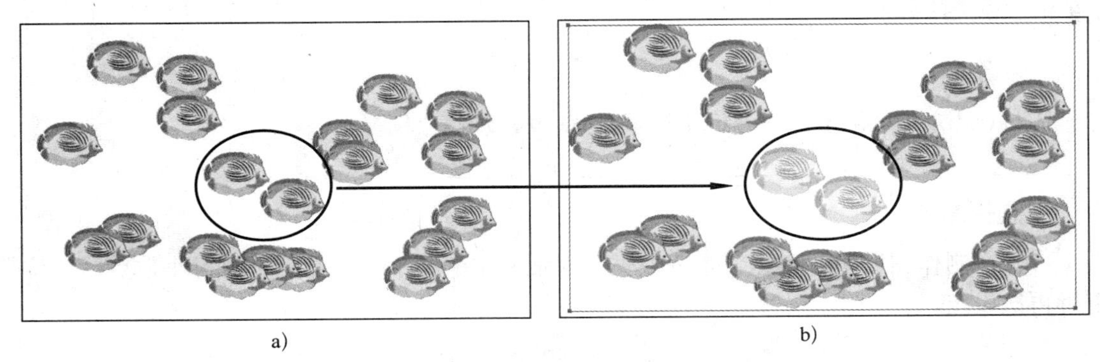


图 2-174 改变符号透明度前后比较图

a) 透明度改变前 b) 透明度改变后

8）如果要改变符号的样式，可以先选中符号集合，然后在“图形样式”面板中设定一

种样式作为当前样式。接着选择符号系工具组中的（符号样式器工具），将光标移动到要改变样式的符号上，则光标圆中的符号样式将发生变化，如图 2-175 所示。

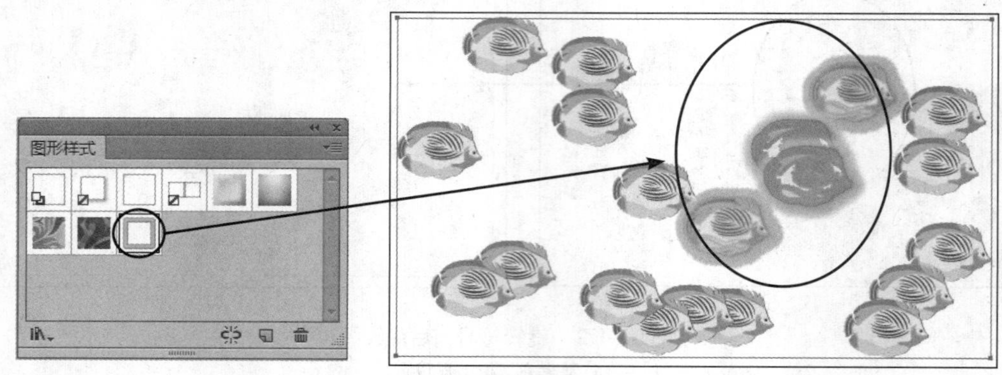


图 2-175　将样式添加到符号上

9）如果要从符号集合中删除部分符号，可以先选中符号集合，然后选择符号系工具组中的（符号喷枪工具），按住〈Alt〉键，在要删除的符号上单击并拖动鼠标，将笔刷所经过区域中的符号删除，如图 2-176 所示。

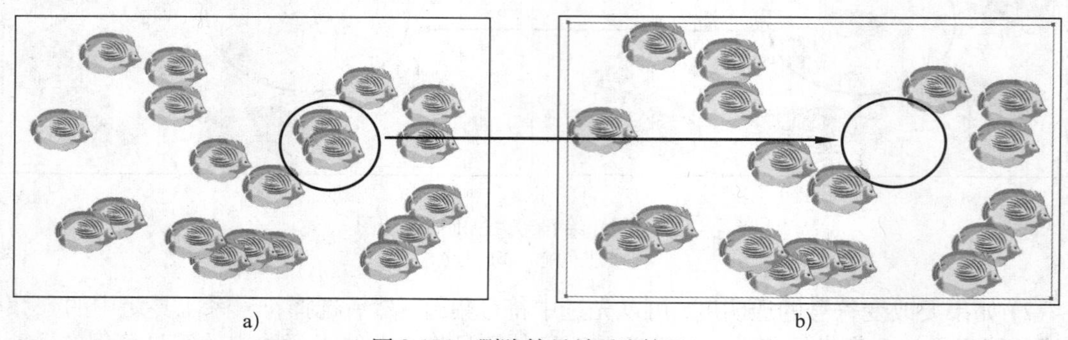

a)　　b)

图 2-176　删除符号前后比较图

a）删除前　b）删除后

### 2.4.4　课后练习

**1. 填空题**

Illustrator CS6 提供了 9 种不同类型的图表，它们分别是 ______、______、______、______、______、______、______、______ 和 ______。

**2. 选择题**

（1）在制作图表时，单击“图表数据”对话框中的（　）按钮，可以对小数点后的位数进行再次设定。

A.　　B.　　C.　　D.

（2）如果要从符号集合中删除部分符号，可以先选中符号集合，然后选择符号系工具组中的（符号喷枪工具），按住（　　）键，在要删除的符号上单击并拖动鼠标，将笔刷所经过区域中的符号删除。

A.〈Alt〉　　B.〈Ctrl〉　　C.〈Shift〉　　D.〈Tab〉

（3）在工具箱的符号系工具组中，单击（　）按钮可以对符号施加样式。

A.　　B.　　C.　　D.

3. 简答题

（1）简述柱状图表的制作方法。

（2）简述符号和画笔的区别和联系。

## 2.5　文本

在设计作品时，文本也是一项非常重要的表现内容，在某些场合下，它能表现一些图形无法表现的效果。

### 2.5.1　创建文本

使用 Illustrator CS6 提供的文本工具可以创建出多种效果的文字对象。在工具箱中的文本工具组中共有 6 种文本工具，如图 2-177 所示。

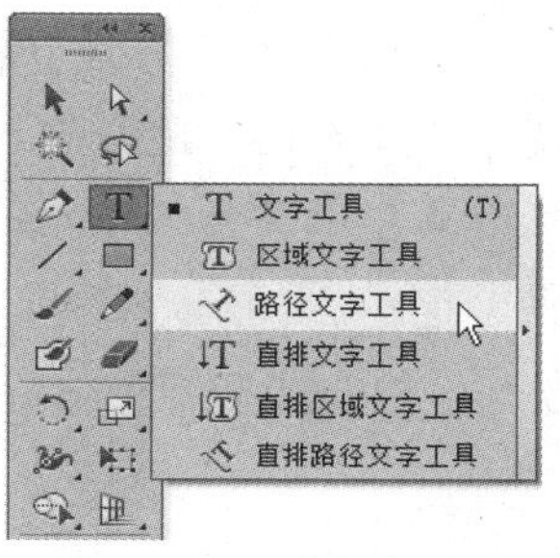


图 2-177　6 种文本工具

- 文字工具：用来创建横排的文本对象。
- 区域文字工具：用于将开放或闭合的路径作为文本容器，并在其中创建横排的文本。
- 路径文字工具：用于将文字沿路径进行横向排列。
- 直排文字工具 ：用于创建竖排的文本对象。
- 直排区域文字工具：用于在开放或者闭合的路径中创建竖排的文本。
- 直排路径文字工具：用于将文本沿着路径进行竖向排列。

#### 1. 使用文本工具创建文本

使用工具箱中的（文字工具）和（直排文字工具）均可在图形窗口中直接输入所需要的文字内容，其操作方法是一样的，只是文本排列的方式不一样。使用这两种工具输入文字的方式有两种：一种是按指定的行进行输入；另一种是按指定的范围进行输入。

（1）使用文字工具直接输入文字

使用文字工具直接输入文字的具体操作步骤如下：

1）选择工具箱中的（文字工具）或（直排文字工具），然后将光标移动到图形窗口中，此时鼠标指针呈或形状。

2）在图形窗口中需要输入文字的位置单击鼠标左键，确定插入点，此时插入点处将会出现闪烁的文字插入光标。

3）选择一种输入法，即可开始输入文字（在输入文字时，光标的显示状态如图 2-178 所示）。

4）在文字输入完成后，选择工具箱中的（选择工具）或按键盘上的〈Ctrl+Enter〉组合键，确认输入的文字，其效果如图 2-179 所示。

提示：选择工具箱中的 T（文字工具）或 IT（直排文字工具）在图形窗口中直接输入文字时，文字不能自动换行。如果需要换行，必须按〈Enter〉键强行换行。

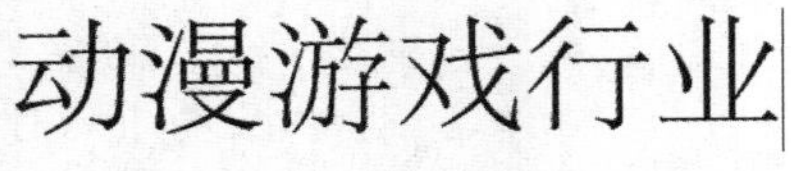

动漫游戏行业

图 2-178　光标显示状态

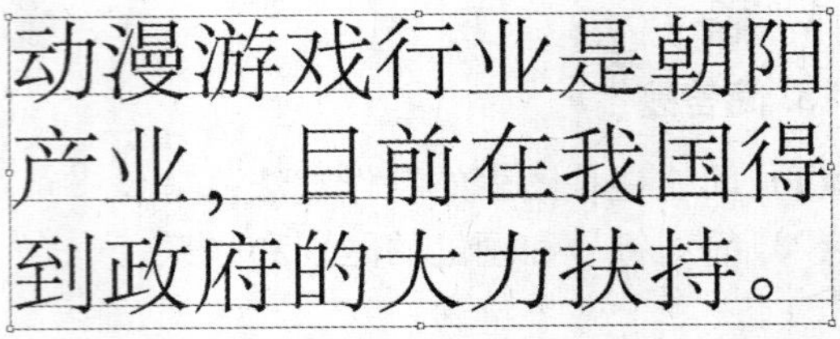

动漫游戏行业是朝阳
产业，目前在我国得
到政府的大力扶持。

图 2-179　确认输入的文字

(2) 使用文字工具按指定的范围输入文字

使用文字工具按指定的范围输入文字的具体操作步骤如下：

1）选择工具箱中的 T（文字工具）或 IT（直排文字工具），然后将光标移动到图形窗口中，此时鼠标指针呈或形状。

2）在图形窗口中需要输入文字的位置单击鼠标左键并拖曳，然后释放鼠标，即可出现一个文本框，此时创建的文本框左上角将出现闪烁的文字插入光标，如图 2-180 所示。

3）选择一种输入法，即可开始输入文字（在输入文字时，光标的显示状态如图 2-181 所示）。

图 2-180　创建文本框

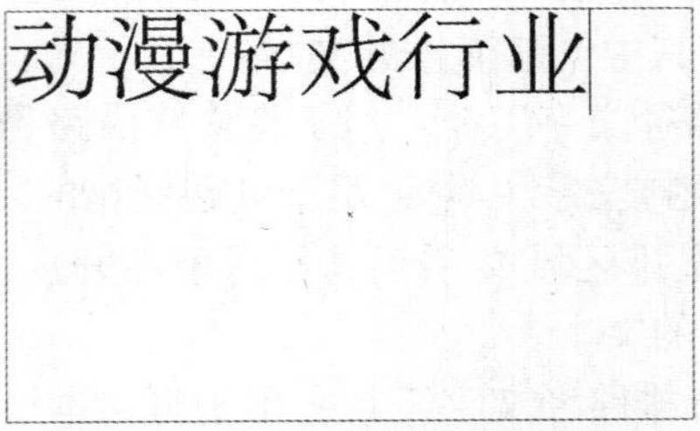

动漫游戏行业

图 2-181　光标显示状态

4）在文字输入完成后，选择工具箱中的（选择工具）或按键盘上的〈Ctrl+Enter〉组合键，确认输入的文字，其效果如图 2-182 所示。

提示：使用工具箱中的 T（文字工具）或 IT（直排文字工具）在图形窗口中按指定的范围输入文字时，输入的文字可以自动换行。

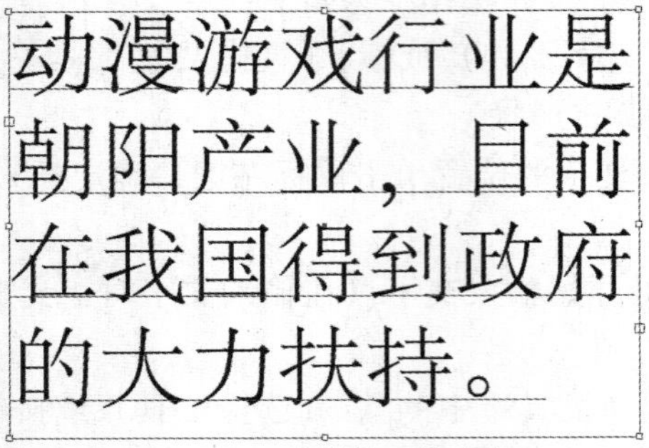

动漫游戏行业是
朝阳产业，目前
在我国得到政府
的大力扶持。

图 2-182　确认输入的文字

需要注意的是，利用上述两种方法输入的文本被框选后都有一个文本控制框，其四周有文本控制柄，文本下方的横线是文字基线。

使用 T（文字工具）直接输入的文字与按指定的范围输入的文字存在如下区别。

● 使用直接输入的方法所输入文字的第一行的左下角有一个实心点，如图 2-183 所示。而按指 定的范围输入的文字则是一个空心点，如图 2-184 所示。

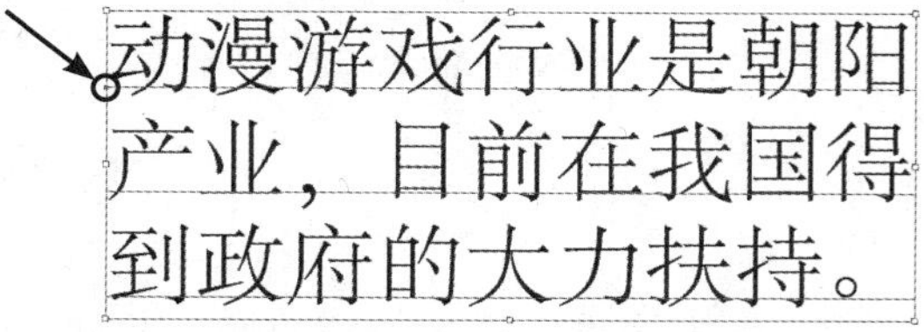

动漫游戏行业是朝阳
产业，目前在我国得
到政府的大力扶持。

图 2-183　直接输入文字的显示模式

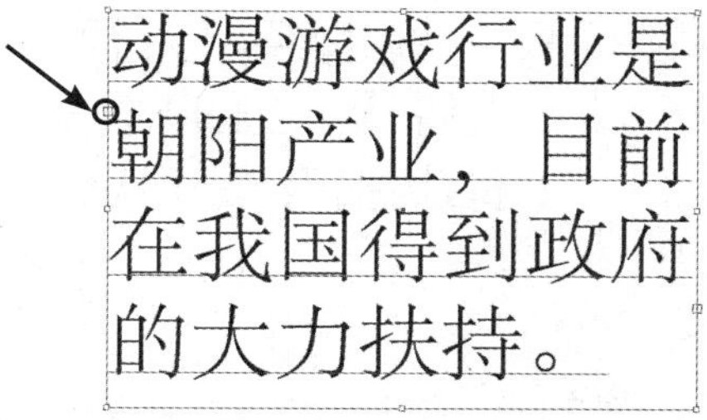

动漫游戏行业是
朝阳产业，目前
在我国得到政府
的大力扶持。

图 2-184　指定范围输入文字的显示模式

● 在旋转直接输入的文字的控制柄时，文字本身也随之旋转，如图 2-185 所示。而在旋转按指定范围输入的文字的控制柄时，文字本身不会随之旋转，如图 2-186 所示。

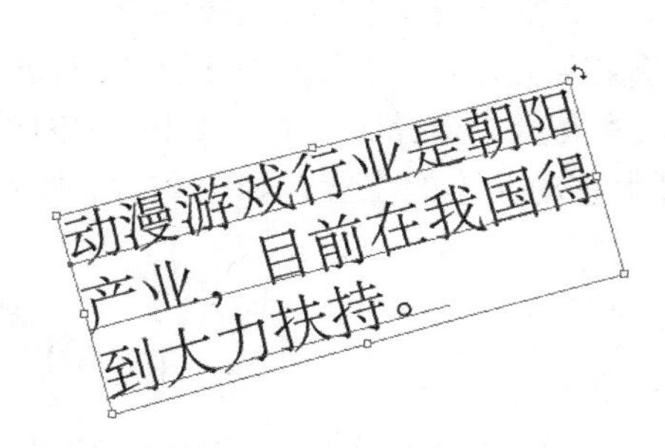

动漫游戏行业是朝阳
产业，目前在我国得
到大力扶持。

图 2-185　旋转直接输入的文字

动漫游戏行
业是朝阳产业，
目前在我国得到
大力扶持。

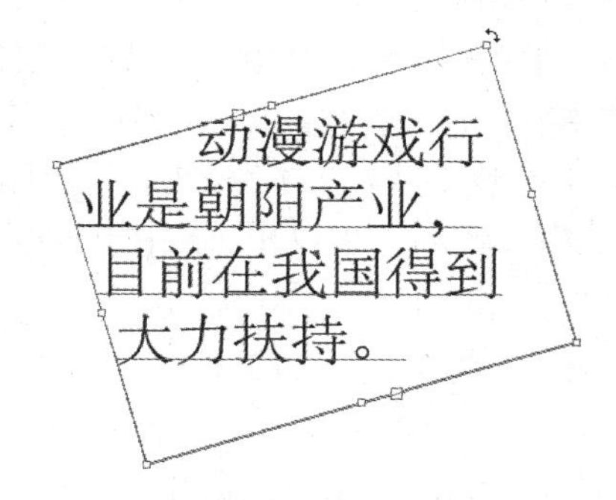

图 2-186　旋转指定范围输入的文字

● 在缩放直接输入文字的控制柄时，文本本身也随之缩小或放大，如图 2-187 所示。而缩放按指定范围输入的文字时，文字本身不会随着控制柄的缩放而缩放，如图 2-188 所示。

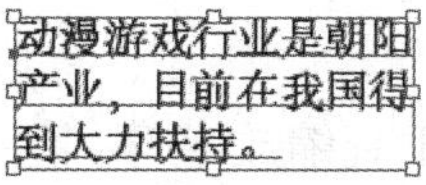

动漫游戏行业是朝阳
产业，目前在我国得
到大力扶持。

图 2-187　缩放直接输入的文字

动漫游戏
行业是朝

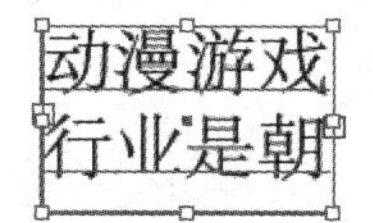

图 2-188　缩放指定范围输入的文字

### 2. 使用“区域文字工具”创建区域文本

区域文本包括 T（区域文字工具）和 IT（直排区域文字工具）两种。创建区域文本的具体操作步骤如下：

1）在使用“区域文字工具”创建文本时，必须在视图中选取一个路径图形（该路径图形不能是复合路径、蒙版路径），然后在选中的图形上单击，就可以在所选对象的区域中输入文本对象了，如图 2-189 所示。

2）如果需要改变区域文本框的形状，可以使用工具箱中的 （直接选择工具）对文本框进行编辑和变形，而区域文本框中的文本也将会随着文本框的变形，自行调整它们的排版格式以适应新的文本框形状，如图 2-190 所示。

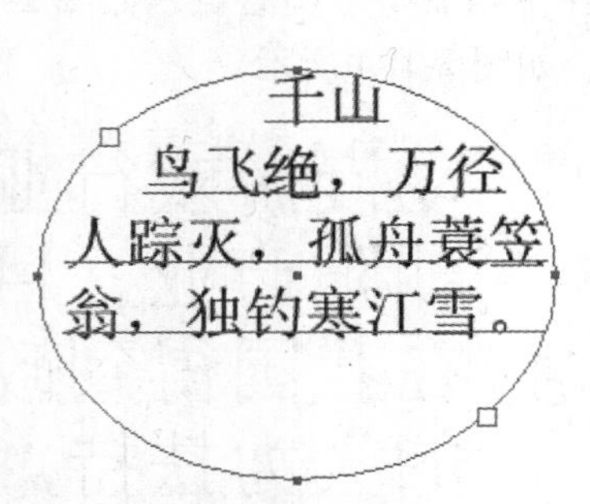


图 2-189　在所选对象的区域中输入文本

图 2-190　文本随着文本框变形

### 3. 使用“路径文字工具”创建路径文本

创建路径文本可以使用 （路径文字工具）和 （直排路径文字工具）。创建路径文本的具体操作步骤如下：

1）要创建一个路径文本，首先在视图中选取一个需要创建文本的路径对象，然后在工具箱中选中 （路径文字工具）或 （直排路径文字工具），在所选路径对象上单击，就可以将路径图形转换为文本路径。接着所输入的文本将会沿着路径分布，如图 2-191 所示。

2）选中文本后，可以根据绘图的需要在路径上移动文本的位置，如图 2-192 所示。

图 2-191　文本沿着路径分布

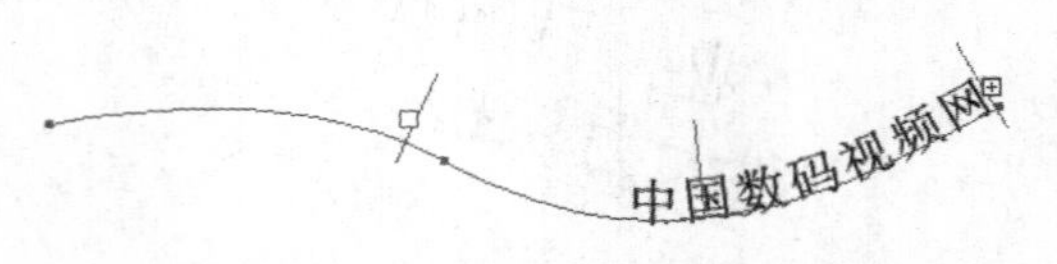


图 2-192　在路径上移动文本的位置

## 2.5.2　设置字符、段落的格式

在创建了文本之后还可以设置这些文本的格式。Illustrator CS6 中的文本包括 3 种属性：字符属性、段落属性和文字块属性。

### 1. 设置字符格式

字符格式包括字体、字形、字号、行距、字距、水平或者垂直缩放字符、基线偏移及颜色等。通过“字符”面板可以完成这些设置，调出“字符”面板的具体操作步骤如下：

1）执行菜单中的“窗口 | 文字 | 字符”命令，即可调出“字符”面板，如图 2-193 所示。

2）此时，“字符”面板的显示并不完整。单击“字符”面板右上角的三角形，从弹出的菜单中选择“显示选项”命令，即可显示出完整的“字符”面板，如图 2-194 所示。

### 2. 设置段落格式

段落格式包括文本对齐、段落缩进、单词间距和字母间距的设置，以及其他的一些选项。通过“段落”面板可以完成这些设置，调出“段落”面板的具体操作步骤如下：

1）执行菜单中的“窗口 | 文字 | 段落”命令，即可调出“段落”面板，如图 2-195 所示。

2）此时，“段落”面板的显示并不完整，单击“段落”面板右上角的小三角，从弹出的菜单中选择“显示选项”命令，即可显示出完整的“段落”面板，如图 2-196 所示。

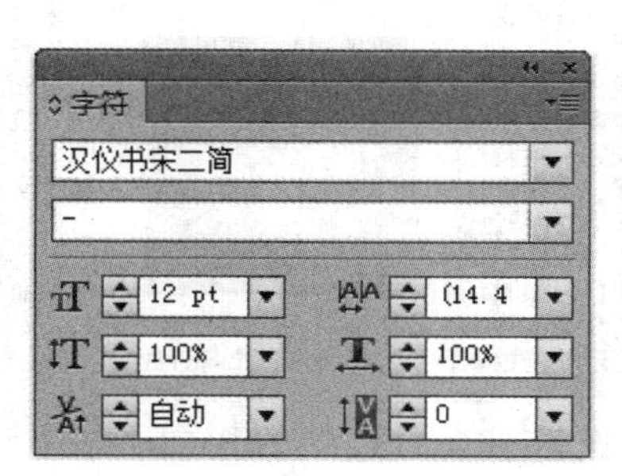

图 2-193　“字符”面板

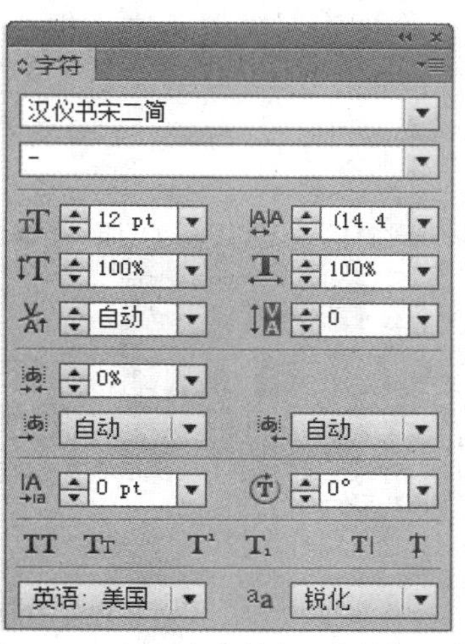

图 2-194　显示出完整的“字符”面板

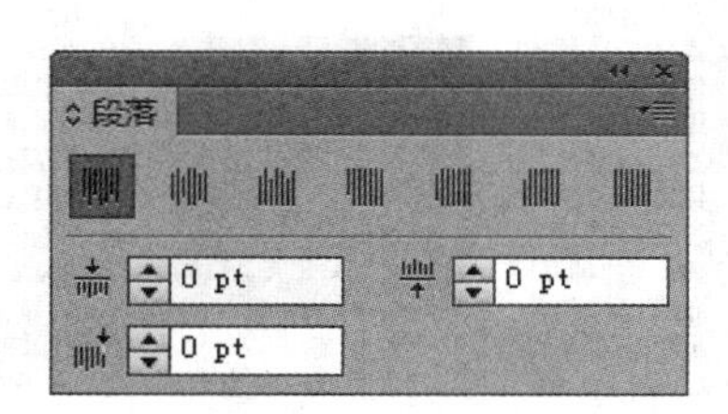

图 2-195　“段落”面板

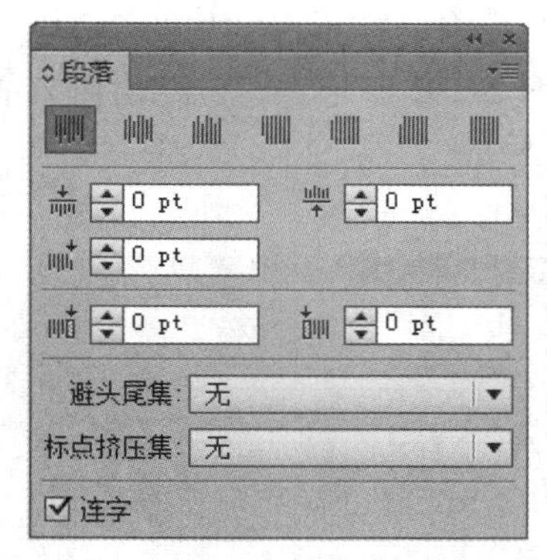

图 2-196　显示出完整的“段落”面板

## 2.5.3　将文字转换为路径

在不同的计算机之间进行交流协作时，为了防止因对方计算机不包含设计时使用的字体而造成字体无法正常显示的情况出现，可以将文字转换为路径，从而可以像编辑其他路径一样对其进行编辑。

选择菜单中的“文字 | 创建轮廓”命令，即可将文字转换为路径。如图 2-197 所示是转换为路径前的文字效果，图 2-198 所示是转换为路径后的文字效果。

提示：将文字转换为路径后，就不可以使用文字工具对文字进行编辑了。

zhangfan

图 2-197　转换为路径前的文字效果

zhangfan

图 2-198　转换为路径后的文字效果

## 2.5.4　图文混排

在 Illustrator CS6 中，可以使用文本绕图功能制作图文混排文件。图文混排的具体操作步骤如下：

1）将一个图形对象置于文本框的上方，然后同时选中图形对象和文本框，如图 2-199 所示。

2）执行菜单中的“对象 | 文本绕排 | 建立”命令，结果如图 2-200 所示。

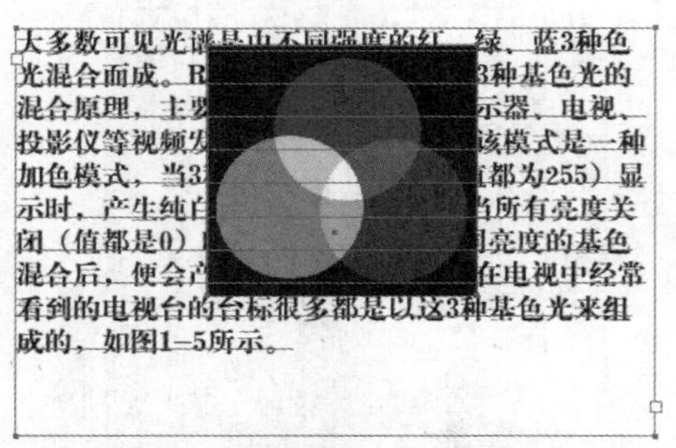


图 2-199　同时选中图形对象和文本框

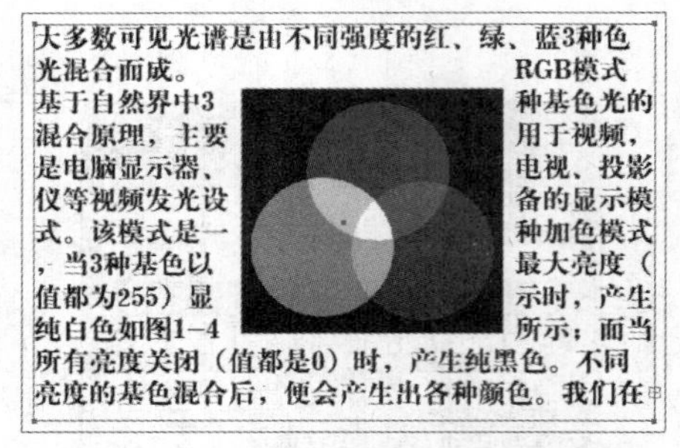


图 2-200　位移为 6 的图文混排效果

3）如果对文字和图形之间的距离进行调整，可以执行菜单中的“对象 | 文本混排 | 文本混排选项”命令，在弹出的如图 2-201 所示的对话框中输入相应的数值，然后单击“确定”按钮。如图 2-202 所示为将位移由原来的 6 改为 20 的图文混排效果。

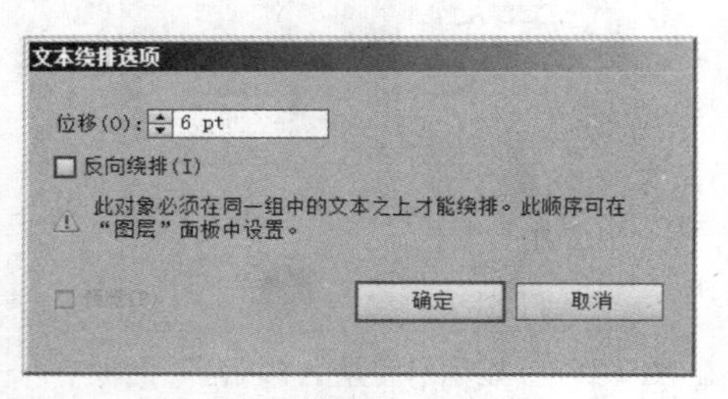


图 2-201　输入相应的数值

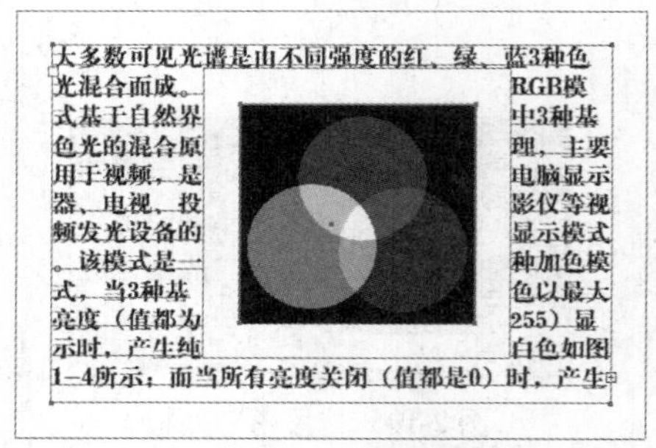


图 2-202　位移为 20 的图文混排效果

4）如果要取消图文混排效果，可以执行菜单中的“对象 | 文本混排 | 释放”命令。

## 2.5.5　课后练习

### 1. 填空题

（1）在工具箱的文本工具组中共有 6 种文本工具，它们分别是 ______、______、______、______、______ 和 ______。

（2）______ 面板用于设置字符格式；______ 面板用于设置段落格式。

### 2. 选择题

（1）通过“字符”面板可以完成下列哪些设置？（　）

A. 字体　　B. 基线偏移　　C. 字号　　D. 字距

（2）通过“段落”面板可以完成下列哪些设置？（　）

A. 文本对齐　　B. 段落缩进　　C. 单词间距　　D. 行距

### 3. 简答题

（1）简述如何将文本框中未完全显示的文本在另外的图形中显示出来。

（2）简述创建路径文本和区域文本的方法。

## 2.6　渐变、渐变网格和混合

在 Illustrator CS6 中，实现一种颜色到另一种颜色过渡的方法有 3 种，它们分别是渐变、渐变网格和混合。这 3 种工具有各自的应用范围，其中，渐变工具是对单个对象进行线性或圆形渐变填充；渐变网格工具是对单个对象的不同部分进行颜色填充；混合工具是对多个对象之间进行形状和颜色的混合。

### 2.6.1　使用渐变填充

渐变填充是指在一个图形中从一种颜色变换到另一种颜色的特殊填充效果。在 Illustrator CS6 中应用渐变填充，既可以使用工具箱中的（渐变工具），也可以使用“渐变”面板。如图 2-203 所示为使用渐变工具制作的杯子上的高光效果。

如果需要对渐变填充的类型、颜色及角度等属性进行精确的调整控制，必须对“渐变”面板中的参数进行相关设置。执行菜单中的“窗口 | 渐变”命令，即可调出“渐变”面板，如图 2-204 所示。

提示：如果单击“渐变”面板标签上的双向小三角符号，“渐变”面板将会简化显示，如图2-205所示。

图 2-203　制作杯子上的高光效果

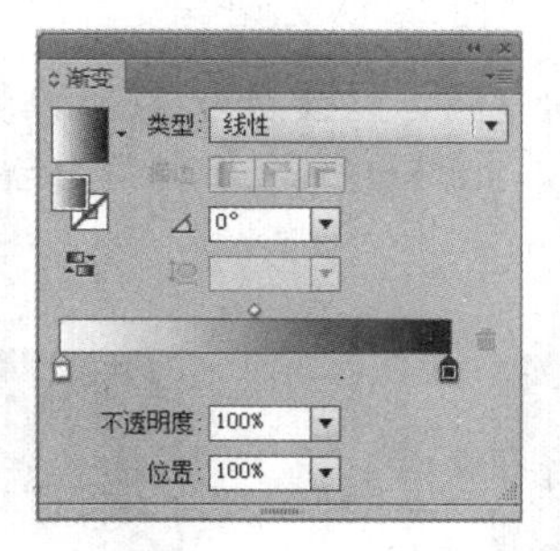

图 2-204　“渐变”面板

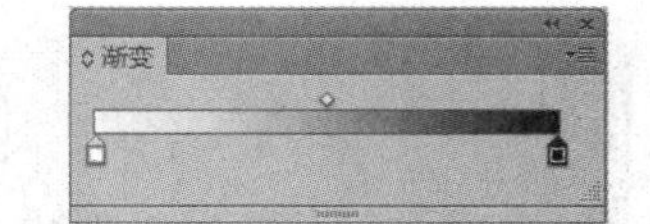

图 2-205　简化显示的“渐变”面板

#### 1. 线性渐变填充

线性渐变填充用于产生一种沿着线性方向使两种颜色逐渐过渡的效果，这是一种最常用的渐变填充方式。使用线性渐变填充的具体操作步骤如下：

1）如果要对图形应用线性渐变填充，必须先选中需要进行线性渐变填充的图形，然后选择工具箱中的（渐变工具），如图 2-206 所示。

2）在选取了（渐变工具）后，所选的图形还不能自动实现渐变填充，需要在“渐变”面板的“类型”下拉列表中选择渐变类型为“线性”。此时，所选图形才呈现出线性渐变填充的效果，如图 2-207 所示。

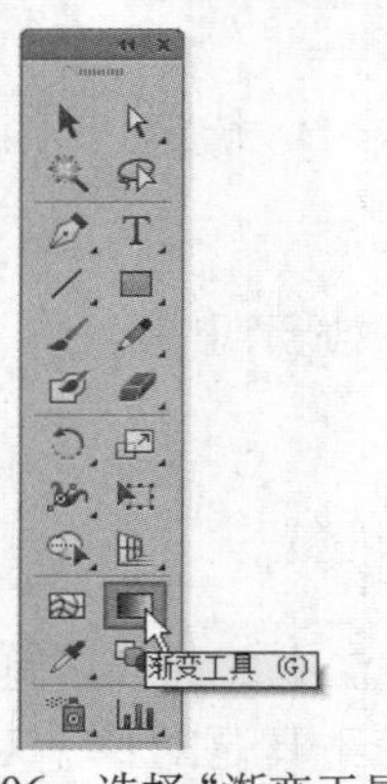


图 2-206　选择“渐变工具”

图 2-207　线性渐变填充效果

3）如果要改变直线渐变的渐变程度，只要选择（渐变工具），在应用了线性渐变填充的图形上拖出一条直线即可。此时直线的起点表示渐变效果的起始点，直线的终点表示渐变效果的终止点。拖出直线的位置和长短将直接影响渐变的效果，如图 2-208 所示。

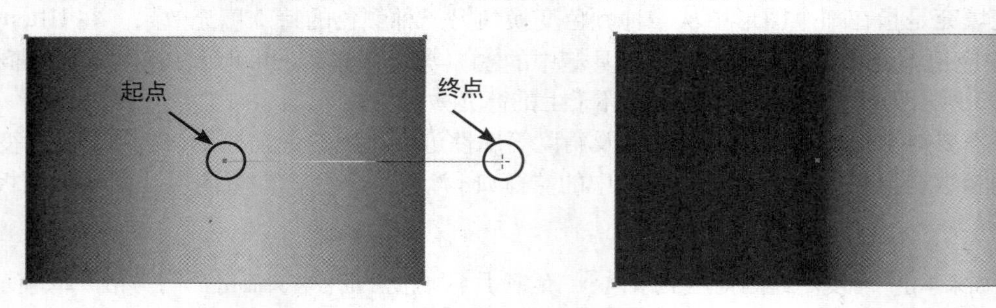


图 2-208　拖出渐变

4）如果要改变直线渐变的渐变方向，只要选取（渐变工具），然后在应用了线性渐变填充的图形上拖出一条直线即可，此时直线的方向即为渐变效果的渐变方向，如图 2-209 所示。

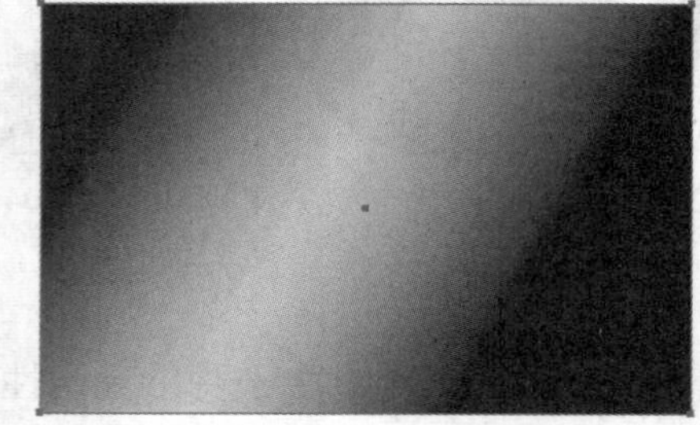

图 2-209　改变渐变方向

5）如果需要精确控制线性渐变的方向，可以在“渐变”面板的“角度”文本框中输入相应的数值。

提示：系统的默认值是 0°，当输入的角度值大于 180° 或者小于 −180° 时，系统会自动将角度转换成 −180° ~ 180° 之间的相应角度。比如输入 280°，则系统将会把它转为 −80°。

6）如果需要改变线性渐变填充的起始颜色和终止颜色，可以单击“渐变”面板中的起始颜色标志或终止颜色标志（即面板色彩条下面的两个滑块），此时会弹出“颜色”面板，用户可以从“颜色”面板中选取颜色作为起始颜色或终止颜色。当选定颜色之后，该颜色将会自动应用于选定的对象上。

### 2. 径向渐变填充

径向渐变填充用于产生一种沿着径向方向使两种颜色逐渐过渡的效果。使用径向渐变填充的具体操作步骤如下：

1）如果要对图形应用径向渐变填充，首先选中需要进行径向渐变填充的图形，然后选择工具箱中的（渐变工具）。

2）此时，所选的图形还不能自动实现渐变填充，需要在“渐变”面板的“类型”下拉列表中选取渐变类型为“径向”，这样所选图形才呈现出渐变填充的效果，如图 2-210 所示。

提示：与线性渐变填充不同的是，径向渐变填充不存在渐变角度的问题。因为径向填充的方向对于中心点而言是对称的。

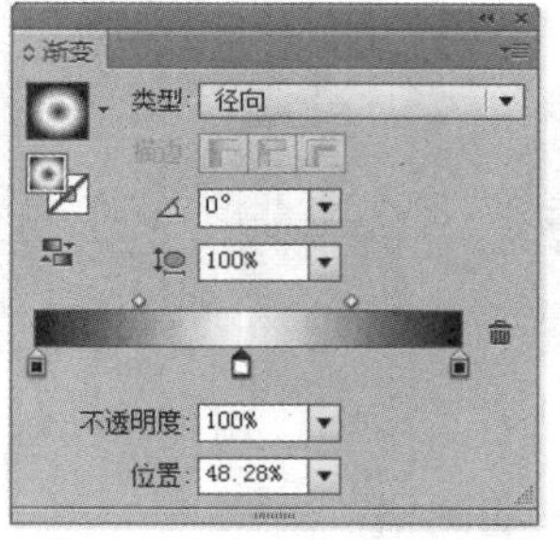

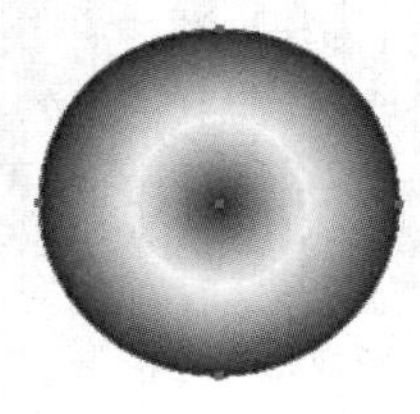

图 2-210 径向渐变填充效果

## 2.6.2 使用渐变网格

虽然使用 Illustrator CS6 的（渐变工具）可以产生很奇妙的效果，但是渐变工具的应用有一个很大的缺陷，即渐变填充的颜色变化只能按照预先设定的方式，并且同一个图形中的渐变方向必须是相同的。为此，Illustrator 提供了渐变网格工具来弥补该缺陷。利用渐变网格工具可以对单个对象的不同部分进行颜色填充。如图 2-211 所示为使用渐变网格工具制作的效果。

图 2-211 使用渐变网格工具制作的花朵

### 1. 创建渐变网格

使用（渐变网格工具）或者执行菜单中的“对象 | 创建渐变网格”命令，都能将一个对象转换成网格对象，下面分别进行讲解。

(1) 利用（渐变网格工具）创建渐变网格

利用（渐变网格工具）创建渐变网格的具体操作步骤如下：

1）首先在画布上绘制一个需要实施渐变网格效果的图形并将其选中，如图 2-212 所示。

然后选择工具箱中的（网格工具），如图 2-213 所示，此时，光标将变为一个带有网格图案的箭头形状，如图 2-214 所示。

图 2-212　创建图形

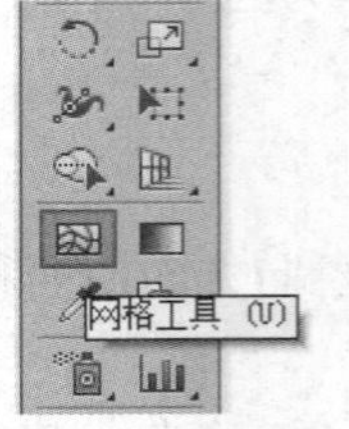


图 2-213　选择“网格工具”

图 2-214　“网格工具”的光标显示

2）将光标移动到图形上，在需要制作纹理的地方单击即可添加一个网格点，多次单击可以生成一定数量的网格点，从而也就形成了一定形状的网格，如图 2-215 所示。

3）选择工具箱中的（直接选择工具），然后选中需要上色的网格点，接着在“颜色”面板上选择相应的颜色，则选中的网格点就应用了该颜色，如图 2-216 所示。

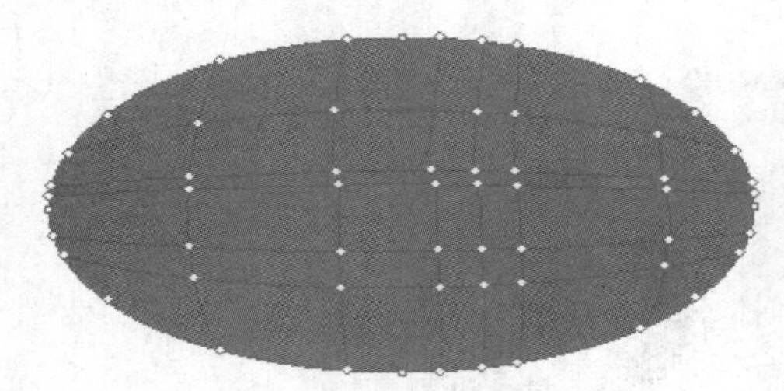

图 2-215　手动创建网格

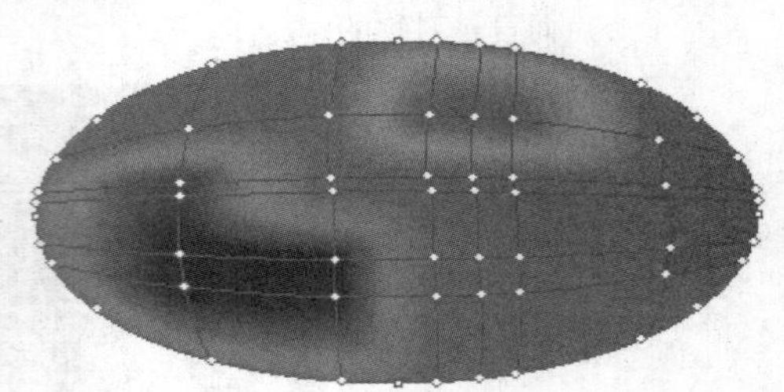

图 2-216　对网格点应用所需颜色

（2）利用“创建渐变网格”命令创建渐变网格

利用“创建渐变网格”命令创建渐变网格的具体操作步骤如下：

1）首先在画布上绘制一个需要实施渐变网格效果的图形并将其选中。

2）执行菜单中的“对象 | 创建渐变网格”命令，此时会弹出如图 2-217 所示的对话框。

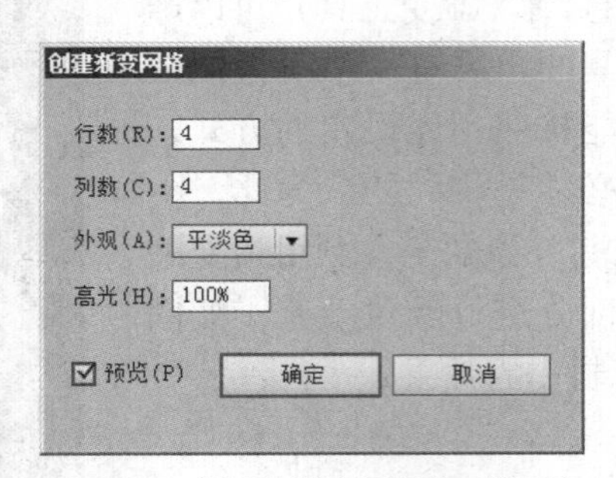


图 2-217　“创建渐变网格”对话框

在该对话框中，可以通过“行数”和“列数”文本框设置图形网格的行数和列数，从而设置网格的单元数。

在“外观”下拉列表中有“平淡色”、“至中心”和“至边缘”3 个选项供用户选择。其中，“至中心”表示从图形的边缘向中心进行渐变；“至边缘”表示从图形的中心向边缘进行渐变。如图 2-218 所示为两种外观方式的效果对比。

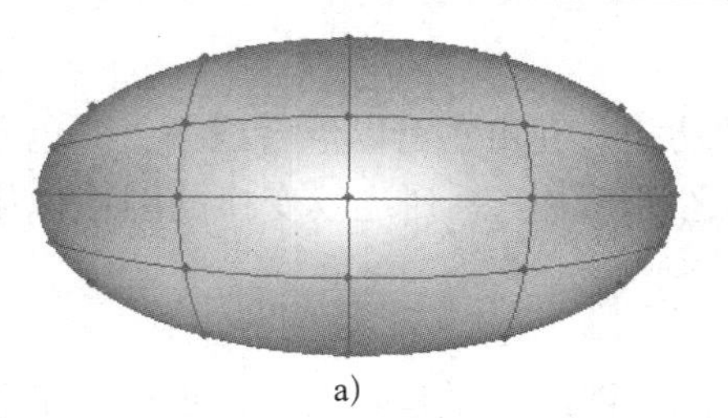

a)

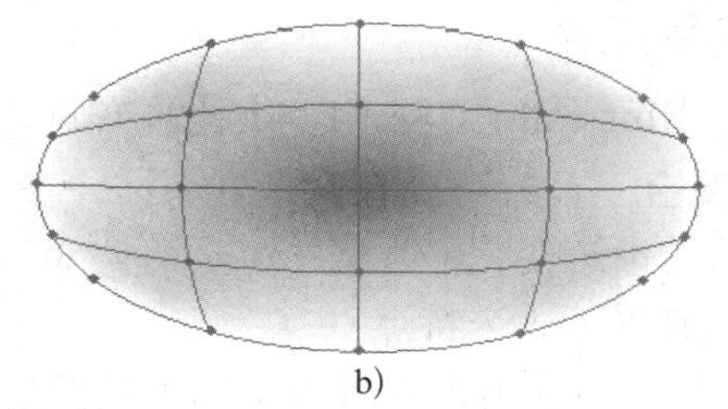

b)

图 2-218　两种外观方式的效果对比
a）至中心　b）至边缘

“高光”文本框中的值表示图形在创建渐变网格之后高光处的光强度。值越大，高光处的光强度越大，反之则越小。

### 2. 编辑渐变网格

无论是利用（网格工具）还是利用“创建渐变网格”命令创建渐变网格，在一般情况下都不可能一次达到所需的效果，这就需要对网格进行编辑了。下面具体讲解网格的添加、删除和调整方法。

（1）添加网格

添加网格的方法为：选择工具箱中的（网格工具），如果要添加一个使用当前填充色上色的网格点，可单击网格对象上的任意一点，此时相应的网格线将从新的网格点延伸至图形的边缘，如图 2-219 所示；如果单击的是一条已存在的网格线，则可增加一条与之相交的网格线，如图 2-220 所示。

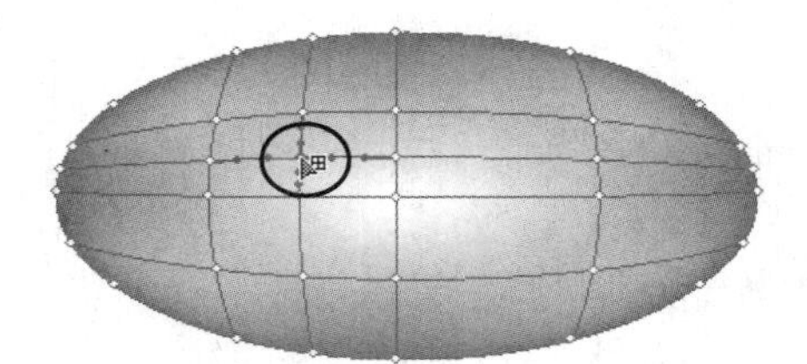

图 2-219　单击网格对象上的任意一点

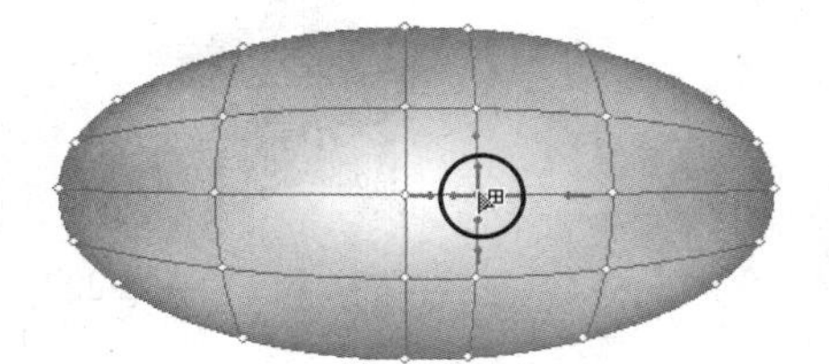

图 2-220　在已有的网格线上单击

（2）删除网格

删除网格的方法为：如果要删除一个网格点及相应的网格线，可以在选中工具箱中的（网格工具）后直接按〈Alt〉键，然后单击该网格点即可。

（3）调整网格

调整网格的方法为：选择工具箱中的（网格工具），然后在渐变网格图形上单击网格点，此时该网格点将显示其控制柄，接下来即可通过拖动控制柄来对该网格点的网格线进行调整，如图 2-221 所示。

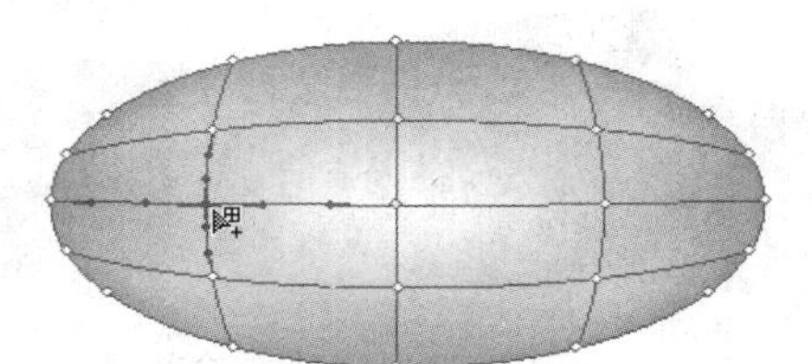

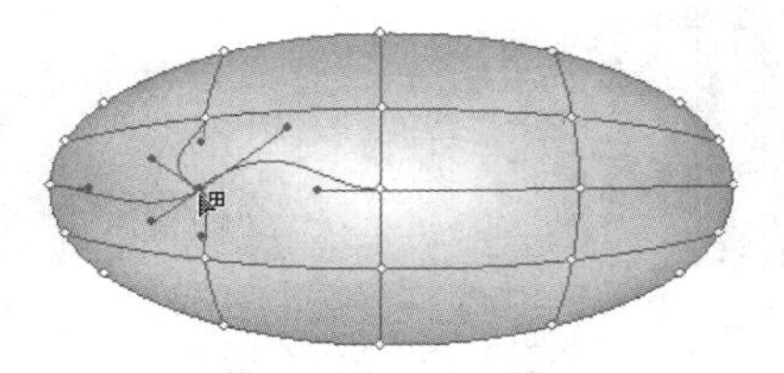

图 2-221　通过拖动控制柄对网格线进行调整

## 2.6.3 使用混合

混合是 Illustrator CS6 中一个比较有特色的功能，利用它可以混合线条、颜色和图形。使用（混合工具）可以在两个或者多个图形之间产生一系列连续变换的图形，从而实现色彩和形状的渐进变化。

混合具有以下 3 个特点：

- 混合可以用在两个或者两个以上的图形之间。图形可以是封闭的，也可以是开放的路径，甚至是群组图形、复合路径及蒙版图形。
- 混合适用于单色填充或者渐变填充的图形，对于使用图案填充的图形则只能做形状的混合，而不能做填充的混合。
- 进行过混合操作的图形会自动结合成为一个新的混合图形，并且其特征是可以被编辑修改的，但更改混合图形中的任何一个图形，整个混合图形都会自动更新。

### 1. 创建混合

在 Illustrator CS6 中，混合是在两个不同路径之间完成的，单击同一区域内不同路径上的定位点就可以创建出匀称平滑的混合效果。如果单击相反区域内的定位点，混合就会变得扭曲。创建混合的具体操作步骤如下：

1）如果要创建混合效果，首先需要绘制两个图形，这两个图形可以是封闭的路径，也可以是开放的路径。然后为这两个图形设置不同的画笔或者填充属性，如图 2-222 所示。

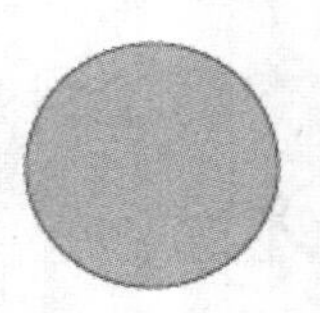

图 2-222 创建两个混合基础图形

2）选择工具箱中的（混合工具），分别单击两个图形，就会产生混合效果，如图 2-223 所示。

同样，也可以利用菜单命令完成混合。其方法为：选中要进行混合的图形，然后执行菜单中的“对象 | 混合 | 建立”命令。

混合分为两种：平滑混合和扭曲混合。选取两个图形上相应的点生成的混合是平滑混合，如图 2-223 所示；而选取一个图形上的起点，再选取另一条路径上的终点生成的混合是扭曲混合，如图 2-224 所示。

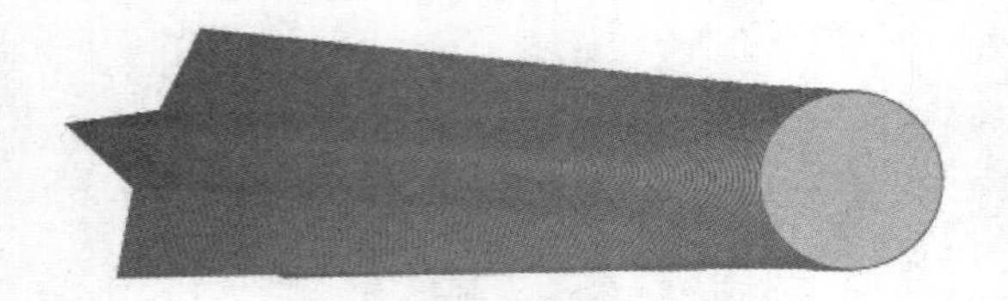

图 2-223 平滑混合效果

图 2-224 扭曲混合效果

### 2. 设置混合参数

利用“混合选项”对话框，可以设置混合效果的各项参数，如图 2-225 所示。

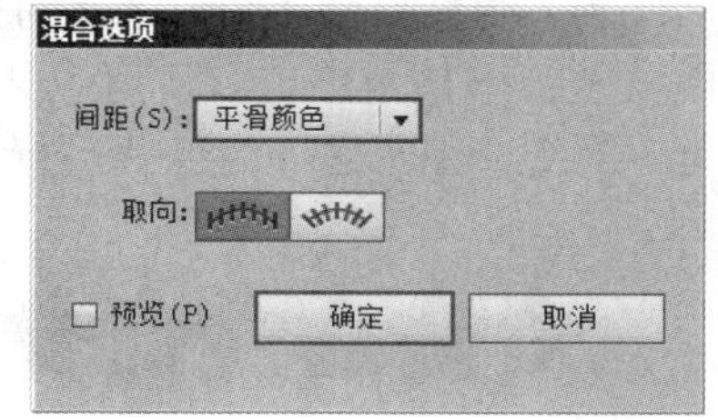


图 2-225　“混合选项”对话框

设置混合参数的具体操作步骤如下：

1）调出“混合选项”对话框。

- 选中需要混合的图形，然后双击工具箱中的（混合工具）。
- 执行菜单中的“对象 | 混合 | 混合选项”命令。

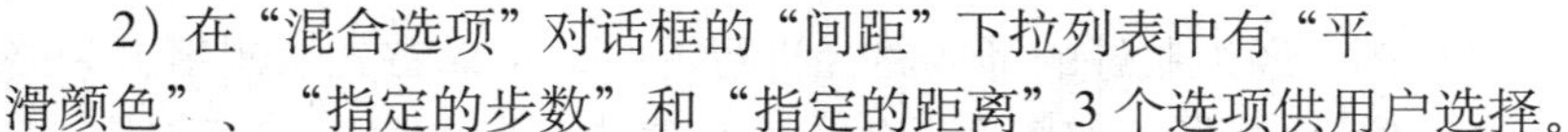

2）在“混合选项”对话框的“间距”下拉列表中有“平滑颜色”、“指定的步数”和“指定的距离”3 个选项供用户选择。

- 如果选择“平滑颜色”选项，则表示系统将按照混合的两个图形的颜色和形状来确定混合步数。一般情况下，系统内定的值会产生平滑的颜色渐变和形状变化。
- 如果选择“指定的步数”选项，则可控制混合的步数。选择此选项后，在后面的文本框中可以输入 1~300 的数值。数值越大，混合的效果越平滑。如图 2-226 所示为不同步数的混合效果。

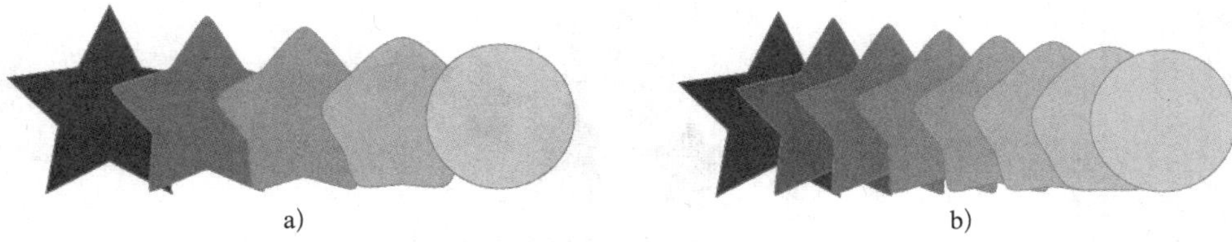

a)　　　　b)

图 2-226　不同“指定的步数”的混合效果

a）指定的步数为 3　b）指定的步数为 6

- 如果选择“指定的距离”选项，则可控制每一步混合间的距离。选择此选项后，可以输入 0.1~1300pt 的混合距离。

3）“混合选项”对话框中的“取向”选项用于设定混合的方向。其中，表示以对齐页的方式混合；表示以对齐路径的方式进行混合。如图 2-227 所示为两种对齐方式的比较。

图 2-227　不同“取向”的效果比较

### 3. 编辑混合图形

1）在生成了混合效果之后，如果需要改变混合效果中起始图形和终止图形的前后位置，不必重新进行混合操作，只需执行菜单中的“对象 | 混合 | 反向混合轴”命令即可。

2）如果对执行了混合操作的效果不满意，或者需要单独编辑混合效果中的起始和终止两个图形，可以执行菜单中的“对象 | 混合 | 释放”命令，将混合对象释放，从而得到混合

前的两个独立图形。

3） 调整混合后图形之间的脊线。其方法为：一般情况下脊线为直线，两端的节点为直线节点。但是用户可以使用工具箱中的 （转换锚点工具）将直线点转换为曲线点，从而可以对混合图形之间的脊线进行编辑，如图 2-228 所示。

图 2-228 将直线点转换为曲线点

4）如果要混合图形按照一条已经绘制好的开放路径进行混合，可以首先绘制出一条路径，如图 2-229 所示，然后选中混合图形，如图 2-230 所示。接着执行菜单中的“对象 | 混合 | 替换混合轴”命令，此时混合图形就会依据所绘制的路径进行混合，如图 2-231 所示。

图 2-229 绘制路径　　图 2-230 选中混合图形

图 2-231 替换混合轴效果

#### 4. 扩展混合

混合后的图形是一个整体，不能对单独某一个图形进行填充等操作。此时，可以通过扩展命令，将其扩展为单个图形，然后再进行相应操作。扩展混合的具体操作步骤如下：

1）选中要扩展的混合图形，然后执行菜单中的“对象 | 扩展”命令，此时会弹出如图 2-232 所示的对话框。

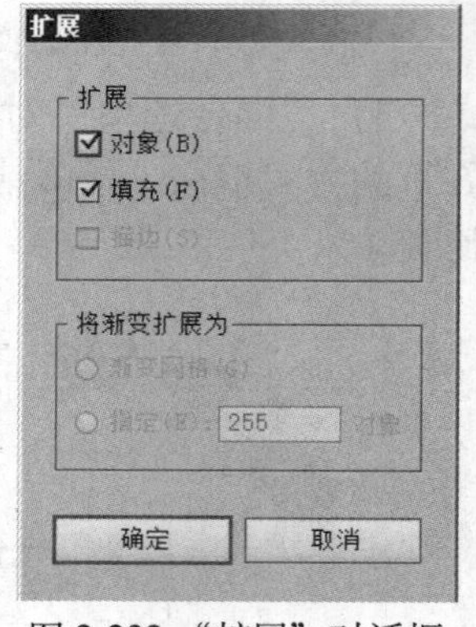


图 2-232 “扩展”对话框

2）在“扩展”对话框的“扩展”选项组中有“对象”、“填充”和“描边”3 个复选框，设置完毕后单击“确定”按钮，即可将混合图形展开。

3）展开混合图形后，它们还是一组对象，此时，可以使用 （编组选择工具）选取其中的任何图形进行复制、移动和删除等操作。

### 2.6.4 课后练习

#### 1. 填空题

（1）在“渐变”面板的“类型”下拉列表中有两种渐变类型，它们分别是________和________。

（2）在“混合选项”对话框的“间距”下拉列表中有 3 个选项供用户选择，它们分别是________、__________ 和 __________。

### 2. 选择题

（1）如果要删除一个网格点及相应的网格线，可以在选中工具箱中的（网格工具）后直接按住（　）键，然后单击该网格点即可。

A.〈Alt〉　　B.〈Shift〉　　C.〈Ctrl〉　　D.〈Tab〉

（2）将混合后的图形进行扩展时，“扩展”对话框的“扩展”选项组中共有 3 个复选框供用户选择，它们分别是（　）。

A. 对象　　B. 填充

C. 不透明度　　D. 描边

### 3. 简答题

（1）简述渐变、渐变网格和混合工具的区别和联系。

（2）简述混合具有的 3 个特点。

## 2.7　透明度、外观属性与效果

本节将对 Illustrator CS6 中的透明度、外观属性与效果进行具体讲解。

### 2.7.1　透明度

透明度是 Illustrator CS6 中一个较为重要的图形外观属性。通过在“透明度”面板中进行设置，可以将 Illustrator CS6 中的图形设置为完全透明的、半透明的和不透明的 3 种状态。

此外，在“透明度”面板中还可以对图形间的混合模式进行设置。所谓混合模式，就是指当两个图形重叠时，Illustrator CS6 提供的上下图层颜色间多种不同颜色的演算方法。不同的混合模式会带给图形完全不同的合成效果，适当的应用混合模式将使作品增色不少。

执行菜单中的“窗口 | 透明度”命令，可以调出“透明度”面板，如图 2-233 所示。

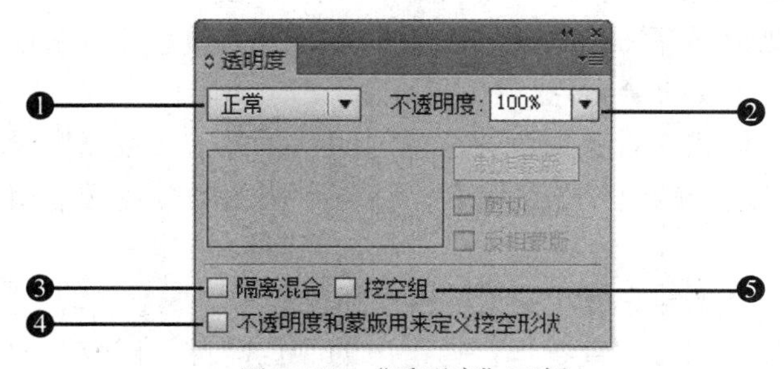


图 2-233　“透明度”面板

❶ 混合模式：用于设置图形间的混合属性。

❷ 不透明度：用于设置图形的透明属性。

❸ 隔离混合：选择该复选框，能够使透明度设置只影响当前组合或图层中的其他对象。

❹ 挖空组：选择该复选框，能够使透明度设置不影响当前组合或图层中的其他对象，但背景对象仍然受透明度的影响。

❺ 不透明度和蒙版用来定义挖空形状：选择该复选框，可以使用不透明蒙版来定义对象的不透明度所产生的效果有多少。

### 1. 混合模式

Illustrator CS6 共提供了 16 种混合模式，下面分别介绍。

- 正常：将上一层的图形直接完全叠加在下层的图形上，在这种模式中，上层图形只以不透明度来决定与下层图形之间的混合关系，是最常用的混合模式。
- 正片叠底：将两个颜色的像素相乘，然后再除以255，得到的结果就是最终色的像素值。通常在执行正片叠底模式后，颜色比原来的两种颜色都深。任何颜色和黑色执行“正片叠底”模式得到的都是黑色；任何颜色和白色执行“正片叠底”模式后保持原来的颜色不变。简单地说，“正片叠底”模式就是突出黑色的像素。
- 滤色：是与“正片叠底”相反的模式，它是将两个颜色的互补色的像素值相乘，然后再除以 255，得到最终色的像素值。通常，执行“滤色”模式后的颜色都比较浅。任何颜色和黑色执行“滤色”模式，原颜色不受影响；任何颜色和白色执行“滤色”模式，得到的是白色。而与其他颜色执行此模式都会产生漂白的效果。简单地说，“滤色”模式就是突出白色的像素。
- 叠加：图像的颜色被叠加到底色上，但保留底色的高光和阴影部分。底色的颜色没有被取代，而是和图像颜色混合，以体现原图的亮部和暗部。
- 柔光：“柔光”模式根据图像的明暗程度来决定最终色是变亮还是变暗。当图像色比 50% 的灰要亮时，则底色图像变亮；如果图像色比 50% 的灰要暗，则底色图像就变暗。
- 强光：“强光”模式是根据图像色来决定执行“叠加”模式还是“滤色”模式。当图像色比 50% 的灰要亮时，则底色变亮，就像执行“滤色”模式一样；如果图像色比 50% 的灰要暗，则就像执行“叠加”模式一样；当图像色是纯白色或者纯黑色时，得到的是纯白色或者纯黑色。
- 颜色减淡：“颜色减淡”模式通过查看每个通道的颜色信息来降低对比度，使底色的颜色变亮，从而反映绘图色。和黑色混合没有变化。
- 颜色加深：“颜色加深”模式通过查看每个通道的颜色信息来增加对比度，以使底色的颜色变暗，从而反映绘图色。和白色混合没有变化。
- 变暗：“变暗”模式查看各颜色通道内的颜色信息，并按照像素比较底色和图像色哪个更暗，然后以这种颜色作为最终色，使低于底色的颜色被替换，暗于底色的颜色保持不变。
- 变亮：“变亮”模式恰好与“变暗”模式相反。
- 差值：“差值”模式通过查看每个通道中的颜色信息，比较图像色和底色，用较亮的像素点的像素值减去较暗的像素点的像素值，差值作为最终色的像素值。与白色混合将使底色反相，与黑色混合则不产生变化。
- 排除：与“差值”模式类似，但是比“差值”模式生成的颜色对比度略小，因而颜色较柔和。与白色混合将使底色反相，与黑色混合则不产生变化。
- 色相：“色相”模式是采用底色的亮度、饱和度及图像色的色相来创建最终色。
- 饱和度：“饱和度”模式是采用底色的亮度、色相及图像色的饱和度来创建最终色。

- 混色：“混色”是采用底色的亮度及图像色的色相、饱和度来创建最终色。它可以保护原图的灰阶层次，图像的色彩微调对于单色和彩色图像着色都非常有用。
- 亮度：与“混色”模式恰好相反，“亮度”模式采用底色的色相和饱和度，以及绘图色的亮度来创建最终色。

### 2. 透明度

Illustrator CS6 是用“不透明度”来描述图形的透明程度的，用户可以通过调整滑块或者直接输入数值的方式设定不透明度值，如图 2-234 所示。

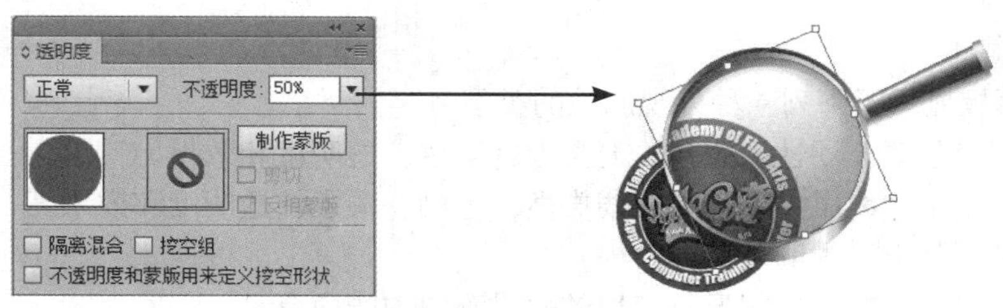


图 2-234　调整不透明度数值及效果

在默认情况下，Illustrator CS6 中新创建图形的“不透明度”值为 100%。当图形的“不透明度”值为 100% 时，图形是完全不透明的，此时不能透过它看到下方的其他对象；当图形的“不透明度”值为 0 时，图形是完全透明的；当图形的“不透明度”值介于 0%~100% 之间时，图形是半透明的。如图 2-235 所示为不同透明度的效果比较。

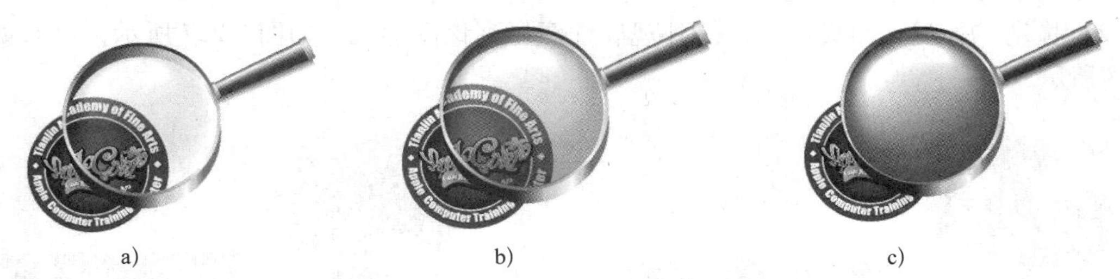


图 2-235　不同透明度的效果比较

a）不透明度为 0　b）不透明度为 50 %　c）不透明度为 100%

“透明度”面板包含一个将图形制作为“不透明度蒙版”的设置。它与下一节要讲的普通的蒙版一样。不透明度蒙版也是不可见的，但它可以将自己的不透明度设置应用到它所覆盖的所有图形中。

制作“不透明蒙版”的具体操作步骤如下：

1）选中需要作为蒙版的图形。

2）单击“透明度”面板右上角的小三角，然后在弹出的快捷菜单中选择“建立不透明蒙版”命令。

## 2.7.2　“外观”面板

在 Illustrator CS6 中，图形的填充色、描边色、线宽、透明度、混合模式和效果等均属

于外观属性。执行菜单中的“窗口 | 外观”命令，即可调出“外观”面板，如图 2-236 所示。

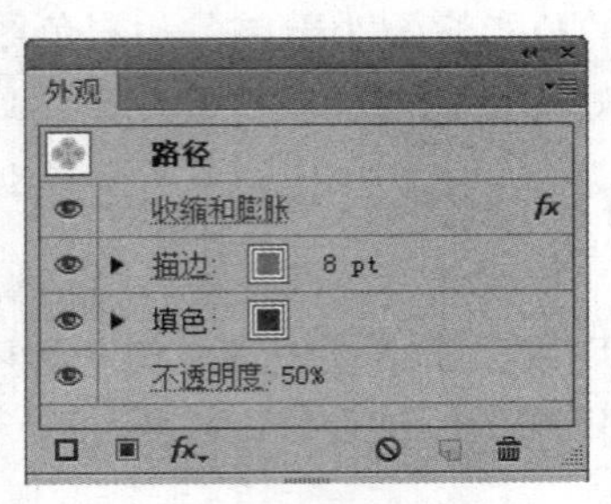


图 2-236　“外观”面板

“外观”面板显示了下列 4 种外观属性的类型。

- 填色：列出了填充属性，包括填充类型、颜色、透明度和效果。
- 描边：列出了边线属性，包括边线类型、笔刷、颜色、透明度和效果。
- 不透明度：列出了透明度和混合模式。
- 效果：列出了当前选中图形所应用的效果菜单中的命令。

### 1. 使用“外观”面板

利用“外观”面板可以浏览和编辑外观属性。

（1）通过拖动将外观属性施加到物体上

通过拖动将外观属性施加到物体上的具体操作步骤如下：

1）确定图形没有被选择。

2）拖动“外观”面板左上角的外观属性图标到该图形上，如图 2-237 所示，效果如图 2-238 所示。

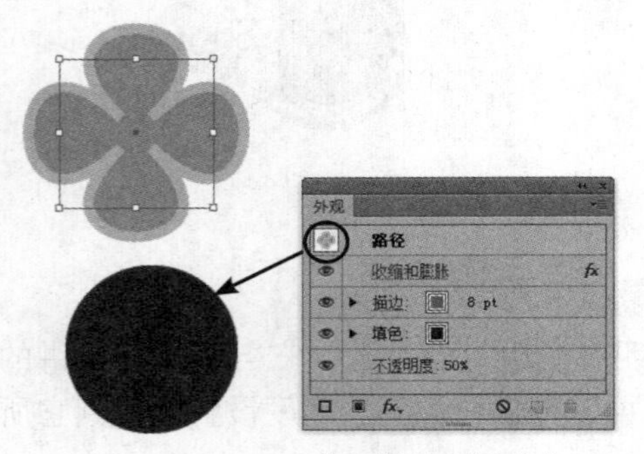


图 2-237　将图标拖到图形上

图 2-238　施加外观后的效果

（2）记录外观属性

记录外观属性的具体操作步骤如下：

1）在线稿中选择一个要改变外观属性的图形，如图 2-239 所示。

2）在“外观”面板中选择要记录的外观属性，如图 2-240 所示。

3）在“外观”面板中向上或向下拖动外观属性到想要的位置后松开鼠标，即可将样式赋予图形，效果如图 2-241 所示。此时可以从“外观”面板中查看相关参数，如图 2-242 所示。

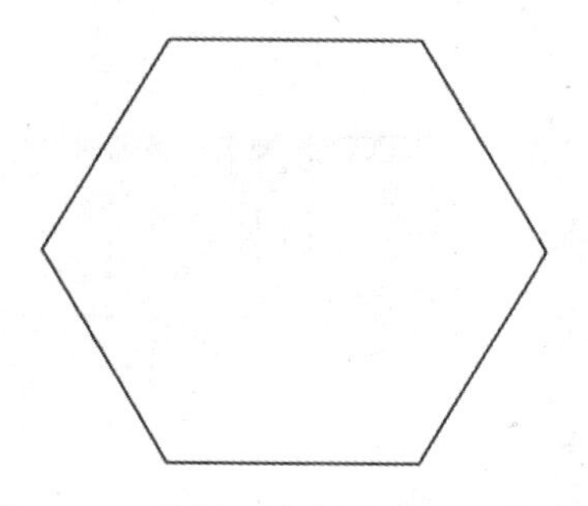

图 2-239　选择要改变外观属性的图形

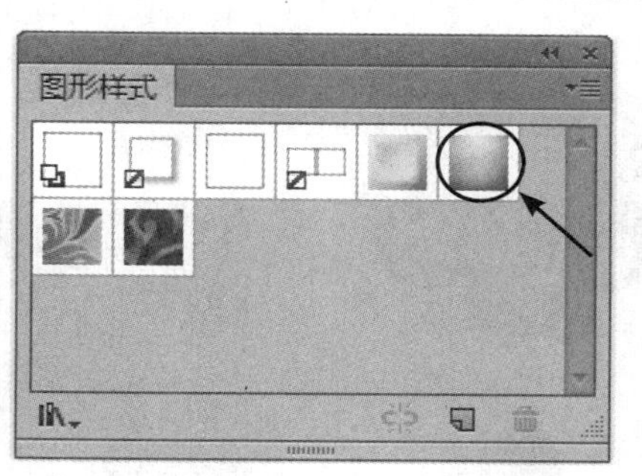


图 2-240　选择要记录的外观属性

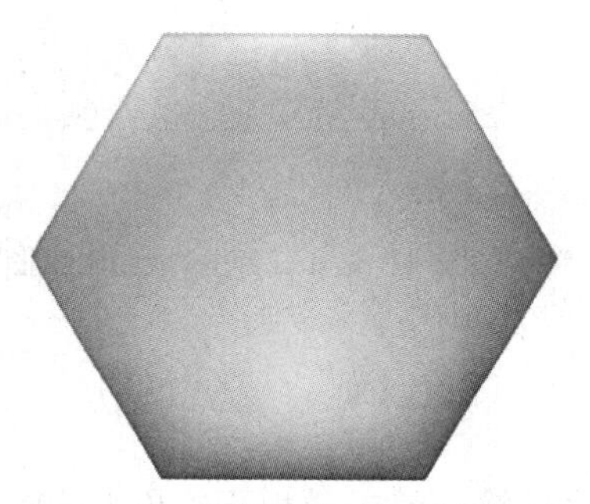

图 2-241　将样式赋予图形的效果

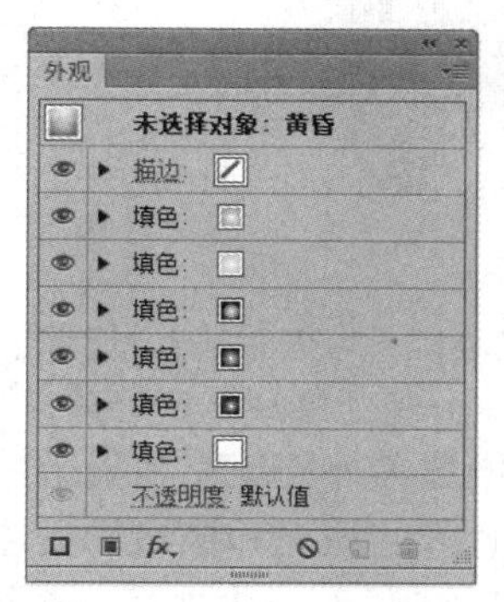


图 2-242　“外观”面板

4）在“外观”面板中将黄色填充向上移动，如图 2-243 所示，则图形对象随之发生改变，如图 2-244 所示。然后将其拖入“图形样式”面板中，从而产生一个新的样式，如图 2-245 所示。

图 2-243　将黄色填充向上移动

图 2-244　更改外观属性后的物体

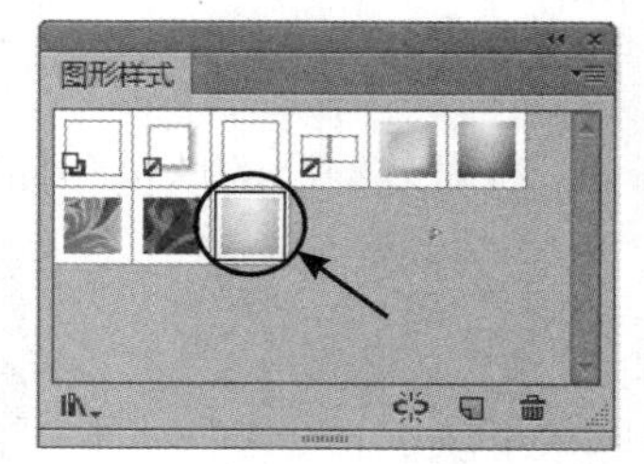


图 2-245　产生新的样式

（3）修改外观属性

修改外观属性的具体操作步骤如下：

1）在线稿中选择一个要改变外观属性的图形。

2）在“外观”面板中双击要编辑的外观属性，打开相应对话框后编辑其属性，如图 2-246 所示。

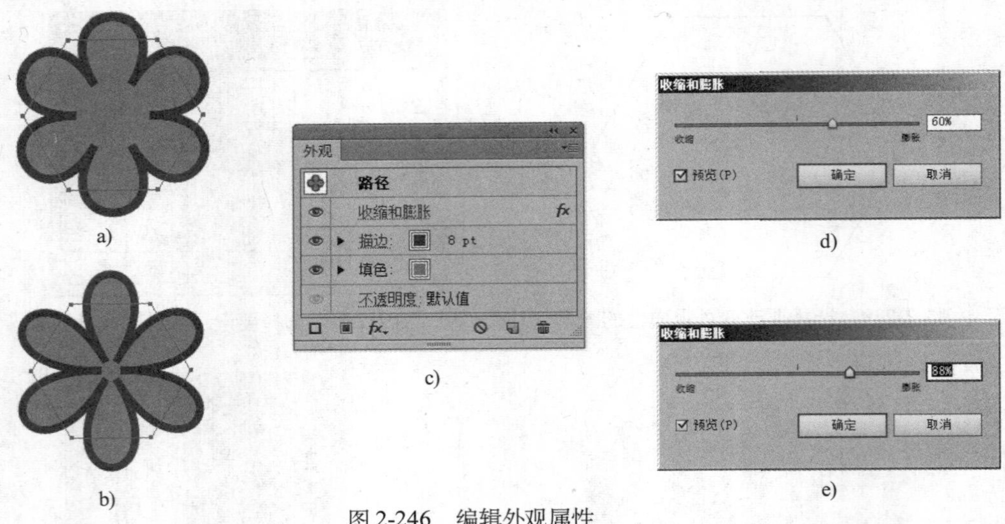


图 2-246 编辑外观属性

a) 原物体 b) 更改“收缩和膨胀”后的对象 c) 双击“收缩和膨胀”效果，调出“收缩和膨胀”对话框 d) 原物体的“收缩和膨胀”对话框 e) 更改后的“收缩和膨胀”对话框

(4) 增加另外的填充和描边

增加另外的填充和描边的具体操作步骤如下：

1) 在“外观”面板中选择一个填充或者描边属性，然后单击面板下方的(复制所选项目)按钮，增加一个填充或描边属性（此时复制的是描边属性），如图 2-247 所示。

图 2-247 复制描边属性

2) 对复制后的填色和描边属性进行设置（此时设置的是描边属性），结果如图 2-248 所示。

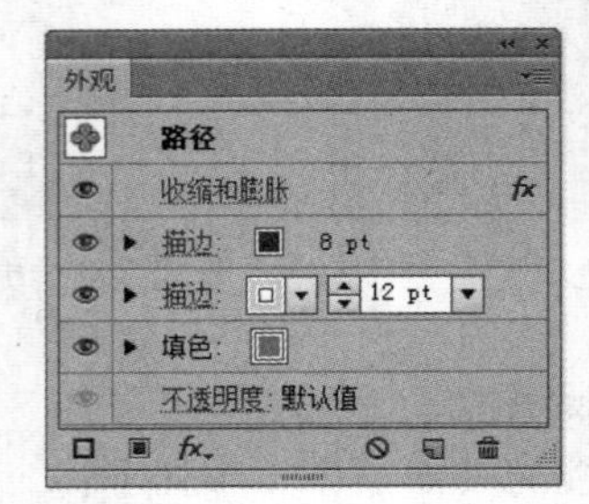


图 2-248 设置复制后的描边属性

### 2. 编辑“外观”属性

利用“外观”面板还可以进行复制、删除外观属性等操作。

（1）复制外观属性

复制外观属性的具体操作步骤如下：

1）在线稿中选择一个要复制外观属性的图形。

2）在“外观”面板中选择要复制的外观属性，将其直接拖动到面板下方的（复制所选项目）按钮上。

（2）删除外观属性

删除外观属性的具体操作步骤如下：

1）在线稿中选择一个要删除外观属性的图形。

2）在“外观”面板中选择要删除的外观属性，单击（删除所选项目）按钮。

（3）删除所有的外观属性或删除除填充和边线以外的所有外观属性

要删除所有的外观属性或删除除填充和边线以外的所有外观属性，其具体操作步骤如下：

1）在线稿中选择一个要改变外观属性的图形。

2）删除包括填充和边线在内的所有的外观属性。其方法为：在“外观”面板中，单击（清除外观）按钮。

3）删除除填充和边线以外的所有的外观属性。其方法为：单击“外观”面板右上角的按钮，从弹出的快捷菜单中选择“简化至基本外观”命令，即可删除除填充和边线以外的所有的外观属性。

### 2.7.3 效果

“效果”的相关命令位于“效果”菜单中，分为 Illustrator 效果和 Photoshop 效果两种类型，如图 2-249 所示。使用它们可以制作出变化多端的特殊效果。

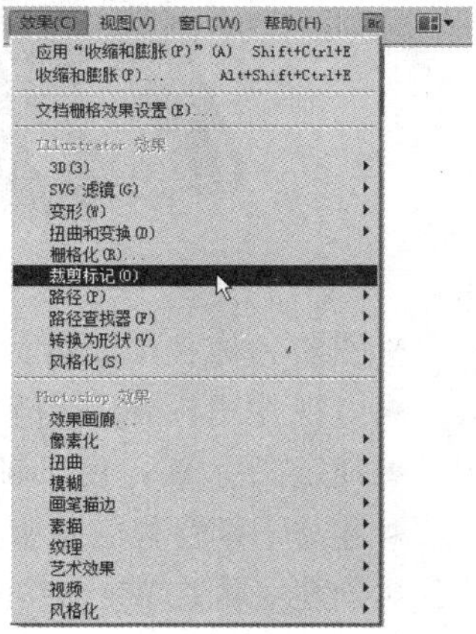

图 2-249 “效果”菜单

### 2.7.4 课后练习

#### 1. 填空题

（1）“外观”面板显示了下列 4 种外观属性的类型，它们分别是 ________、________、_______ 和 ________。

（2）Illustrator CS6 提供了 _____ 种混合模式，利用 _____ 面板可以对图形间的混合模式进行设置。

#### 2. 选择题

（1）在“外观”面板中，单击（  ）按钮，删除包括填充和边线在内的所有的外观属性。

A. B. C. D.

（2）在“透明度”面板中，选择（  ）模式可以使任何颜色和白色混合后得到白色。

A. 滤色　　B. 变暗

C. 变亮　　D. 正片叠底

#### 3. 简答题

（1）简述修改图形外观属性的方法。

(2) 简述“透明度”面板中各参数的用途。

(3) 简述“效果”与“滤镜”的区别。

## 2.8 图层与蒙版

当创建复杂的作品时，需要在绘图页面创建多个对象。由于各图形对象的大小可能不一致，会出现小图形隐藏在大图形下面的情况，这样选择和查看都很不便。此时，可以对图层进行某些编辑，如更改图层中图形的排列顺序，在一个父图层下创建子图层，在不同的图层之间移动图形，以及更改图层的排列顺序等。

### 2.8.1 “图层”面板

执行菜单中的“窗口 | 图层”命令，可以调出“图层”面板，如图 2-250 所示。通过它可以很容易地选择、隐藏、锁定及更改作品的所在图层等，并可以创建一个模板图层，以便在临摹作品或者从 Photoshop 中导入图层时使用。

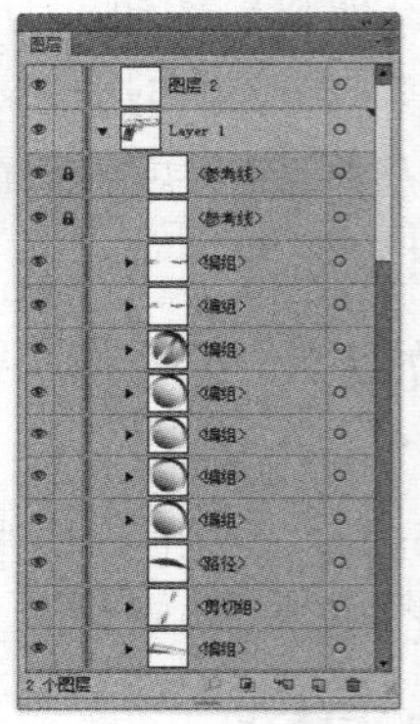


图 2-250 “图层”面板

- 图层名称：用于区分每个图层。
- 可视性图标：用于设置显示或隐藏图层。
- 锁定图标：用于锁定图层，以避免错误操作。
- 建立 / 释放剪切蒙版：用于为当前图层中的图形对象创建或释放剪切蒙版。
- 创建子图层：单击该按钮，可在当前工作图层中创建新的子图层。

提示：在 Illustrator CS6 中，一个独立的图层可以包含多个子图层，若隐藏或锁定其主图层，那么该图层中的所有子图层也将被隐藏或锁定。

- 创建新图层：单击该按钮，即可创建一个新图层。
- 删除所选图层：单击该按钮，即可删除当前选择的图层。
- ：单击该按钮，将弹出快捷菜单，如图 2-251 所示。利用该快捷菜单的命令可以对图层进行相关操作。

#### 1. 新建图层

新建图层的具体操作步骤如下：

1）单击“图层”面板下方的 （创建新图层）按钮，系统会自动创建一个透明的图层，并处于被选择状态，此时可以在该图层中创建对象。

2）如果要在创建图层时设置图层的属性，可以单击“图层”面板右上方的小三角，在弹出的快捷菜单中选择“新建图层”命令，如图 2-251 所示。此时会弹出“图层选项”对话框，如图 2-252 所示。

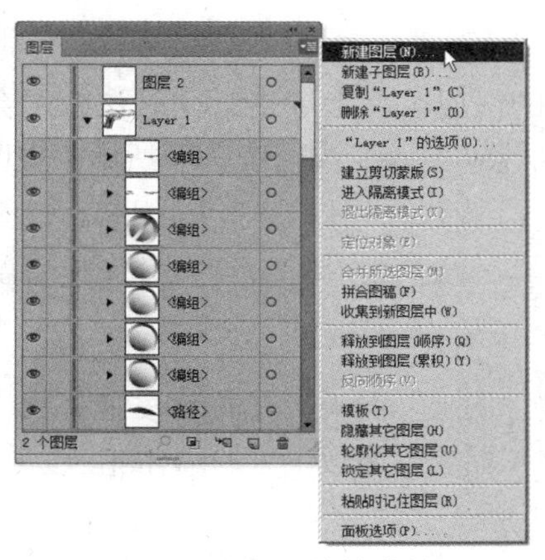


图 2-251　图层快捷菜单

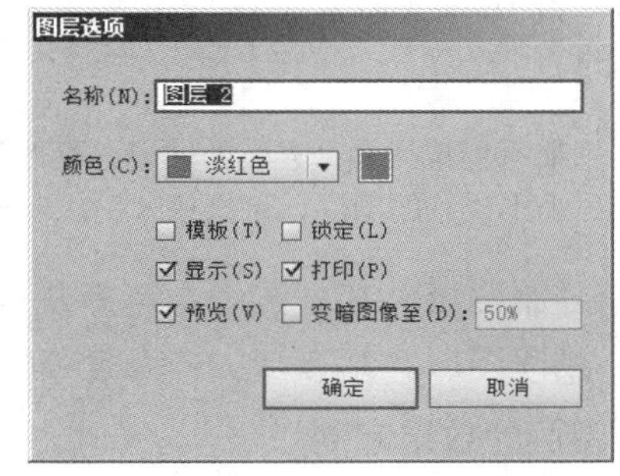


图 2-252　“图层选项”对话框

3）在该对话框中，“模板”复选框用于设置是否产生模板层，模板层是不可修改的图层，只能在 Illustrator 文件中显示，不能用于打印和输出；“锁定”复选框用于设置是否锁定当前图层；“显示”复选框用于设置图层的可视性；“打印”复选框用于设置是否打印；“预览”复选框用于控制图层是处于预览状态还是处于线稿状态；“变暗图像至”复选框用于设置层中的图形淡化，淡化程度由该选项右侧的数值确定。

### 2. 显示和隐藏图层

在“图层”面板中可以看到每一层前面都有一个 （眼睛）图标，如图 2-253 所示。 （眼睛）图标代表层的可视性。单击眼睛图标，可隐藏该图层中的图形对象；再次单击眼睛图标，可显现该图层中的图形对象。

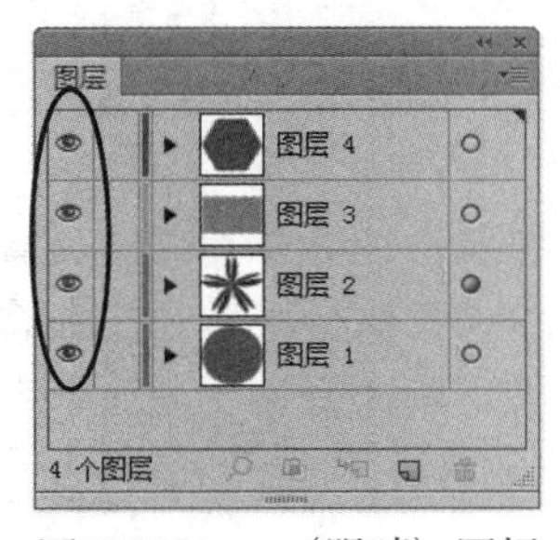


图 2-253　 （眼睛）图标

### 3. 锁定图层

如果对一个层中的图形修改完毕，为了避免不小心更改其中的某些信息，最好采用锁定图层的方法。锁定图层的具体操作步骤如下：

1）单击“图层”面板中眼睛和层之间的一个空方格，即会出现一个 图标，如图 2-254

所示，表示此图层被锁定。在解锁之前，既不能编辑此层中的物体，也不能在此层中增加其他元素。

2）如果想对图层解锁，可再次单击图标，使图标隐去，此时就可以对此层及此层中的物体进行编辑了。

#### 4. 选择、复制和删除图层

选择、复制和删除图层的具体操作步骤如下：

1）选择图层。方法：直接在“图层”面板的图层名称上单击，此时该图层会呈高亮度显示，并在名称后会出现一个（当前图层指示器）标志，如图 2-255 所示，表明该图层是活动的。

提示：如果要选择多个连续的图层，可按住〈Shift〉键，单击第一个和最后一个图层；如果要选择多个不连续的图层，可按住〈Ctrl〉键，逐个单击图层。

2）复制图层。其方法为：选择并拖动图层到“图层”面板下方的按钮上。

3）删除图层。其方法为：选择并拖动图层到“图层”面板下方的按钮上。

#### 5. 图层的效果定制

在“图层”面板中，可以对图层施加外观属性，例如样式、效果及透明度等。当外观属性被施加到组或者图层中后，后增加的图形都会被赋予施加的外观属性，这就是效果定制。

图层右边的图标，如图 2-256 所示，表明了是否被施加外观属性或者是否执行了效果定制。

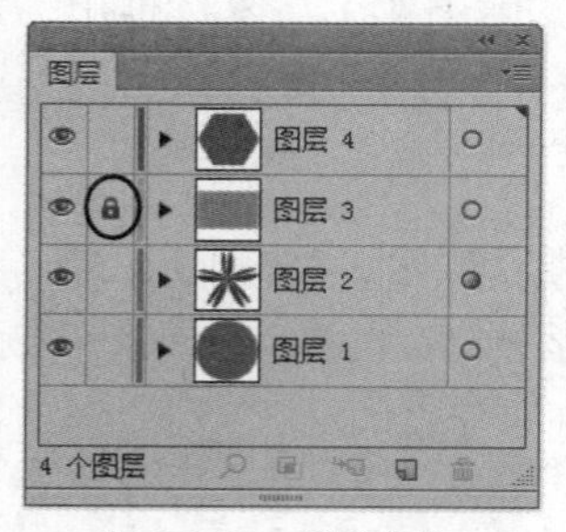

图 2-254　锁定图层

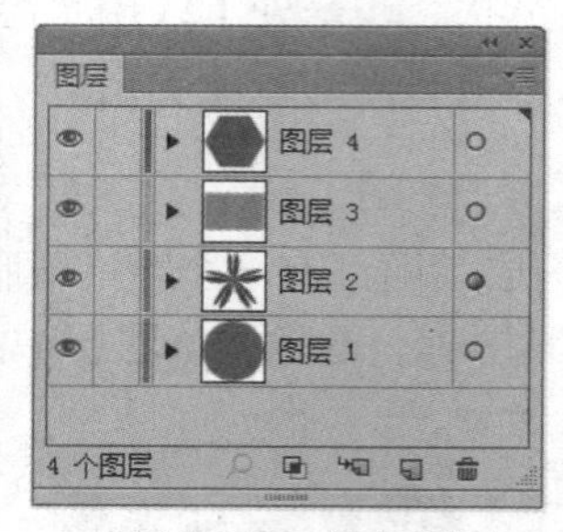

图 2-255　选择图层

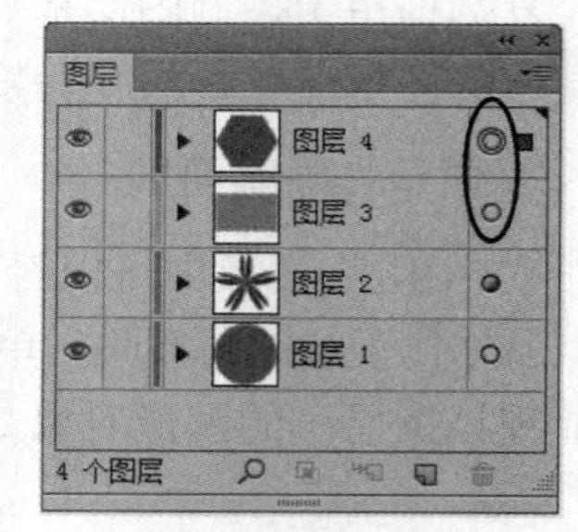

图 2-256　被施加外观属性或者执行效果定制

- ：表明图层还没有施加外观属性或者执行效果定制命令。
- ：表明图层施加了外观属性或者执行了效果定制命令。
- ：表明图层已经执行了效果定制命令，但是还没有施加外观属性。

### 2.8.2　创建剪贴蒙版

剪贴蒙版可以裁剪部分线稿，使一部分图形可以透过创建的一个或多个形状得到显示。创建剪贴蒙版的具体操作步骤如下：

1）在“图层”面板中，选择作为剪贴蒙版和被剪贴对象的组或者物体，如图 2-257 所示。

提示：最上面的物体将作为剪贴蒙版。

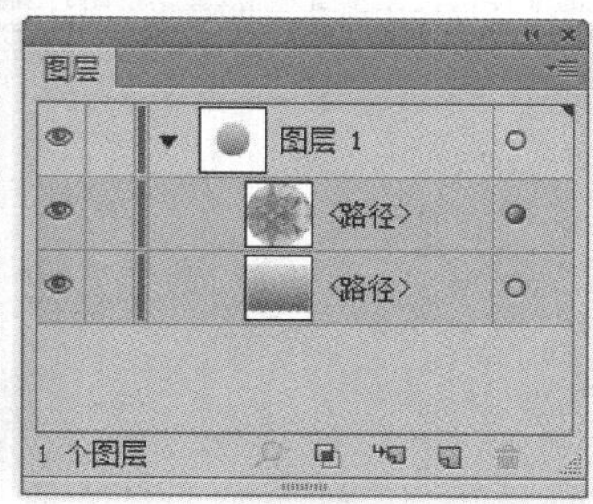


图 2-257　选择作为剪贴蒙版和被剪贴对象的组

2）单击“图层”面板底部的按钮，或者执行菜单中的“对象 | 剪贴蒙版 | 建立”命令，如图 2-258 所示。

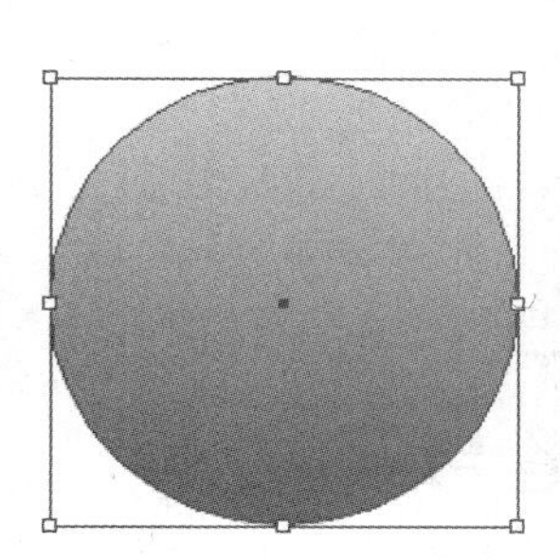

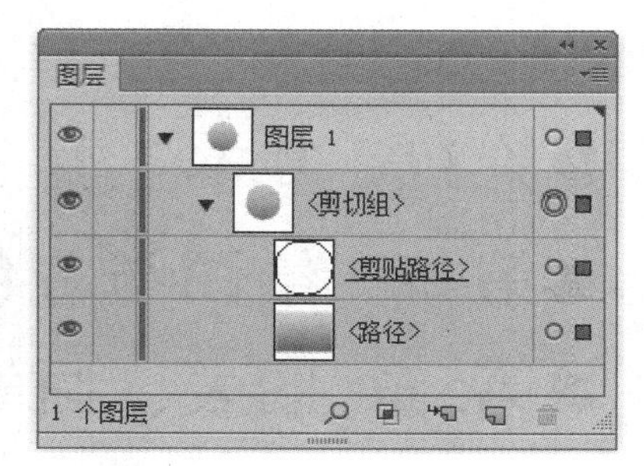


图 2-258　剪贴蒙版效果

## 2.8.3　课后练习

### 1. 填空题

(1) 在“图层选项”对话框中，“模板”复选框用于设置__________；“锁定”复选框用于设置__________；“显示”复选框用于设置__________；“打印”复选框用于设置__________；“预览”复选框用于设置__________；“变暗图像至”复选框用于设置__________。

(2) 在“图层”面板中，图标用于设置__________；图标用于设置__________。

### 2. 选择题

(1) 在“图层”面板中，选择作为剪贴蒙版和被剪贴对象的组或者物体，然后单击（　）按钮，即可产生剪贴蒙版。

A.　　B.　　C.　　D.

(2) 下列（　）标志表示图层执行了效果定制命令，但是还没有施加外观属性。

A.　　B.　　C.　　D.

### 3. 简答题

(1) 简述创建剪贴蒙版的方法。

(2) 简述选择、复制和删除图层的方法。

# 第2部分　基础实例

■第3章　基本工具
■第4章　绘图与着色
■第5章　图表、画笔与符号
■第6章　文本
■第7章　渐变、混合与渐变网格
■第8章　透明度、外观与效果
■第9章　蒙版与图层

# 第3章　基本工具

## 本章重点：

本章将通过 4 个实例来讲解 Illustrator CS6 基本工具的具体应用。通过本章的学习，应掌握绘制图形及设置相应填充色与线条的方法，并学会利用“旋转”、“缩放”、“镜像”、“自由变形”等工具对图形进行编辑，以及“描边”面板的应用。

## 3.1 “钢笔工具”的使用

**制作要点：**

“钢笔工具”的使用不好掌握，但其规律其实是十分简单的。本例将从易到难，分5个步骤绘制一组图形，如图3-1所示。通过本例的学习，相信大家一定能够学会利用 （钢笔工具）熟练地绘制贝塞尔曲线，并通过 （添加锚点工具）、 （删除锚点工具）和 （转换锚点工具）对贝塞尔曲线进行修改。

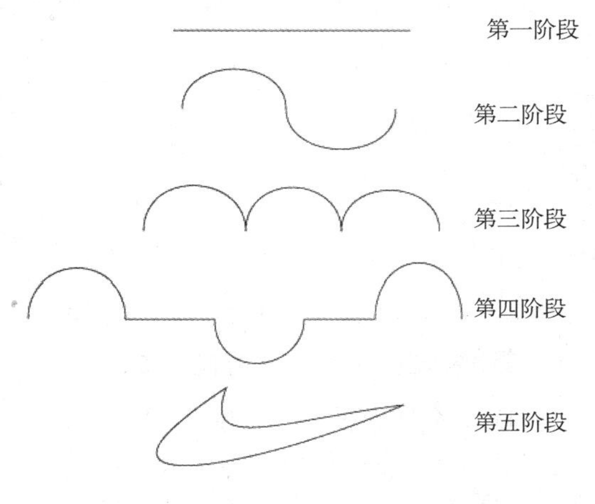


图 3-1　“钢笔工具”的使用

**操作步骤：**

### 第1阶段：绘制直线

1）执行菜单中的“文件 | 新建”命令，在弹出的对话框中设置参数，如图 3-2 所示，然后单击“确定”按钮，新建一个文件。

2）选择工具箱中的 （钢笔工具），鼠标指针会变成 × 形状。然后在需要绘制直线的地方单击，接着配合〈Shift〉键在页面合适的位置单击，这时会创建线段的另一个节点，而且在两个节点之间会自动生成一条直线段，起始点和终止点分别为该直线段的两个端点，如图 3-3 所示。

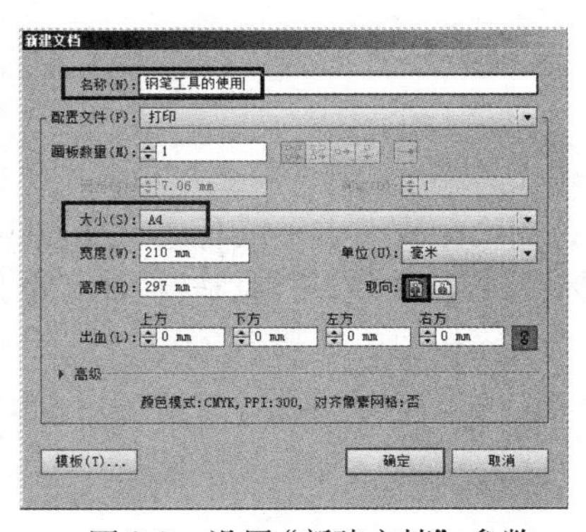


图 3-2　设置“新建文档”参数

图 3-3　两个节点连成一条直线

提示：在绘制直线时，配合〈Shift〉键是为了保证成45°的倍数绘制直线。

### 第2阶段：绘制不同方向的曲线

1）选择工具箱中的 （钢笔工具），在需要绘制曲线的地方单击鼠标左键，则页面上会出现第一个节点。然后按住鼠标不放（配合〈Shift〉键）向上拖动，这时该节点两侧会出现两个控制柄，如图 3-4 所示。用户可以通过拖动控制柄来调整曲线的曲率，控制柄的方向和形状决定了曲线的方向和形状。接着在页面上另外一点单击鼠标左键并向下拖动（配合〈Shift〉键），效果如图 3-5 所示。

2）同理，在另外一点单击鼠标左键并向上拖动，效果如图 3-6 所示。

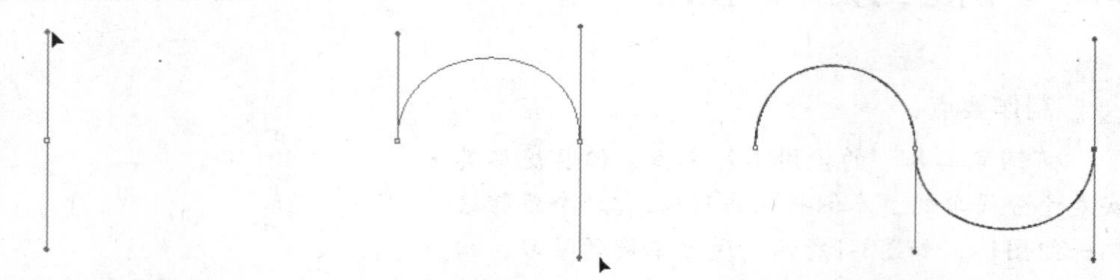

图 3-4　节点两侧会出现两个控制柄　图 3-5　单击鼠标左键并向下拖动　图 3-6　单击鼠标左键并向上拖动

### 第3阶段：绘制同一方向的曲线

1）首先绘制曲线，如图 3-5 所示。

2）由于控制柄的方向决定了曲线的方向，此时要产生同方向的曲线，就意味着要将下方的控制柄移到上方来。其方法为：按住工具箱中的 （钢笔工具），在弹出的隐藏工具中选择 （转换锚点工具），或者按〈Alt〉键切换到该工具上。然后选择下方的控制柄向上拖动（配合〈Shift〉键），使两条控制柄重合，效果如图 3-7 所示。

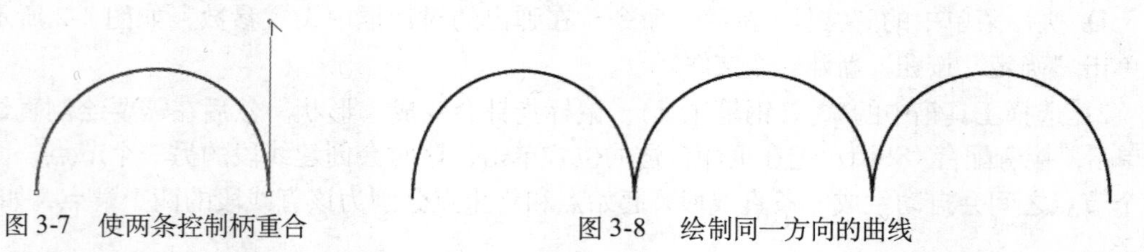

图 3-7　使两条控制柄重合　图 3-8　绘制同一方向的曲线

3）同理，绘制其余的曲线，效果如图 3-8 所示。

### 第4阶段：绘制曲线和直线相结合的线段

1）首先绘制曲线，如图 3-5 所示。

2）将 （钢笔工具）定位在第 2 个节点处，此时会出现节点转换标志，如图 3-9 所示。然后单击该点，则下方的控制柄消失了，如图 3-10 所示，这意味着平滑点转换成了角点。接着配合〈Shift〉键在下一个节点处单击，从而产生一条直线，如图 3-11 所示。

3）如果要继续绘制曲线，可在第 3 个节点处单击，如图 3-12 所示。然后向下拖动鼠标产生一个控制柄，如图 3-13 所示。

提示：该控制柄的方向将决定曲线的方向。

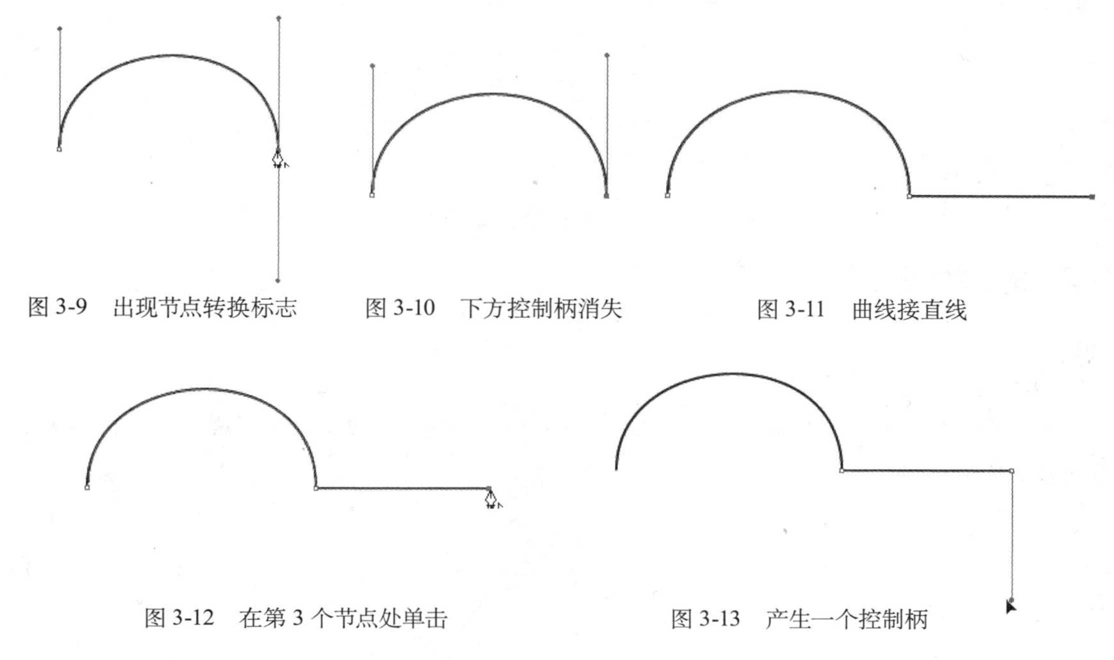

图 3-9　出现节点转换标志　　图 3-10　下方控制柄消失　　图 3-11　曲线接直线

图 3-12　在第 3 个节点处单击　　图 3-13　产生一个控制柄

4）在页面相应位置单击鼠标并向上拖动，效果如图 3-14 所示。

5）同理，继续绘制曲线，效果如图 3-15 所示。

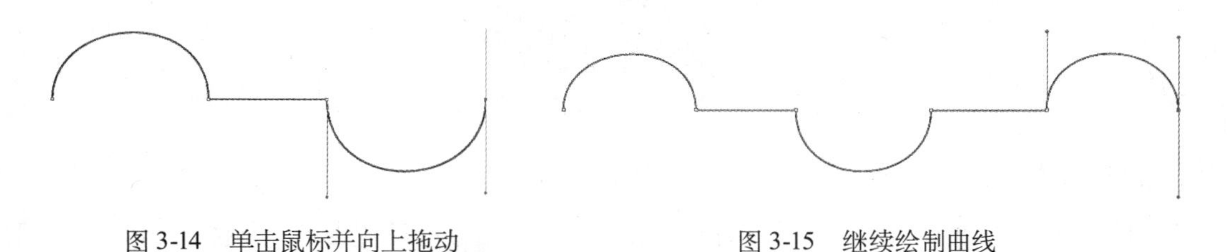

图 3-14　单击鼠标并向上拖动　　图 3-15　继续绘制曲线

**第5个阶段：利用两个节点绘制图标**

1）利用（钢笔工具）绘制两个节点（在绘制第 1 个节点时向下拖动鼠标，在绘制第 2 个节点时向上拖动鼠标），然后将鼠标放到第 1 个节点上，此时会出现如图 3-16 所示的标记，这意味着单击该节点将封闭路径。此时单击该节点封闭路径，效果如图 3-17 所示。

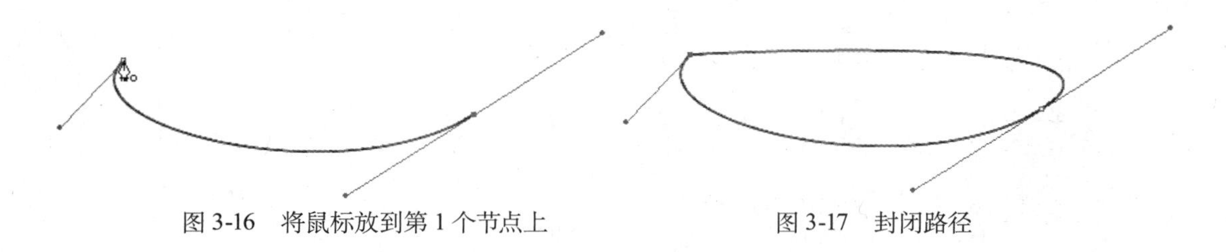

图 3-16　将鼠标放到第 1 个节点上　　图 3-17　封闭路径

2）通过调整控制柄的方向和形状，改变曲线的方向和形状，效果如图 3-18 所示。

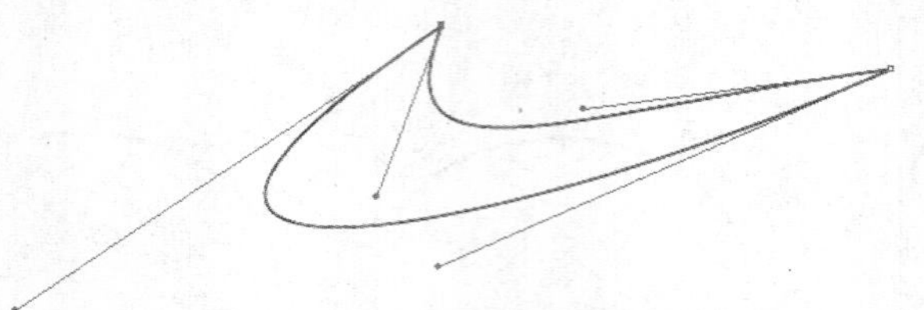

图 3-18　改变曲线的方向和形状

## 3.2　旋转的圆圈

**制作要点：**

本例将制作旋转的圆圈效果，如图3-19所示。通过本例的学习，应掌握填充、线条和 （旋转工具）的应用。

图 3-19　旋转的圆圈效果

**操作步骤：**

1）执行菜单中的“文件 | 新建”命令，在弹出的对话框中设置参数，如图 3-20 所示，然后单击“确定”按钮，新建一个文件。

2）选择工具箱中的 （椭圆工具），设置线条色为黑色，填充色为无色，然后按住〈Shift〉键在绘图区中拖动，从而创建一个正圆，如图 3-21 所示。

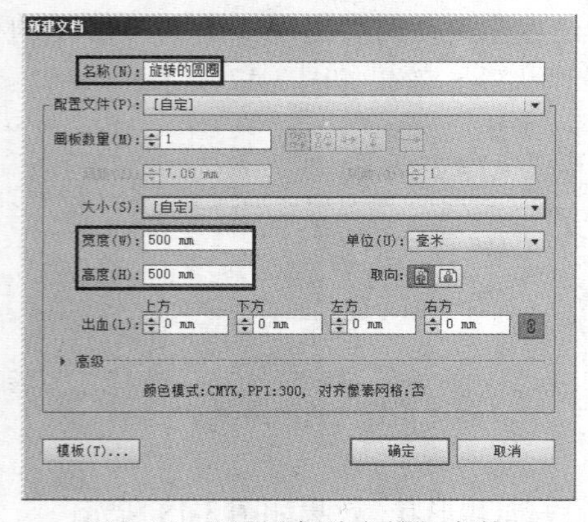


图 3-20　设置“新建文档”参数

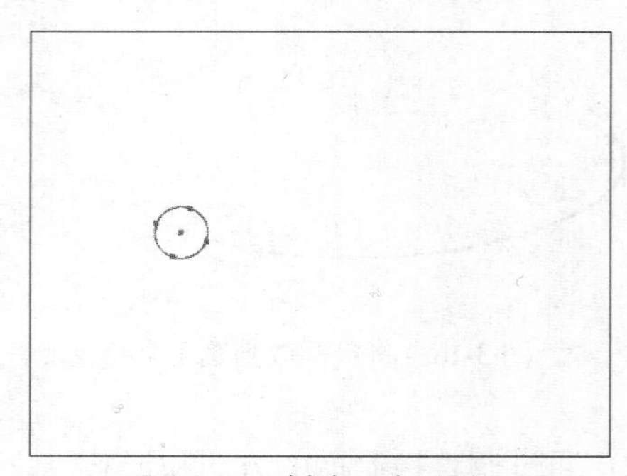

图 3-21　创建一个正圆

3) 选择绘制的圆形，然后选择工具箱中的 (旋转工具)，按住〈Alt〉键在绘图区的中央单击，从而确定旋转的轴心点，如图 3-22 所示。接着在弹出的对话框中设置“角度”为 5°，如图 3-23 所示。再单击“复制”按钮，复制出一个圆形并将其旋转 5°，效果如图 3-24 所示。

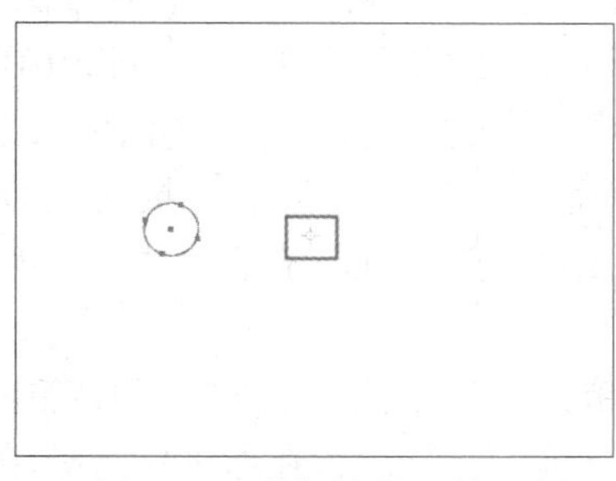

图 3-22　确定旋转的轴心点

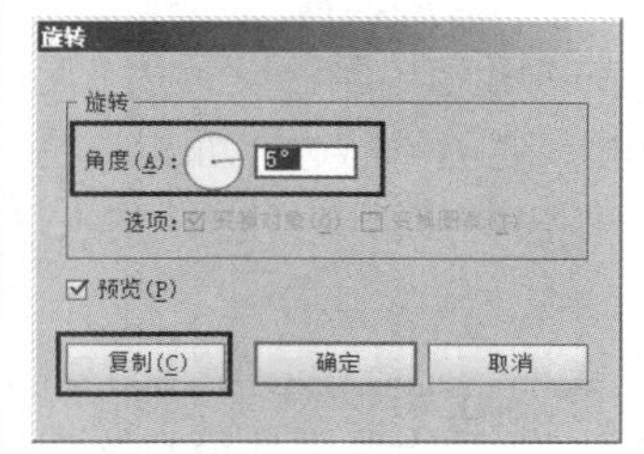


图 3-23　设置旋转角度

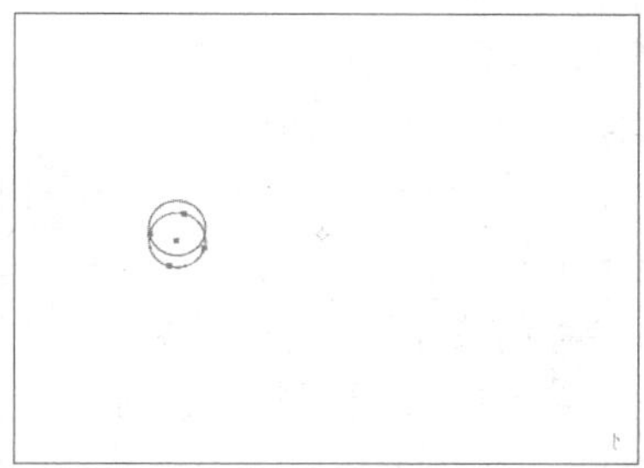

图 3-24　旋转复制效果

4) 多次按快捷键〈Ctrl+D〉，重复旋转操作，最终效果如图 3-25 所示。

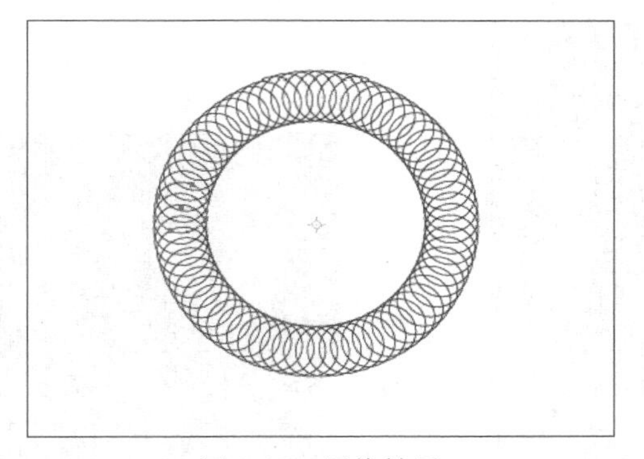

图 3-25　最终效果

## 3.3　制作由线构成的海报

**制作要点：**

本例取材于《莫斯科之声》期刊封面，在暗红色的背景中，细微的线条极具规律地按圆或直线轨迹进行重复，是以线为主要造型元素的抽象设计作品之一，如图3-26所示。通过本例的学习，应掌握“多重复制”功能的应用。

**操作步骤：**

1) 执行菜单中的“文件|新建”命令，创建一个空白图形文件，存储为“由线构成的海报 .ai”。

2) 绘制暗红色的背景。方法：选择工具箱中的 (矩形工具)，绘制一个矩形框，然后按快捷键〈F6〉，打开“颜色”面板，在面板右上角弹出的菜单中选择“CMYK”选项，

图 3-26　由线构成的海报

将该矩形的“填充”颜色设置为一种稍暗的红色（参考颜色数值为：CMYK（30，100，100，10）），将“描边”颜色设置为“无”。

3）接下来要制作一系列沿同一个中心不断旋转复制的圆形线框。其制作原理是 Illustrator 软件中常用的多重复制功能，即以一个单元图形（圆形线框）为基础，环绕同一中心点进行自动复制，生成极其规范的沿环形排列的多重圆形。首先选择工具箱中的（椭圆工具），按住〈Shift〉键绘制出一个正圆形，并将该圆形的“填充”颜色设置为“无色”，“描边”颜色设置为白色（或浅灰色）。然后按快捷键〈Ctrl+F10〉，打开“描边”面板，将“粗细”设置为 0.5pt。接着执行菜单中的“视图 | 显示标尺”命令，调出标尺，各拉出一条水平方向和垂直方向的参考线，使两条参考线交汇于一点，如图 3-27 所示。

4）在“多重复制”之前，先生成第一个绕中心旋转的复制单元。其方法为：选择工具箱中的（选择工具）选中该圆形线框，然后选择工具箱中的（旋转工具），先在参考中心处单击鼠标，设置新的旋转中心点。接着，按住〈Alt〉键拖动圆形向一侧移动，复制出一个沿中心点旋转的圆形线框图形，作为第一个复制单元，如图 3-28 所示。

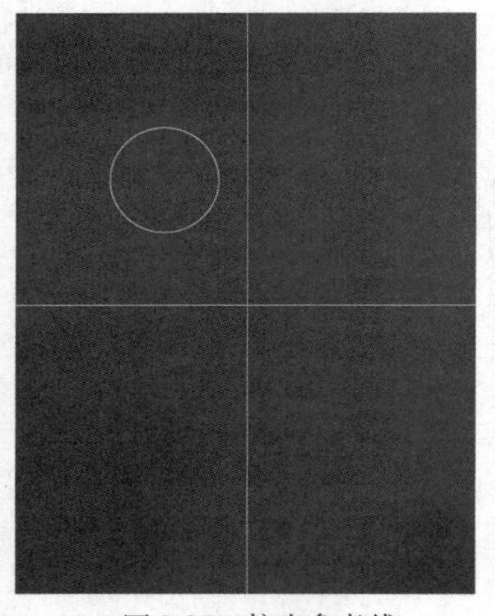

图 3-27 拉出参考线

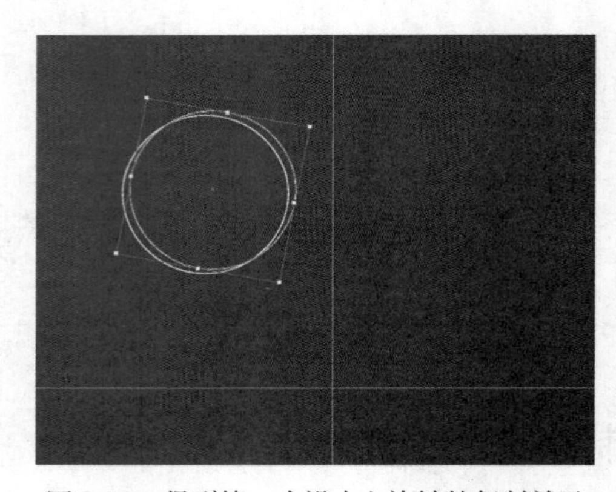

图 3-28 得到第一个沿中心旋转的复制单元

5）接下来进行多重复制。其方法为：反复按快捷键〈Ctrl+D〉，以相同间隔进行自动多重复制，以产生出多个均匀地环绕同一圆心旋转的复制图形，形成如图 3-29 所示的线圈结构。

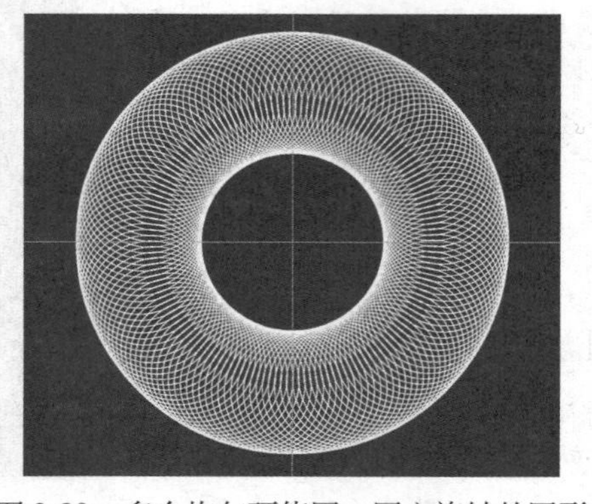

图 3-29 多个均匀环绕同一圆心旋转的图形

6）将圆形线圈中的局部圆形的“描边”颜色改变为红色。其方法为：利用工具箱中的 （选择工具）选中圆形线圈中上部的一部分圆形，然后将选中的这些圆形的“描边”颜色更改为红色（参考颜色数值为：CMYK（0，100，80，0）），如图 3-30 所示。最后，将所有圆形线框图形一起选中，按快捷键〈Ctrl+G〉将它们组成一组。

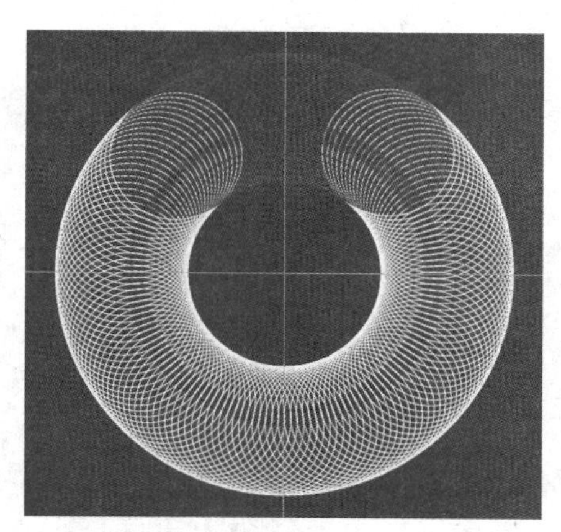

图 3-30　将上部一些圆形的“描边”颜色改变为红色

7）在线圈内部区域添加一个黄灰色的圆形。方法：选择 （椭圆工具），同时按住〈Shift〉键和〈Alt〉键，然后从参考线的交点出发向外拖动鼠标，绘制出一个从中心向外扩散的正圆形。接着将其“填充”颜色设置为一种黄灰色（参考颜色数值为：CMYK（10，20，50，20）），将“描边”颜色设置为白色，再在“描边”面板中将“粗细”设置为 1pt，效果如图 3-31 所示。

8）线圈制作完成后，在线圈的中心位置绘制黑色剪影式的主题图形。参考如图 3-32 所示的效果，利用工具箱中的 （钢笔工具）先描绘出轮廓路径，然后将所有路径的“填充”颜色设置为黑色。当画到顶端部分时，较细的直线可用工具箱中的 （直线段工具）绘制。

图 3-31　在线圈内部添加一个黄灰色圆形

图 3-32　绘制黑色剪影式的主题图形

9）可视情况将图形中一些主要部分填充为黑灰渐变色，从而增加一些视觉变化的因素。方法：先利用工具箱中的 （选择工具）选中位于中间部位较粗的路径。然后按快捷键〈Ctrl+F9〉打开“渐变”面板，设置填充色为“黑色—灰色—黑色”的三色线性渐变（灰色参考数值为：

K40)，如图 3-33 所示。对于位于右下角位置的 3 个小闭合路径的渐变色，请读者自行设置，效果如图 3-34 所示。

提示：自动填充的渐变色方向不一定理想，作为一种常用的调节方法，可在工具箱中选择(渐变工具)，然后在已填充渐变的图形上拖出一条直线，且直线的方向和长度分别控制渐变的方向与色彩分布。

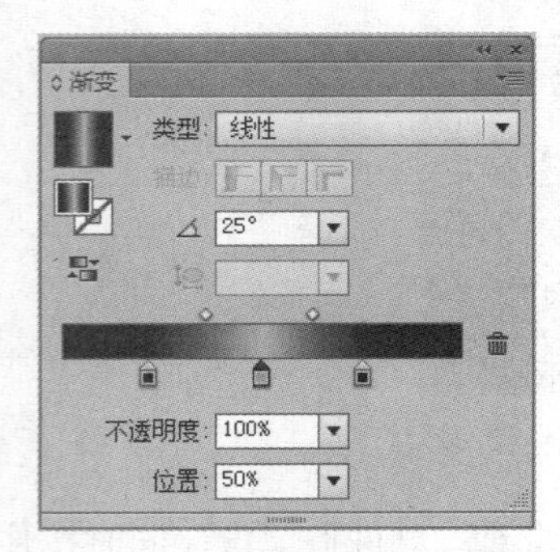


图 3-33　在“渐变”面板中设置三色渐变

图 3-34　将几个主要闭合路径填充为黑灰渐变色

10) 在黑色剪影式图形的左上部分添加一个抽象的黑色人形，也以剪影的形式来表现，利用工具箱中的（钢笔工具）直接绘制填色即可，效果如图 3-35 所示。

11) 以图形“混合”的方法来制作海报底部排列的圆形。先绘制出 3 个基本的圆形，然后在这 3 个圆形间以“混合”方式进行复制。其方法为：选择工具箱中的（椭圆工具），按住〈Shift〉键绘制出一个正圆形（“描边”颜色设置为白色，“粗细”设置为 0.25pt）。然后选择（选择工具），按住〈Alt〉键向右拖动该圆形（拖动的过程中按住〈Shift〉键可保持水平对齐），得到一个复制单元。同理，再复制出一个圆形，按如图 3-36 所示方式排列。最后，将位于两侧的两个圆形的“描边”颜色设置为红色（参考颜色数值为：CMYK（30，100，100，10））。

图 3-35　添加黑色人形剪影

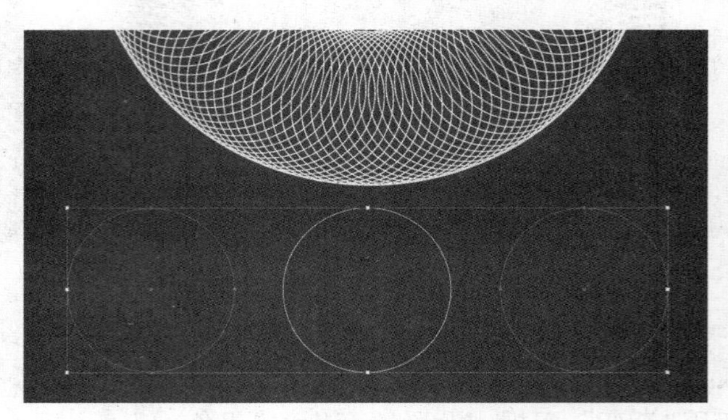

图 3-36　绘制出 3 个基本圆形

12）选择 （选择工具），按住〈Shift〉键将 3 个圆形同时选中，接下来进行图形的“混合”操作。其方法为：执行菜单中的“对象 | 混合 | 建立”命令，然后执行菜单中的“对象 | 混合 | 混合选项”命令，在弹出的对话框中设置参数，如图 3-37 所示，单击“确定”按钮，效果如图 3-38 所示。可见，3 个圆形间自动生成了一系列水平排列的复制图形，并且颜色也形成了从两侧到中心的渐变效果。

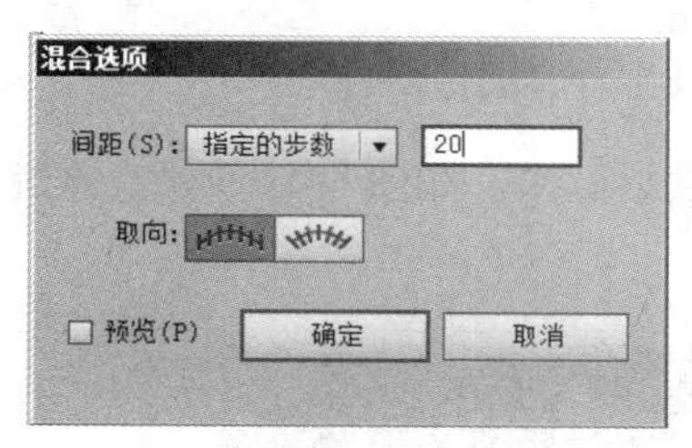


图 3-37　“混合选项”对话框

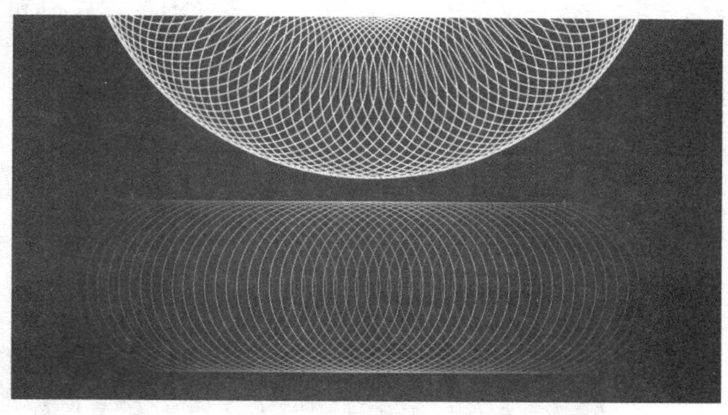

图 3-38　在 3 个圆形间自动生成了一系列水平排列的复制图形

13）在海报上添加文字。其方法为：选择工具箱中的 T （文字工具），输入文本“MBOPNT MOCKBA…”。然后在“工具”选项栏中设置“字体”为“Arial”，“字体样式”为“Bold”。接着执行“文字 | 创建轮廓”命令，将文字转换为如图 3-39 所示的由锚点和路径组成的图形。最后使用 （选择工具）对文字海报进行拉伸变形（本例将标题文字设计为窄长的风格），并将“填充”颜色设置为白色，然后放置到如图 3-40 所示的海报中靠上的位置。

MBOPNT MOCKBA...

图 3-39　将文字转换为由锚点和路径组成的图形

图 3-40　将标题文字置于海报中靠上的位置

14）使用工具箱中的 （选择工具）选中标题文字，然后执行菜单中的“效果 | 风格化 | 投影”命令，在弹出的对话框中设置参数，如图 3-41 所示，在文字右下方添加黑色的投影，以增强文字的立体效果，如图 3-42 所示。

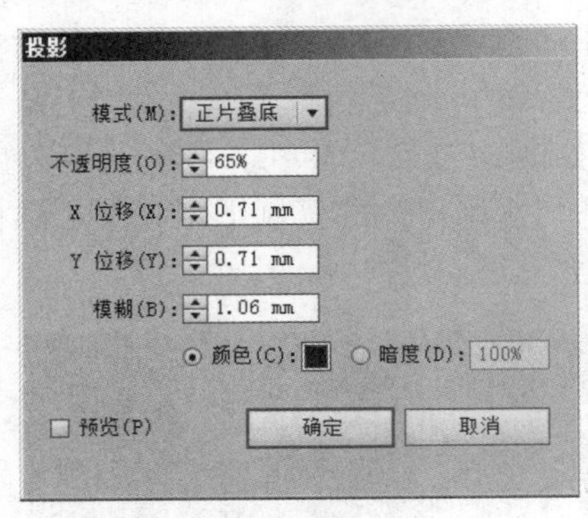


图 3-41 "投影"对话框

图 3-42 在文字右下方添加投影

15) 同理，输入文本"GOVORIT MOSKVA…"，并制作投影效果，如图 3-43 所示。至此，整个海报制作完毕，最终效果如图 3-44 所示。

图 3-43 制作标题下小字

图 3-44 最终效果

## 3.4　练习

（1）制作交通警示牌效果，如图 3-45 所示。参数设置可参考配套光盘中的“课后练习 \ 第 3 章 \ 交通警示牌 .ai”文件。

（2）制作标志效果，如图 3-46 所示。参数设置可参考配套光盘中的“课后练习 \ 第 3 章 \ 标志 .ai”文件。

图 3-45　交通警示牌效果

图 3-46　标志效果

（3）制作苹果标志图形效果，如图 3-47 所示。参数设置可参考配套光盘中的“课后练习 \ 第 3 章 \ 苹果标志图形 .ai”文件。

图 3-47　苹果标志图形效果

# 第4章　绘图与着色

## 本章重点：

本章将通过 3 个实例来具体讲解绘图与着色的相关知识。通过本章的学习，应掌握对图形上色的方法，以及“路径查找器”面板和“色板”面板的应用。

## 4.1　阴阳文字

**制作要点：**

本例将制作阴阳文字效果，如图4-1所示。通过本例的学习，应掌握“路径查找器”面板的使用。

图 4-1　阴阳文字效果

**操作步骤：**

1）执行菜单中的“文件 | 新建”命令，在弹出的对话框中设置参数，如图 4-2 所示，然后单击“确定”按钮，新建一个文件。

2）选择工具箱中的 T（文字工具），输入文字，字色为黄色（RGB（255，125，0）），字号为 72，如图 4-3 所示。

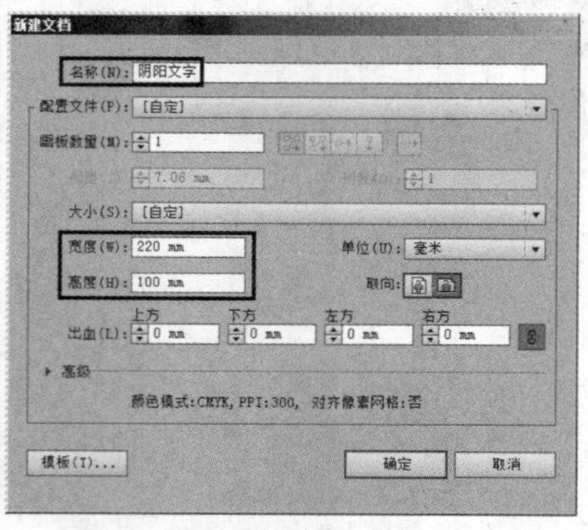


图 4-2　设置“新建文档”参数

图 4-3　输入文字

3）利用工具箱中的（自由变形工具）将文字适当地拉长，如图 4-4 所示。

4）选择工具箱中的（矩形工具），在文字下部绘制一个矩形，如图 4-5 所示。

5）执行菜单中的“窗口 | 路径查找器”命令，调出“路径查找器”面板。然后选择文字和矩形，按住〈Alt〉键，单击（差集）按钮，如图 4-6 所示，效果如图 4-7 所示。

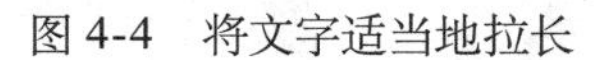

图 4-4　将文字适当地拉长

图 4-5　在文字下部绘制一个矩形

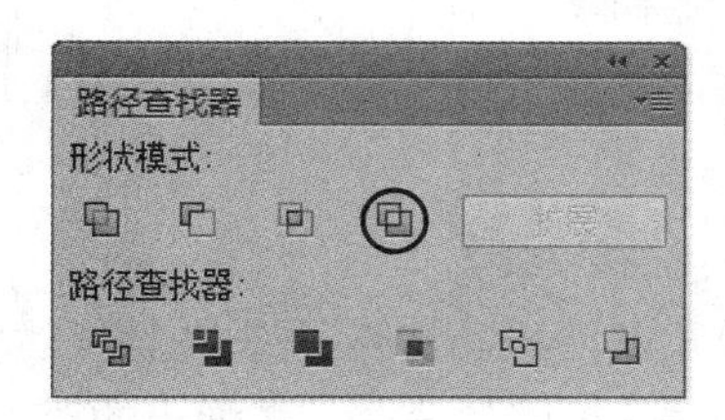


图 4-6　单击 （差集）按钮

图 4-7　排除重叠形状选区后的效果

## 4.2　五彩圆环

**制作要点：**

本例将制作互相缠绕的五环效果，如图4-8所示。通过本例的学习，应掌握“吸管工具”和“路径查找器”面板的使用。

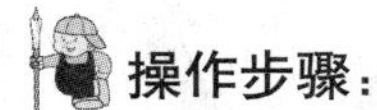

**操作步骤：**

### 方法1：将线条“扩展”为图形，再进行“路径查找器”运算

1）执行菜单中的“文件 | 新建”命令，在弹出的对话框中设置参数，如图 4-9 所示，然后单击“确定”按钮，新建一个文件。

图 4-8　缠绕的五彩圆环效果

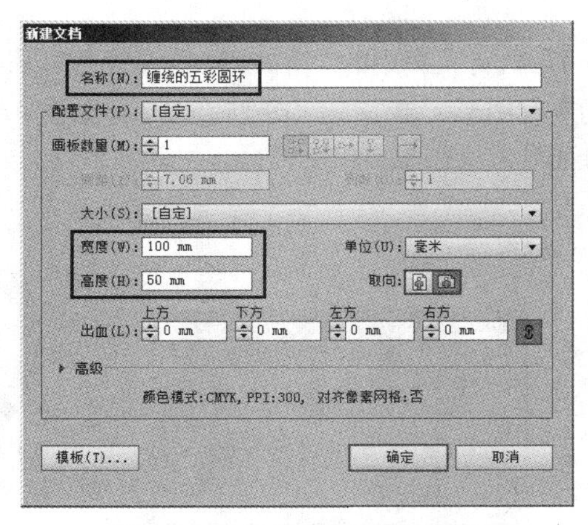


图 4-9　设置“新建文档”参数

2）选择工具箱中的 （椭圆工具），设置填充色为无色，描边色为蓝色，然后在绘图区中绘制一个圆环。接着选择工具箱中的 （选择工具），配合键盘上的〈Alt〉键复制出其余 4 个圆环，并赋予它们不同的描边色，效果如图 4-10 所示。

图 4-10　绘制圆环

3）此时 5 个圆环是线条状态，下面将它们转换为图形，以便进行“路径查找器”运算。其方法为：选择绘图区中的所有图形，然后执行菜单中的“对象 | 扩展”命令，在弹出的对话框中设置参数，如图 4-11 所示，单击“确定”按钮，效果如图 4-12 所示。

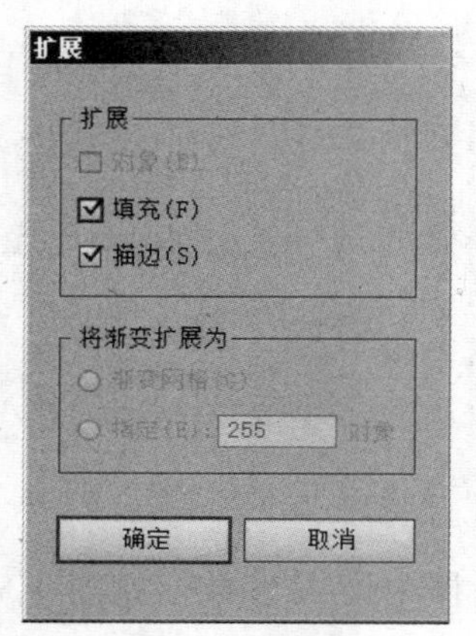


图 4-11　设置“扩展”参数

图 4-12 “扩展”后的效果

4）执行菜单中的“窗口 | 路径查找器”命令，调出“路径查找器”面板。然后选择绘图区中的所有图形，单击（分割）按钮，如图 4-13 所示。此时，5 个圆环中相交和不相交的区域会分离开，且在图形相交处会产生新的节点，如图 4-14 所示。

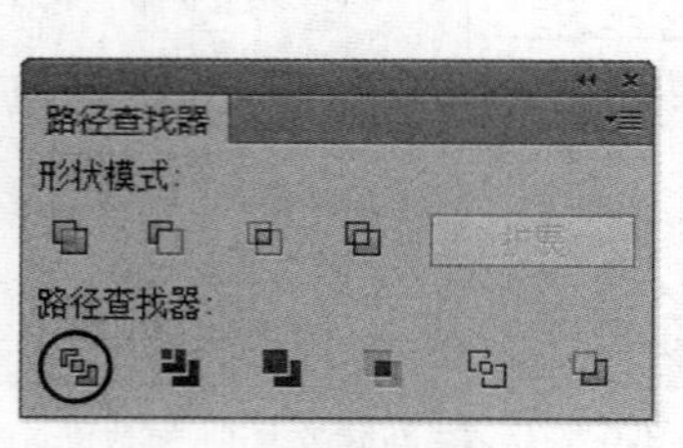


图 4-13　单击（分割）按钮

图 4-14 “分割”后的效果

5）选择工具箱中的（群组选择工具），选中分离后的黄色图形，如图 4-15 所示。然后选择工具箱中的（吸管工具）吸取蓝色，效果如图 4-16 所示。

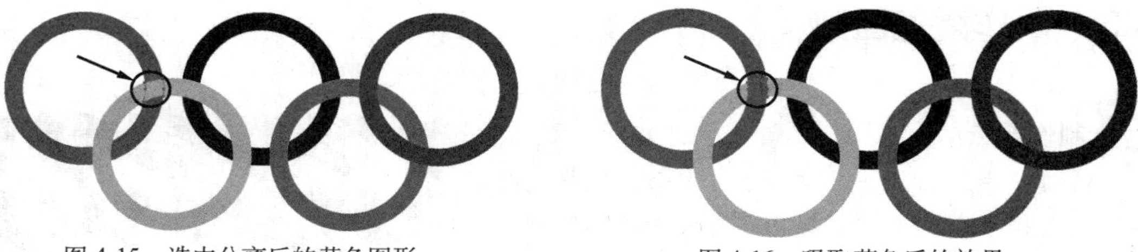

图 4-15 选中分离后的黄色图形　　图 4-16 吸取蓝色后的效果

6）同理，对其余圆环进行处理，最终效果如图 4-17 所示。

图 4-17 最终效果

**方法2：直接对图形进行“路径查找器”运算**

1）执行菜单中的“文件 | 新建”命令，新建一个文件。

2）选择工具箱中的（椭圆工具），设置填充色为蓝色，描边色为无色，然后在绘图区中绘制一个圆环，接着双击（比例缩放工具），在弹出的对话框中设置参数，如图 4-18 所示，单击“复制”按钮，复制出一个大小为原来的 80% 的圆形，如图 4-19 所示。

3）选择工具箱中的（选择工具），框选一大一小两个圆形，然后单击“路径查找器”面板中的（减去顶层）按钮，从大圆中减去小圆，效果如图 4-20 所示。

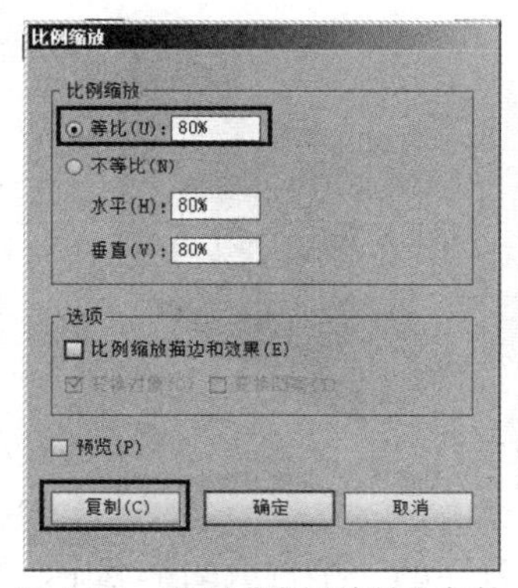


图 4-18 设置“比例缩放”参数

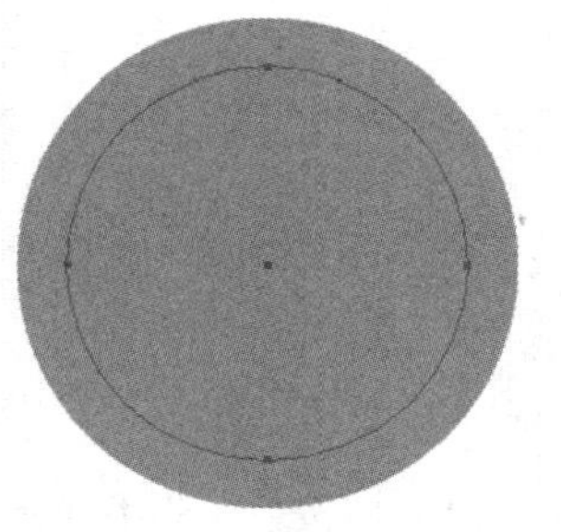

图 4-19 比例缩放效果

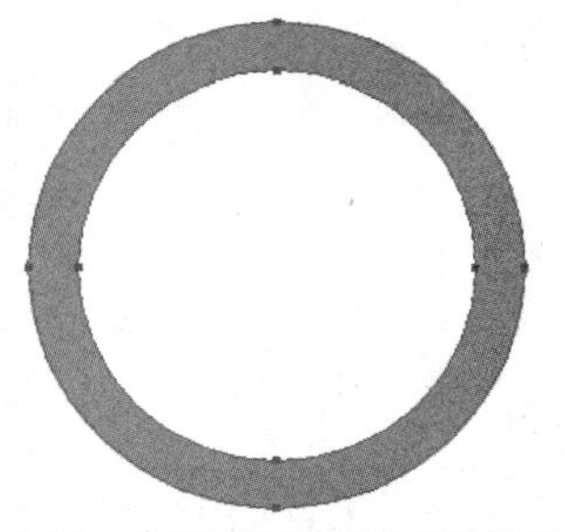

图 4-20 与形状选区相减后的效果

4）复制其余 4 个圆环，并赋予它们不同的颜色，然后对其执行方法 1 中的第 4）步和第 5）步，最终效果如图 4-17 所示。

## 4.3 制作重复图案

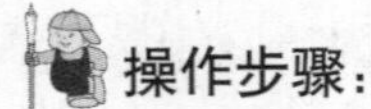

**制作要点：**

在设计中，通过一个核心基本图形，进行连续不断地反复排列，称为重复基本形。大的基本形重复，可以产生整体构成后秩序的美感；细小、密集的基本形重复，可以产生类似肌理的效果。本例要制作的重复图案属于基本图形组合的重复（即以多个形体为一组进行重复排列），如图4-21所示。通过本例的学习，应掌握利用Illustrator CS6软件制作无缝连接图案的一种主要思路。

图 4-21 重复图案效果

**操作步骤：**

1）执行菜单中的“文件 | 新建”命令，创建一个空白图形文件，将其存储为“图案 .ai”。然后选取工具箱中的（多边形工具），绘制一个如图 4-22 所示的正六边形（如果绘制出来的六边形摆放角度不对，则可以对它进行旋转操作）。接着，执行菜单中的“视图 | 参考线 | 建立参考线”命令，将这个六边形转换为参考线，再执行菜单中的“视图 | 参考线 | 锁定参考线”命令，将其位置锁定。

2）参照这个六边形的外形，将其想象成一个立方体造型的外轮廓，然后选择工具箱中的（钢笔工具），依次绘制出立方体的 3 个面，并分别填充为黑（参考色值：K100）、深灰（参考色值：K40）、浅灰（参考色值：K10）3 种颜色，如图 4-23 所示。

提示：可从标尺中拖出水平和垂直参考线，以定义六边形的中心点。

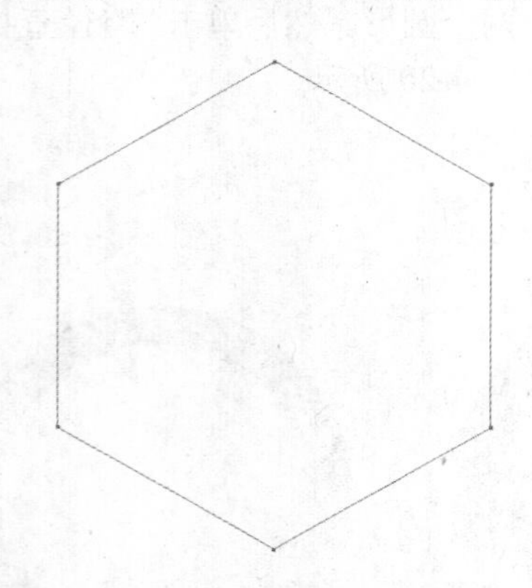

图 4-22 绘制一个正六边形

图 4-23 绘制出立方体的 3 个面

3）选择工具箱中的（选择工具），按住〈Shift〉键将立方体的 3 个构成面都选中，然后按快捷键〈Ctrl+G〉将它们组成一组。接着，执行菜单中的“编辑 | 复制”命令，将组合后的图形复制一份，再执行菜单中的“编辑 | 贴在前面”命令，将复制出的图形原位粘贴在原图形的前面。

4）选择工具箱中的 （比例缩放工具），在如图 4-24 所示的位置单击，设置缩放的中心点，然后同时按住〈Alt〉键和〈Shift〉键向内拖动鼠标，得到一个中心对称的等比例缩小的立方体图形（也可以在缩放工具图标上双击，打开“比例缩放”对话框，在“比例缩放”文本框内输入 50%，得到一个缩小一半的立方体）。

5）执行菜单中的“对象|变换|旋转”命令，在弹出的“旋转”对话框中设置参数，如图 4-25 所示，让缩小的立方体图形旋转 180°。单击“确定”按钮，效果如图 4-26 所示。可见，两个叠放的立方体图形由于强烈的灰度对比，形成了一定程度上凹陷的错觉。再用工具箱中的 （选择工具），将两个立方体图形一起选中，按快捷键〈Ctrl+G〉将它们组成一组，共同构成一个单元图形。

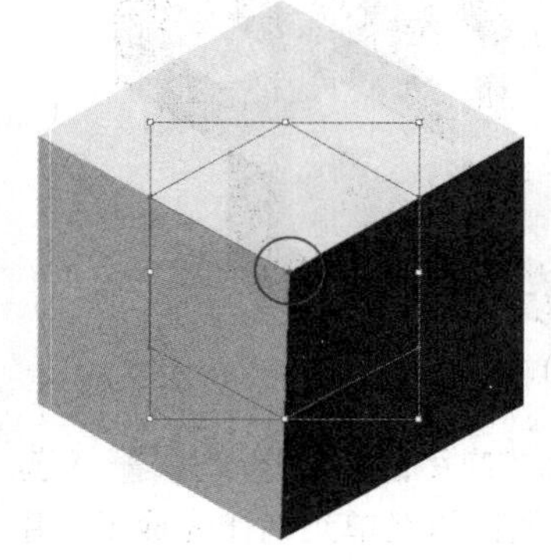

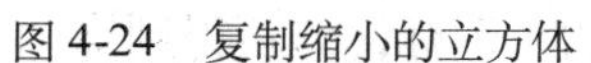

图 4-24　复制缩小的立方体

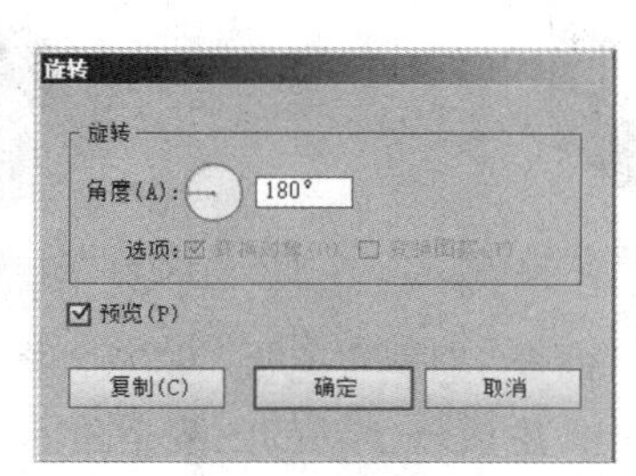


图 4-25 “旋转”对话框

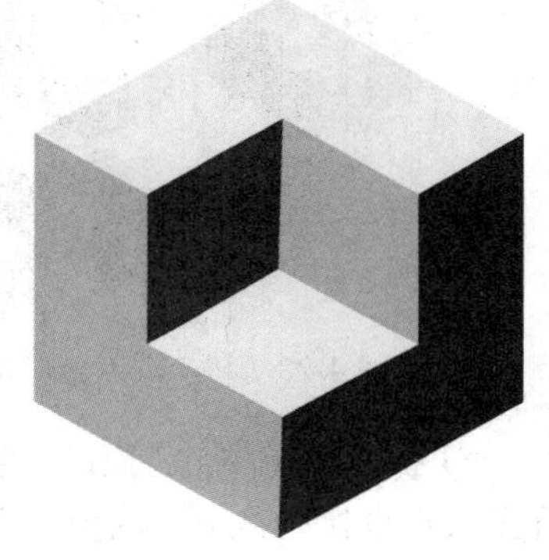

图 4-26　将中间的小立方体旋转 180°

6）本例中要制作完全拼接的六边形重复式图案，如果以前面步骤制作的单元六边形作为图案单元，使用 （选择工具）将其直接拖入到“色板”面板中，填充后将得到如图 4-27 所示的效果，即六边形以行排列的形式进行重复，中间会不可避免地留下白色的空间，这是因为 Illustrator CS6 软件中的基本图案单元都是以矩形为单位来定义的。

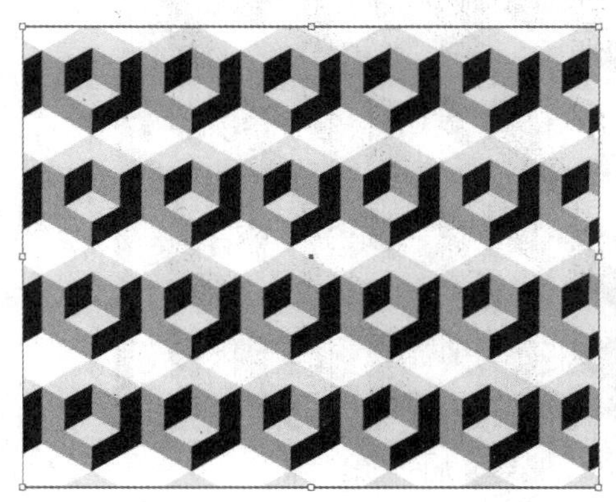

图 4-27　直接以六边形作为图案单元进行填充的效果

7）如何将六边形完全紧密地拼接在一起呢？下面介绍一个小决窍：将六边形复制 6 次，按如图 4-28 所示的效果拼在一起，形成环状结构，这就是我们需要的图形单元。但是到此步为止，图案单元还未制作完成。选择工具箱中的 （矩形工具），绘制一个矩形框，并将其置于如图 4-29

所示的位置，该矩形框定义了图案拼贴的边界。用于定义图案的矩形框必须符合以下两个条件：

● 矩形必须是没有"填充"和"描边"的纯路径。

● 执行菜单中的"对象 | 排列 | 置于底层"命令，将矩形框移至图案单元图形之下。

最后，将 7 个六边形和下面的矩形框同时选中，按快捷键〈Ctrl+G〉将它们组成一组。

图 4-28 将 7 个六边形拼成环状结构

图 4-29 绘制矩形定义图案拼贴的边界

8) 执行菜单中的"窗口 | 色板"命令，打开"色板"面板，将刚才成组的图案单元用 （选择工具）直接拖入到"色板"面板中，生成一个新的图案小图标。现在图案单元制作完成了，用"矩形工具"绘制一个大面积的矩形框，单击"色板"面板中新建立的小图标，即可得到均匀而整齐的六边形填充图案效果，此时，六边形自动拼接在一起，没有任何间隙，如图 4-30 所示。

图 4-30 最终填充的图案效果

## 4.4 练习

（1）制作印第安人头像效果，如图 4-31 所示。参数设置可参考配套光盘中的"课后练习 \ 第 4 章 \ 印第安头像 .ai"文件。

（2）制作印有图案的桌布效果，如图 4-32 所示。参数设置可参考配套光盘中的“课后练习 \ 第 4 章 \ 桌布 .ai”文件。

图 4-31　印第安人头像效果

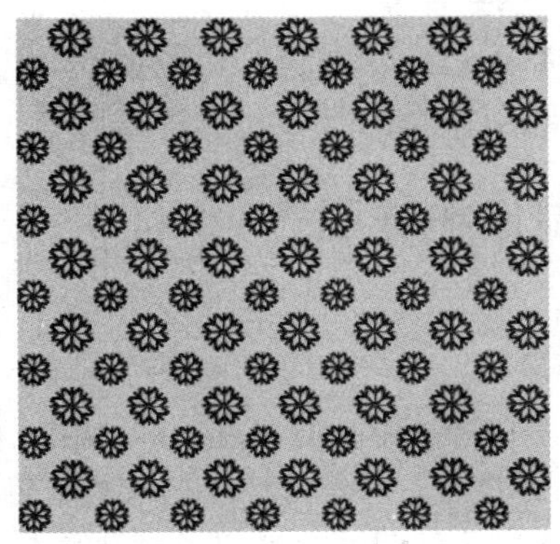

图 4-32　桌布效果

# 第5章　图表、画笔与符号

## 本章重点：

本章将通过 3 个实例来讲解 Illustrator CS6 的图表、画笔与符号在实际设计工作中的具体应用。通过本章的学习，应掌握图表、画笔与符号的使用方法。

## 5.1　制作趣味图表

### 制作要点：

为了获得对各种数据的统计和比较直观的视觉效果，人们通常采用图表来表现数据。Illustrator CS6将其强大的绘图功能引入到了图表的制作中，也就是说，在应用丰富的图表类型创建了基础图表之后，用户还可以尽情地将创意融入到图表之中，定制出个性化的图表，以使图表的显示生动而富有情趣。本例将制作一个对普通饼状图进行设计改造的艺术化图表，如图5-1所示。通过本例的学习，应掌握自定义图案笔刷、创建基础数据图表、创建图案表格、文字的区域内排版和沿线排版等知识的综合应用。

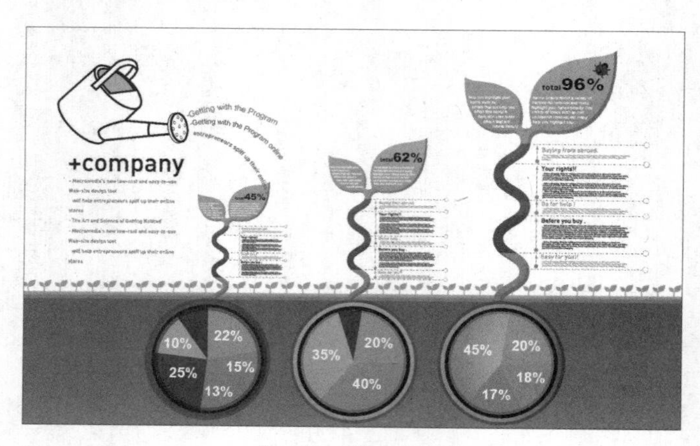


图 5-1　艺术化图表

### 操作步骤：

1）　执行菜单中的“文件｜新建”命令，在弹出的对话框中设置参数，如图 5-2 所示，然后单击“确定”按钮，新建一个名称为“图表 .ai”的文件。

2）　这是一个以饼状图为主的图表，使图表与周围环境浑然一体是表格趣味化的核心，因此先来设置环境并划分版面中大的板块。方法：选择工具箱中的 (矩形工具)，绘制一个与页面等宽的矩形，并使其顶端位于标尺横坐标 100mm 的位置，使其底端与页面底边对齐。然后按快捷键〈Ctrl+F9〉打开“渐变”面板，设置如图 5-3 所示的从上至下的线性渐变（参考数值分别为：CMYK（28，50，60，0），CMYK（50，60，75，5）），并将 “描边”设置为无。

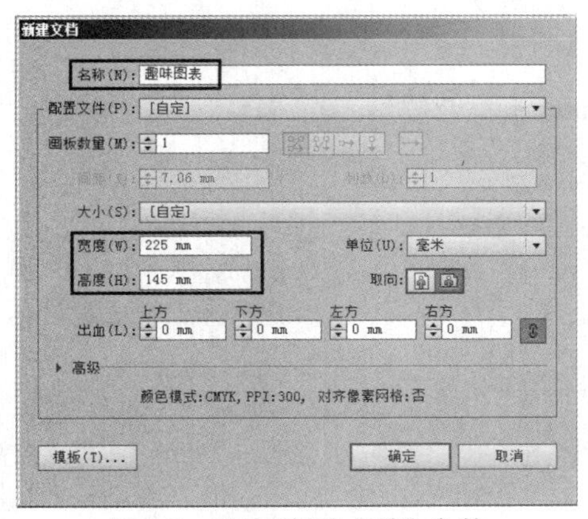


图 5-2 设置“新建文档”参数

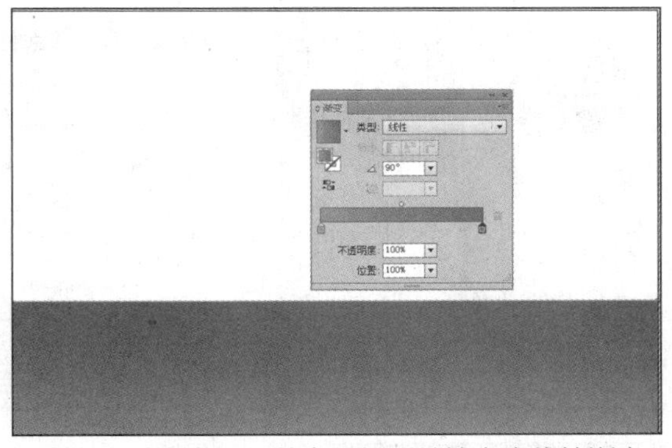

图 5-3 绘制与页面等宽的矩形并填充为线性渐变

3）紧靠矩形的上部绘制一个很窄的矩形条，将其填充为从上至下的线性渐变（参考数值分别为：CMYK（35，0，95，0），CMYK（50，60，75，5）），并将“描边”设置为无，如图 5-4 所示。

4）该艺术化图表通过不断生长的植物来象征网络营销的优势分析，在页面中多次出现了植物形象，下面先利用“自定义画笔”来制作位于页面中部的一排处于萌芽状态的小苗。方法：先利用工具箱中的（钢笔工具）绘制出如图 5-5 所示的小苗图形，并将其填充为草绿色（参考颜色数值为：CMYK（40，10，100，0））。

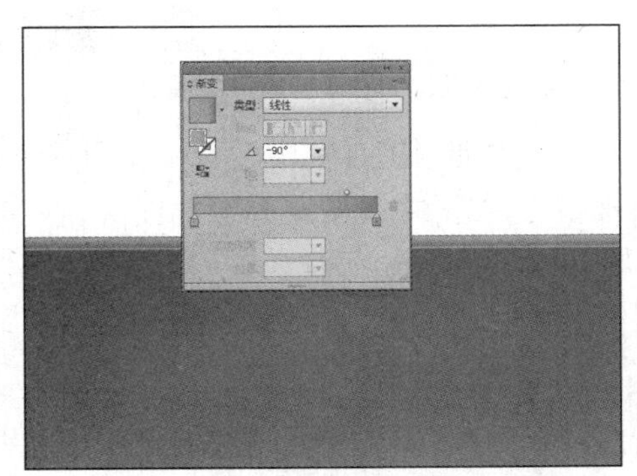

图 5-4 紧靠矩形上部绘制一个很窄的矩形条

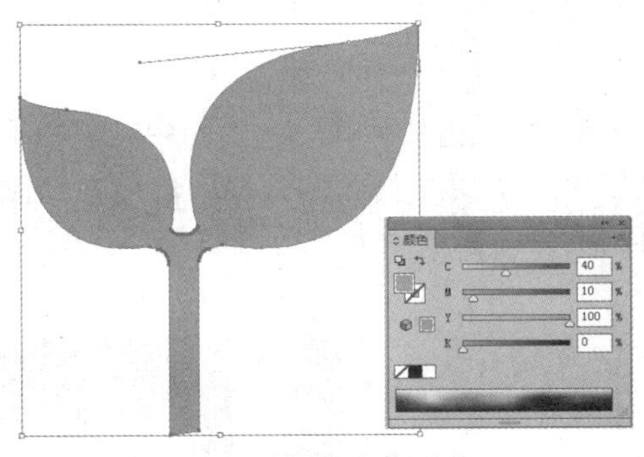


图 5-5 绘制出小苗图形

5）利用工具箱中的（矩形工具）绘制出一个矩形框（“填充”和“描边”都设置为无）。然后利用（选择工具）同时选中该矩形框和小苗图形，再按〈F5〉键打开“画笔”面板，在面板弹出菜单中选择“新建画笔”命令，如图 5-6 所示。此时在弹出的“新建画笔”对话框中列出了 Illustrator 可以创建的 4 种画笔类型，这里选择“图案画笔”单选按钮，如图 5-7 所示，单击“确定”按钮。接着在弹出的“图案画笔选项”对话框中采用默认设置，如图 5-8 所示，单击“确定”按钮，此时新创建的画笔会自动出现在“画笔”面板中，如图 5-9 所示。

提示：矩形框的宽度及它与小苗图形两侧的距离很重要，它将决定后面自定义画笔形状点的间距，因此矩形框的宽度不能太大。

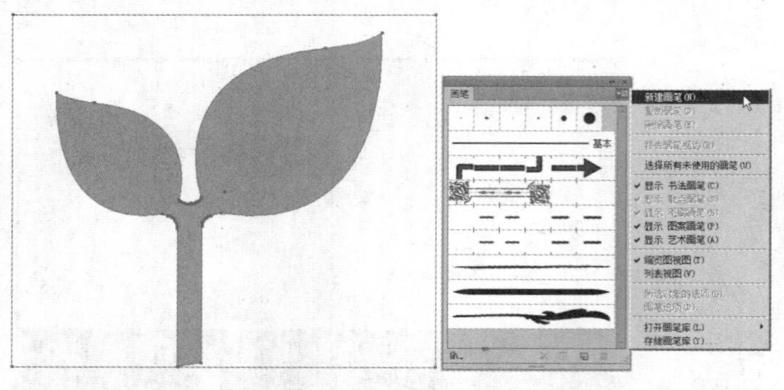


图 5-6 在“画笔”面板弹出菜单中选择“新建画笔”命令

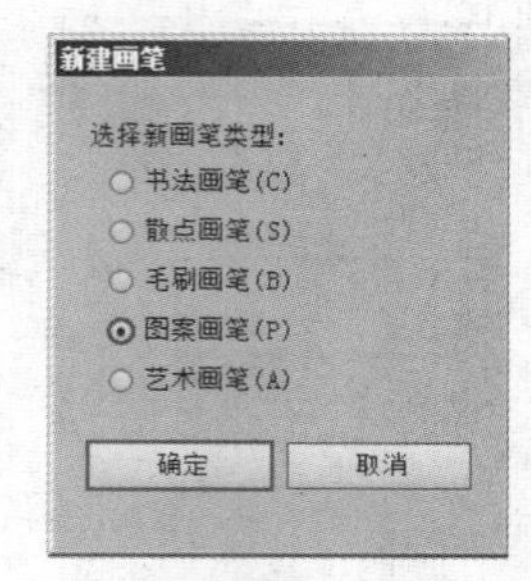


图 5-7 选择“图案画笔”单选按钮

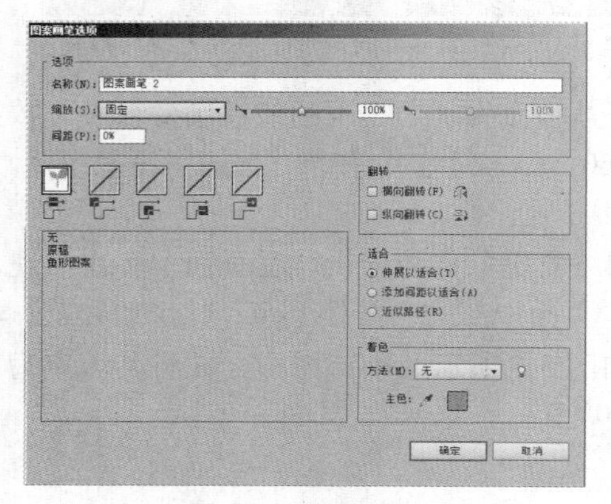


图 5-8 “图案画笔选项”对话框

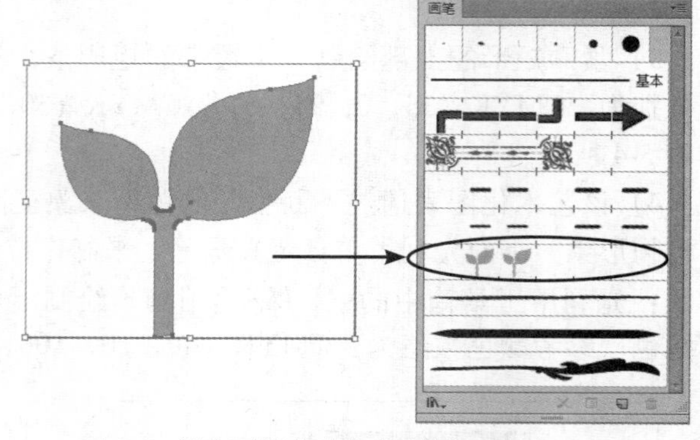


图 5-9 新建画笔出现在“画笔”面板中

6）将小苗“种植”在页面中间的矩形框上。方法：先利用工具箱中的 （直线段工具）绘制出一条横跨页面的直线，然后在“画笔”面板下方单击 （新建画笔）图标，此时小苗图形会沿直线走向进行间隔排列，效果如图 5-10 所示。

图 5-10 小苗图形沿直线走向在矩形上面进行间隔排列

7）下面开始制作饼状图，先输入第一组表格数据，形成基础柱状图表。方法：选择工具箱中的 （柱形图工具），在页面上拖动鼠标绘制出一个矩形框来设置图表的大小，然后松开鼠标，此时会弹出图表数据输入框。接着在图表数据输入框中输入第一组比较数据，如图 5-11 所示，数据输入完后单击输入框右上方的应用图标“ ✓ ”，此时会自动生成图表，默认状态下生成的图表是普通的柱形图，如图 5-12 所示。在此图表中，可以看到网络商店的 6 项销售额分别以不同灰色的矩形表示。

8）利用工具箱中的 （选择工具）选中柱形图，然后在工具箱中的 （柱形图工具）上双击，接着在弹出的“图表类型”对话框中单击 （饼图）按钮，如图 5-13 所示，再单击“确定”按钮，此时柱形图表会转换为如图 5-14 所示的饼状图表。

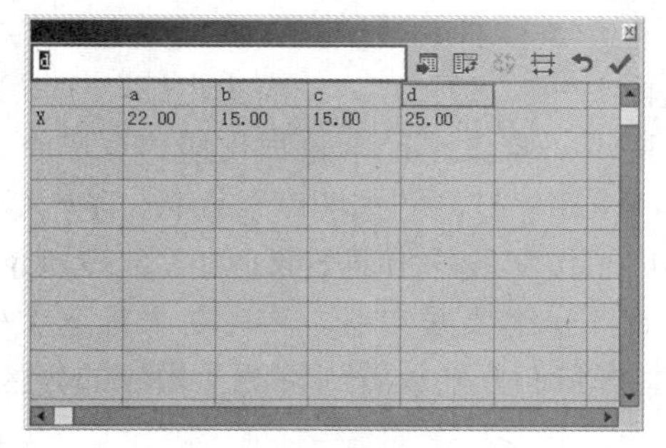


图 5-11 在图表数据输入框中输入第一组比较数据

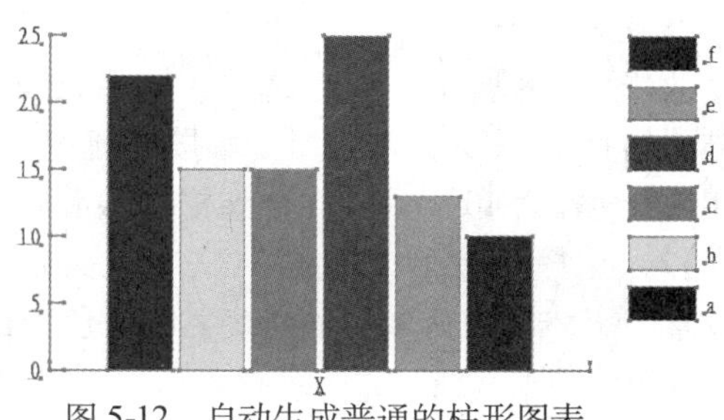


图 5-12 自动生成普通的柱形图表

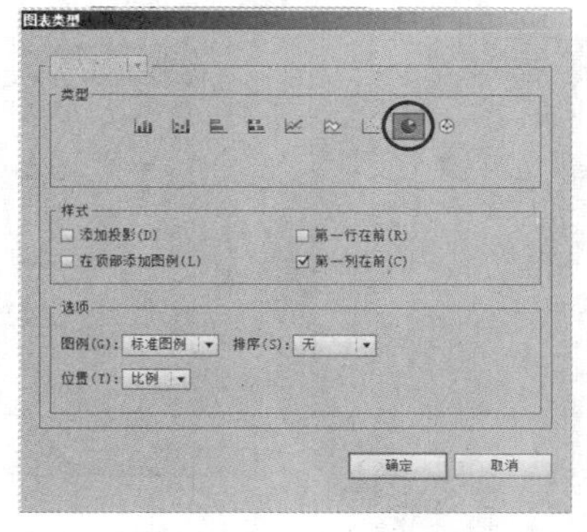


图 5-13 在“图表类型”对话框中单击“饼图”按钮

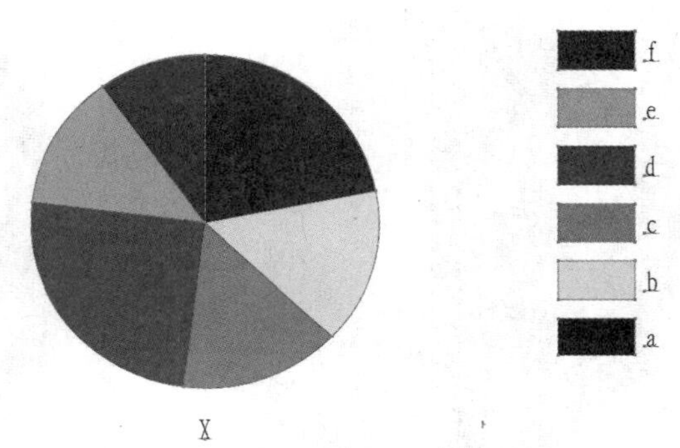


图 5-14 柱形图表转换为饼状图表

9）现在的饼图是黑白效果的，要改变其中每一个小块的颜色，必须先将其进行解组。方法为：按 3 次快捷键〈Shift+Ctrl+G〉解除表格的组合（第一次按快捷键〈Shift+Ctrl+G〉时，会弹出如图 5-15 所示的警告对话框，单击“是”按钮）。在解除表格的组合之后，利用 （直接选择工具）分别选中右侧的一列小色块及饼图下面的“X”字母，按〈Delete〉键将它们删除。然后分别选中饼图中的各分解块，将填充色修改为鲜艳的彩色（颜色请读者自行设置）。最后设置稍微粗一些的轮廓描边，效果如图 5-16 所示。

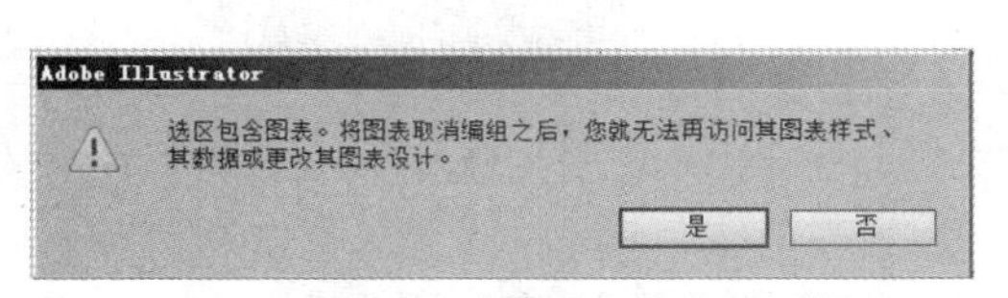


图 5-15 解组时会弹出警告对话框

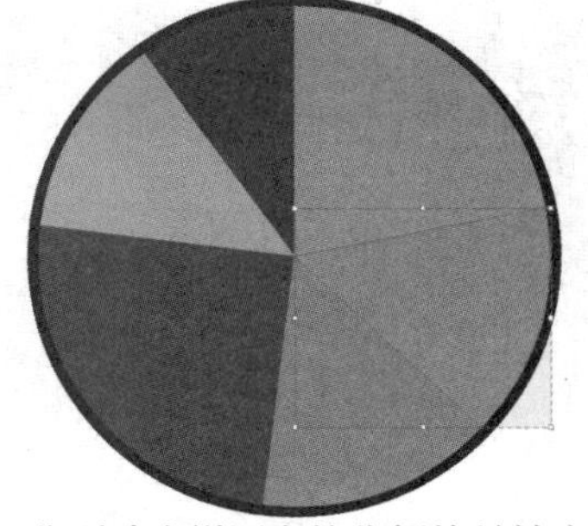

图 5-16 分别选中饼图中的分解块并填充为彩色

10）在饼图下面绘制两个稍微大一些的同心圆形，并分别填充为品红色（参考颜色数值为：CMYK（0，100，0，0））和深褐色（参考颜色数值为：CMYK（90，85，90，80）），如图 5-17 所示。

提示：在饼图圆心位置按住〈Alt+Shift〉组合键，可绘制出从同一圆心向外发射的正圆形。

11）同理，再绘制一个从同一圆心向外扩展的正圆形，并将其“填充”设置为无，“描边”设置为深褐色（参考颜色数值为：CMYK（90，85，90，80）），“描边粗细”设置为 4pt，如图 5-18 所示。然后选中该圆形，执行菜单中的“对象｜路径｜轮廓化描边”命令，将描边转换为圆环状图形。接着按快捷键〈Shift+Ctrl+F10〉打开“透明度”面板，将“不透明度”设置为 40%，此时，几圈描边的颜色使饼图形成了按钮般的卡通效果，如图 5-19 所示。

12）选择工具箱中的 T（文字工具），分别输入百分比数据文本，然后在工具选项栏中设置“字体”为 Arial Black，字体颜色为白色，接着将它们分别放置到饼图上相应的分区，如图 5-20 所示。

图 5-17 在饼图下面绘制两个稍微大一些的同心圆形

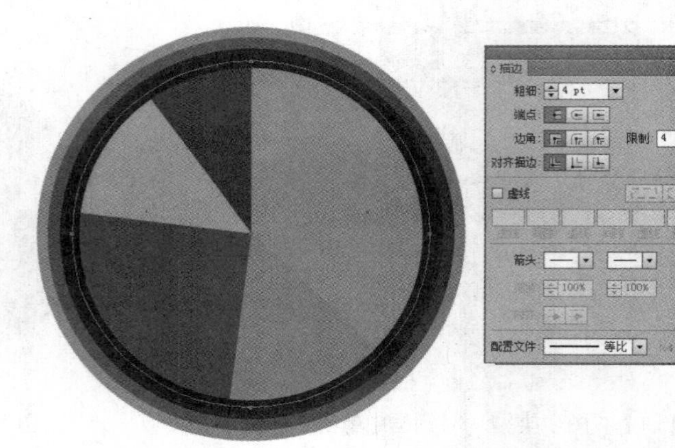


图 5-18 再绘制出一个从同一圆心向外扩展的圆环形

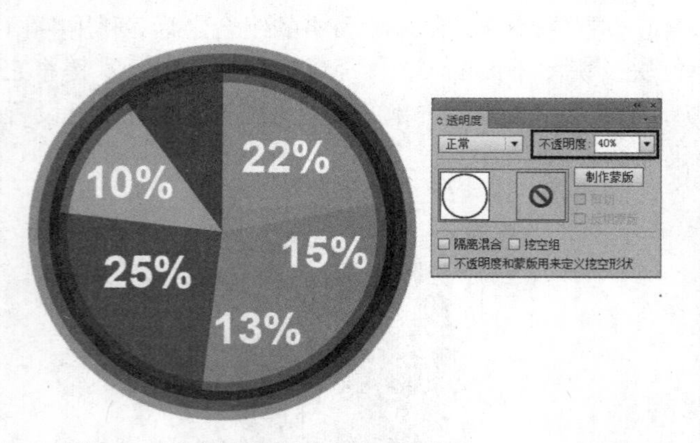


图 5-19 改变圆环状图形的不透明度

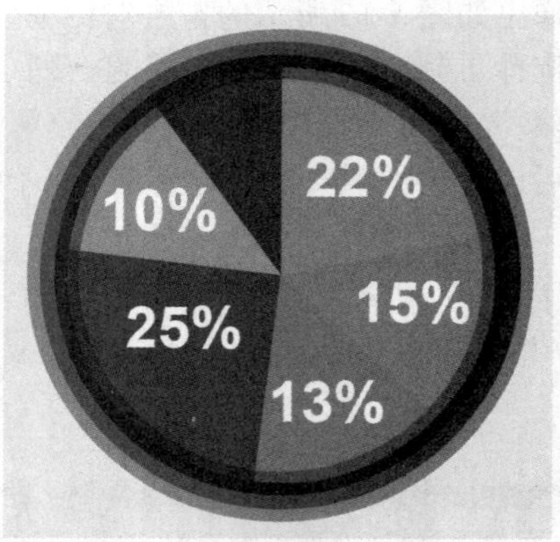


图 5-20 分别输入百分比数据文本

13）继续制作另外两个饼图，它们都只具有 4 组比较数据，请用户参照图 5-21 和图 5-22 中所提供的数据表来分别创建两个柱形图，再将它们转换为饼图。在生成黑白的饼状图表后，按 3 次快捷键〈Shift+Ctrl+G〉解除组合，然后就可以自由地进行块的上色、描边等操作了（具体步骤可参看本例步骤 9）～ 10）的讲解）。最后将完成的 3 个饼状图表放置到页面中，效果如图 5-23 所示。

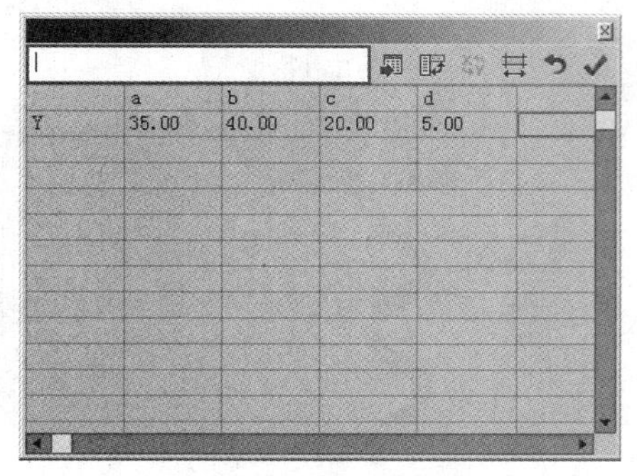

| | a | b | c | d |
|---|---|---|---|---|
| Y | 35.00 | 40.00 | 20.00 | 5.00 |

图 5-21　第二个饼图的参考数据

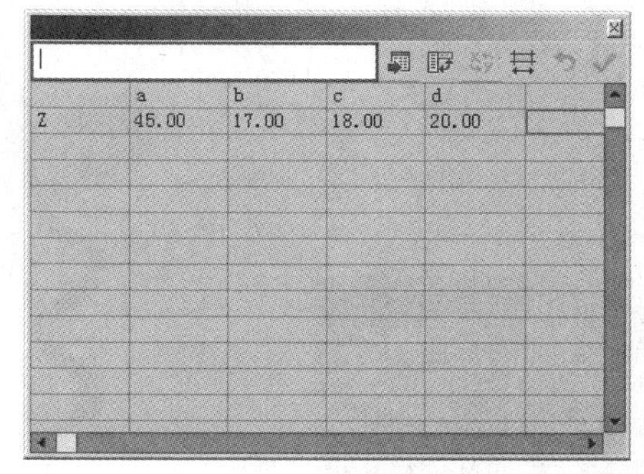

| | a | b | c | d |
|---|---|---|---|---|
| Z | 45.00 | 17.00 | 18.00 | 20.00 |

图 5-22　第三个饼图的参考数据

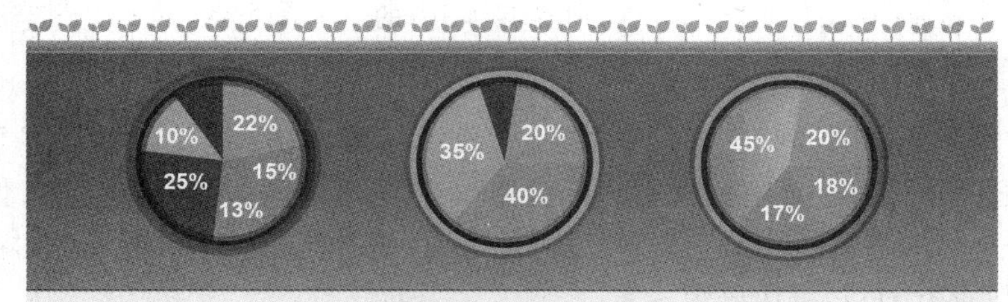


图 5-23　将完成的 3 个饼状图表放置到页面中

14）制作位于页面视觉中心位置的小树苗，然后使小树苗的生长高度依据表格数据而变化。先来绘制一棵小树苗图形。方法：利用工具箱中的（钢笔工具）绘制出如图 5-24 所示的小苗形状的闭合路径，并将它填充为草绿色（参考颜色数值为：CMYK（40，10，100，0）），然后沿如图 5-25 所示的位置绘制出 5 条水平线段，下面将用这些线段把下部的图形截断裁开。

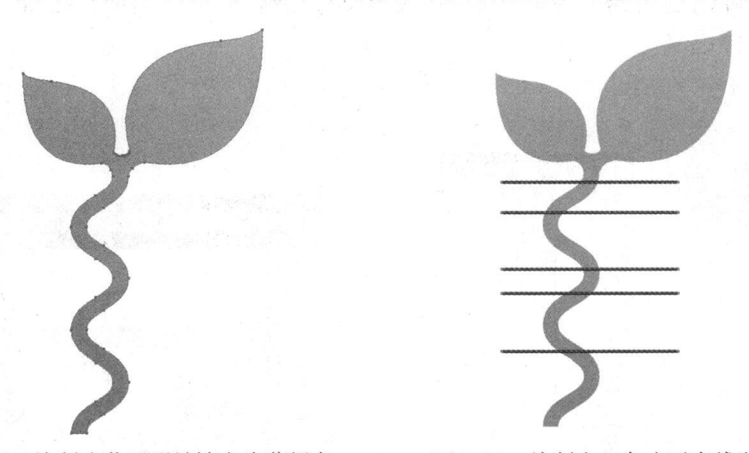

图 5-24　绘制小苗图形并填充为草绿色　　　　图 5-25　绘制出 5 条水平直线段

15）利用（选择工具），在按〈Shift〉键同时选中树苗图形和 5 条直线段，然后按快捷键〈Shift+Ctrl+F9〉打开“路径查找器”面板，如图 5-26 所示。单击（分割）按钮，此时图形被裁成许多局部块，再按快捷键〈Shift+Ctrl+A〉取消选取。接着利用（直接选择工具）重新选中裁开的局部图形，改变其填充颜色，从而得到如图 5-27 所示的效果。最后沿着小树苗的右侧边缘，利用（钢笔工具）绘制出一些曲线图形，并将它们填充为“浅绿—草绿”的线性渐变，如图 5-28 所示，以增加小树苗的图形复杂度和视觉上的立体效果。

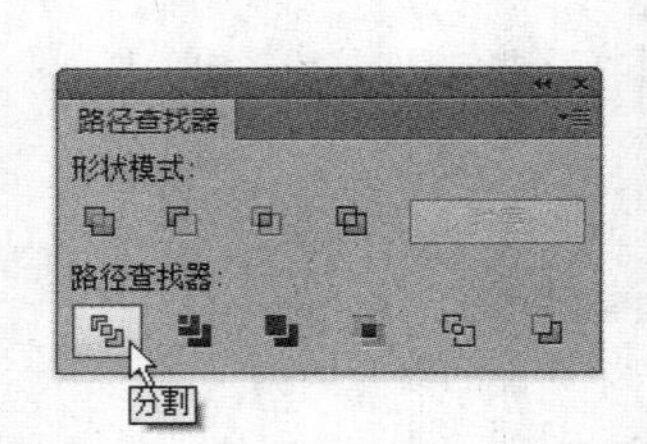


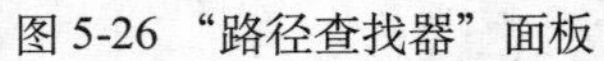
图 5-26 “路径查找器”面板

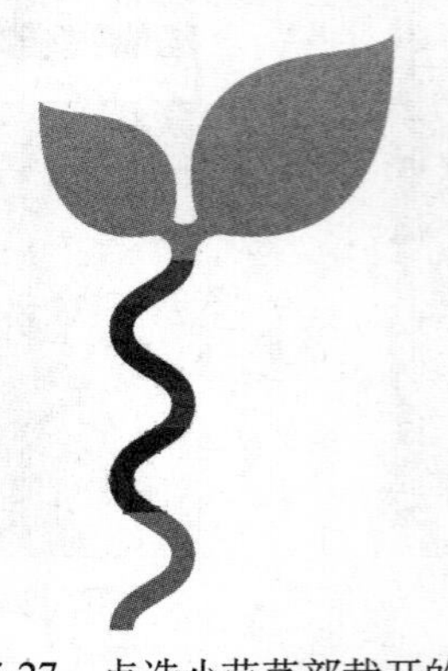
图 5-27 点选小苗茎部裁开的图形改变填充颜色

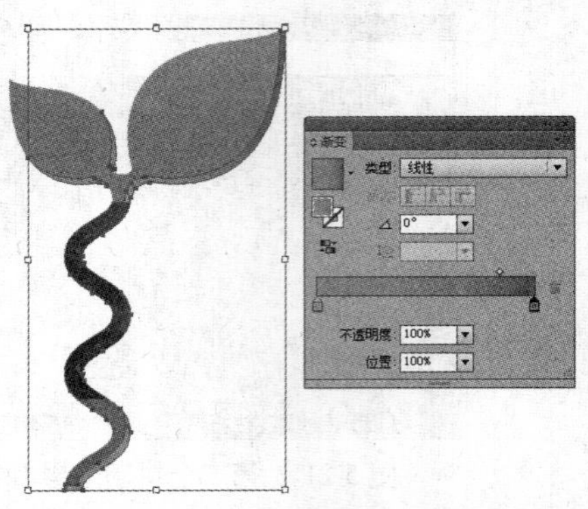

图 5-28 绘制一些曲线图形并将其填充为“浅绿—草绿”的渐变

16）选中刚才绘制的曲线图形，按快捷键〈Shift+Ctrl+F10〉打开“透明度”面板，改变“混合模式”为“正片叠底”。色彩在经过处理后会整体变暗，形成一道窄窄的阴影，如图 5-29 所示。

17）至此，小树苗图形绘制完成。下面利用 （选择工具）选中组成小树苗的所有图形，然后按快捷键〈Ctrl+G〉组成群组。

18）在小树苗图形绘制完成后，要将它定义为图表的设计单元，以便与图表数据发生关联。方法：利用 （选择工具）选中树苗图形组，然后执行菜单中的“对象 | 图表 | 设计”命令，在弹出的“图表设计”对话框中单击“新建设计”按钮，此时可以看到列表中多了一个（树苗）选项（下面的预览框中出现了该图案的预览图），如图 5-30 所示。接着单击“重命名”按钮，在弹出的对话框中输入新的名称 tree。最后单击“确定”按钮，将小树苗作为图表图案单元存储起来。

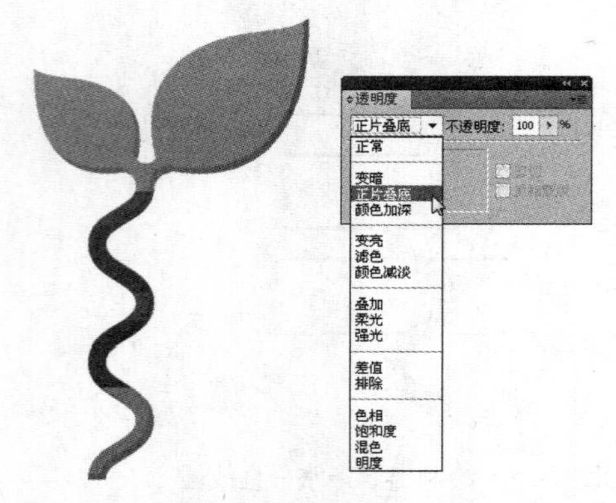

图 5-29 色彩经过处理后整体变暗，形成一道窄窄的阴影

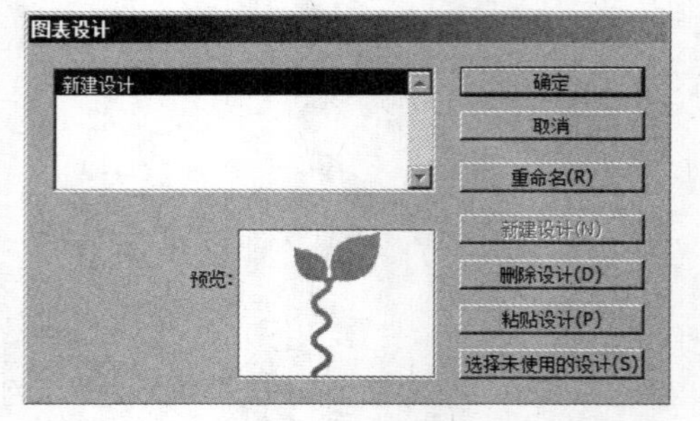

图 5-30 小树苗被作为图表图案单元存储起来

19）创建另一个基础柱状图表。方法：选择工具箱中的 （柱形图工具），在页面上拖动鼠标绘制出一个矩形框，用来设置图表的大小，然后松开鼠标，在弹出的图表数据输入框中输入一组三个季度营业增长率的数据，如图 5-31 所示。在数据输入完成后，单击输入框右上方的应用图标“ ”，此时会生成柱形图表，如图 5-32 所示。

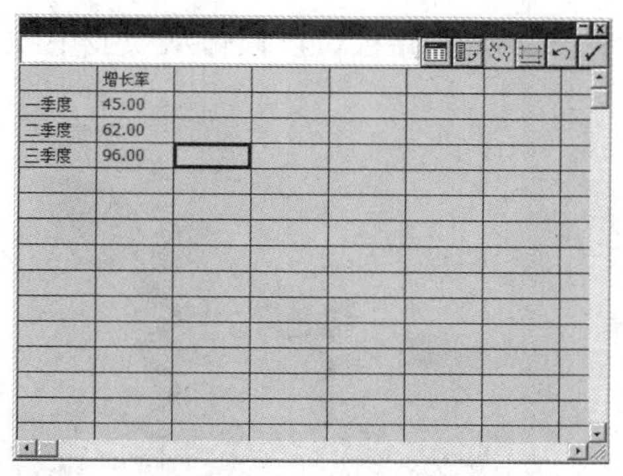


图 5-31　在图表数据输入框中输入一组比较增长率的数据

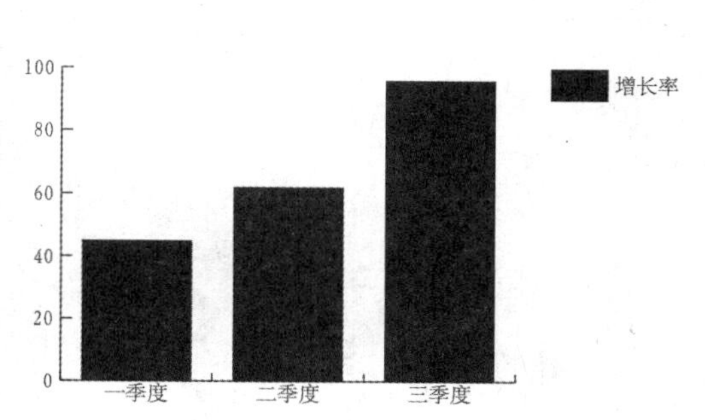


图 5-32　自动生成的柱形图表

20）用小树苗图案替换刻板的柱形图。方法：利用工具箱中的（编组选择工具）选中所有的黑色柱形（在一个柱形内连续单击鼠标 3 次），然后执行菜单中的“对象 | 图表 | 柱形图”命令，在弹出的“图表列”对话框中选择“tree”选项，如图 5-33 所示。并且在“列类型”右侧的下拉列表框中选择“一致缩放”选项（这个选项的功能是将图案单元按柱形图高度进行等比例缩放），单击“确定”按钮，得到如图 5-34 所示的非常形象生动的增长率图表。

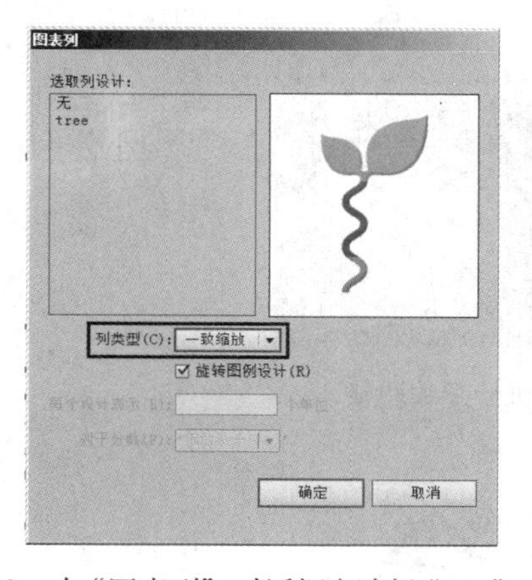


图 5-33　在“图表列”对话框中选择“tree”选项

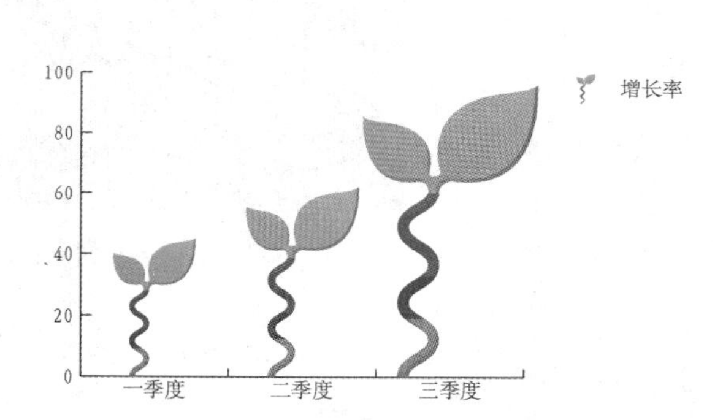


图 5-34　图案单元按柱形图高度进行等比例缩放

21）为了使版面美观，同时保持图表的数据属性（也就是还可以不断地更改数据），下面将图表中的文字与轴都暂时隐藏起来。方法：利用工具箱中的（编组选择工具）选中所有要隐藏的内容，然后将它们的“填充”与“描边”都设置为无，效果如图 5-35 所示。接着将图表移至页面中如图 5-36 所示的位置，此时树苗与前面做好的饼状图还拼接不上，下面还需利用（编组选择工具）进行位置的细致调整，从而得到如图 5-37 所示的上下衔接效果。

提示：如果要再次修改图表原始数据，则可以利用（选择工具）选中整个（已替换为图案的）图表，然后执行菜单中的“对象 | 图表 | 数据”命令，在弹出的图表数据输入框中重新修改数据，然后单击输入框右上方的应用图标“✓”。

22）打开配套光盘中的“素材及效果 \ 第 5 章 图表、画笔与符号 \5.1 制作趣味图表 \ 喷壶 .ai”文件，如图 5-38 所示，然后将喷壶的黑白卡通图形复制粘贴到目前的图表页面中。

接着利用（钢笔工具）绘制出如图 5-39 所示的 3 条曲线路径，以模仿从喷壶中喷出的水流形状。

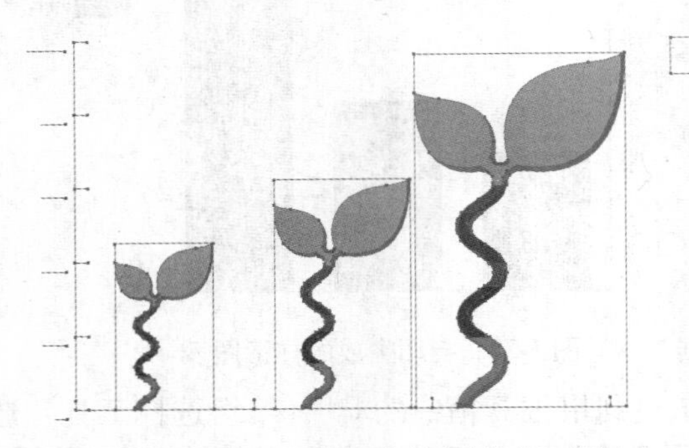

图 5-35 将图表中的文字与轴都暂时隐藏起来

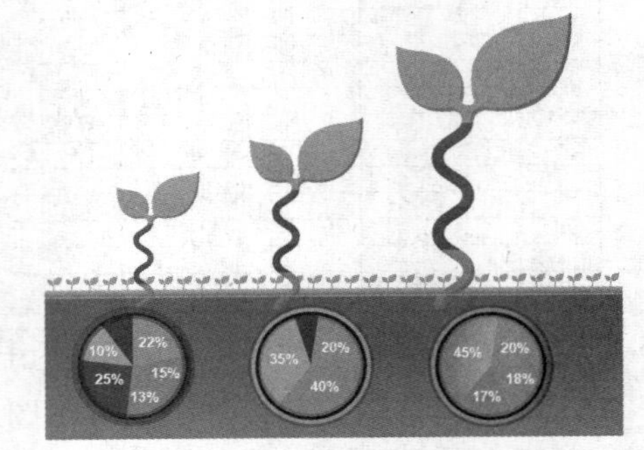


图 5-36 树苗与前面做好的饼状图还拼接不上

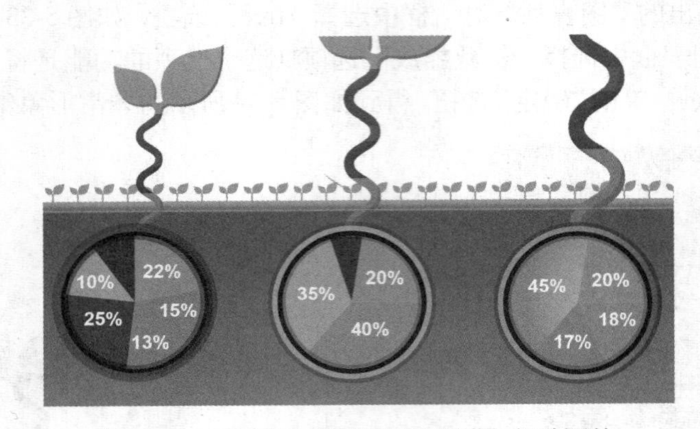


图 5-37 对树苗和饼状图的位置进行细致调整

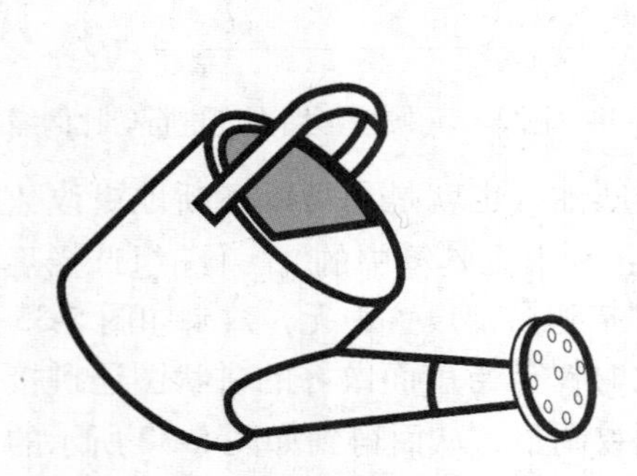

图 5-38 光盘中提供的素材图“喷壶 .ai”

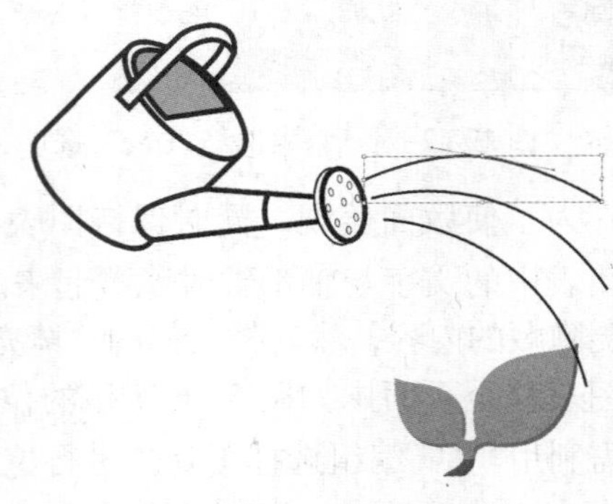

图 5-39 绘制出 3 条曲线路径

23）制作文字沿线排版的效果。方法：选择工具箱中的（路径文字工具），在最上面的一条路径左侧端点上单击，然后直接输入文本，并在属性栏内设置“字体”为 Arial，“字号”为 8pt，文字颜色为蓝绿色，此时输入的文本会自动沿曲线路径排列，如图 5-40 所示。同理，在另外两条曲线路径上也输入文字，得到如图 5-41 所示的效果。最后，在喷壶的下方添加标题文字和几行小字，字体和字号请读者自行设定，完成后的效果如图 5-42 所示。

24）由于树苗图表中影响观感的轴与数据等都被隐藏了，因此需要直接将文字置入树叶内部，以取得醒目的效果。方法：先将前面绘制的树苗图形复制一份，然后选择工具箱中的（美工刀工具），按住〈Alt〉键，以直线的方式将树叶与茎裁断，如图 5-43 所示。接着按快捷键〈Shift+Ctrl+A〉取消选择，再利用工具箱中的（直接选择工具）选中下面的茎部，按〈Delete〉键将其删除。

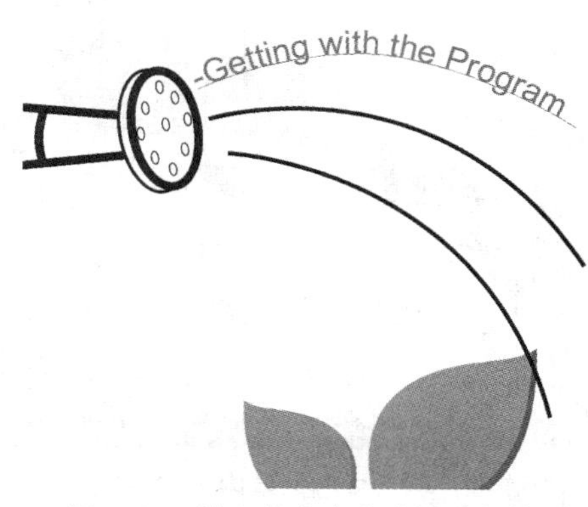


图 5-40　输入的文本自动沿路径排列

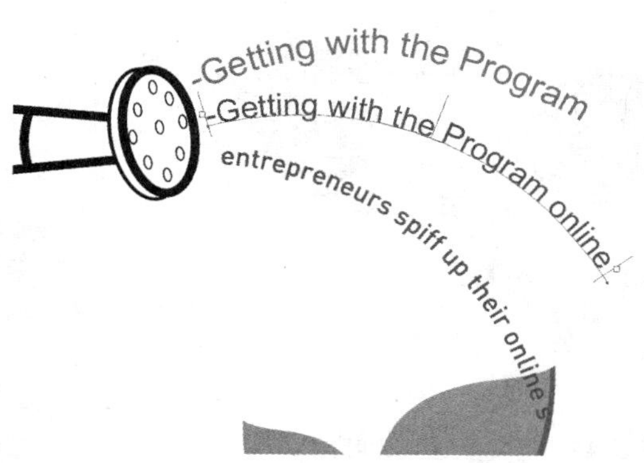


图 5-41　在另外两条曲线路径上也输入文字

图 5-42　在喷壶的下方添加标题文字和几行小字

图 5-43　应用“美工刀工具”将树叶与茎裁断

25）按快捷键〈F7〉打开“图层”面板，然后单击“图层”面板下方的（创建新图层）按钮，新建“图层 2”。接着将刚才裁切后剩下的树叶图形移至图表（最右侧）树苗上，再进行适当放缩。最后利用（直接选择工具）调整锚点与方向线，使它比图表树苗中的叶形稍微小一圈，如图 5-44 所示。

提示：在调整“图层2”中的树叶形状时，可以先将“图层1”暂时锁定。

图 5-44　将裁切后的路径调整到比图表树苗中的叶形稍微小一圈

26）下面将文字置入树叶内部，也就是所谓的图形内排文。方法：选中树叶路径，然后利用工具箱中的 （区域文字工具）在路径边缘单击，此时光标会出现在路径内部。接着输入文字，文字将出现在树叶路径内部，修改文字的大小与颜色，从而得到如图 5-45 所示的效果。同理，制作另外两片树叶中的区域内文字，最后效果如图 5-46 所示。

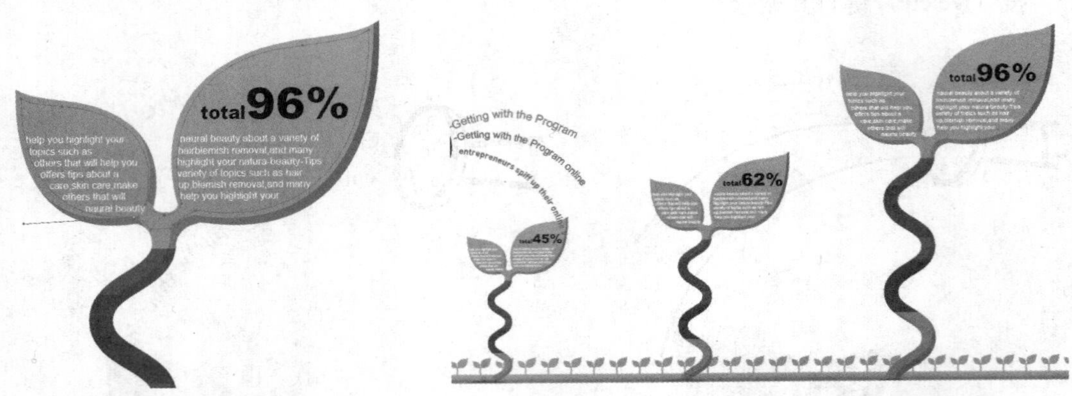


图 5-45　将文字置入树叶内部　　　　图 5-46　制作 3 片树叶中的区域内文字

27）在树苗的附近需要添加标注文字。首先绘制一些虚线作为段落的分隔线。方法：选择工具箱中的 （直线段工具），按住〈Shift〉键，绘制出 6 条水平线条，然后打开“描边”面板，在其中设置参数，如图 5-47 所示（注意虚线参数的设置），从而将 6 条水平线条都转换为虚线，如图 5-48 所示。

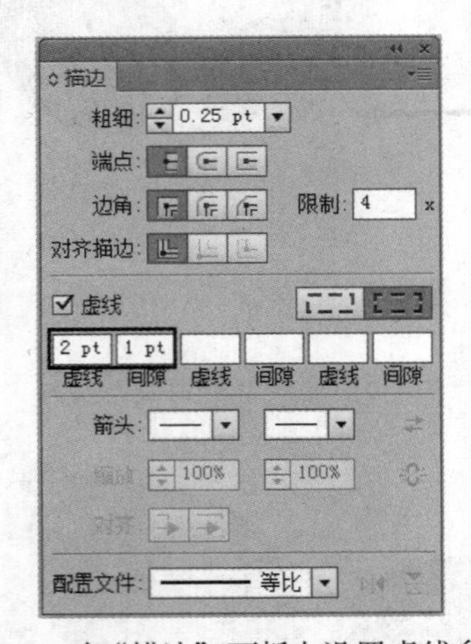

图 5-47　在“描边”面板中设置虚线参数　　　　图 5-48　将 6 条水平线条都转换为虚线

28）在每条虚线的右侧末端绘制一个圆形框，并调整圆形的边线为黑色的虚线，如图 5-49 所示，然后制作纵向分隔线。方法：利用工具箱中的 （直线段工具）绘制出一条直线段（在第 1，2 条水平虚线之间左侧），然后设置“描边粗细”为 0.35pt，描边颜色为灰色（参考颜色数值为：CMYK（0，0，0，60）），如图 5-50 所示。接着在“描边”面板中分别选取箭头“起点”和“终点”的形状（起点为三角形，终点为圆形），如图 5-51 所示，单击“确定”按钮，从而得到如图 5-52 所示的箭头图形。

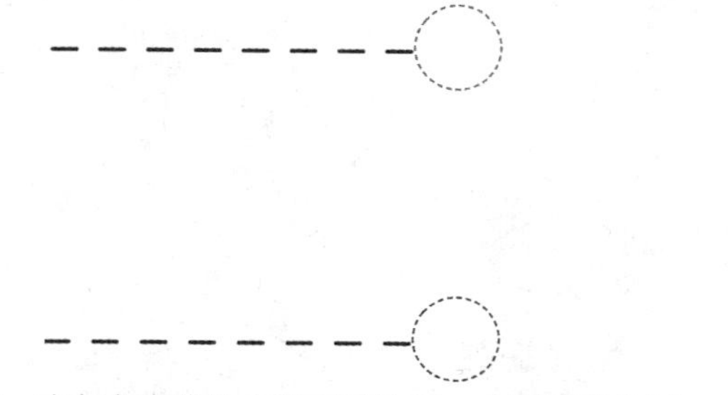

图 5-49　在每条虚线的右侧末端绘制一个圆形虚线框

图 5-50　制作纵向分隔线

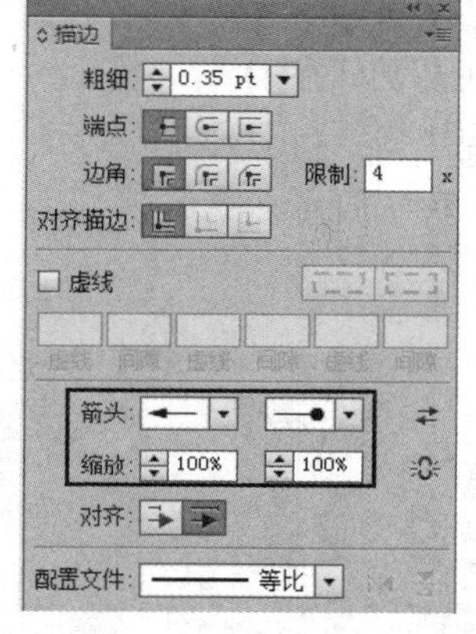


图 5-51　设置箭头图形

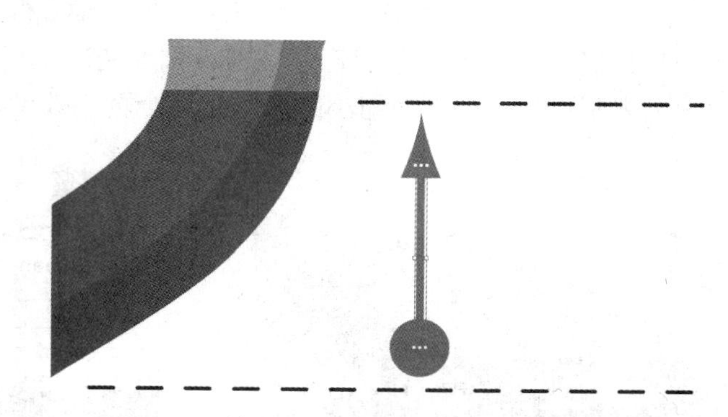

图 5-52　箭头两端分别被添加上三角形和圆形

29）将箭头图形复制几份，然后分别进行纵向垂直对齐的排列，效果如图 5-53 所示。

30）现在水平与垂直的框架结构已搭建好，下面开始添加文字内容。方法：利用工具箱中的 T（文字工具）输入文本（标题与正文都是独立的文本块），字体字号请读者自行设定，但为了版面的美观与统一，文字段落的颜色主要为灰色（参考颜色数值为：CMYK（0，0，0，60））和黑色交替出现。最右侧树苗旁的文字整体排版效果如图 5-54 所示。

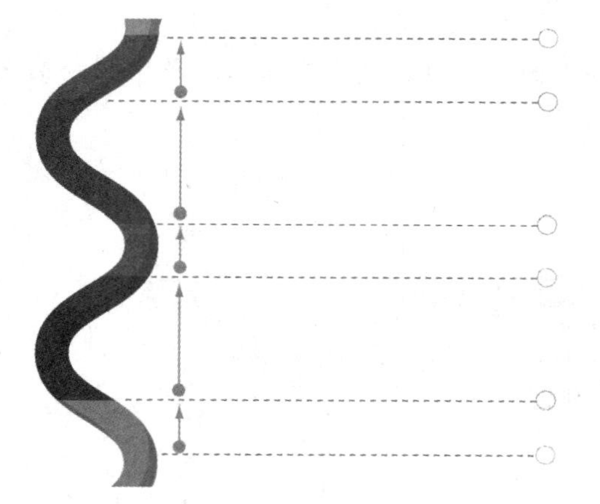

图 5-53　纵向垂直对齐的排列

图 5-54　最右侧树苗旁的文字整体排版效果

31）同理，制作另外两棵树苗右侧的文字与线条框架，字号和线条的粗细要随着树苗宽高的缩小而减小，以使文字与图表构成一个息息相关、共同增长的整体，如图 5-55 所示。

图 5-55　使文字与图表构成一个息息相关、共同增长的整体

32）最后，再增添一些图形小细节，例如树叶上的甲壳虫等，如图 5-56 所示。至此，艺术化图表制作完毕，下面缩小图形以显示全页，效果如图 5-57 所示。

图 5-56　添加到树叶上的甲壳虫

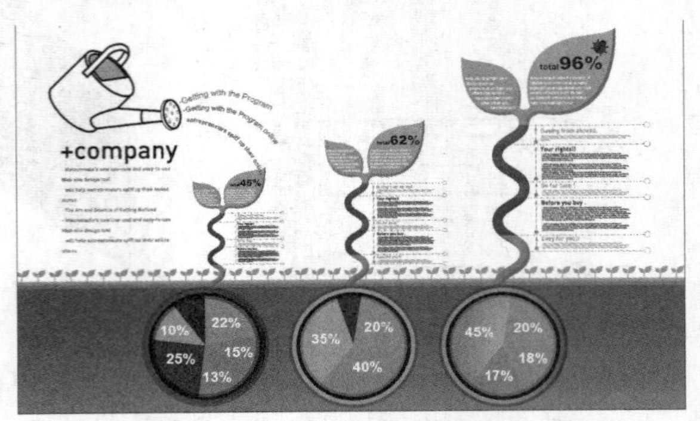

图 5-57　最后完成的艺术化图表效果

## 5.2　锁链

**制作要点：**

本例将制作锁链效果，如图5-58所示。通过本例的学习，读者应掌握菜单中“轮廓化描边”命令、“混合”命令和“图案”画笔的综合应用。

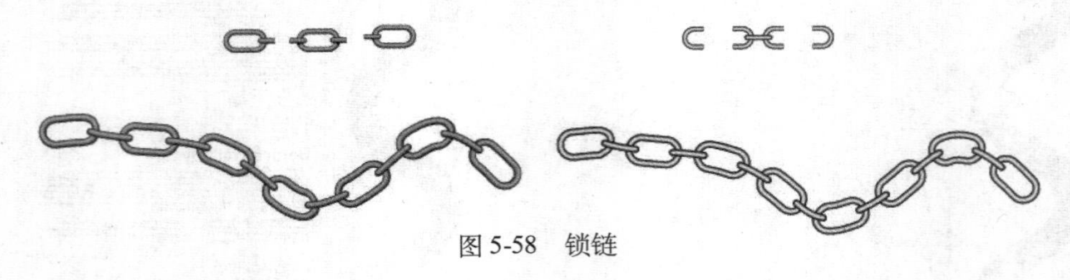
图 5-58　锁链

**操作步骤：**

### 1. 制作单个锁节

1）执行菜单中的“文件 | 新建”命令，在弹出的对话框中设置参数，如图 5-59 所示，然后单击“确定”按钮，新建一个文件。

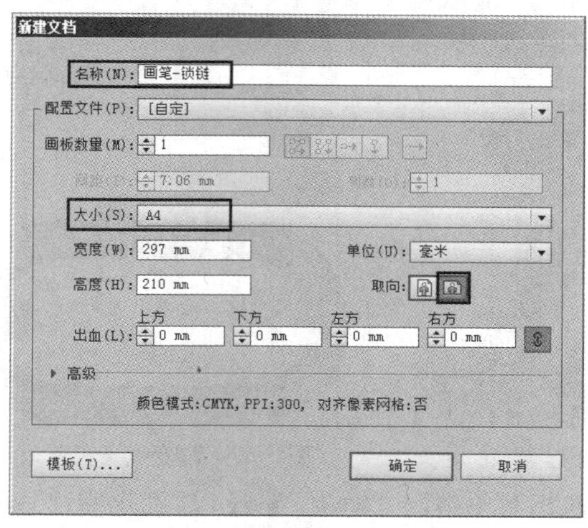

图 5-59　设置“新建文档”参数

2）选择工具箱中的（圆角矩形工具），然后设置填充色为（无色），描边色为蓝色，如图 5-60 所示，并设置线条粗细为 4pt。接着在绘图区单击，在弹出的对话框中设置参数，如图 5-61 所示，单击“确定”按钮，创建出一个圆角矩形，效果如图 5-62 所示。

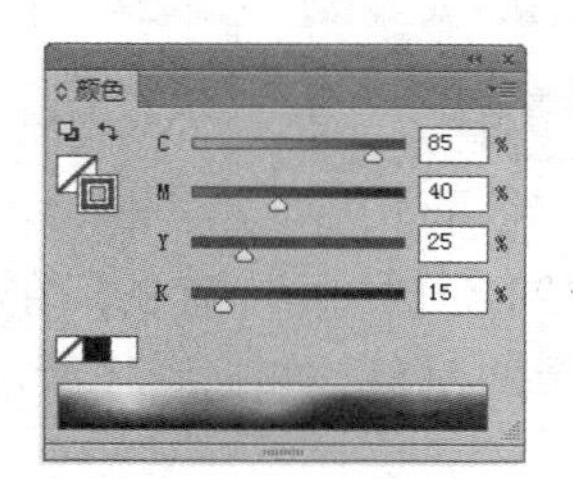

图 5-60　设置参数

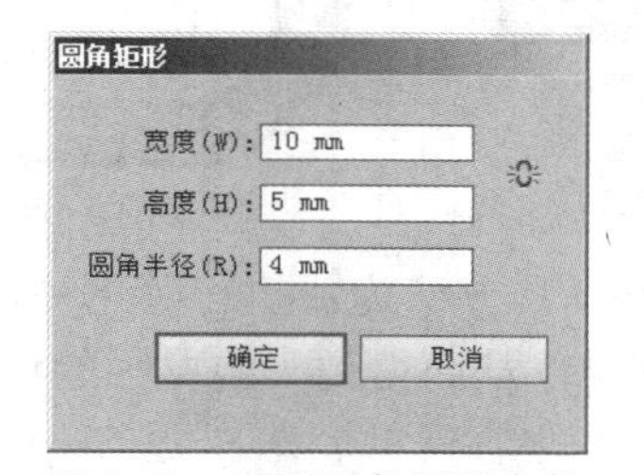

图 5-61　设置圆角矩形参数

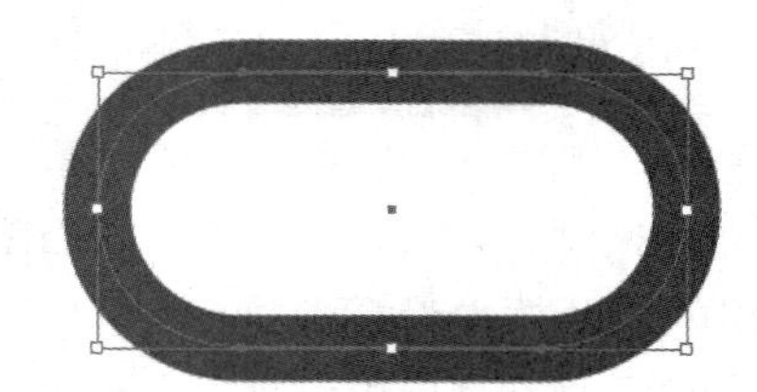
图 5-62　创建圆角矩形

3）将圆角矩形原地复制一个，然后改变描边色，如图 5-63 所示，并设置线条粗细为 1pt，效果如图 5-64 所示。

4）同时选中两个圆角矩形，执行菜单中的“对象 | 混合 | 建立”命令，将两个图形进行混合，效果如图 5-65 所示。

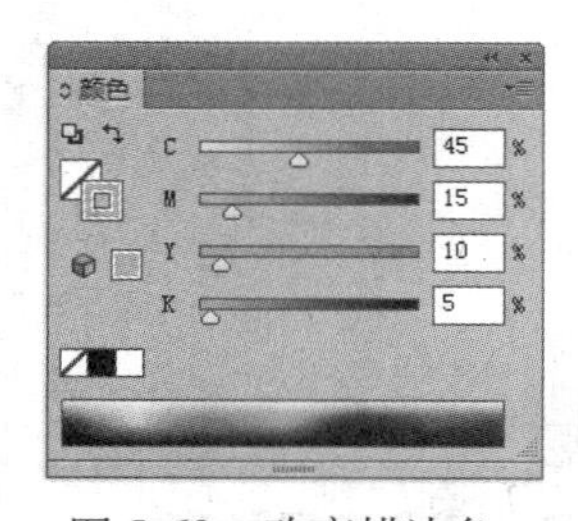

图 5-63　改变描边色

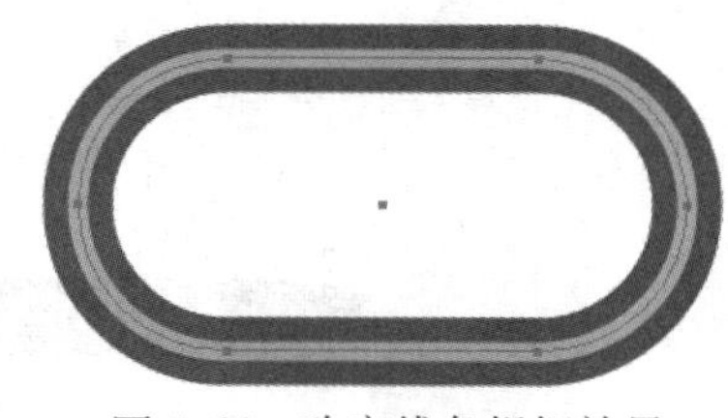
图 5-64　改变线条粗细效果

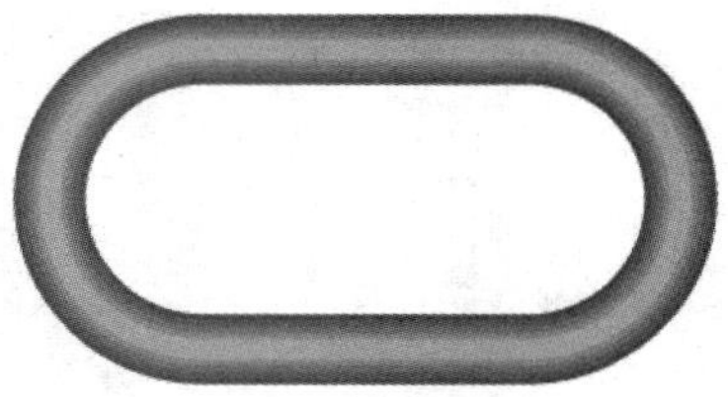
图 5-65　混合效果

5）利用工具箱中的（直线段工具）创建端点为圆角的直线，并设置线条粗细为 4pt，如图 5-66 所示。然后将线条色改为 CMYK（85，40，25，15），效果如图 5-67 所示。

6）复制一条直线并将线宽设置为 1pt，将描边色改为 CMYK（40，15，10，5）。

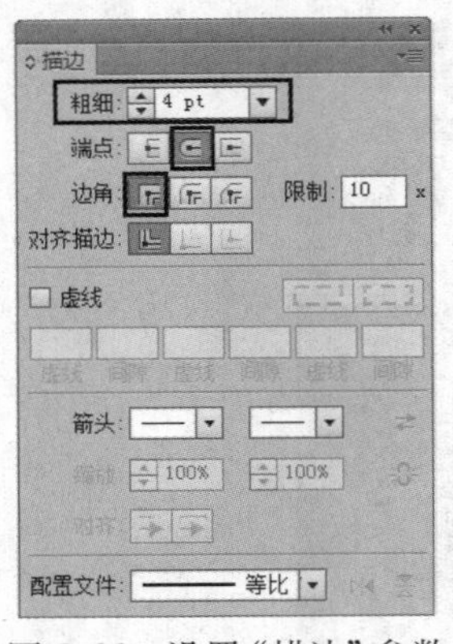

图 5-66 设置“描边”参数

图 5-67 改变线条色效果

7）选中两条直线，执行菜单中的“对象 | 路径 | 轮廓化描边”命令，将它们全部转换为图形，效果如图 5-68 所示，然后选择它们，执行菜单中的“对象 | 混合 | 建立”命令进行混合，效果如图 5-69 所示。

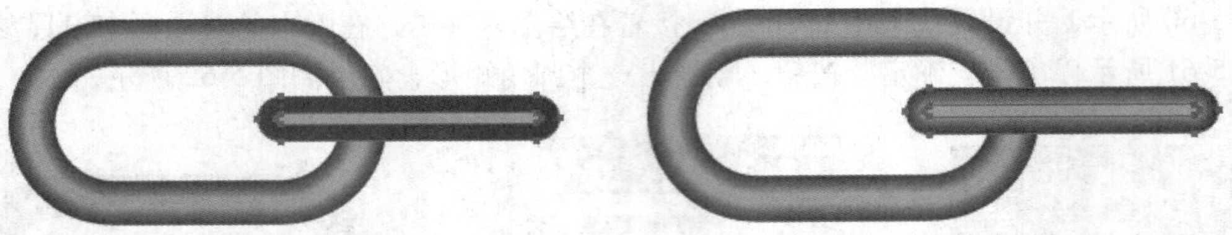

图 5-68 将直线转换为图形　　图 5-69 混合效果

8）将混合后的直线扩展为图形。其方法为：执行菜单中的“对象 | 扩展”命令，在弹出的对话框中设置参数，如图 5-70 所示，从而得到一组单独的可编辑的对象，如图 5-71 所示。此时可通过菜单中“视图 | 轮廓”命令来查看，如图 5-72 所示。

提示：扩展直线的目的是为了进行在“路径查找器”面板中的计算，去除多余的部分。

9）利用“路径查找器”面板，删除锁链中多余的部分。其方法为：绘制矩形，如图 5-73 所示，然后同时选中混合后的直线和矩形，单击“路径查找器”面板中的（修边）按钮，如图 5-74 所示，将混合后的直线与矩形重叠的区域删除。接着利用工具箱中的（编组选择工具）选中矩形并删除，效果如图 5-75 所示。

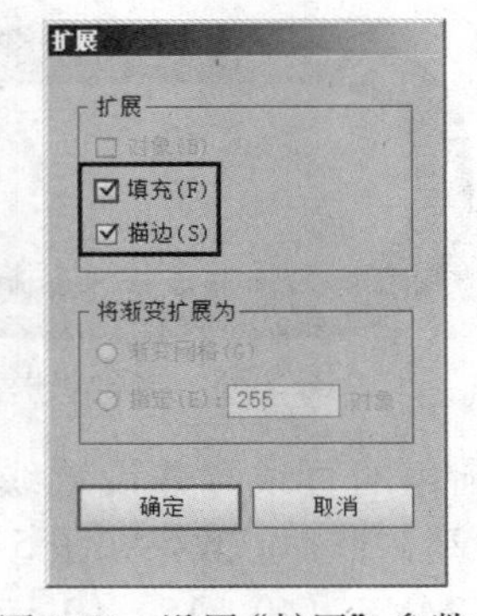


图 5-70 设置“扩展”参数

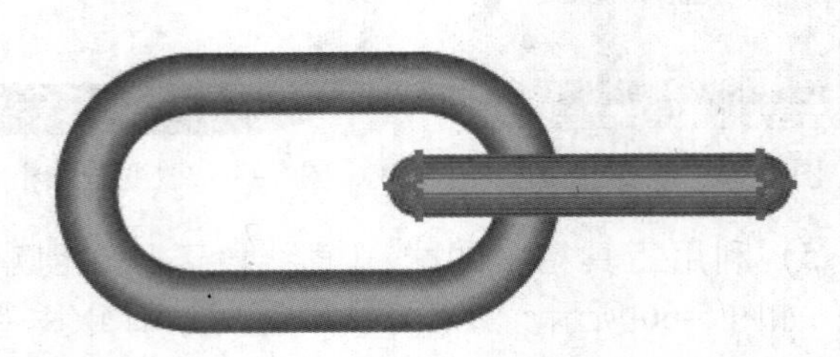

图 5-71 扩展效果

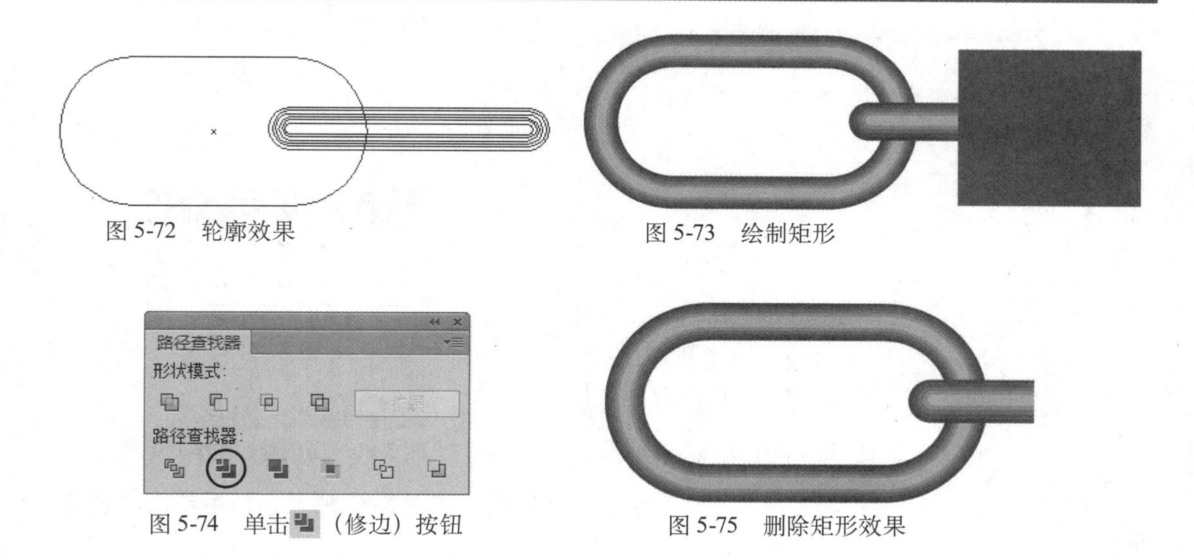


图 5-72　轮廓效果

图 5-73　绘制矩形

图 5-74　单击（修边）按钮

图 5-75　删除矩形效果

10）同理，制作出其余的锁链，效果如图 5-76 所示。

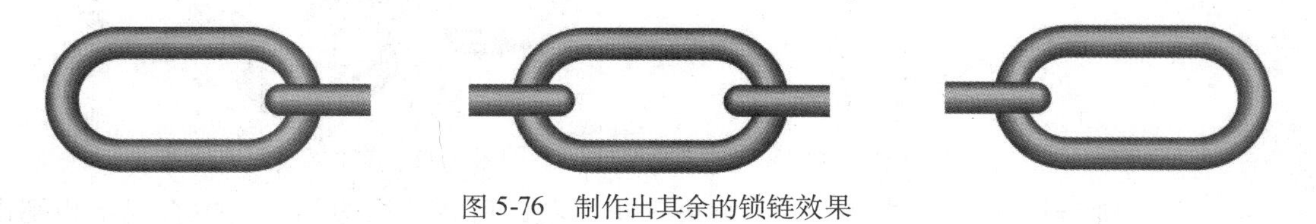

图 5-76　制作出其余的锁链效果

## 2. 制作整条锁链

1）执行菜单中的“窗口 | 色板”命令，调出“色板”面板，然后分别将制作的 3 个链节图形拖入到“色板”面板中，将它们定义为图案，效果如图 5-77 所示。

2）执行菜单中的“窗口 | 画笔”命令，调出“画笔”面板，然后单击（新建画笔）按钮，在弹出的对话框中设置参数，如图 5-78 所示，单击“确定”按钮，接着在弹出的对话框中设置参数，如图 5-79 所示，单击“确定”按钮，完成图案画笔的创建。此时，“画笔”面板如图 5-80 所示。

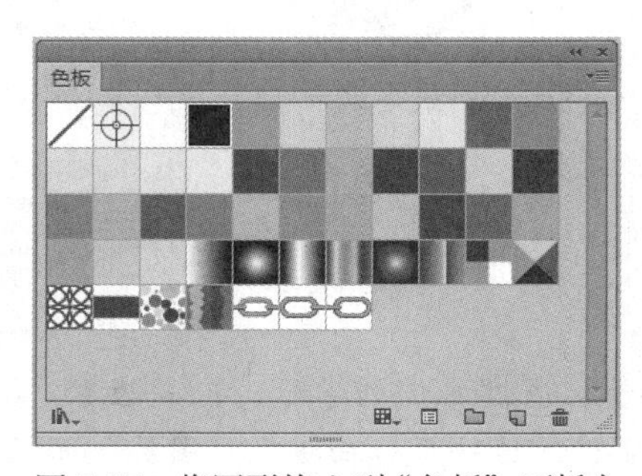


图 5-77　将图形拖入到“色板”面板中

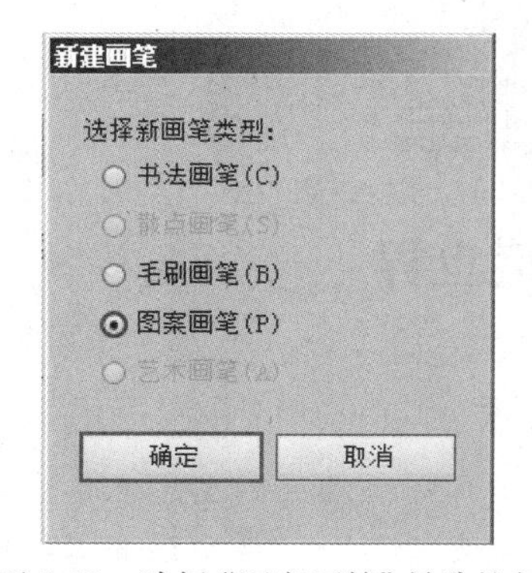


图 5-78　选择“图案画笔”单选按钮

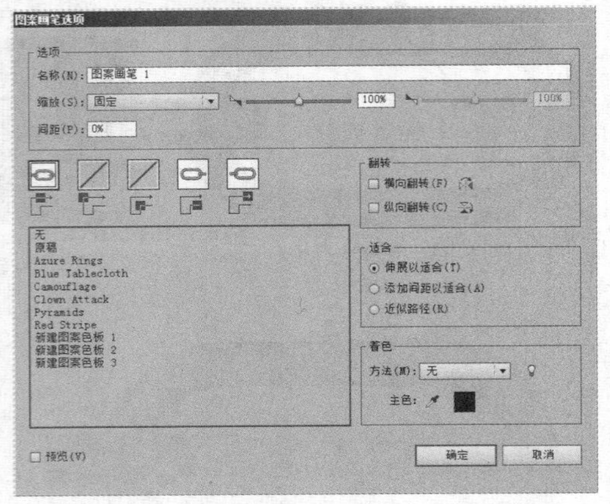


图 5-79　设置“图案画笔选项”参数

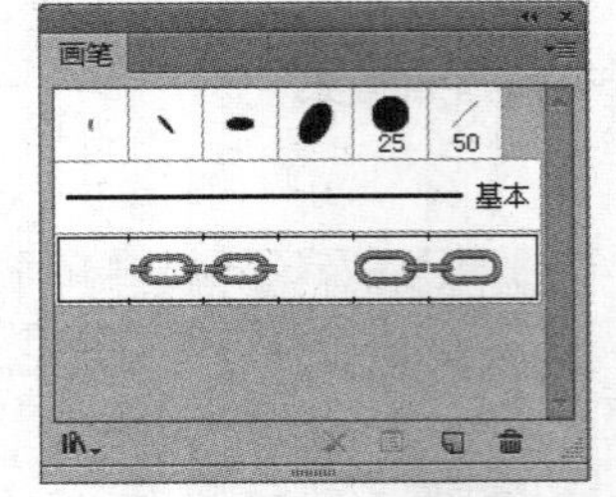


图 5-80　所创建的图案画笔

3）利用工具箱上的（钢笔工具）绘制一条路径，如图 5-81 所示，然后单击“画笔”面板中定义好的锁链画笔，效果如图 5-82 所示。

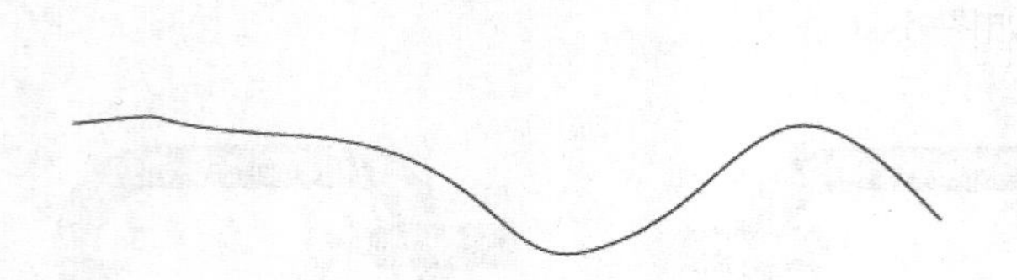

图 5-81　绘制路径

图 5-82　施加图案画笔效果

4）此时锁链链节比例过大。为了解决这个问题，可在“描边”面板中将线条粗细由 1pt 改为 0.25pt，如图 5-83 所示，效果如图 5-84 所示。

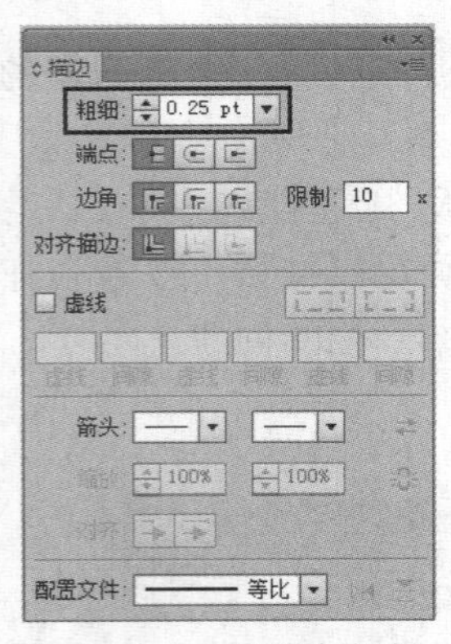


图 5-83　改变线条粗细

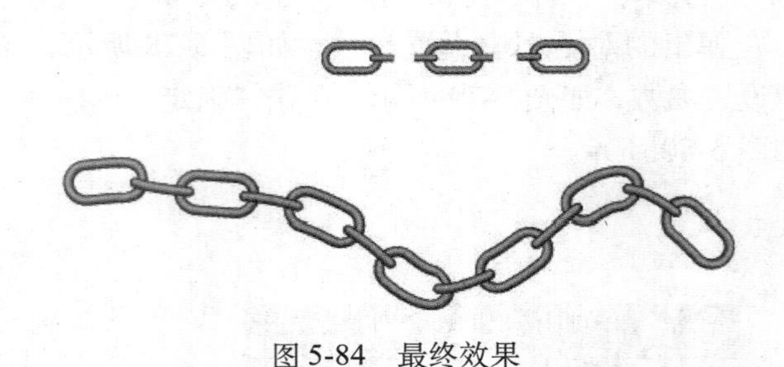

图 5-84　最终效果

## 5.3　水底世界

**制作要点：**

本例将制作一个绚丽的水底世界，如图5-85所示。通过本例的学习，应掌握（钢笔工具）、（渐变工具）、（混合工具）、符号工具、“透明度”面板、“图层”面板和蒙版的综合应用。

## 操作步骤：

### 1. 制作背景

1）执行菜单中的“文件 | 新建”命令，在弹出的对话框中设置参数，如图 5-86 所示，然后单击“确定”按钮，新建一个文件。

图 5-85　水底世界

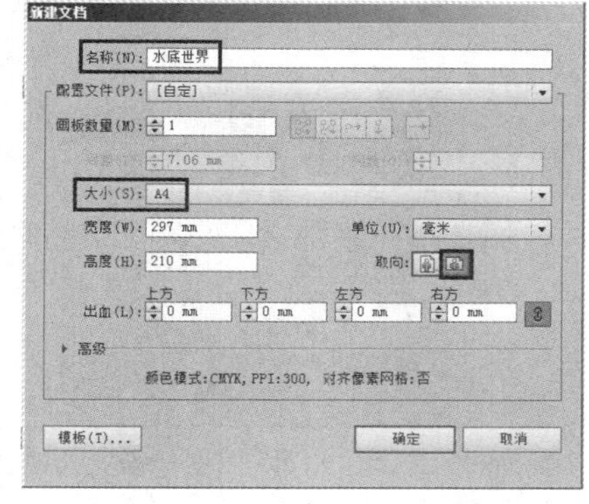


图 5-86　设置“新建文档”参数

2）选择工具箱中的（矩形工具），设置描边色为无色，填充色的设置如图 5-87 所示，然后在绘图区中绘制一个矩形，效果如图 5-88 所示。

3）单击“图层”面板下方的（创建新图层）按钮，新建图层，然后使用工具箱中的（钢笔工具）绘制水底岩石的形状，并用黑色进行填充，效果如图 5-89 所示。

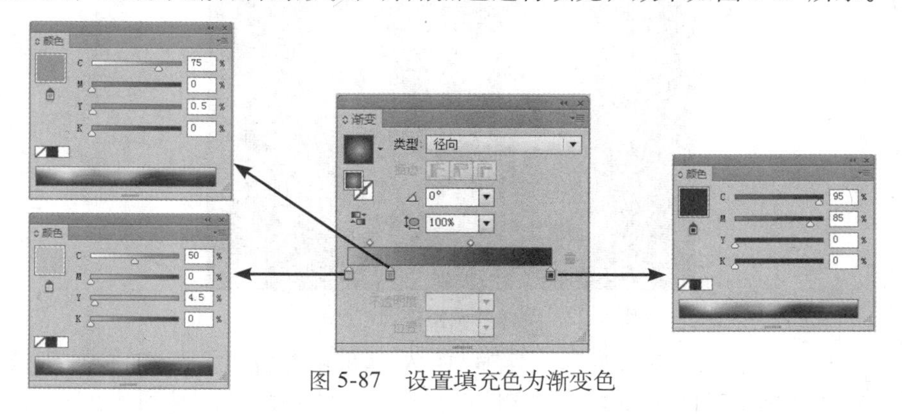


图 5-87　设置填充色为渐变色

图 5-88　绘制矩形

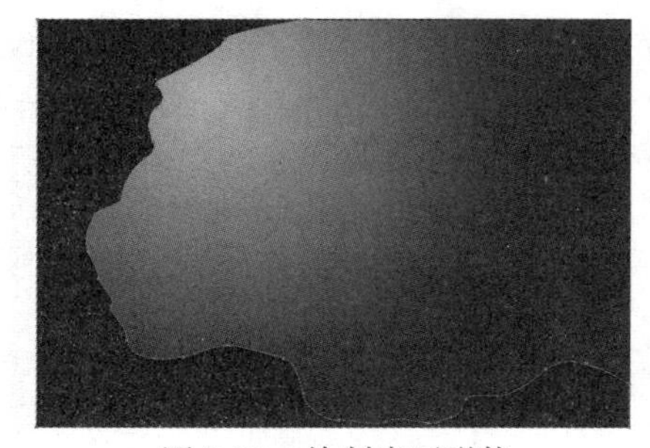

图 5-89　绘制岩石形状

### 2. 制作水母

水母是通过混合和蒙版来制作的。

1）首先新建“水母”图层，为了操作方便，将其余层锁定，如图 5-90 所示。

2）利用工具箱中的（椭圆工具）绘制椭圆，并设置描边色为白色，填充色为无色，效果如图 5-91 所示。

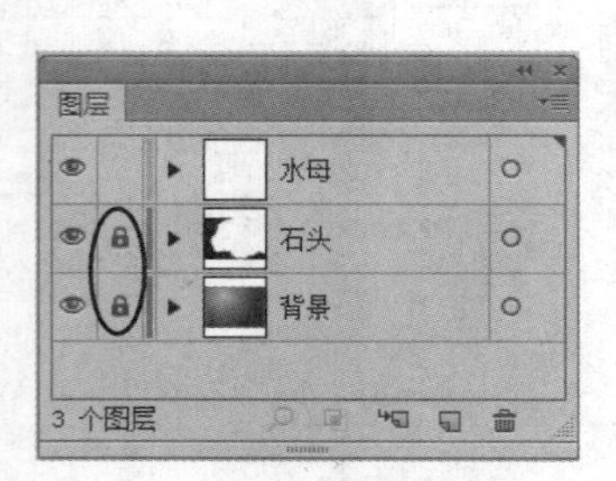


图 5-90　新建“水母”图层并锁定其他层

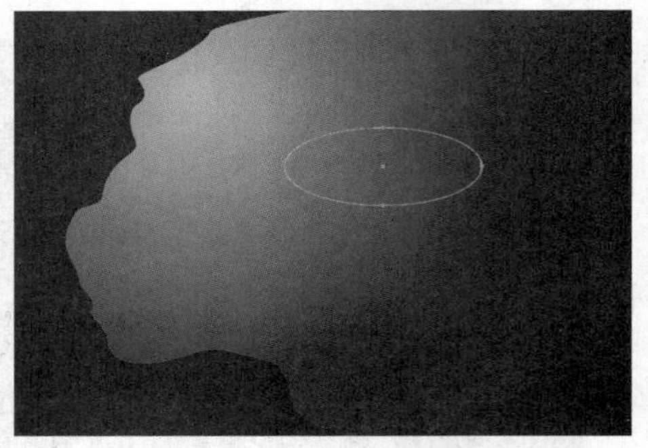

图 5-91　绘制椭圆

3）选中椭圆，执行菜单中的“编辑 | 复制”命令，然后执行菜单中的“编辑 | 贴在前面”命令，原地复制一个椭圆，接着利用工具箱中的（直接选择工具）调整节点的位置，效果如图 5-92 所示。

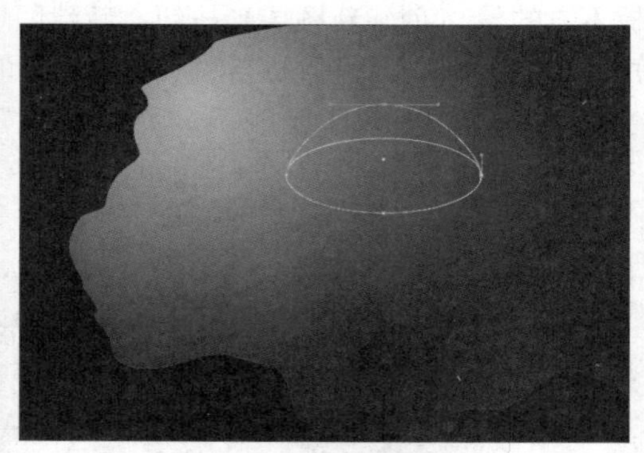

图 5-92　复制并调整椭圆节点的位置

4）双击工具箱中的（混合工具），在弹出的对话框中设置参数，如图 5-93 所示，单击“确定”按钮，然后分别单击两个椭圆，对它们进行混合，效果如图 5-94 所示。

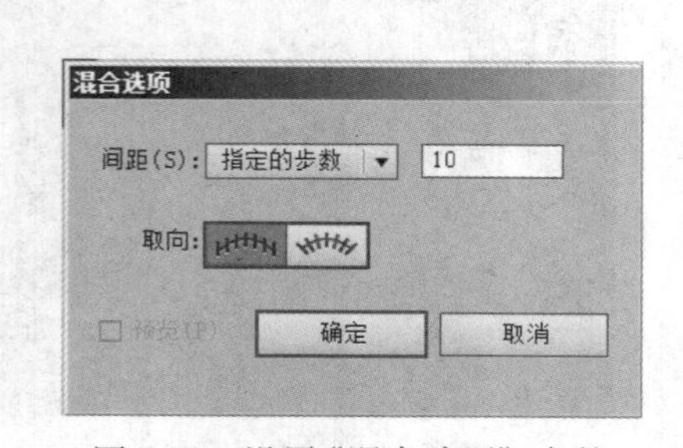


图 5-93　设置“混合选项”参数

图 5-94　混合效果

5）绘制直线。选择工具箱中的（旋转工具），在如图 5-95 所示的位置上单击，从而确定旋转的轴心点。接着在弹出的对话框中设置参数，如图 5-96 所示，再单击“复制”按钮，效果如图 5-97 所示。

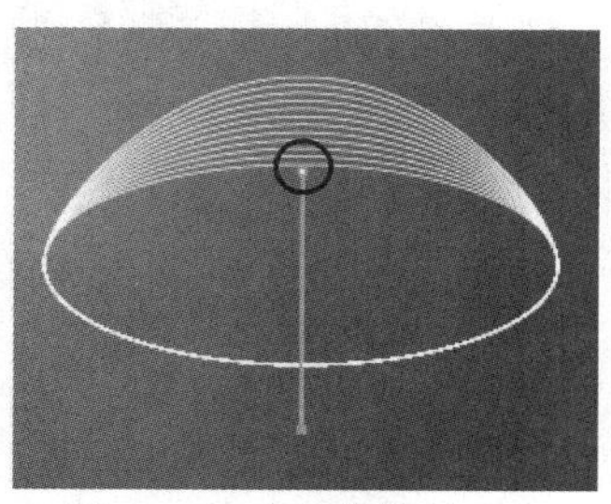
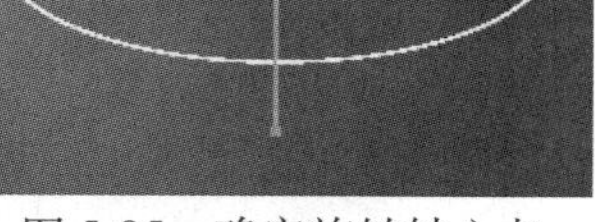
图 5-95　确定旋转轴心点

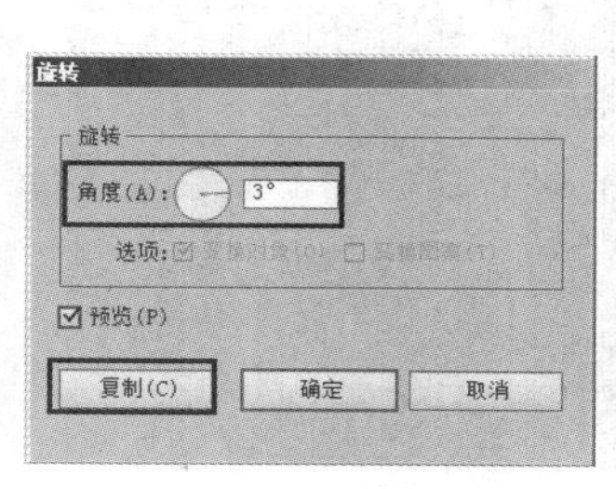

图 5-96　设置旋转角度

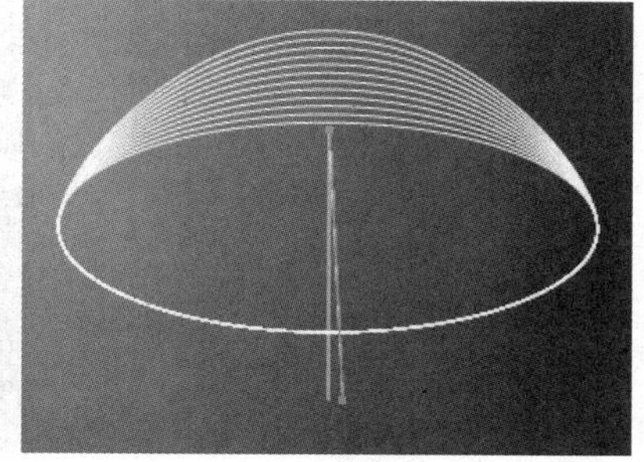
图 5-97　旋转复制效果

6）按快捷键〈Ctrl+D〉，重复旋转操作，效果如图 5-98 所示。

7）将所有的直线选中，然后执行菜单中的“对象 | 编组”命令，将它们成组。接着执行菜单中的“对象 | 排列 | 后移一层”命令，将成组后的直线放置到混合图形的下方。

8）将刚才复制的椭圆粘贴过来，如图 5-99 所示。

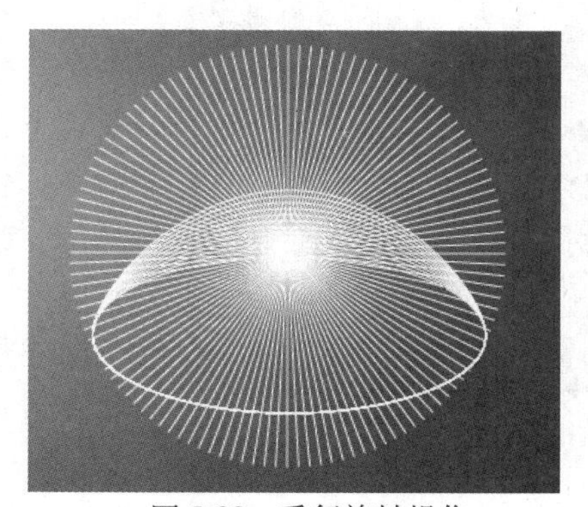
图 5-98　重复旋转操作

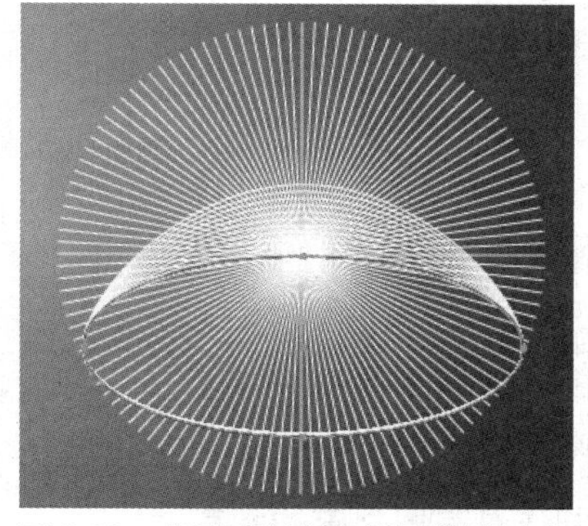
图 5-99　将刚才复制的椭圆粘贴过来

9）同时选择复制后的椭圆和成组后的直线，执行菜单中的“对象 | 剪切蒙版 | 建立”命令，效果如图 5-100 所示。

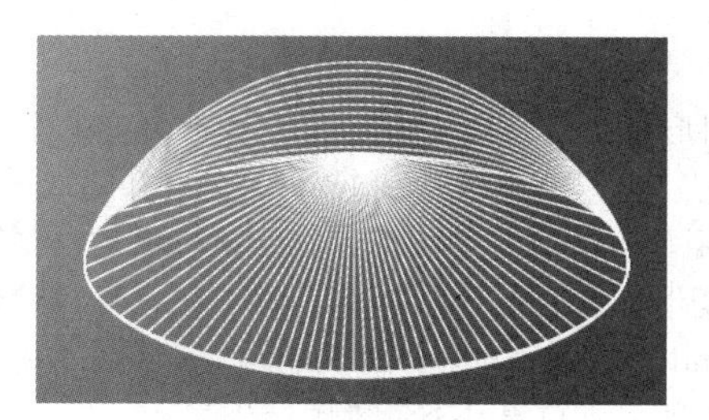
图 5-100　剪切蒙版效果

10）制作水母的须。其方法为：绘制如图 5-101 所示的曲线，然后利用（混合工具）对它们进行混合，效果如图 5-102 所示。

11）同理，制作水母其余的须，效果如图 5-103 所示。

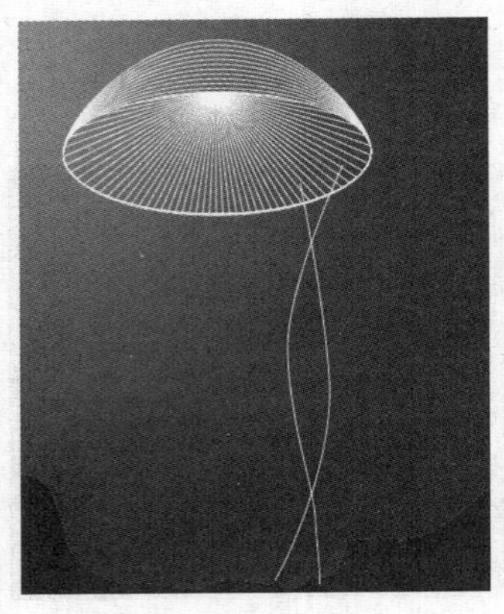

图 5-101　绘制曲线

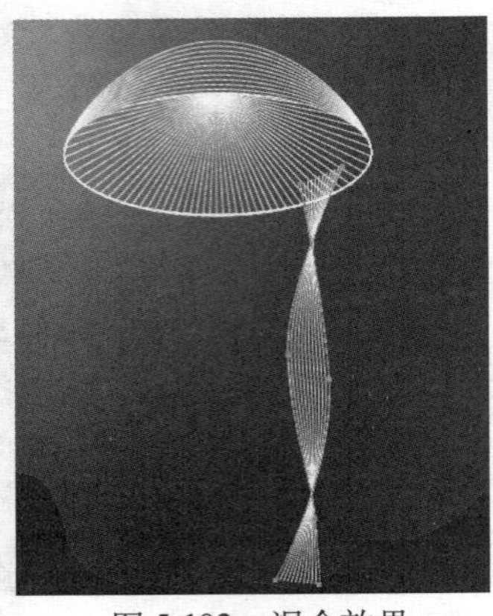

图 5-102　混合效果

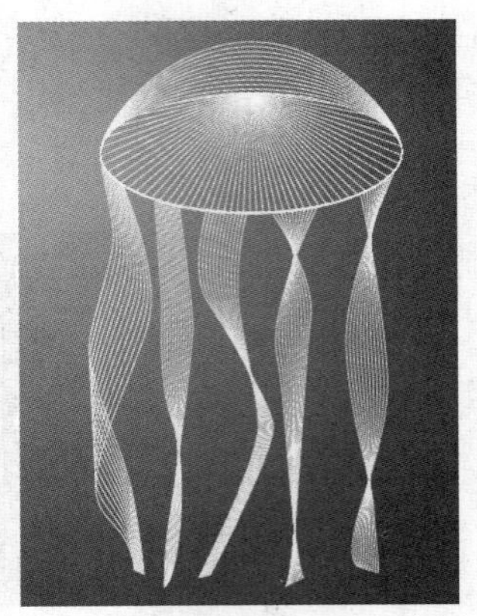

图 5-103　制作水母其余的须

12）制作水母在水中的半透明效果。其方法为：选中水母造型，在“透明度”面板中将其“不透明度”设为 20%，如图 5-104 所示，使之与环境相适应，效果如图 5-105 所示。

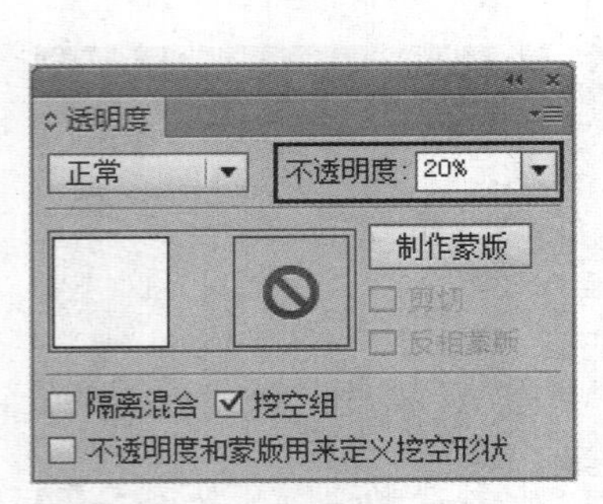


图 5-104　将“不透明度”设为 20%

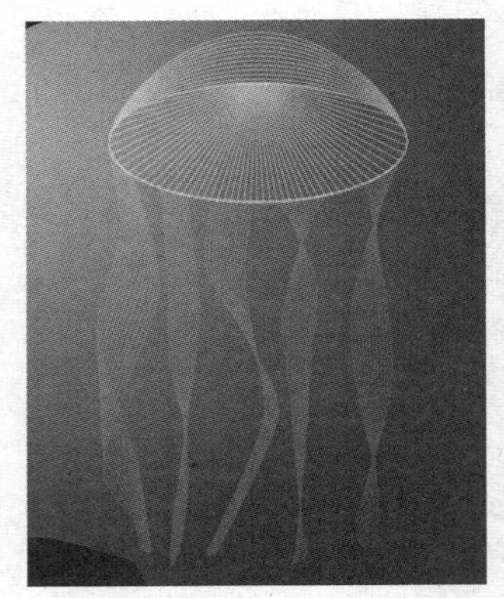

图 5-105　“不透明度”为 20% 的效果

### 3. 制作具有层次感的水草

1）执行菜单中的“窗口 | 符号库 | 自然”命令，调出“自然”元件库，如图 5-106 所示。

2）新建“水草”图层，然后使用工具箱中的（符号喷枪工具），在“水草”图层添加各式水草，效果如图 5-107 所示。

提示：1）利用符号与复制图形相比，将图形定义为符号不仅可以让文件变小，而且可以对其进行移动、缩放、旋转、填充、改变不透明度、调节疏密程度和施加样式等极具创造性的操作。比如，以前制作夜空中的繁星等复杂背景的物体，只能通过重复复制和粘贴等操作来完成。如果再对个别物体进行少许的变形，那将是非常复杂的。现在就都变得简单了，只要将其定义成符号即可。

2）几乎所有的 Illustrator 元素，都可以作为符号存储起来。唯一例外的是一些复杂的组合（例如图表的组合）和嵌入的艺术对象（不是链接）。

3）此时水草没有层次感。下面通过改变水草的“混合模式”来获得水草的层次感，如图 5-108 所示，效果如图 5-109 所示。

图 5-106 “自然”元件库

图 5-107　添加各式水草

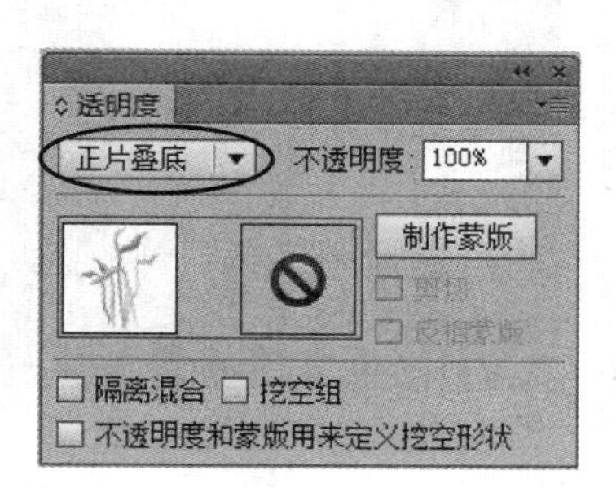


图 5-108　改变远处水草的“混合模式”

图 5-109　水草的层次感

## 4. 添加水中各种鱼类

新建“鱼”图层，然后使用（符号喷枪工具）添加各种鱼类，并使用（符号旋转工具）、（符号移位器工具）、（符号缩放器工具）和（符号滤色器工具）对符号进行调整，此时图层的分布如图 5-110 所示，效果如图 5-111 所示。

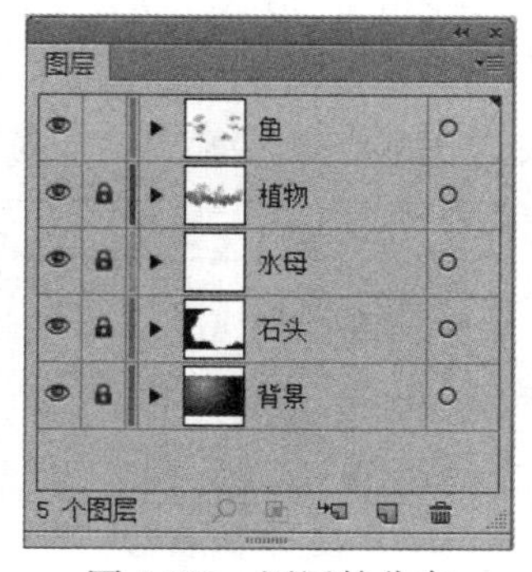


图 5-110　图层的分布

图 5-111　绘制各种鱼类

### 5. 制作带有高光的气泡

在 Illustrator CS6 中除了可以使用其自带的符号外，还可以自定义符号。前面利用了 Illustrator CS6 自带的“符号库”来制作水草和鱼类。下面将制作一个气泡，然后将其指定为“符号”，从而制作出其余的气泡。

1）为了便于操作，锁定所有图层，然后新建“水泡”图层，如图 5-112 所示。

2）选择工具箱中的（椭圆工具），设置线条色为无色，并在“渐变”面板中将渐变“类型”设为“径向”，将渐变色设为“蓝—白”渐变，如图 5-113 所示，然后在绘图区中绘制一个圆形，并用（渐变工具）调整渐变位置，效果如图 5-114 所示。

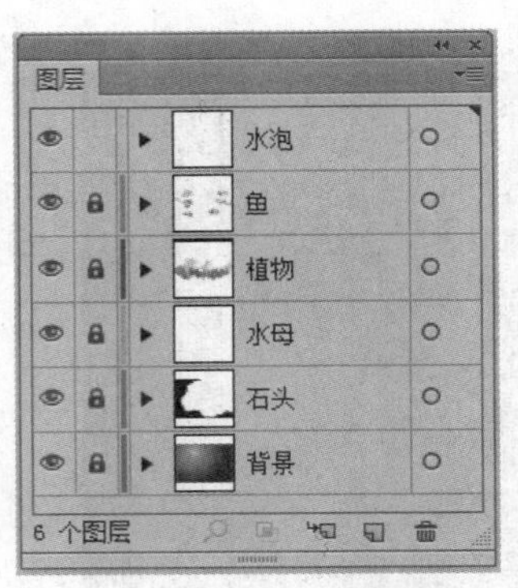


图 5-112　新建“水泡”图层

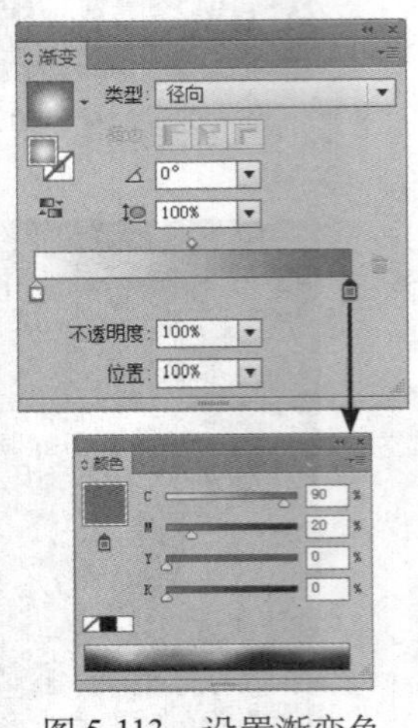


图 5-113　设置渐变色

图 5-114　绘制圆形

3）制作水泡的高光效果。其方法为：利用工具箱中的（钢笔工具），绘制图形作为基本高光，如图 5-115 所示，然后绘制一个大一些的图形作为高光外部对象（描边色和填充色均为无色），如图 5-116 所示。接着执行菜单中的“对象 | 混合 | 混合选项”命令，在弹出的对话框中设置参数，如图 5-117 所示，单击“确定”按钮，最后同时选中这两个图形，执行菜单中的“对象 | 混合 | 建立”命令，效果如图 5-118 所示。

4）制作水泡的透明效果。其方法为：在“透明度”面板中将混合后的高光的“不透明度”设为 80%，如图 5-119 所示。将气泡的“不透明度”设置为 50%，效果如图 5-120 所示。

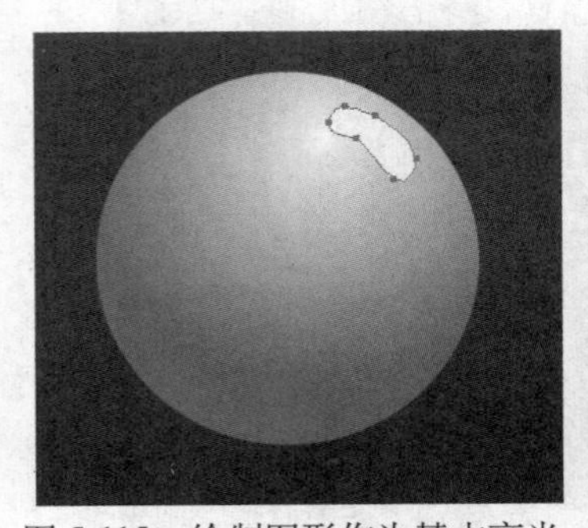

图 5-115　绘制图形作为基本高光

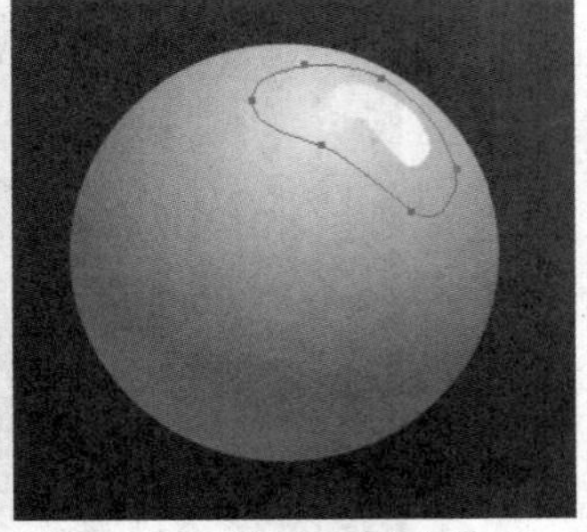

图 5-116　描边和填充均为无色的效果

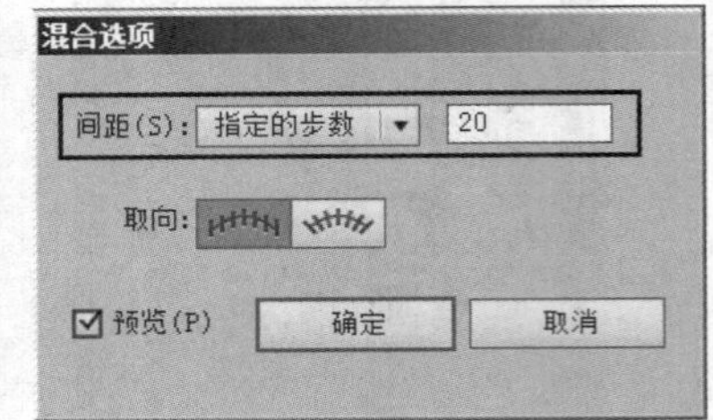


图 5-117　设置“混合选项”参数

图 5-118　混合效果

图 5-119　设置“不透明度”为 80%

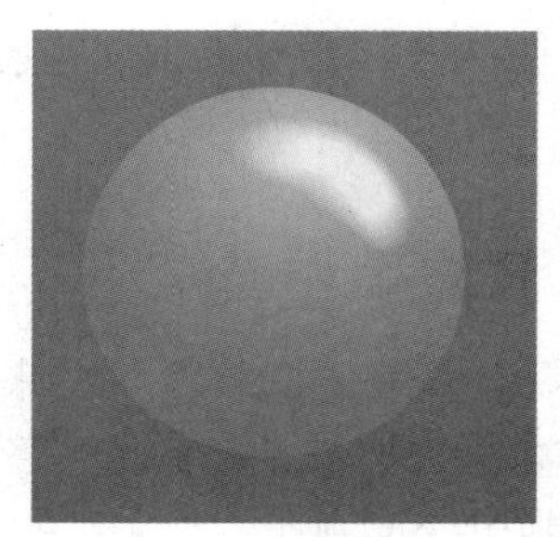

图 5-120　调整不透明度后的效果

5）复制气泡。其方法为：执行菜单中的“窗口 | 符号”命令，调出“符号”面板。然后框选气泡和高光，拖入到“符号”面板中，从而将其定义为符号，此时“符号”面板如图 5-121 所示，接着选择工具箱中的（符号喷枪工具）添加气泡，并用（符号缩放器工具）调整气泡大小，用（符号紧缩器工具）调整气泡的疏密程度，效果如图 5-122 所示。

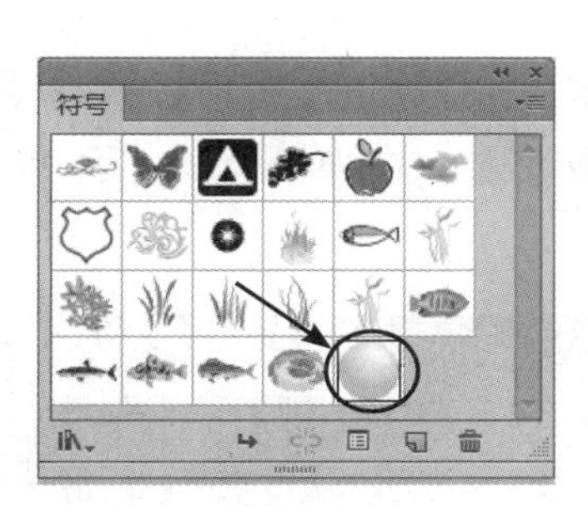


图 5-121　将水泡定义为符号

图 5-122　最终效果

## 5.4　练习

（1）用另一种图案画笔制作锁链，如图 5-123 所示。参数设置可参考配套光盘中的“课后练习 \ 第 5 章 \ 画笔—锁链 .ai”文件。

（2）利用符号工具制作海报效果，如图 5-124 所示。参数设置可参考配套光盘中的“课后练习 \ 第 5 章 \ 海报 .ai”文件。

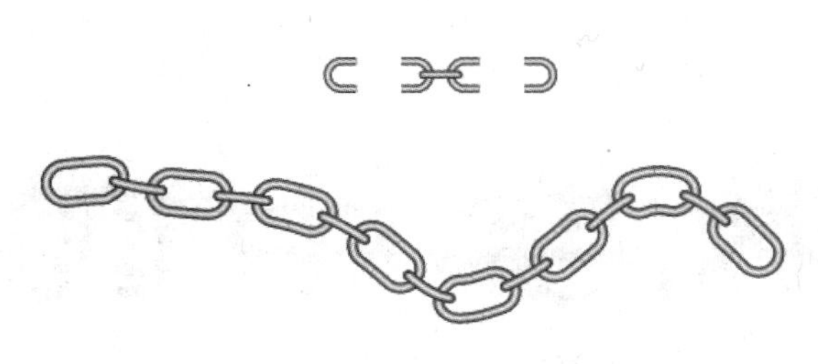

图 5-123　锁链效果

图 5-124　海报效果

# 第6章　文本

## 本章重点：

本章将通过 4 个实例来具体讲解 Illustrator CS6 的文本在实际设计工作中的具体应用。通过本章的学习，应掌握文字工具、路径文字工具、创建轮廓、偏移路径等命令的使用，以及利用封套变形制作变形文字的方法。

## 6.1　立体文字效果

**制作要点：**

本例将制作一个立体文字效果，如图6-1所示。通过本例的学习，应掌握 （混合工具）的使用。

**操作步骤：**

1）执行菜单中的“文件 | 新建”命令，在弹出的对话框中设置参数，如图 6-2 所示，单击“确定”按钮，新建一个文件。

图 6-1　立体文字效果

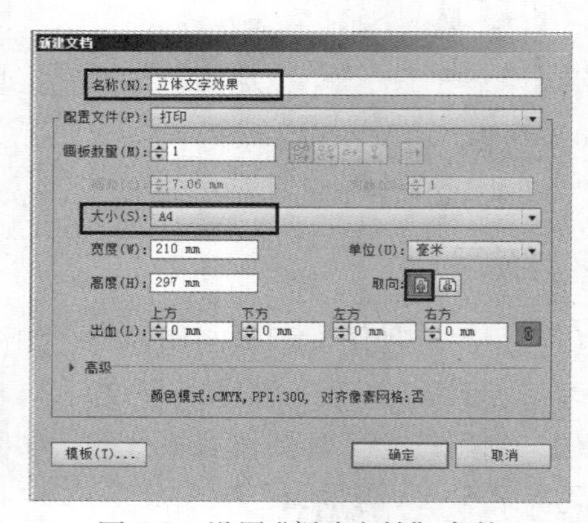


图 6-2　设置“新建文档”参数

2）选择工具箱中的 T（文字工具），直接输入文字“数字中国”，并设置“字体”为“汉仪中隶书简”，“字号”为 72pt，如图 6-3 所示，效果如图 6-4 所示。

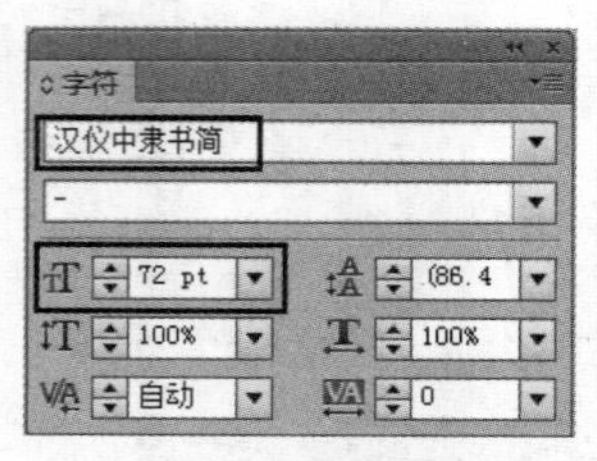


图 6-3　设置文本属性

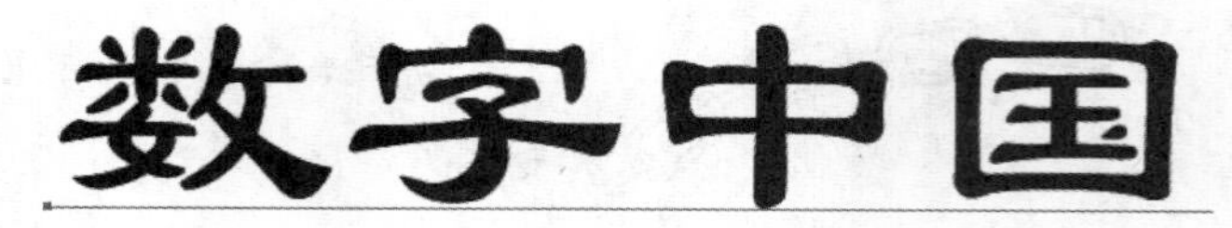


图 6-4　输入文字效果

提示：此时采用的是直接输入文字的方法，而不是按指定的范围输入文字。

3）将文字的描边色设置为黄色，填充色设置为无色，效果如图 6-5 所示。

4）选中文字，按快捷键〈Ctrl+C〉进行复制，然后按快捷键〈Ctrl+V〉粘贴，从而复制出一个文字副本，接着移动文字位置，并设置文字描边色为红色，填充色为黄色，效果如图 6-6 所示。

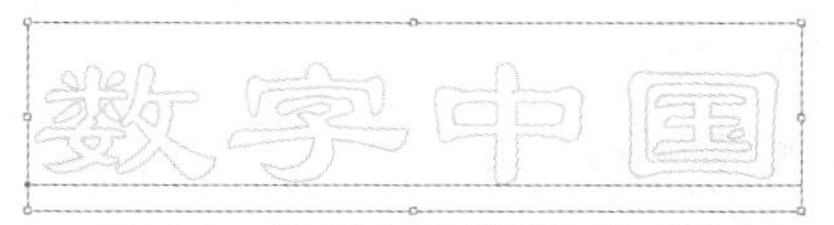


图 6-5　设置文字描边色为黄色

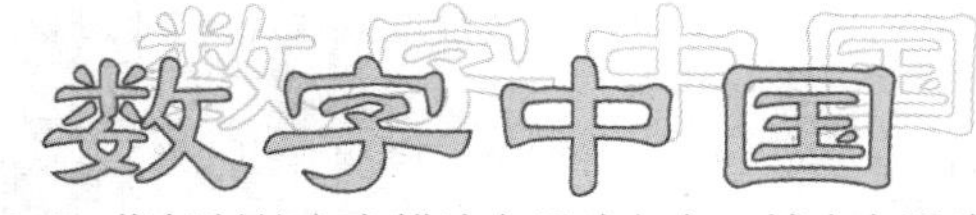


图 6-6　将复制的文字描边色设为红色，填充色设为黄色

5）选择工具箱中的 （混合工具），分别单击两个文字，从而将两个文字进行混合，效果如图 6-7 所示。

提示：也可以同时选中两个文字，执行菜单中的“对象 | 混合 | 建立”命令，将文字进行混合，效果是一致的。

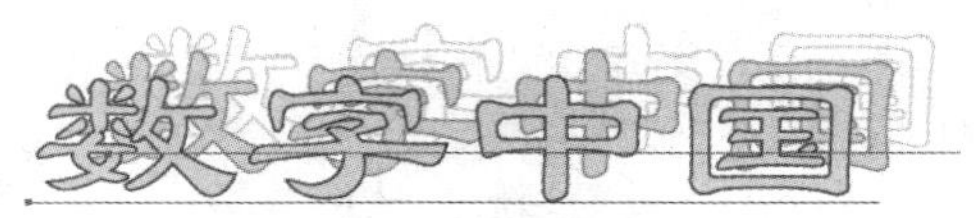


图 6-7　混合效果

6）此时，混合后的文字并没有产生需要的立体纵深效果，这是因为两个文字之间的混合数过少的原因，下面就来解决这个问题。其方法为：选中混合后的文字，执行菜单中的“对象 | 混合 | 混合选项”命令，在弹出的“混合选项”对话框中将“指定的步数”的数值由 1 改为 200，如图 6-8 所示，然后单击“确定”按钮，最终效果如图 6-9 所示。

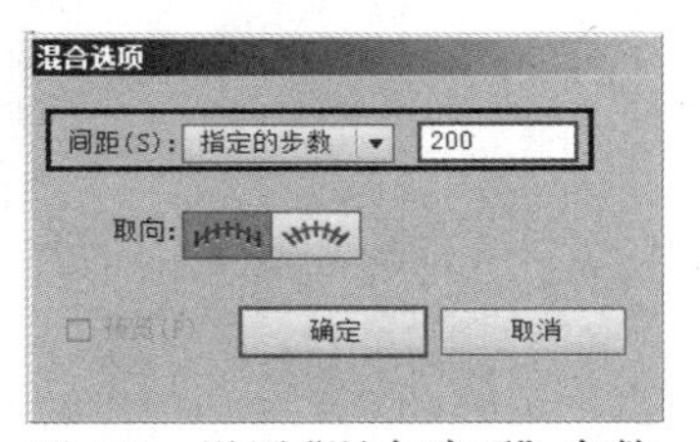


图 6-8　设置“混合选项”参数

图 6-9　最终效果

## 6.2　变形的文字

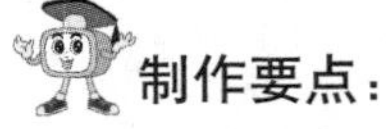

**制作要点：**

本例将制作变形的文字效果，如图6-10所示。通过本例的学习，应掌握利用“封套扭曲”命令来变形文字的方法。

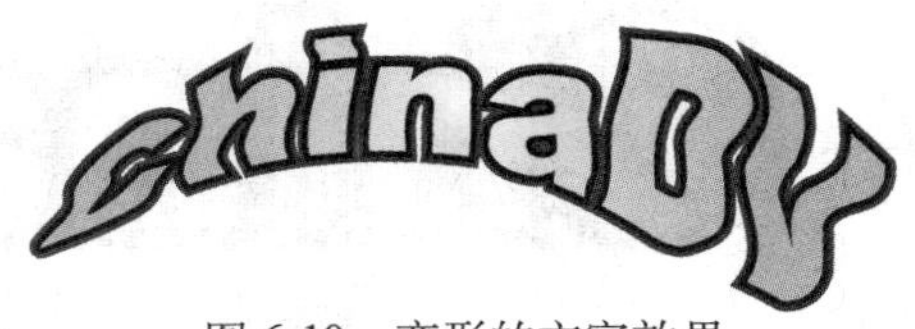


图 6-10　变形的文字效果

## 操作步骤：

### 1. 创建描边文字

1）执行菜单中的“文件 | 新建”命令，在弹出的对话框中设置参数，如图 6-11 所示，然后单击“确定”按钮，新建一个文件。

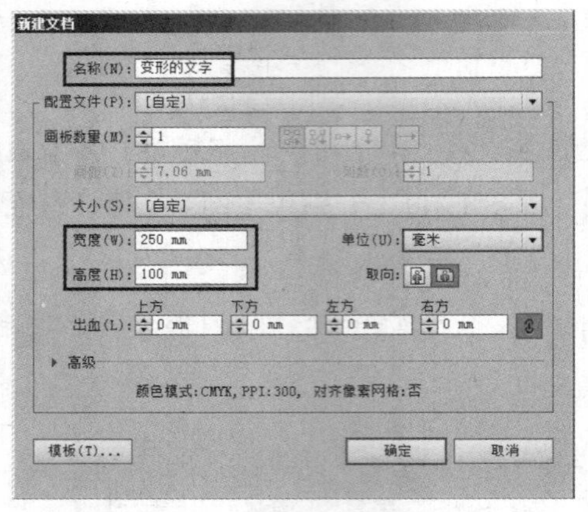


图 6-11 设置“新建文档”参数

2）利用工具箱中的 T（文字工具），输入文字“ChinaDV”，并设置“字体”为 Arial Black，“字号”为 72pt，然后选择文字，单击“外观”面板右上角的小三角，在弹出的快捷菜单中选择“添加新填色”命令，为文本添加一个渐变填充，如图 6-12 所示，效果如图 6-13 所示。

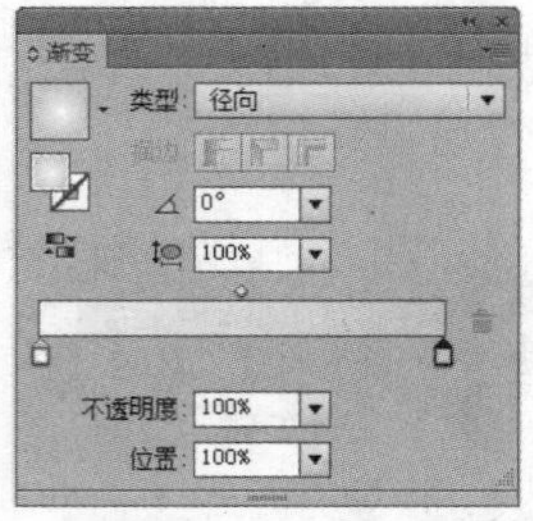


图 6-12 设置渐变色

ChinaDV

图 6-13 渐变填充效果

3）为了美观，对文字添加两种颜色的描边，如图 6-14 所示，效果如图 6-15 所示。

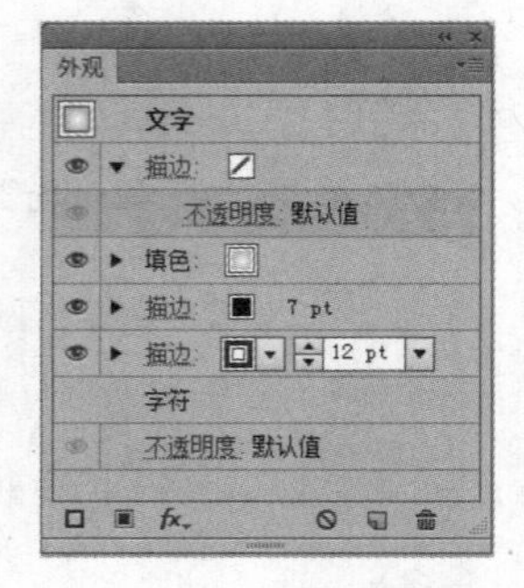


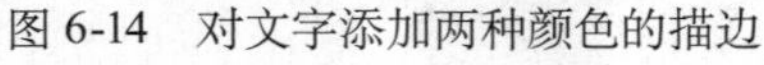
图 6-14 对文字添加两种颜色的描边

图 6-15 描边效果

### 2. 对文字进行弯曲变形

选择文字，执行菜单中的“对象 | 封套扭曲 | 用变形建立”命令，然后在弹出的对话框中设置参数，如图 6-16 所示，再单击“确定”按钮，效果如图 6-17 所示。

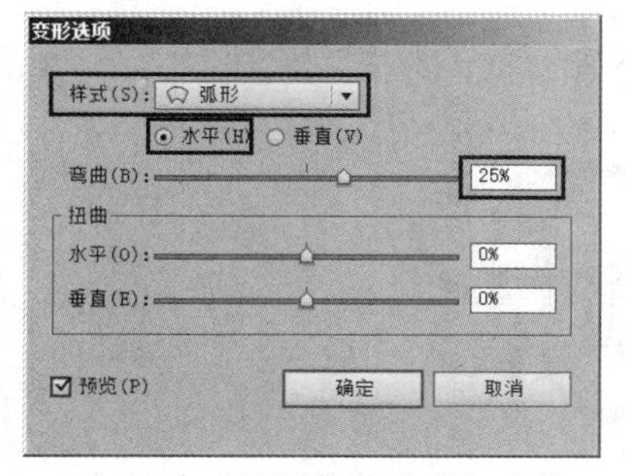


图 6-16　设置“变形选项”参数

图 6-17　变形效果

提示：弯曲一共有15种标准形状，如图6-18所示，通过它们可以对物体进行方便的变形操作。

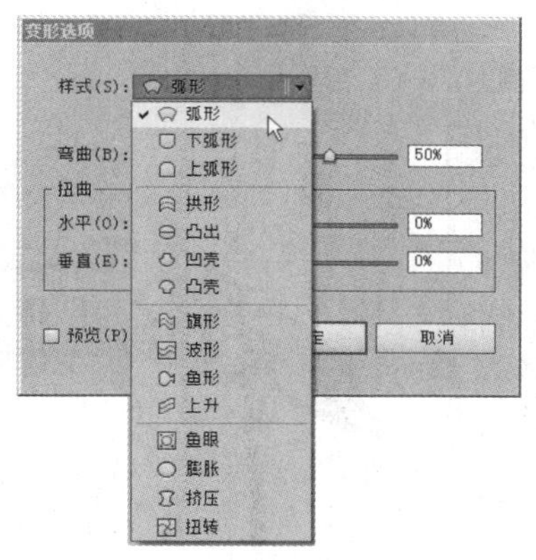


图 6-18　15 种弯曲类型

### 3. 对文字进行变形

1）执行菜单中的“对象 | 封套扭曲 | 释放”命令，对文字取消弯曲变形。

2）绘制变形图形。方法：利用工具箱中的“矩形工具”绘制矩形，然后执行菜单中的“对象 | 路径 | 添加锚点”命令两次为矩形添加节点，接着利用工具箱中的 （直接选择工具）移动节点，效果如图 6-19 所示。

3）同时选择文字和变形后的矩形，执行菜单中的“对象 | 封套扭曲 | 用顶层对象建立”命令，效果如图 6-20 所示。此时，文字会随着矩形的变形而发生变形。

图 6-19　添加并调整节点位置

图 6-20　文字会随着矩形的变形发生变形

### 4. 创建一种曲线透视效果

1）选中文字，执行菜单中的“对象 | 封套扭曲 | 扩展”命令，将文本进行扩展，效果如图 6-21 所示。

提示：封套后文本不能够再次进行封套处理，如果要产生再次变形效果，必须将其“扩展”为图形。

图 6-21 将文本进行扩展效果

2）执行菜单中的“对象 | 封套扭曲 | 用变形建立”命令，在弹出的对话框中设置参数，如图 6-22 所示，单击“确定”按钮，最终效果如图 6-23 所示。

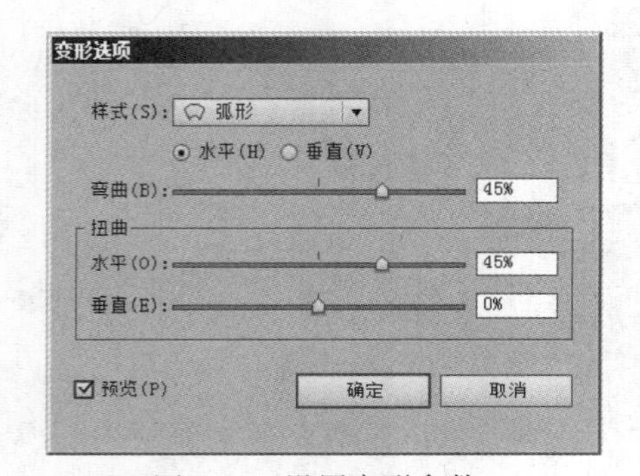


图 6-22 设置变形参数

图 6-23 封套扭曲效果

## 6.3 商标

**制作要点：**

本例将制作一个图标，如图6-24所示。通过本例的学习，应掌握（路径文字工具）的使用和对文字进行渐变色处理的方法。

图6-24 图标

**操作步骤：**

1）执行菜单中的“文件 | 新建”命令，在弹出的对话框中设置参数，如图 6-25 所示，然后单击“确定”按钮，新建一个文件。

2）选择工具箱中的（椭圆工具），设置描边色为 RGB（255，0，0），填充色为无色。然后在绘图区单击，在弹出的对话框中设置参数，如图 6-26 所示，单击“确定”

按钮，效果如图 6-27 所示。

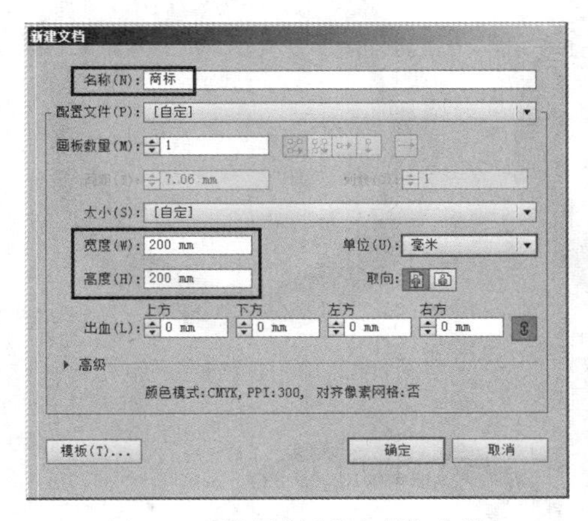

图 6-25　设置“新建文档”参数

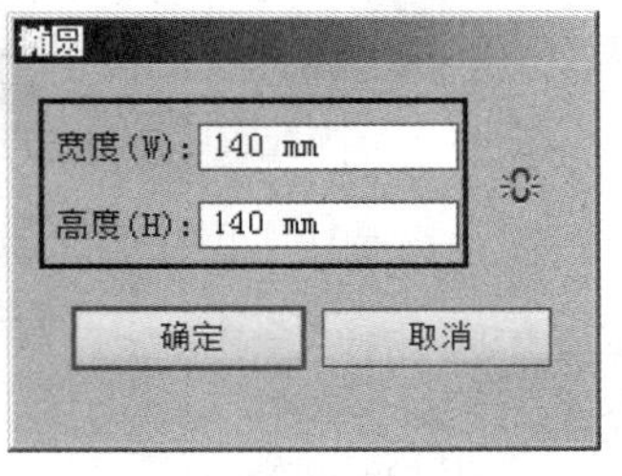

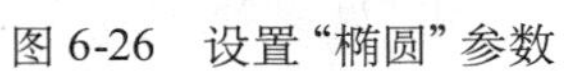
图 6-26　设置“椭圆”参数

图 6-27　绘制椭圆

3）确定圆形为选中状态，双击工具箱中的（比例缩放工具），然后在弹出的对话框中设置参数，如图 6-28 所示，接着单击“复制”按钮，效果如图 6-29 所示。

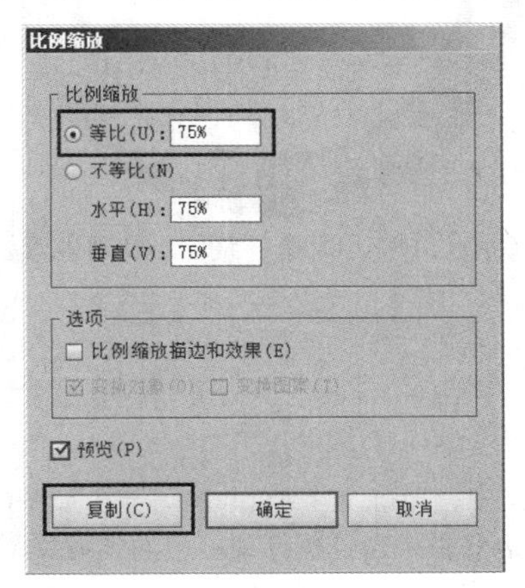

图 6-28　设置“比例缩放”参数

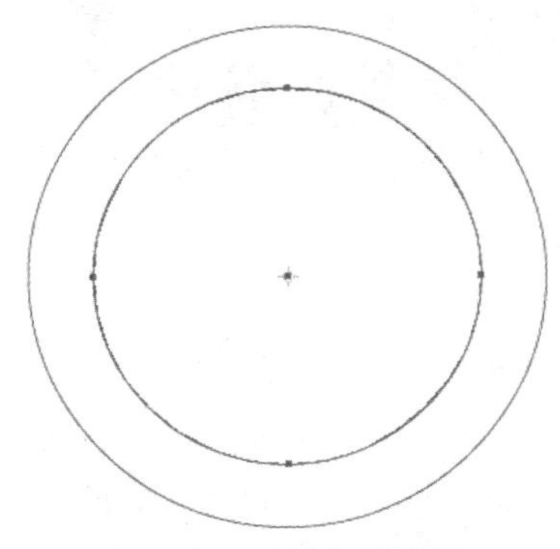
图 6-29　缩放复制效果

4）复制一个缩小后的圆形作为文字环绕的路径，为便于操作，下面执行菜单中的“对象 | 隐藏 | 所选对象”命令，将其隐藏。

5）同时选择一大一小两个圆形，在“路径查找器”面板中设置参数，如图 6-30 所示，然后用红色填充选区，效果如图 6-31 所示。

6）执行菜单中的“对象 | 显示全部”命令，将前面隐藏的作为文字环绕的圆形路径显现出来，然后利用（路径文字工具）创建白色文字。接着执行菜单中的“文字 | 创建轮廓”命令，将文字转换为轮廓，效果如图 6-32 所示。

7）制作文字阴影。其方法为：选择白色轮廓文字，执行菜单中的“编辑 | 复制”命令，然后执行菜单中的“编辑 | 贴在后面”命令，在白色轮廓文字后面粘贴另一个轮廓文字。接着将粘贴后的轮廓文字的填充色更改为黑色，并略微移动一下，以形成位置阴影，效果如图 6-33 所示。

8）同理，制作出其余的环绕图形及阴影效果，效果如图 6-34 所示。

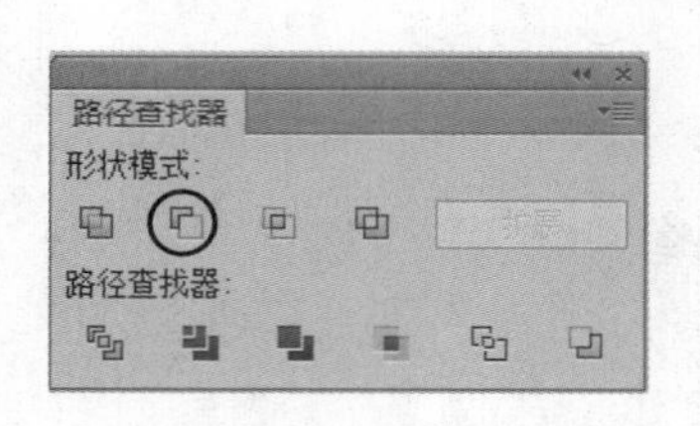


图 6-30　单击 按钮

图 6-31　用红色填充选区

图 6-32　将文字转换为轮廓

图 6-33　制作文字阴影

图 6-34　制作出其余环绕图形及阴影效果

9）绘制一个正圆形，然后设置它的描边色为无色，设置填充色为渐变色，如图 6-35 所示，效果如图 6-36 所示。

10）创建文字，效果如图 6-37 所示。

提示：文字是由Apple和Center两组轮廓文字组成的。其中，轮廓文字Apple的填充色如图6-38所示；轮廓文字Center的填充色如图6-39所示。文字白边效果是通过执行菜单中的“对象|路径|偏移路径”命令来实现的。

11）同理，制作文字的阴影效果，效果如图 6-40 所示。

12）在文字右上方添加修饰的图形。方法：利用工具箱中的 （星形工具）绘制五角星，然后用橙黄色渐变填充，效果如图 6-41 所示。

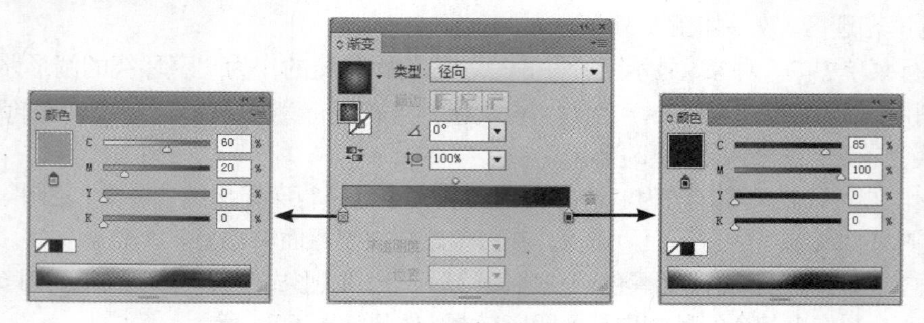


图 6-35　设置填充色为渐变色

图 6-36　绘制正圆形

图 6-37　创建文字

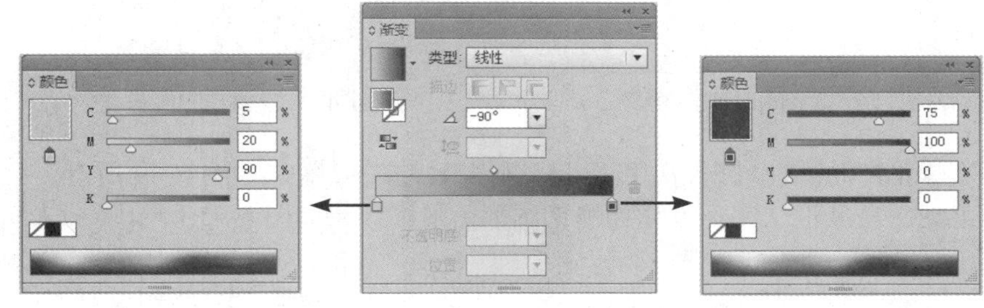


图 6-38　设置 Apple 的填充色

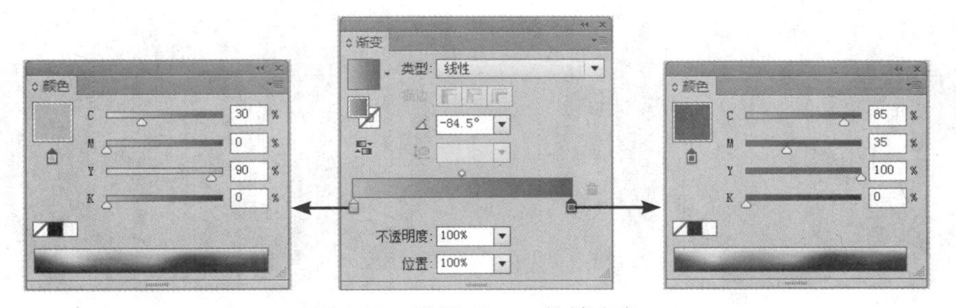


图 6-39　设置 Center 的填充色

图 6-40　制作文字的阴影效果

图 6-41　绘制并填充五角星

13）选择五角星，执行菜单中的“效果 | 扭曲和变换 | 收缩和膨胀”命令，在弹出的对话框中设置参数，如图 6-42 所示，然后单击“确定”按钮，效果如图 6-43 所示。

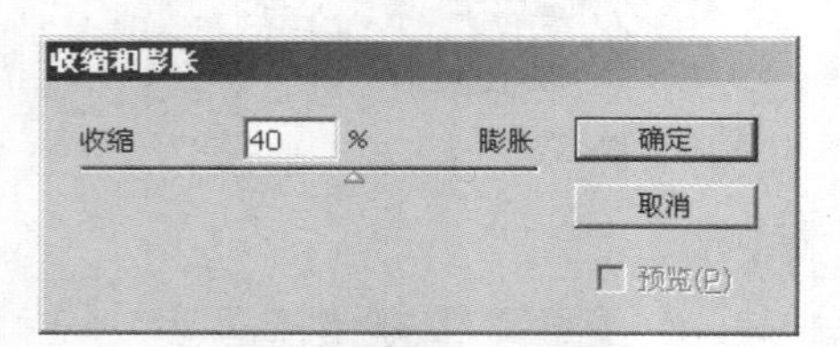


图 6-42 设置“收缩和膨胀”参数

图 6-43 收缩和膨胀效果

14）利用工具箱中的（路径文字工具）制作波浪文字，效果如图 6-44 所示。

15）为了美观，在波浪文字下方添加修饰图形，最终效果如图 6-45 所示。

图 6-44 制作波浪文字

图 6-45 添加修饰图形

## 6.4 单页广告版式设计

**制作要点：**

Illustrator不仅是一个超强的绘图软件，还是一个应用范围广泛的文字排版软件。本例选取的是杂志中的一个单页广告的版式案例，如图6-46所示。这幅广告的版式设计巧妙地采取了“视觉流线”的方法，在特定的视觉空间里，将文字处理成线乃至流动的块面，按照设计师的刻意安排形成一种引导性的阅读方式，把读者的注意力有意识地引入版面中的重要部位。Illustrator软件具有使文字沿任意线条和任意形状排列的功能，因此很容易实现这种“视觉流线”的效果。通过本例的学习，应掌握利用Illustrator CS6制作单页广告版式设计的方法。

## 操作步骤：

1) 执行菜单中的“文件｜新建”命令，在弹出的对话框中设置参数，如图 6-47 所示，然后单击“确定”按钮，新建一个文件（该杂志页面尺寸为标准 16 开），并存储为“杂志内页 .ai”。该杂志的版心尺寸为 190mm×265mm，上、下、左、右的边空为 10mm。

提示：本例设置的页面大小只是杂志单页的尺寸，不包括对页。

图 6-46　单页广告版式设计

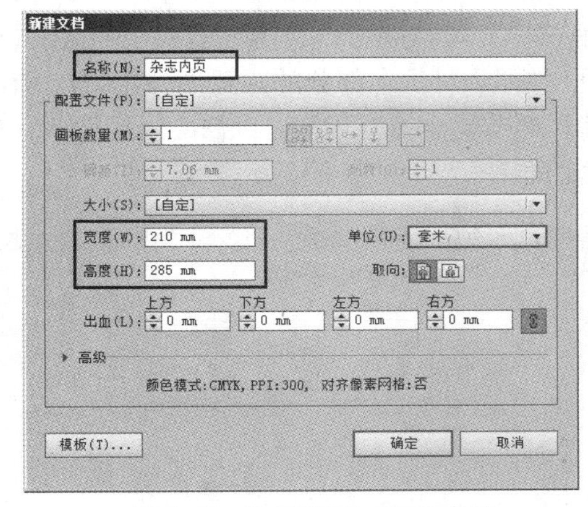


图 6-47　设置“新建文档”参数

2) 该广告版面为图文混排型，图片元素共 7 张，其中 6 张为配合正文编排的小图片，1 张为占据视觉中心的面积较大的饮料摄影图片。先将这张核心图片置入页面中，其方法为：执行菜单中的“文件｜置入”命令，在弹出的对话框中选择配套光盘中的“素材及效果 \ 第 6 章　文本 \6.4　单页广告版式设计 \ 广告版面素材 \ 饮料 .tif”，如图 6-48 所示，单击“置入”按钮，将图片原稿置入到“杂志内页 .ai”页面中，如图 6-49 所示。

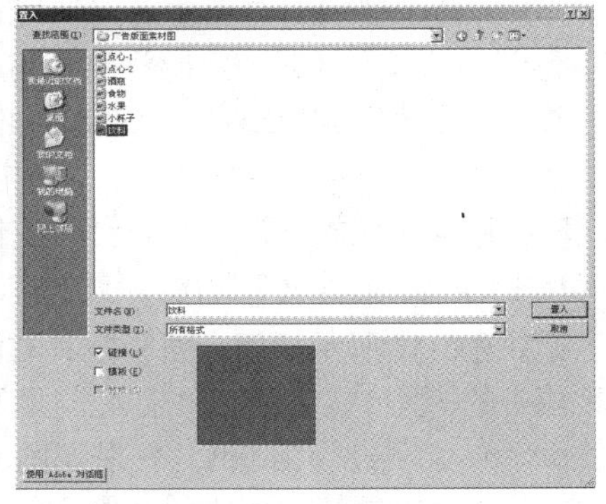


图 6-48　选择要置入的图片

图 6-49　置入的饮料摄影图片

3）整个广告版面在水平方向上可分为 3 栏，分别有水平线条进行视觉分割。下面先来定义这 3 栏的位置。其方法为：执行菜单中的“视图 | 显示标尺”命令，调出标尺。然后将鼠标移至水平标尺内，按住鼠标左键向下拖动，拉出两条水平方向的参考线，且上面一条位于纵坐标 65mm 处，下面一条位于 255mm 处，将页面分割为 3 部分。接着利用工具箱中的（选择工具）单击选中刚才置入的饮料摄影图片，将它放置到页面的右下部分（版心之内），使底边与第二条参考线对齐，如图 6-50 所示。

提示：从标尺中同时拖出4条参考线，分别置于距离四边10mm的位置，定义版心的范围。

4）目前，广告内主要图片的外形为矩形，这样的图片规范但无特色，本例要制作的是色彩明快的饮料与食品广告，因此版面中的趣味性也就是形式美感是非常重要的，要根据广告的整体风格来营造一种活泼的版面语言。下面先来修整图片的外形，使它形成类似杯子轮廓的优美曲线外形。其方法为：利用工具箱中的（钢笔工具），在页面中绘制如图 6-51 所示的闭合路径（类似酒杯上半部分的圆弧形外轮廓）。在绘制完后，还可用工具箱中的（直接选择工具）调节锚点及其手柄，以修改曲线形状。然后用工具箱中的（选择工具）将它移动到图片上面。

提示：将该路径的“填充”颜色和“描边”颜色都设置为无。

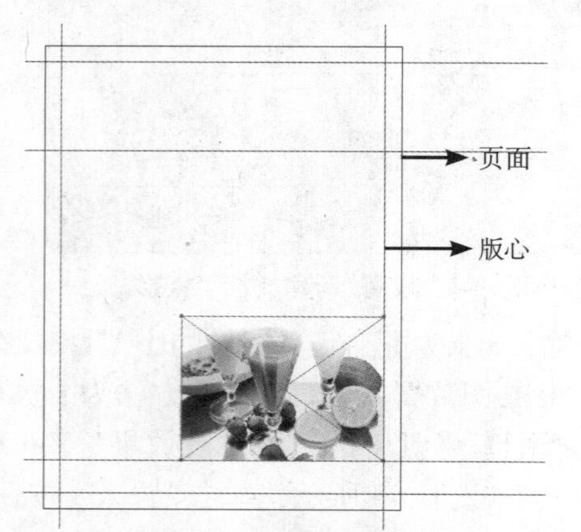


图 6-50　用参考线将版面进行水平分割

图 6-51　绘制作为剪切蒙版的闭合路径

5）下面利用绘制好的弧形路径作为蒙版形状，在底图上制作剪切蒙版效果，以使底图在路径之外的部分全部被裁掉。其方法为：利用（选择工具），按住〈Shift〉键将路径与底图同时选中。然后执行菜单中的“对象 | 剪切蒙版 | 建立”命令，将超出弧形路径之外的多余图像部分裁掉，效果如图 6-52 所示。

6）为了与图形边缘的弧线取得和谐统一的风格，使文字排版不显得孤立，需要将主体图形周围的正文也处理成圆弧形状，这就要用到 Illustrator 中的“区域排文”功能。其方法为：先用工具箱中的（钢笔工具），在饮料图形的左侧绘制如图 6-53 所示的闭合路径，其右侧的弧线与饮料图形边缘要采取相同的弧度。然后利用工具箱中的 T（文字工具）输入一段文字。接着在“工具”选项栏中设置“字体”为 Times New Roman，“字号”为 6pt，效果如图 6-54 所示。此段的文字数量要多一些，也可以直接将 Word 等文本编辑软件中生成的文本文件通过

执行菜单中的“文件 | 置入”命令进行置入。

提示：由于主要是学习排版的技巧，因此广告中的文字内容请用户自行输入即可。

图 6-52　超出弧形路径之外多余的图像部分被裁掉

图 6-53　在饮料图片左侧绘制闭合路径

Feature articles on orange juice:
Processed orange juice bad for the environment
(NewsTarget) That carton of 100-percent Florida orange juice from the store
may have made a large impact on the environment before it reached your
grocery cart. To make processed orange juice, it requires "958 litres (253
gallons) of water for irrigation and 2 litres (half a gallon) of tractor fuel...
Orange juice is better than lemonade at keeping kidney stones away (press
release)
A daily glass of orange juice can help prevent the recurrence of kidney stones
better than other citrus fruit juices such as lemonade, researchers at UT
Southwestern Medical Center have discovered. The findings indicate that
although many people assume that all citrus fruit juices help prevent...
Orange juice found to be the most effective at preventing kidney stones
(NewsTarget) A new study published in the Oct. 26 Clinical Journal of the
American Society of Nephrology has found that orange juice is more effective
than other citrus fruit juices at preventing kidney stones. Researchers from the
University of Texas Southwestern Medical Center at Dallas studied...
Folic acid deficiencies are widespread; here's why nearly everyone needs more
folate
Pregnant women plagued by cravings for pickles and ice cream must remember
to include plenty of folic acid in their diets. Shown to reduce the risk of
miscarriage and birth defects, folic acid – found primarily in leafy green

图 6-54　输入一段文字

7）接下来将文字放置到刚才绘制的（位于图片左侧）闭合路径内，以使文字在路径区域内进行排版，形成一种文本图形化的效果。其方法为：利用工具箱中的 T（文字工具）将文字全部涂黑选中，如图 6-55 所示。然后按快捷键〈Ctrl+C〉将它进行复制。接着利用 ▶（选择工具）单击选中闭合路径，再利用工具箱中的 Ⓣ（区域文字工具）在如图 6-56 所示的路径边缘单击，此时路径上会出现一个跳动的文本输入光标，最后按快捷键〈Ctrl+V〉，将刚才复制的文本粘贴到路径内，即可形成如图 6-57 所示的“区域内排版”效果。

8）“区域内排版”功能可以实现文字在任意形状内的排版，这种图形化语言已成为正文编排的一种有效的发展趋势。在这种编排方式中，文字被视为图形化的元素，其排列形式不同程度地传达出广告的情绪色彩。延续这种段落文本的排版风格，下面来处理分散的小标题文字，小标题文字的设计采取的是“沿线排版”思路。先用工具箱中的 ✒（钢笔工具）绘制如图 6-58 所示的一段开放曲线路径。注意，这条曲线的弧度要与区域文本的外形相符。

9）在曲线路径上输入文本，使文字沿着曲线进行排版。其方法为：先选中这段曲线路径，然后应用工具箱中的 ⤳（路径文字工具）在曲线左边的端点上单击，此时路径左端出现了一个跳动的文本输入光标，直接输入文本，则所有新输入的字符都会沿着这条曲线向前进行排版，效果如图 6-59 所示。接着，将路径上的文字全部涂黑选中，按快捷键〈Ctrl+T〉打开“字符”面板，在其中设置如图 6-60 所示的字符属性（注意，“字符间距”要设为 60pt）。

图 6-55 将文本全部涂黑选中

图 6-56 利用“区域文字工具”在路径边缘单击

图 6-57 文字在路径区域内的排版效果

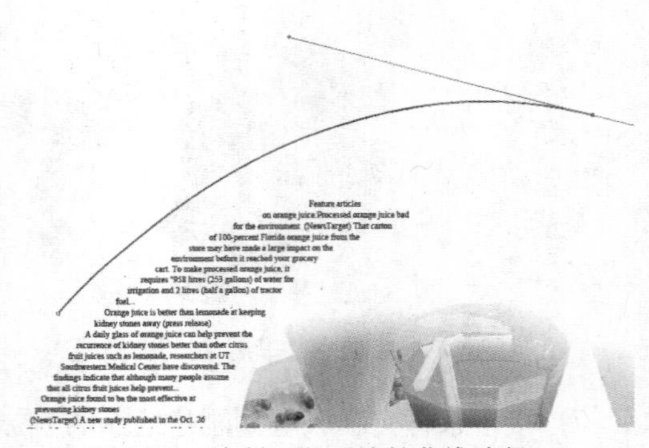

图 6-58 绘制一段开放的曲线路径

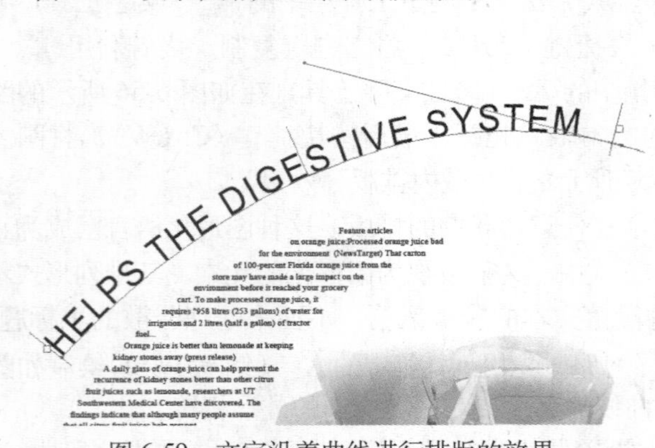


图 6-59 文字沿着曲线进行排版的效果

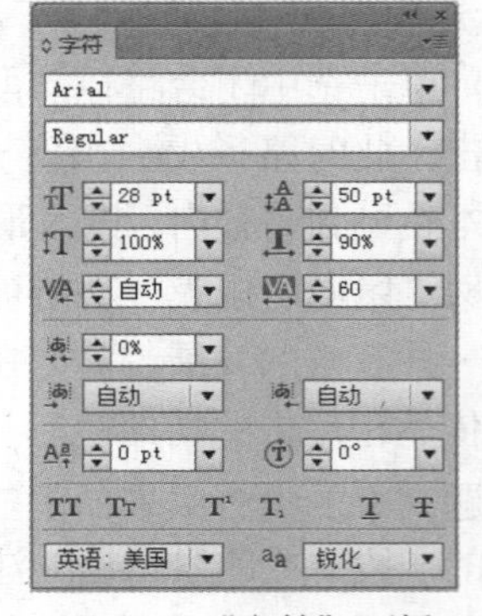


图 6-60 “字符”面板

10）再绘制出几条曲线路径，形成如图 6-61 所示的一种向外发散的线条轨迹。同理，利用工具箱中的 （路径文字工具）在每条曲线左边的端点上单击，当路径左端出现跳动的文本输入光标后，直接输入各行文本，即可形成多条沿线排版的小标题文字。在文字沿线排版效果制作完成后，利用工具箱中的（直接选择工具）单击选中文字，此时弧形路径便会显示出来，然后调节锚点及其手柄修改曲线形状，此时曲线上排列的文字也会随之发生相应的变化，如图 6-62 所示。文字属性的具体设置可参见图 6-63 所示的“字符”面板。

提示：沿线排版中的文字小到一定程度，就会在视觉上产生连续的“线”的效果，这是一种采用间接的巧妙手法产生的视觉上的线。线本身就具有卓越的造型力，如图 6-64 所示，多条弧线文字有节奏地编排在一起，形成了轻松有趣的视觉韵律，引导读者的视线，在阅读过程中产生丰富的感受和自由的联想。

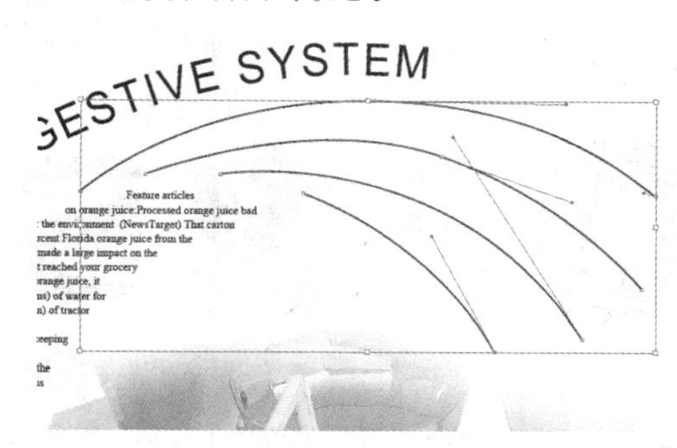


图 6-61　再绘制出几条曲线路径

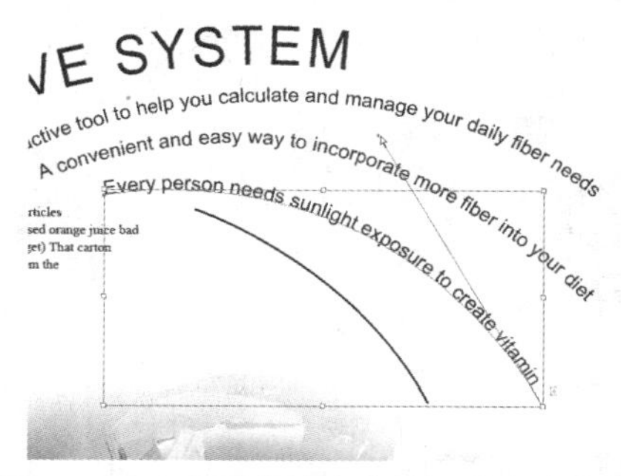


图 6-62　文字随曲线形状的调整发生改变

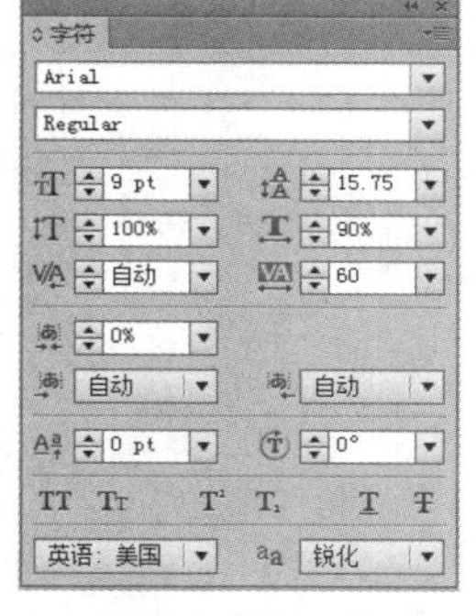


图 6-63“字符”面板设置

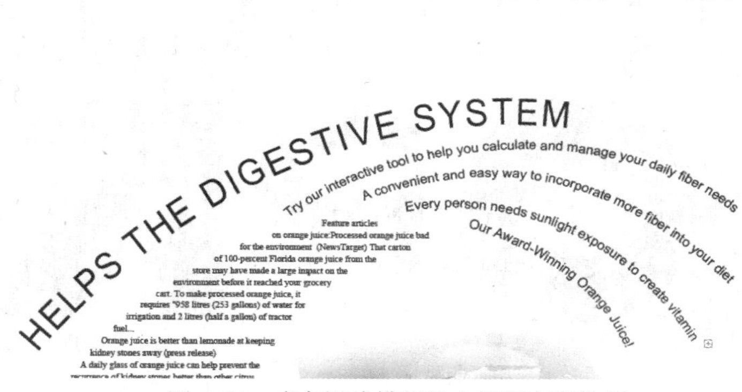


图 6-64　多条沿线排版的小标题文字效果

11）为了使“线”的效果更加具有特色，下面利用工具箱中的（文字工具）将曲线路径上的局部文字涂黑选中，如图 6-65 所示。然后将它们的“填充”颜色设置为草绿色或橘黄色。

12）刚才制作的都是小标题文字，现在来制作醒目的大标题。大标题也是以沿线的形式来排版的，但不同的是，每个字母的摆放角度不同，因此，必须将标题拆分成单个字母来进行艺术化处理。其方法为：利用工具箱中的（文字工具）输入文本“SOPRS”，在“工具”选项栏中设置“字体”为 Arial。然后执行菜单中的“文字 | 创建轮廓”命令，将文字转换为如图 6-66 所示的由锚点和路径组成的图形。

13）将该单词转换为路径后，每个字母都变为独立的闭合路径，现在需要将其中的字母“O”和“R”宽度增加。其方法为：利用工具箱中的（直接选择工具），按住〈Shift〉键逐个选中字母“O”和“R”，然后执行菜单中的“对象 | 路径 | 位移路径”命令，在弹出的对话框中设置参数，如图 6-67 所示，单击“确定”按钮，效果如图 6-68 所示。可以看到文字被复制了一份，并且轮

廓明显地向外扩展。

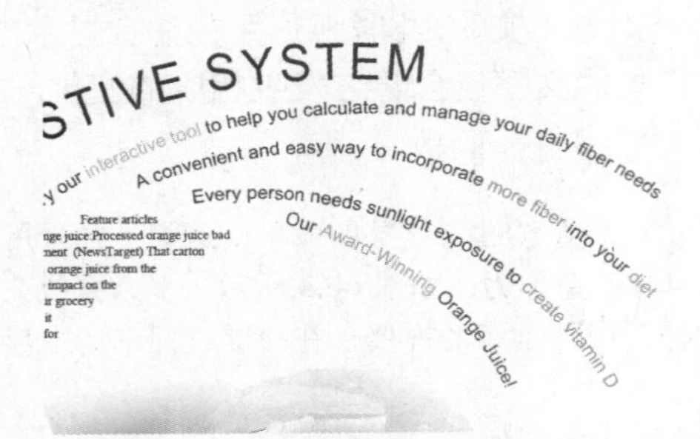


图 6-65 将曲线路径上的局部文字设置为草绿色或橘黄色  图 6-66 将文字转换为由锚点和路径组成的图形

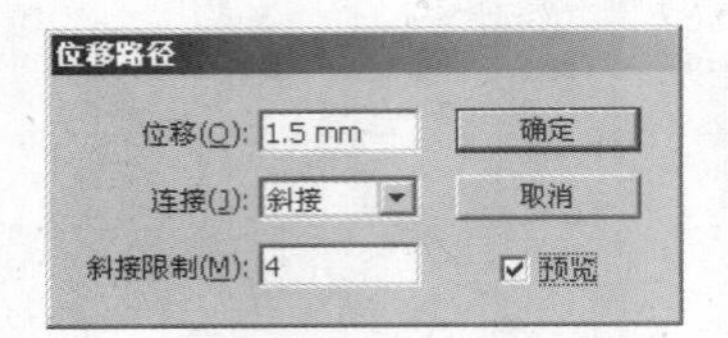


图 6-67 “位移路径”对话框  图 6-68 “位移路径”后文字被复制且轮廓明显地向外扩展

14）进行“位移路径”后实际上文字被复制了一份，下面对原来的字母图形进行删除。其方法为：按快捷键〈Shift+Ctrl+A〉取消选取，然后利用 (直接选择工具)，按住〈Shift〉键逐个选中如图 6-69 所示的字母“O”和“R”的原始图形，再按〈Delete〉键将它们删除。

图 6-69 选中扩边前的原始路径并将其删除

15）利用工具箱中的 (直接选择工具) 选中字母“O”，将其“填充”颜色设置为桔黄色（参考颜色数值为：CMYK (10，50，100，0)），将字母“R”的“填充”颜色设置为橘红色（参考颜色数值为：CMYK (10，70，100，0)），效果如图 6-70 所示。

图 6-70 改变字母“O”和字母“R”的颜色

16）标题文字与副标题文字排列风格一致，都是沿着从左下至右上的圆弧线进行编排的。其方法为：利用工具箱中的 (直接选择工具) 分别选中每个字母，然后利用工具箱中的 (自

由变换工具）将它们各自旋转一定角度，调整大小并按如图 6-71 所示的位置关系进行排列，放在前面制作好的沿线排版的小标题文字上面。

17）执行菜单中的“文件 | 置入”命令，在弹出的对话框中选择配套光盘中的“素材及效果 \ 第 6 章 文本 \6.4　单页广告版式设计 \ 广告版面素材 \ 小杯子 .tif”文件，单击“置入”按钮。然后将图片原稿缩小放置到如图 6-72 所示的位置。

提示：由于本例广告为白色背景，因此所有相关小图片都在Photoshop中事先做了去底的处理。

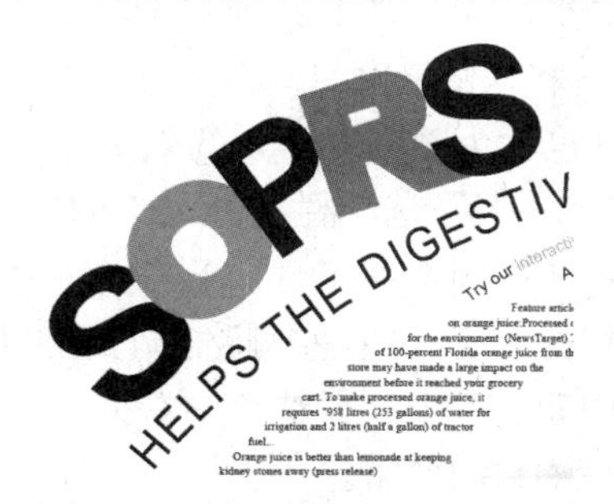


图 6-71　逐个调整标题每个字母的角度和大小

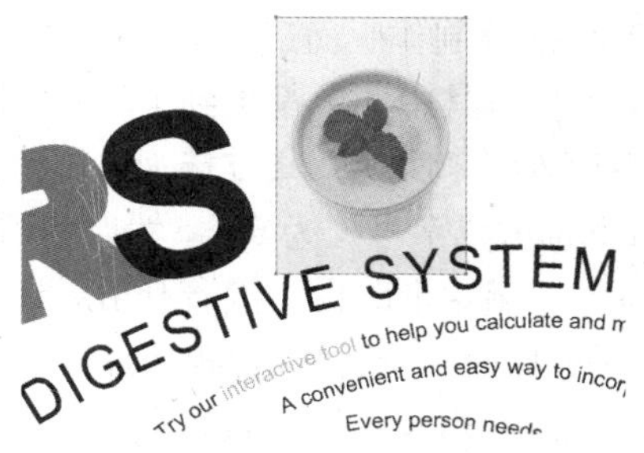


图 6-72　再置入一张杯子的小图片

18）前面说过，在水平方向上该广告版面共分为 3 栏，现在中间面积最大的一栏已大体完成，效果如图 6-73 所示。下面处理最上面的一栏，这部分以文字为主体，且文字内穿插了 3 张食品饮料主题的小图片。先来制作醒目的标题。其方法为：参照如图 6-74 所示的效果，先输入文本“Fresca Mesa”，在“工具”选项栏中设置“字体”为 Arial。然后执行菜单中的“文字 | 创建轮廓”命令，将文字转换为由锚点和路径组成的图形。接着利用工具箱中的（矩形工具）绘制出一个与文字等宽的矩形，将其“填充”颜色设置为一种橙色（参考颜色数值为：CMYK（0，60，100，0）），“描边”颜色设置为无。最后再输入下面的一排小字（如果输入的原文是英文小写字母，可以执行菜单中的“文字 | 更改大小写 | 大写”命令，将其全部转为大写字母）。

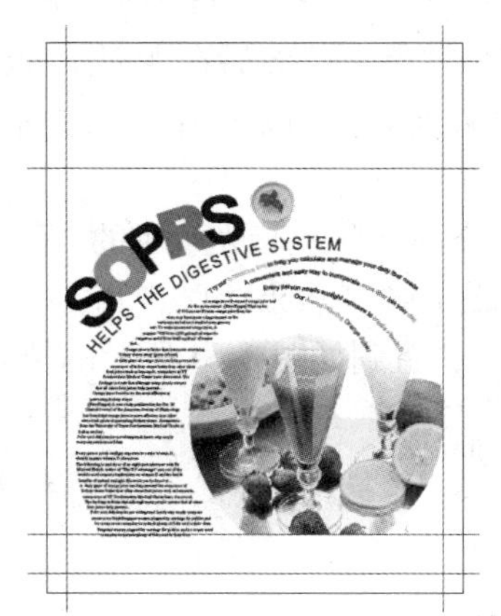


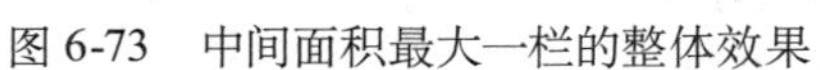

图 6-73　中间面积最大一栏的整体效果

Fresca Mesa

2007 Best of Food Award in the Juice category! Here's the Reason

图 6-74　最上面一栏醒目的标题

19）利用工具箱中的（选择工具），将上一步制作的两行文字和一个矩形色块都选中，然后按快捷键〈Shift+F7〉打开“对齐”面板，如图 6-75 所示。在其中单击“水平居中对齐”按钮，使三者居中对齐，然后按快捷键〈Ctrl+G〉将它们组成一组。最后将其放置到版面水平居中的位置，效果如图 6-76 所示。

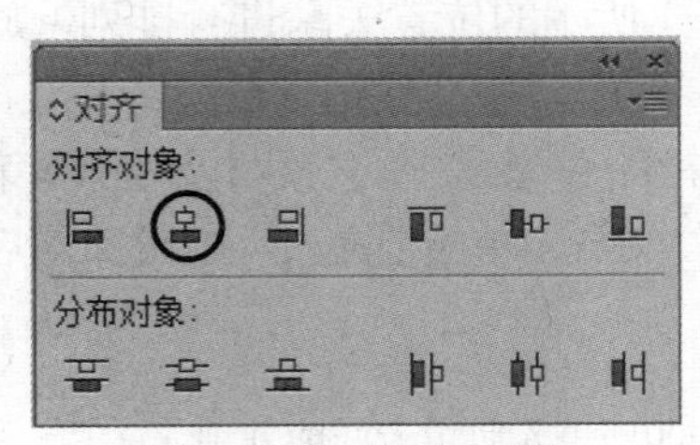


图 6-75 “对齐”面板

图 6-76 将三者居中对齐，然后放置到版面居中的位置

20）继续制作版面最上面一栏中的正文效果。这一栏内的正文纵向分为 4 部分，也就是 4 个小文本块，其中 3 个都用到了色块内嵌到文字内部（也称为图文互斥）的效果，可以通过修改文本块外形来实现。其方法为：新输入一段文本，在“工具”选项栏中设置“字体”为 Times New Roman，“字号”为 5pt。然后利用工具箱中的 (直接选择工具) 单击文字块，使文本块周围显示出矩形路径。接着利用工具箱中的 (添加锚点工具) 在左侧路径上添加 4 个锚点，如图 6-77 所示。最后利用 (直接选择工具) 将靠中间的两个新增锚点向右拖动到如图 6-78 所示的位置，则文本块中的文字将随着路径外形的改变而自动调整。

Feature articles on orange juice:Processed orange juice bad for the environment (NewsTarget) That carton of 100-percent Florida orange juice from the store may have made a large impact on the environment before it reached your grocery cart. To make processed orange juice, it requires "958 litres (253 gallons) of water for irrigation and 2 litres (half a gallon) of tractor fuel...
Orange juice is better than lemonade at keeping kidney stones away (press release)

图 6-77 在左侧路径上添加 4 个锚点

Feature articles on orange juice:Processed orange juice bad for the environment (NewsTarget) That carton of 100-percent Florida orange juice from the store may have made a large impact on the environment before it reached your grocery cart. To make processed orange juice, it requires "958 litres (253 gallons) of water for irrigation and 2 litres (half a gallon) of tractor fuel...
Orange juice is better than lemonade at keeping kidney stones away (press release)

图 6-78 文字随着路径外形改变而自动调整

21）绘制一个红色的矩形，并将它移至文本块左侧中间空出的位置，然后在上面添加白色文字，效果如图 6-79 所示。同理，制作出如图 6-80 所示的另外两个“图文互斥”的文本块，放置于版面顶部。注意，一定要位于版心之内。

22）执行菜单中的“文件 | 置入”命令，在弹出的对话框中分别选择配套光盘中的“素材及效果 \ 第 6 章 文本 \6.4 单页广告版式设计 \ 广告版面素材 \ 酒瓶 .tif”、“水果 .tif”、“点心-1.tif”文件，单击“置入”按钮。然后将置入的图片原稿进行缩小，并放置到如图 6-81 所示的位置。

Feature articles on orange juice:Processed orange juice bad for the environment (NewsTarget) That carton of 100-percent Florida orange juice from the store may
Feature
have made a large impact on the environment before it reached your grocery cart. To make processed orange juice, it requires "958 litres (253 gallons) of water for irrigation and 2 litres (half a gallon) of tractor fuel...
Orange juice is better than lemonade at keeping kidney stones away (press release)

图 6-79 绘制出一个红色的矩形，然后在上面添加白色文字

Feature articles on orange juice:Processed orange juice bad for the environment (NewsTarget) That carton of 100-percent Florida orange juice from the store may have made a large impact on the environment before it reached your grocery cart. To make processed orange juice

Feature

(NewsTarget) A new study published in the Oct. 26 Clinical Journal of the American Society of Nephrology has found that orange juice is more effective than other citrus fruit juices at preventing kidney stones. Researchers from the University of Texas Southwestern Medical Center

Research

Pregnant women plagued by cravings for pickles and ice cream must remember to include plenty of folic acid in their diets. Shown to reduce the risk of miscarriage and birth defects, folic acid – found primarily in leafy green vegetables

Woman

Fresca Mesa

图 6-80　制作完成的 3 个“图文互斥”的文本块

图 6-81　加入 3 张小图片的版面效果

23）上部最右侧还有一个小文本块，设置正文的“字体”为 Times New Roman，“字号”为 5pt。设置最上面 3 行内容的“字体”为 Arial，“字号”为 7pt，文字颜色为品红色 CMYK（0，95，30，0）。然后利用工具箱中的 T（文字工具）将小文本块中的全部文字涂黑选中，接着按快捷键〈Alt+Ctrl+T〉打开“段落”面板，如图 6-82 所示，在其中单击“右对齐”按钮，使文字靠右侧对齐排列。再缩小画面，按快捷键〈Ctrl+;〉暂时隐藏参考线，查看目前的整体效果，如图 6-83 所示。

Every person needs sunlight exposure to create vitamin D,
obesity impairs vitamin D absorption
The following is part three of an eight-part interview with Dr. Michael Holick, author of "The UV advantage" and one of the world's most respected authorities

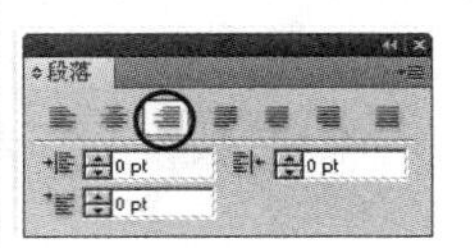


图 6-82　右侧文本块排版方式为“右对齐”

图 6-83　隐藏参考线，查看目前的整体效果

24）在页面靠下部的第 3 栏版式中包括两张小图片、两个数字和一段文本，其制作方法此处不再赘述，用户可参考图 6-84 所示的效果自行制作。

图 6-84　页面靠下部的第 3 栏版式效果

25）现在版面右侧中部显得有点空，需要在此位置添加一行沿弧线排列的灰色文字，如图 6-85 所示。至此，整幅广告制作完成。

这个例子主要学习了在版面空间中如何将文字处理成线乃至块面，以形成文本图形化的艺术效果。最终完成的效果如图 6-86 所示。

图 6-85　再添加一行沿弧线排列的灰色文字

图 6-86　版面的最终效果

## 6.5　练习

（1）制作立体文字效果，如图 6-87 所示。参数设置可参考配套光盘中的"课后练习\第 6 章\立体文字 .ai"文件。

（2）制作小球环绕的文字效果，如图 6-88 所示。参数设置可参考配套光盘中的"课后练习\第 6 章\小球环绕文字效果 .ai"文件。

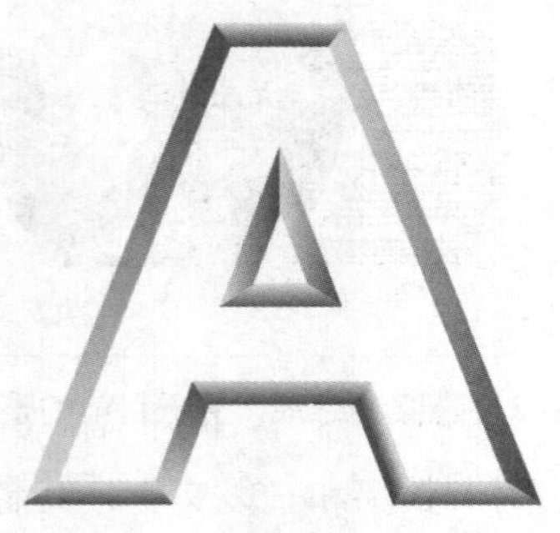

图 6-87　立体文字效果

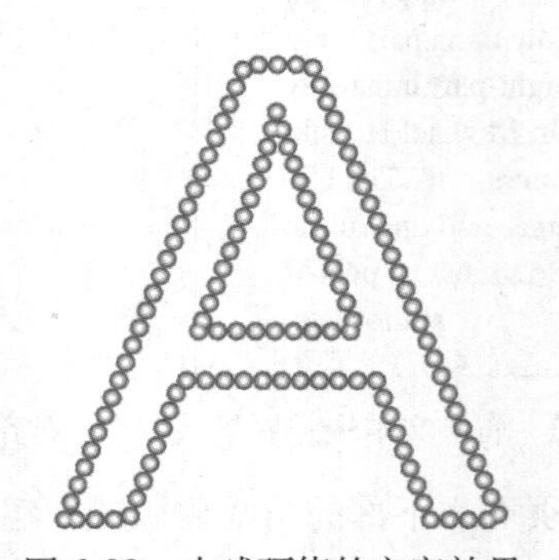

图 6-88　小球环绕的文字效果

（3）制作钱币效果，如图 6-89 所示。参数设置可参考配套光盘中的“课后练习 \ 第 6 章 \ 钱币 .ai”文件。

（4）制作杂志封面效果，如图 6-90 所示。参数设置可参考配套光盘中的“课后练习 \ 第 6 章 \ 钱币 .ai”文件。

图 6-89　钱币效果

图 6-90　杂志封面效果

# 第7章　渐变、混合与渐变网格

## 本章重点：

本章将通过 4 个实例来具体讲解 Illustrator CS6 的渐变、混合与渐变网格在实际设计工作中的具体应用。通过本章的学习，读者应掌握渐变、混合与渐变网格的使用方法。

## 7.1　勺子效果

**制作要点：**

本例将制作一个盛有美味食物的餐勺，如图7-1所示。通过本例的学习，读者应掌握利用 （渐变工具）对单个对象进行“线性”填充的方法。

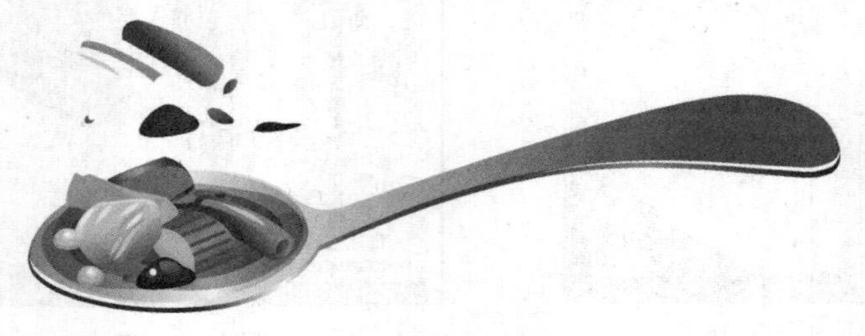

图 7-1　勺子效果

**操作步骤：**

1）执行菜单中的“文件 | 新建”命令，在弹出的对话框中进行设置，如图 7-2 所示。然后单击“确定”按钮，新建一个文件。

2）创建勺子的外形。其方法为：利用工具箱上的 （钢笔工具）绘制勺子的外形，并用“线性”渐变对其进行填充，参数设置如图 7-3 所示，效果如图 7-4 所示。

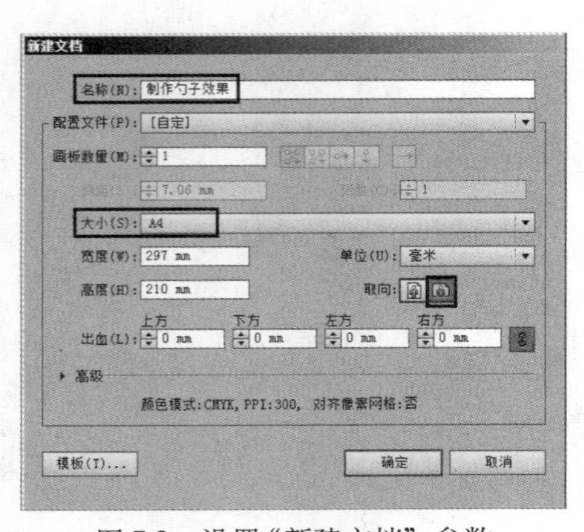


图 7-2　设置“新建文档”参数

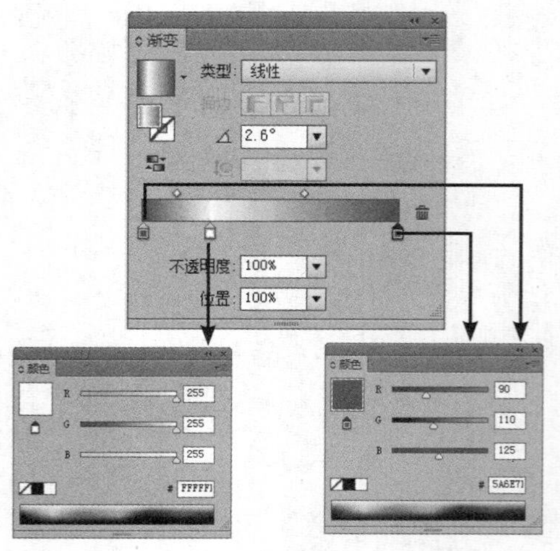


图 7-3　设置“线性”渐变填充

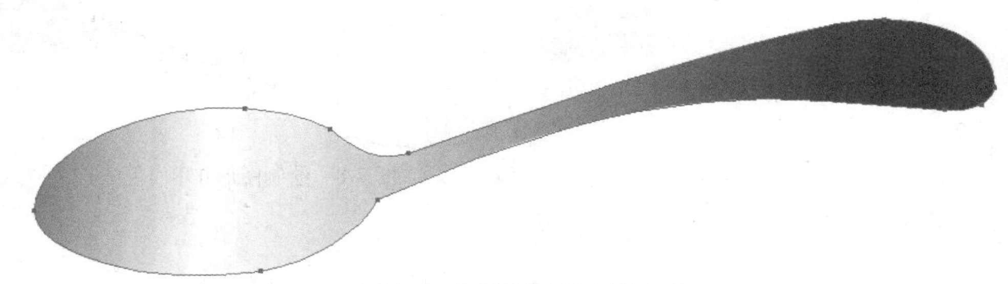

图 7-4　绘制并填充勺子的外形

提示：在工具箱中双击 （渐变工具）图标或执行菜单中的“窗口 | 渐变”命令，均能够打开“渐变”面板。“渐变”类型可以是“线性”或“径向”。

3）创建勺子的厚度。其方法为：选择勺子的外形，执行菜单中的“编辑 | 复制”命令，再执行菜单中的“编辑 | 粘贴”命令，从而复制出一个勺子的形状。然后用“线性”渐变对其进行填充，参数设置如图 7-5 所示，效果如图 7-6 所示。

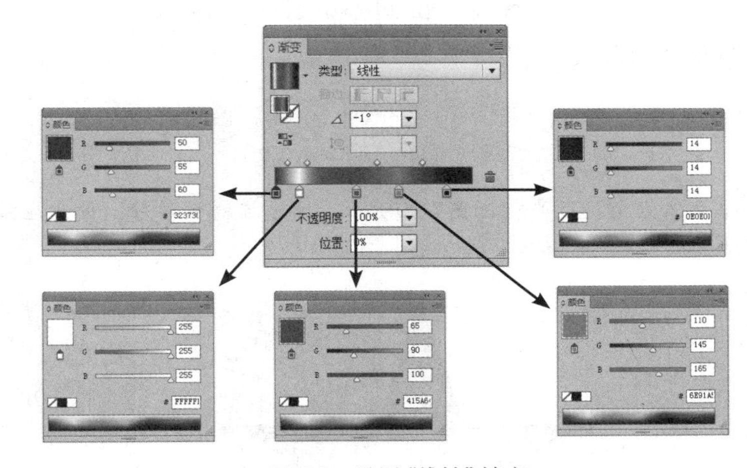


图 7-5　设置“线性”填充

图 7-6　“线性”渐变填充效果

4）选择复制后的勺子的形状，执行菜单中的“对象 | 排列 | 置于底层”命令，将其放置在图层最下面，然后调整其位置，效果如图 7-7 所示。

5）创建勺子的高光区域。其方法为：利用工具箱上的 （钢笔工具）绘制图形并用白色填充，效果如图 7-8 所示。

图 7-7　调整位置　　　　图 7-8　绘制图形并用白色填充

6）同理，在勺中添加食物，最终效果如图 7-9 所示。

图 7-9　在勺中添加食物后最终效果

## 7.2　立体五角星效果

**制作要点：**

本例将制作一个立体五角星效果，如图7-10所示。通过本例的学习，读者应掌握（混合工具）与（比例缩放工具）的综合应用。

图 7-10　立体五角星效果

**操作步骤：**

1）执行菜单中的“文件 | 新建”命令，新建一个文件。

2）选择工具箱中的（星形工具），设置描边色为无色，填充色为红色，配合〈Shift〉键，绘制一个正五角星，效果如图 7-11 所示。

3）选中五角星，双击工具箱中的（比例缩放工具），在弹出的对话框中设置参数，如图 7-12 所示，然后单击“复制”按钮，复制出一个大小为原来的 20% 的五角星。再将填充色更改为黄色，效果如图 7-13 所示。

图 7-11　绘制正五角星

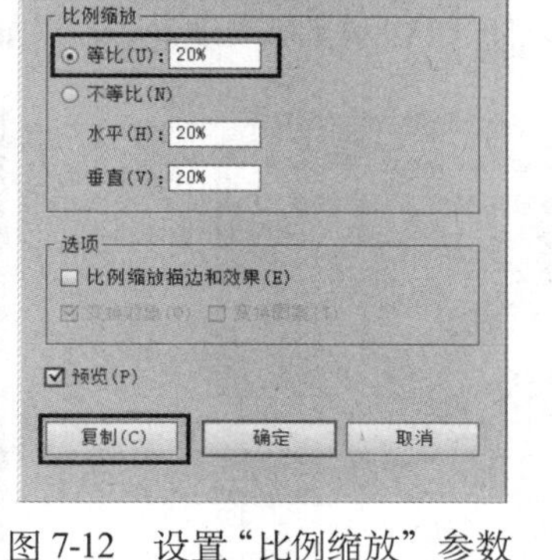

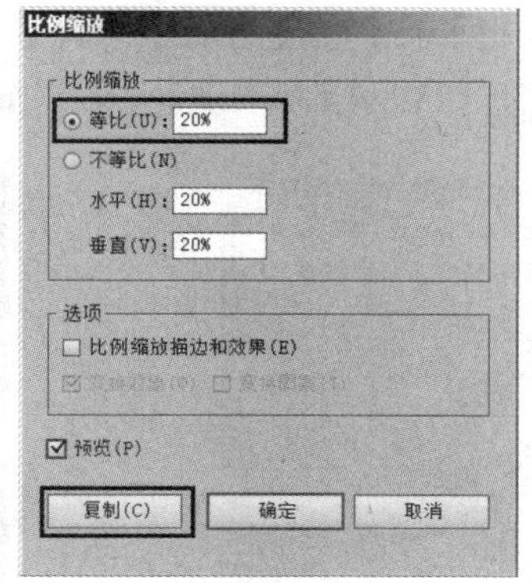

图 7-12　设置“比例缩放”参数

图 7-13　将小五角星填充为黄色

4）选择工具箱中的 （混合工具），分别单击两个五角星，以产生立体的五角星效果，如图 7-14 所示。

5）如果要改变立体五角星的颜色，可以利用工具箱中的 （编组选择工具）选择混合后的五角星，然后更改其填充颜色，如图 7-15 所示。

图 7-14　立体的五角星效果

图 7-15　更改其填充颜色

## 7.3　玫瑰花

**制作要点：**

本例将制作一朵逼真的玫瑰花，如图7-16所示。通过本例的学习，读者应掌握利用 （渐变网格工具）对同一物体的不同部分进行上色的方法。

图 7-16　玫瑰花

**操作步骤：**

### 1. 创建背景

1）执行菜单中的“文件 | 新建”命令，在弹出的对话框中设置参数，如图 7-17 所示，然后单击“确定”按钮，新建一个文件。

2）为了衬托玫瑰花，在此绘制了一个黑色矩形作为背景。然后执行菜单中的“对象 | 锁定 | 所选对象”命令，将其锁定，以便于以后绘制玫瑰花，效果如图 7-18 所示。

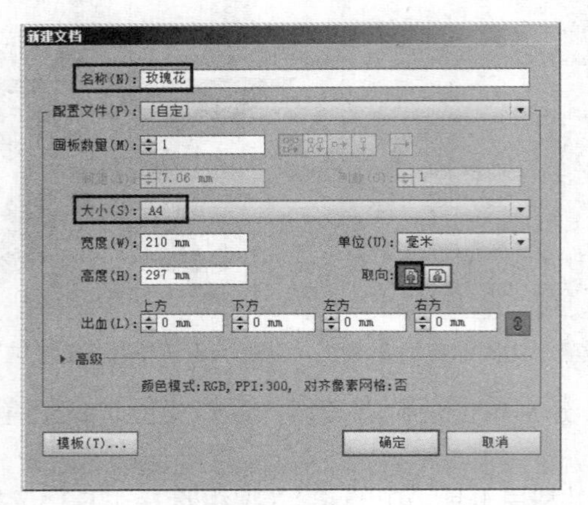


图 7-17　设置“新建文档”参数

图 7-18　绘制黑色矩形作为背景

## 2. 利用渐变网格工具绘制玫瑰花花瓣

绘制玫瑰花的原则是由内向外进行绘制。

1）选择工具箱中的（钢笔工具），然后在绘图区中绘制图形，并将其填充为白色，效果如图 7-19 所示。

2）选择工具箱中的（渐变网格工具），对图形添加渐变网格。然后利用（套索工具）对相应位置上的节点分别进行上色，并利用（直接选择工具）改变节点的位置，从而形成自然的颜色过渡，效果如图 7-20 所示。

提示：将渐变网格应用到单色或渐变层填充的对象上，可以对多点创建平滑颜色过渡（但不能将复合路径转换为网格对象）。

图 7-19　绘制图形并填充

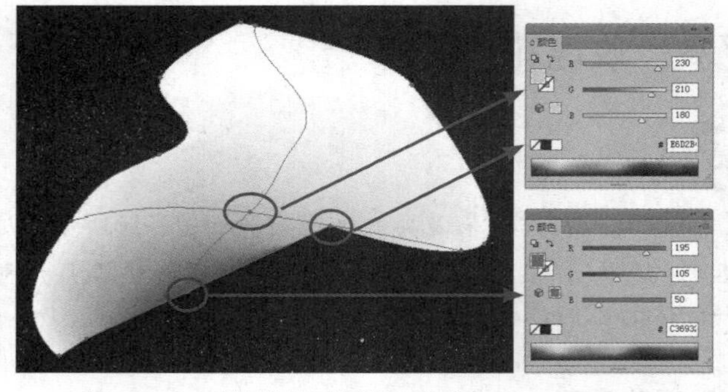


图 7-20　对花瓣的不同节点上色

3）同理，制作其余的花瓣，并调整它们的先后顺序，最终效果如图 7-21 所示。

提示：对于使用单色填充的对象，执行菜单中的“对象 | 创建渐变网格”命令（这样用户能够指定网格结构的细节）或使用（渐变网格）工具单击，都可以转换为渐变网格；对于渐变填充的对象，可以执行菜单中的“对象 | 扩展”命令，在弹出的对话框中设置参数，如图 7-22 所示，将其转化

为一个网格对象。这样渐变色就会被保留下来，而且网格的经纬线还会根据用户的渐变色方向进行排列。

图 7-21　最终效果

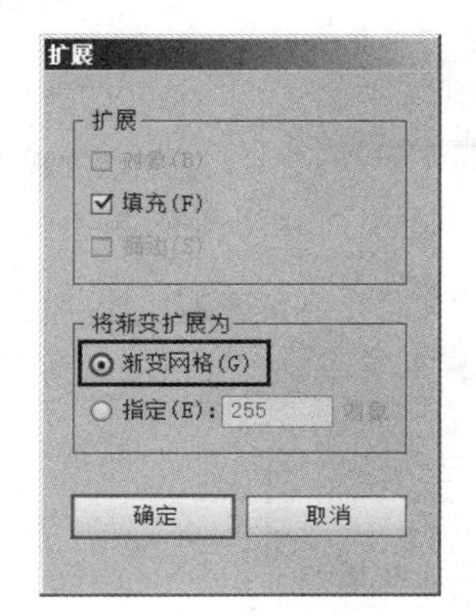


图 7-22　设置“扩展”参数

## 7.4　杯子效果

**制作要点：**

本例将制作一黑一白带有标记的两个杯子，如图7-23所示。通过本例的学习，读者应掌握“路径查找器”面板和 （渐变工具）的综合应用。

**操作步骤：**

### 1. 创建背景

1）执行菜单中的“文件 | 新建”命令，在弹出的对话框中设置参数，如图 7-24 所示，然后单击“确定”按钮，新建一个文件。

图 7-23　两个杯子

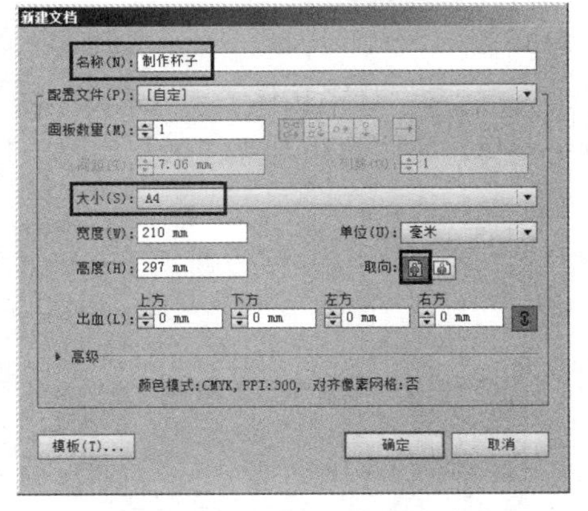


图 7-24　设置“新建文档”参数

2）为了衬托杯子，绘制了一个线性渐变矩形作为背景，其渐变色的参数设置如图 7-25 所示，效果如图 7-26 所示。然后执行菜单中的“对象 | 锁定 | 所选对象”命令，将其锁定，便于以后操作。

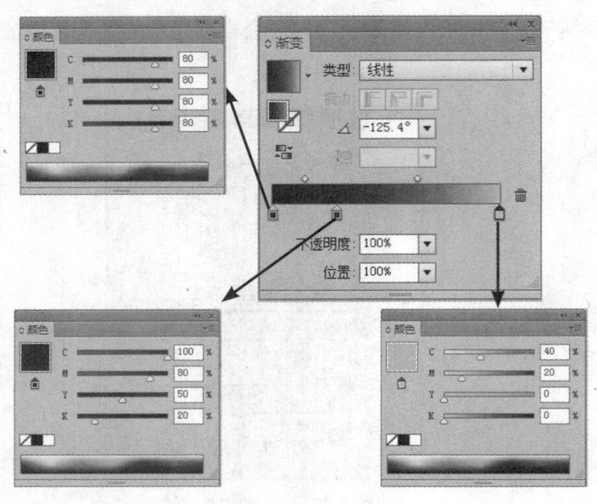

图 7-25 设置渐变色

图 7-26 渐变效果

## 2. 绘制黑色杯子

1）利用工具箱中的 （钢笔工具）绘制杯子外形，如图 7-27 所示。然后绘制杯子柄，如图 7-28 所示。接着将它们移动到如图 7-29 所示的位置。

图 7-27 绘制杯子外形

图 7-28 绘制杯子柄

图 7-29 移动位置

2）同时选中杯子和杯子柄图形，单击“路径查找器”面板中的 （联集）按钮，将它们组成一个整体，如图 7-30 所示，效果如图 7-31 所示。

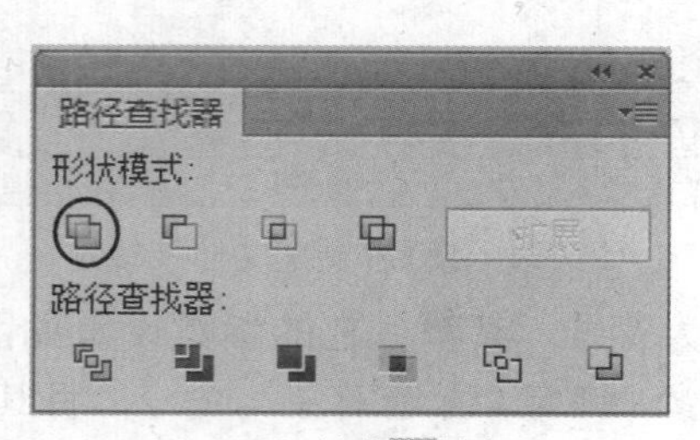

图 7-30 单击 按钮

图 7-31 将杯子和杯子柄组成一个整体

3）制作杯子上的高光。方法为：利用工具箱中的 （钢笔工具），根据实际情况绘制高光图形，并用如图 7-32 所示的渐变色填充高光图形，效果如图 7-33 所示。

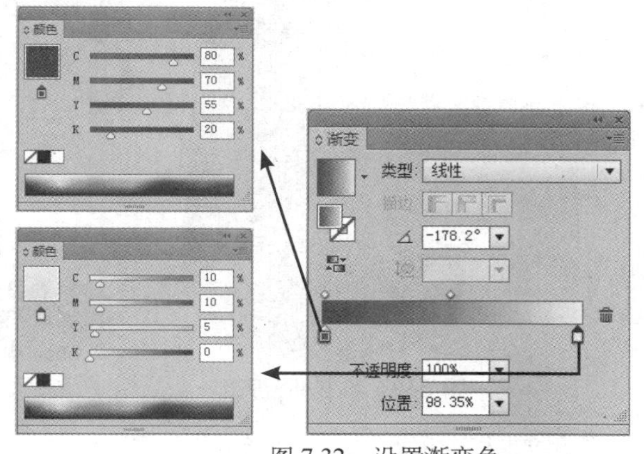


图 7-32　设置渐变色

图 7-33　填充高光图形

4）同理，绘制其余的高光区域，效果如图 7-34 所示。

5）绘制一个图标，如图 7-35 所示。由于此方法比较简单，这里就不进行介绍了。然后将其放置到相应位置，效果如图 7-36 所示。

图 7-34　绘制其余的高光区域

图 7-35　绘制图标

图 7-36　将图标放置到相应位置

### 3. 绘制白色杯子

1）首先复制一个黑色杯子造型。然后调出“渐变”面板，如图 7-37 所示，对杯子进行渐变填充，效果如图 7-38 所示。

2）绘制杯子底部，如图 7-39 所示。

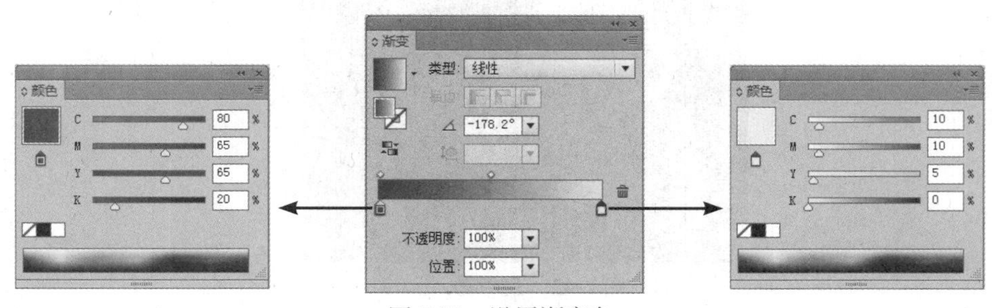


图 7-37　设置渐变色

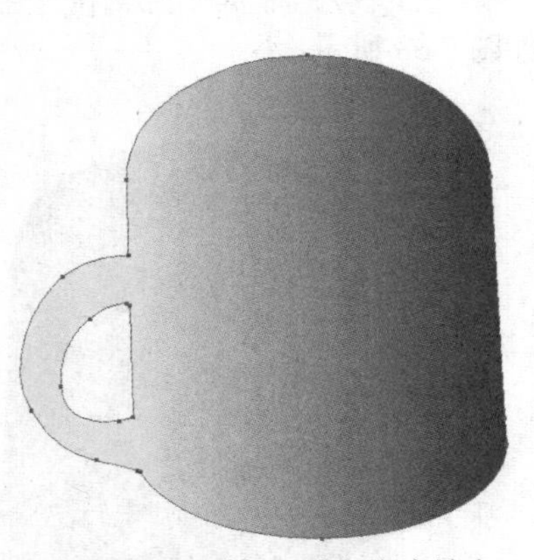

图 7-38 对杯子进行渐变填充

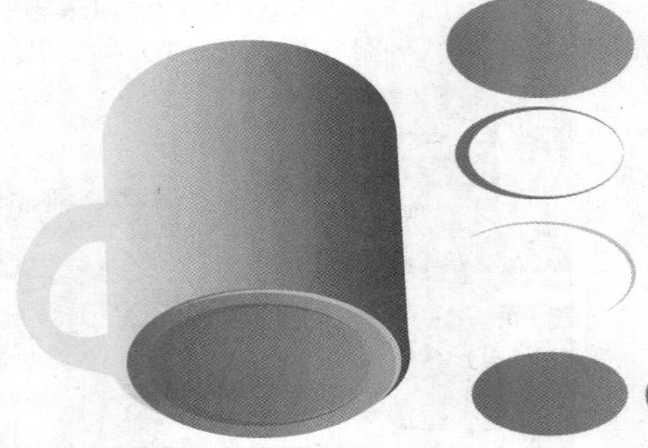

图 7-39 绘制杯子底部

3）同理，绘制杯子柄上的高光部分，效果如图 7-40 所示。

4）为了美观，在其上放置一个图标，效果如图 7-41 所示。

图 7-40 绘制杯子柄上的高光部分

图 7-41 放置图标

## 4. 将杯子和背景融合在一起

分别将黑色和白色杯子放置到适当的位置，最终效果如图 7-42 所示。

图 7-42 最终效果

## 7.5　练习

（1）制作多种基本几何图形效果，如图 7-43 所示。参数设置可参考配套光盘中的“课后练习 \ 第 7 章 \ 基本几何图形 .ai”文件。

（2）制作圆号效果，如图 7-44 所示。参数设置可参考配套光盘中的“课后练习 \ 第 7 章 \ 圆号 .ai”文件。

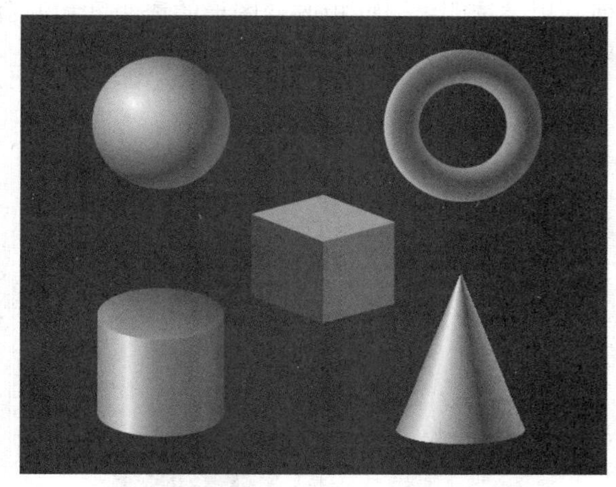

图 7-43　多种基本几何图形效果

图 7-44　圆号效果

（3）制作手提袋效果，如图 7-45 所示。参数设置可参考配套光盘中的“课后练习 \ 第 7 章 \ 手提袋 .ai”文件。

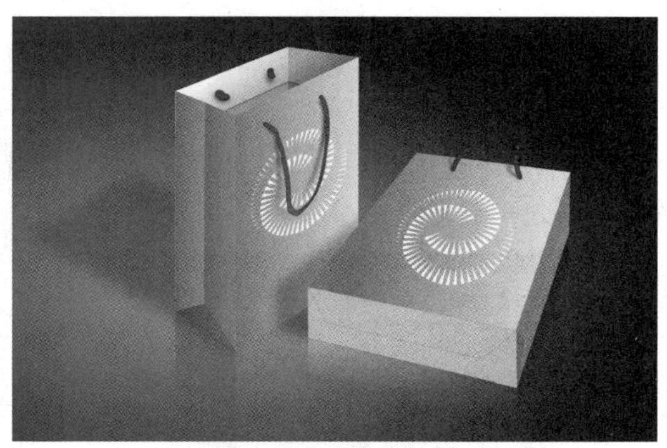

图 7-45　手提袋效果

# 第8章　透明度、外观与效果

## 本章重点：

本章将通过 3 个实例来讲解 Illustrator CS6 的透明度、外观与效果在实际设计工作中的具体应用。通过本章的学习，读者应掌握如何利用“透明度”面板改变图形的透明度和混合模式，以及利用“外观”与“效果”面板对图形施加各种效果的方法。

## 8.1　扭曲练习

**制作要点：**

本例制作各种花朵效果，如图8-1所示。通过本例的学习，读者应掌握“粗糙化”、“收缩和膨胀”效果及“动作”面板的综合应用。

图 8-1　花朵效果

**操作步骤：**

1）执行菜单中的“文件 | 新建”命令，在弹出的对话框中设置参数，如图 8-2 所示，然后单击“确定”按钮，新建一个文件。

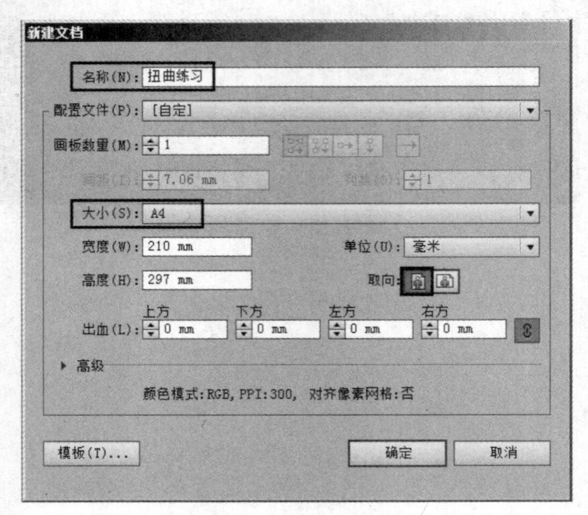


图 8-2　设置“新建文档”参数

2）选择工具箱中的 （多边形工具），设置描边色为 （无色），在“渐变”面板中设置渐变“类型”为“径向”，渐变色如图 8-3 所示。然后在绘图区中绘制一个五边形，效果如图 8-4 所示。

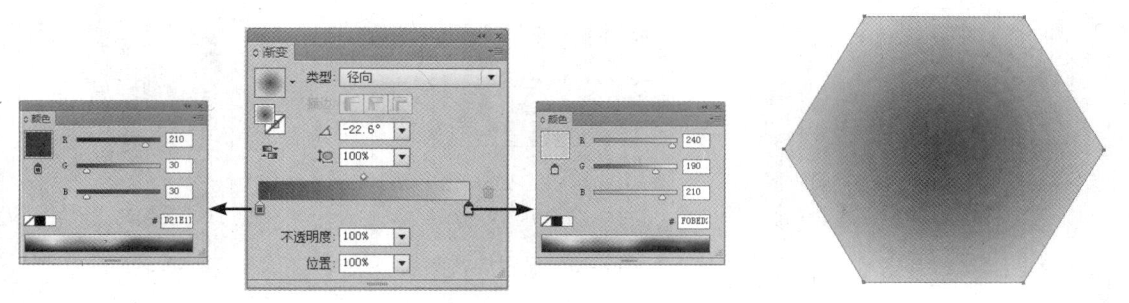

图 8-3　设置为径向渐变　　图 8-4　径向渐变效果

3）将五边形处理为花瓣。其方法为：执行菜单中的“效果 | 扭曲和变换 | 收缩和膨胀”命令，在弹出的对话框中设置参数，如图 8-5 所示，单击“确定”按钮，效果如图 8-6 所示。

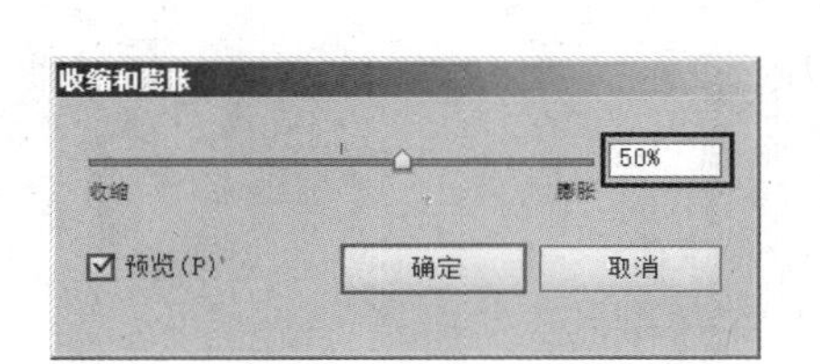


图 8-5　设置“收缩和膨胀”参数

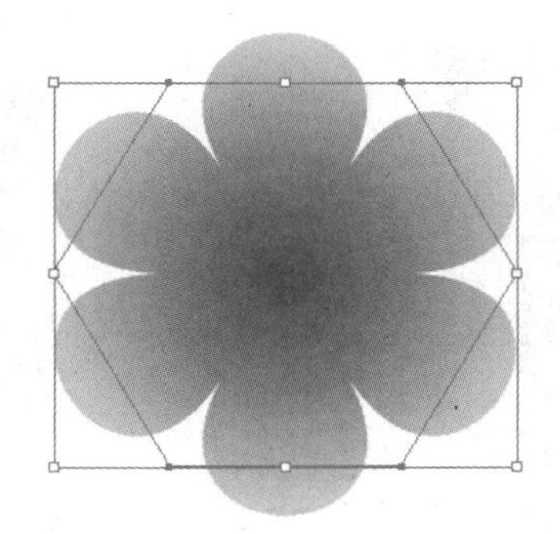

图 8-6　“收缩和膨胀”效果

4）通过“缩放并旋转”动作制作出其余花瓣。方法：执行菜单中的“窗口 | 动作”命令，调出“动作”面板，如图 8-7 所示。然后单击面板下方的 （新建动作）按钮，在弹出的“新建动作”对话框中设置名称为“缩放并旋转”，如图 8-8 所示。接着单击“记录”按钮，开始录制动作。

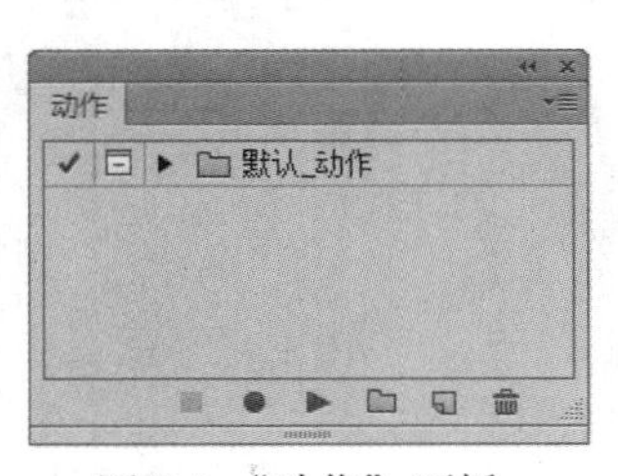


图 8-7　“动作”面板

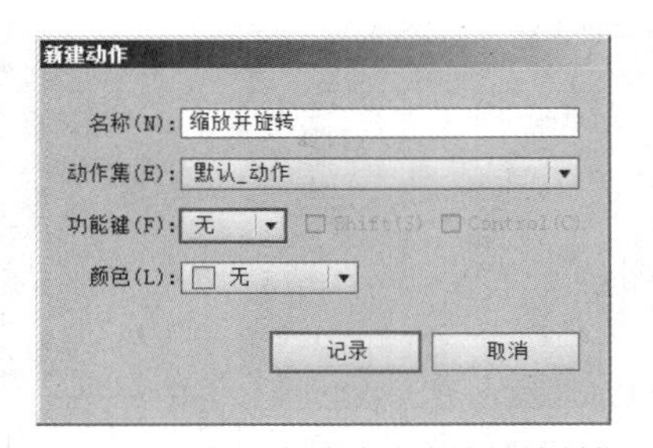


图 8-8　设置名称为“缩放并旋转”

5）选中花瓣图形，然后双击工具箱中的 （比例缩放工具），在弹出的“比例缩放”对话框中设置参数，如图 8-9 所示，单击“复制”按钮。接着双击工具箱中的 （旋转工具），在弹出的“旋转”对话框中设置参数，如图 8-10 所示。单击“确定”按钮，效果如图 8-11 所示。

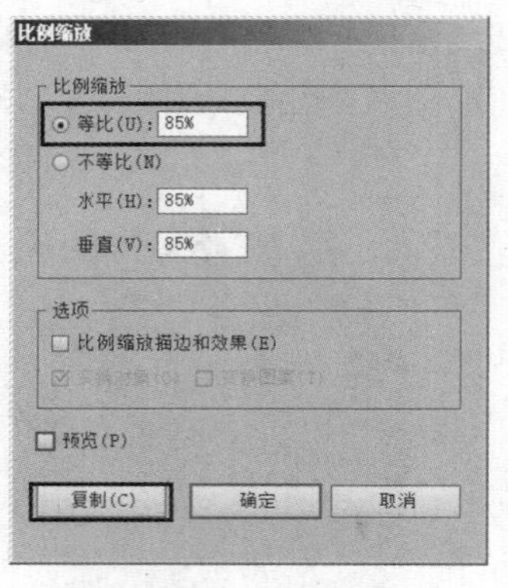


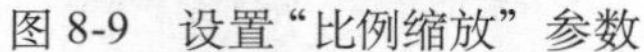

图 8-9　设置“比例缩放”参数

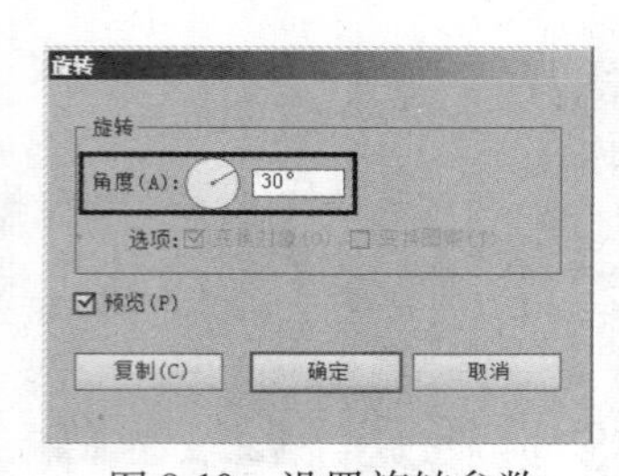


图 8-10　设置旋转参数

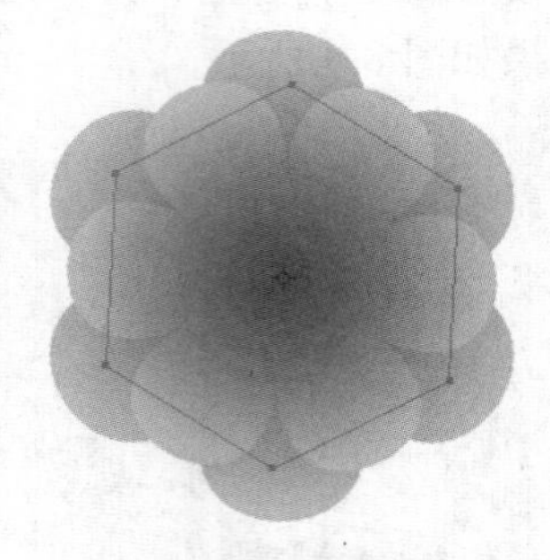

图 8-11　旋转后的效果

6）此时“动作”面板如图 8-12 所示。单击该面板下方的■（停止记录）按钮，停止录制动作。然后选择“缩放并旋转”动作，单击面板下方的▶（播放当前所选动作）按钮，如图 8-13 所示，反复执行该动作，从而制作出剩余的花瓣，效果如图 8-14 所示。

图 8-12　“动作”面板

图 8-13　停止录制后的“动作”面板

图 8-14　制作出剩余的花瓣

7）制作牡丹花。方法为：选中所有的图形，执行菜单中的“效果 | 扭曲和变换 | 粗糙化”命令，在弹出的对话框中设置参数，如图 8-15 所示，单击“确定”按钮，效果如图 8-16 所示。

提示：此时“外观”面板如图 8-17 所示。如果要调节“粗糙化”参数，可直接双击“外观”面板中的“粗糙化”，再次调出“粗糙化”面板。

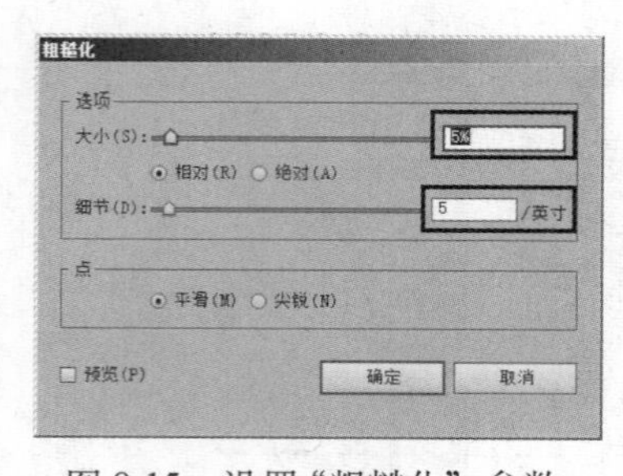


图 8-15　设置“粗糙化”参数

图 8-16　“粗糙化”效果

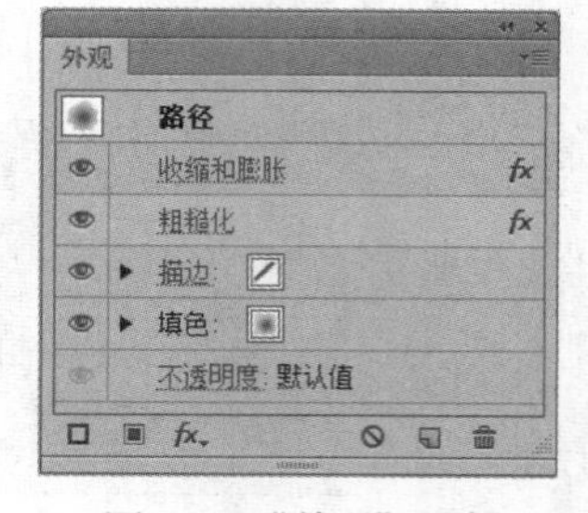


图 8-17　“外观”面板

8）制作菊花。其方法为：选中所有的图形，执行菜单中的“效果 | 扭曲和变换 | 收缩和膨胀”命令，在弹出的对话框中设置参数，如图 8-18 所示，单击“确定”按钮，效果如图 8-19 所示。此时“外观”面板如图 8-20 所示。

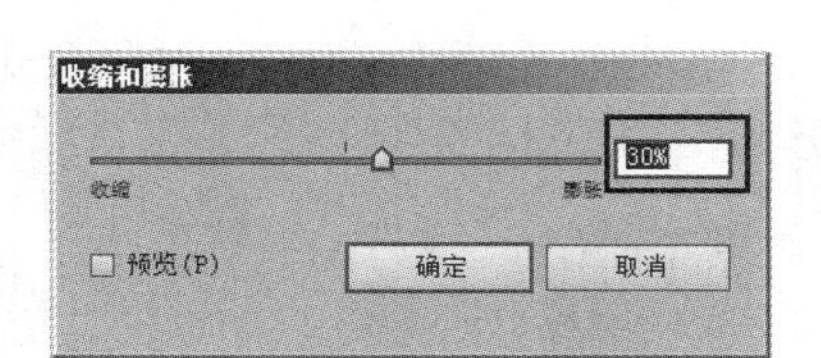


图 8-18　设置“收缩和膨胀”参数

图 8-19　“收缩和膨胀”效果

图 8-20　“外观”面板

提示：1）如果将“收缩和膨胀”参数调整为 –40%，如图 8-21 所示，效果如图 8-22 所示。

2）在“滤镜”菜单中同样存在“收缩和膨胀”命令，只不过执行“滤镜”中的该命令后，在“外观”面板中是不能够再次进行编辑的。

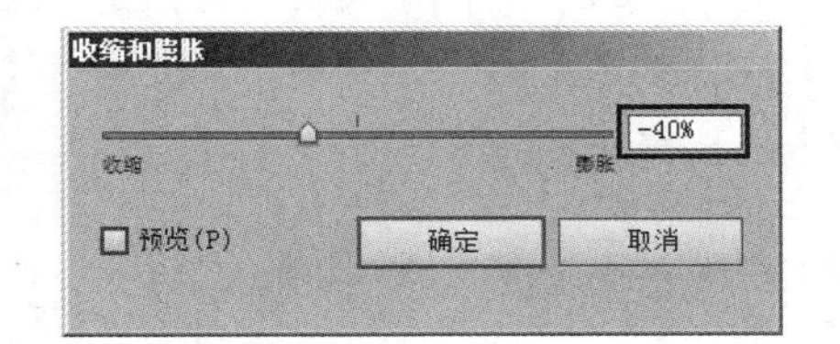


图 8-21　设置“收缩和膨胀”参数为 –40%

图 8-22　“收缩和膨胀”效果

## 8.2　制作“Loop”艺术字体中颜色的循环

### 制作要点：

本例将制作一个文字艺术化处理的小案例，效果如图8-23所示。通过本例的学习，读者应掌握利用简单图形运算来制作和修整文字外形，以及在普通的线性渐变基础上通过调整“透明度”面板中的参数来制作微妙阴影的方法。

图 8-23　“Loop”艺术字体中颜色的循环效果

### 操作步骤：

1）执行菜单中的“文件 | 新建”命令，新建一个名称为“loop.ai”的文件，并设置文档大小为 120mm × 100mm。

2）这个例子主要是对文字“Loop”的艺术化处理，由于字形具有极其圆滑的曲线，后期还要进行一系列图形化的修整，因此最好不要采用字库里规范的字体，而是通过简单图形运算来实现。方法：利用工具箱中的▢（矩形工具）绘制出两个矩形，并将它们叠放在一起，然后按快捷键〈Shift+Ctrl+F9〉，打开“路径查找器”面板，在其中单击▢（联集）按钮（该按钮命令的含义是“将多个独立的图形相加为一个整体”），如图 8-24 所示。此时两个矩形相加后会变为一个完整的闭合路径，形成字母“L”的形状，如图 8-25 所示。

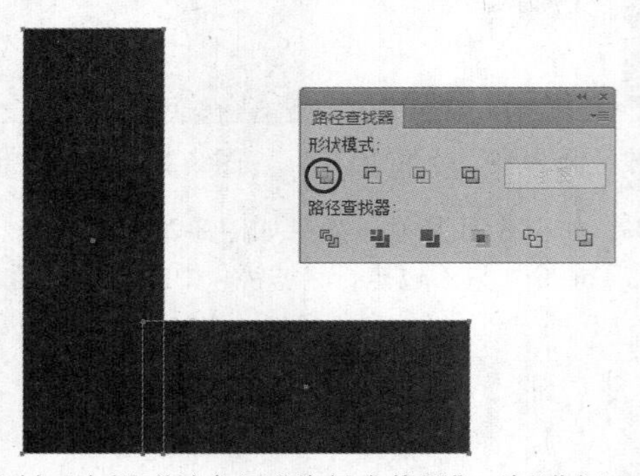


图 8-24　绘制两个矩形并应用“路径查找器”面板进行图形相加

图 8-25　两个矩形相加后变为一个完整的路径

3）将路径边缘处理圆滑。方法：利用工具箱中的▢（添加锚点工具），在如图 8-26 所示的位置单击，添加一个锚点。此时锚点的类型为角点，然后单击选项栏中的▢（将锚点转换为平滑点）按钮，将它转换为曲线点。接着利用工具箱中的▢（直接选择工具）向上拖动锚点并调整其方向线，使矩形上端变成弧形。

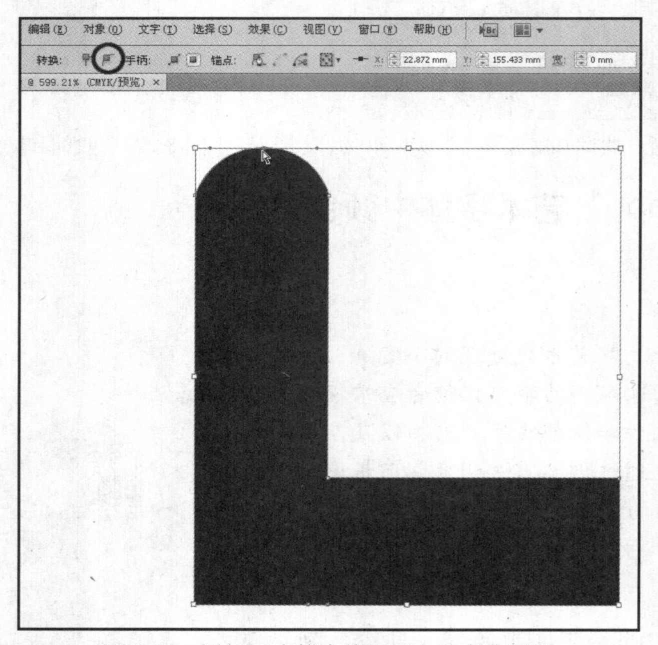


图 8-26　添加一个锚点使矩形上端变成弧形

4）此时字母“L”左下端转角过于尖锐，需要将它也转变为弧形。方法：利用工具箱中的（钢笔工具）绘制出图 8-27 中红色区域所示的闭合图形，然后利用（选择工具）将红色图形与下面的字母“L”同时选中，单击“路径查找器”面板中的（减去顶层）按钮，此时字母转角会变为弧形，如图 8-28 所示。

提示：沿用这种思路，在没有合适圆体字的情况下可以自行修整字母的弧形转角、边角。

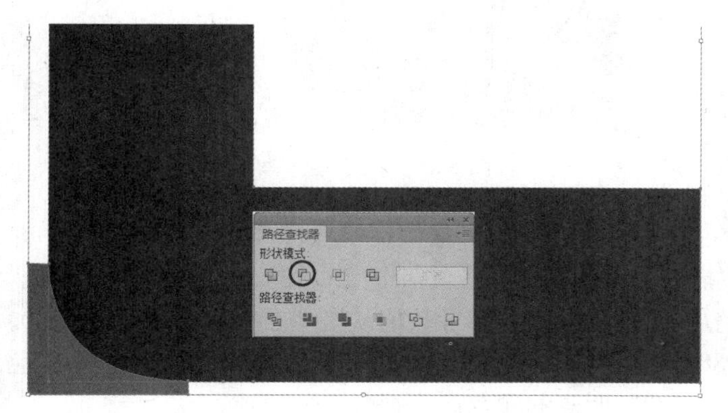


图 8-27　应用“路径查找器”面板将左下端转角转变为弧形

图 8-28　修整完的字母“L”

5）制作第二个小写字母“O”，这个字母是一个镂空的圆环形。方法：先利用（椭圆工具）绘制出一大一小两个同心圆（按住〈Alt+Shift〉组合键可绘制沿中心向外发射的正圆形），然后同时选中两个圆形，在“路径查找器”面板中单击（减去顶层）按钮，如图 8-29 所示，此时中间小圆被减掉而变成镂空的部分。接着将字母“O”移到字母“L”右侧，拼接在一起。

提示：此后需要将字母“O”按快捷键〈Ctrl+C〉复制到剪贴板上，以便后面进行粘贴。

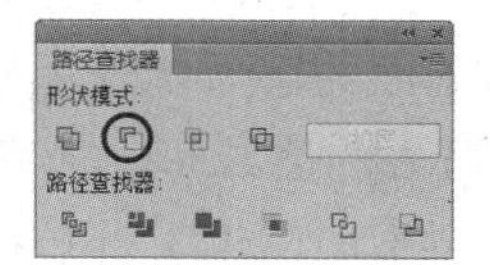


图 8-29　制作第二个字母“O”

6）对字母“L”和“O”要填充一致的渐变色，因此它们不能是独立的形状，需要将它们组成一个整体。方法：将它们都选中后，在“路径查找器”面板中单击（相加）按钮，使其相加为一个整体图形，如图 8-30 所示。接着按快捷键〈Ctrl+F9〉打开“渐变”面板，设置如图 8-31 所示的线性渐变（两种颜色的参考数值分别为：蓝色（CMYK（80，0，0，0），绿色（CMYK（40，0，90，0））。

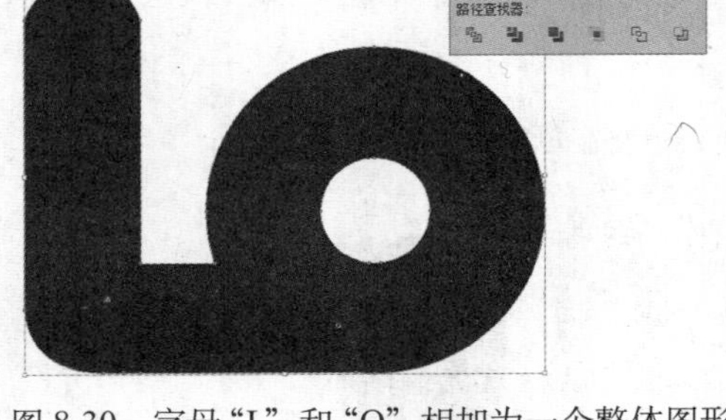


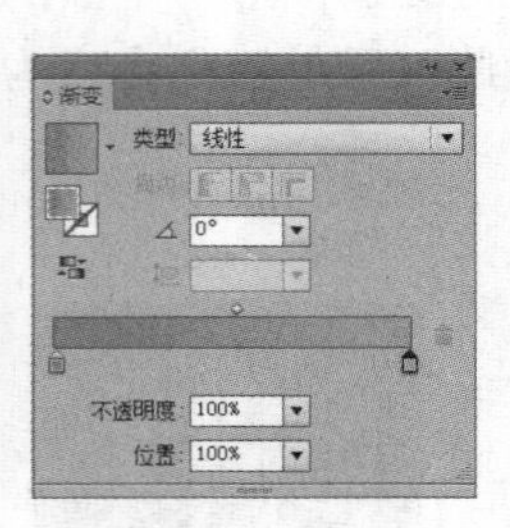


图 8-30 字母“L”和“O”相加为一个整体图形　　图 8-31 填充“蓝—绿”的线性渐变

7）将前面步骤 5）中复制在剪贴板上的字母“O” 按快捷键〈Ctrl+V〉粘贴一份，并移到如图 8-32 所示的位置。然后按快捷键〈Ctrl+[〉使它移至字母“LO”的下面。接着在“渐变”面板中设置如图 8-33 所示的三色线性渐变（3 种颜色的参考数值从左至右分别为：CMYK（80，40，100，50），CMYK（40，10，80，0），CMYK（90，20，70，50））。注意这些颜色的明度要相对低一些，以使其与字母“LO”明亮的颜色产生视觉上的对比。

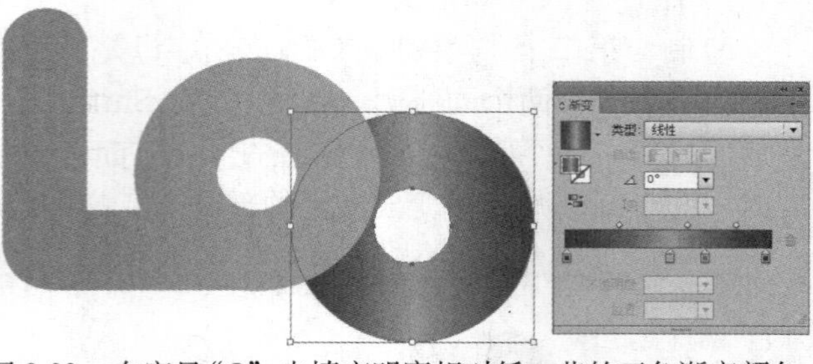


图 8-32 将字母“O”复制一份并置于右侧　　图 8-33 在字母“O”中填充明度相对低一些的三色渐变颜色

8）将前面复制在剪贴板上的字母“O”按快捷键〈Ctrl+V〉再粘贴一份，并移至右侧，然后利用 （矩形工具）绘制出一个窄长的矩形，再重叠拼接至字母“O”的左下部。

9）为了与前面的字母统一风格，要将矩形底部边缘修整为圆滑弧形。方法：先利用工具箱中的 （添加锚点工具）在如图 8-34 所示的位置单击，添加一个锚点，然后单击选项栏中的 （将锚点转换为平滑点）按钮，将它转换为曲线点。接着利用工具箱中的 （直接选择工具）向下拖动锚点并调整其方向线，使矩形下端变成弧形。

图 8-34 绘制出一个矩形并使矩形下端修整为弧形

10）将矩形与字母“O”组合为一个字母“P”。方法：先利用 （选择工具）同时选中矩形与字母“O”，然后在“路径查找器”

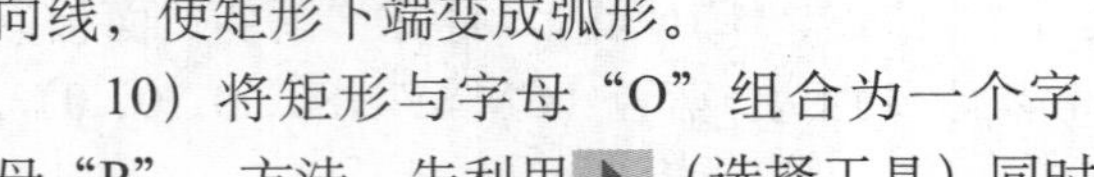

面板中单击 (联集) 按钮，此时一个完整的字母“P”就形成了，如图 8-35 所示。接着在“渐变”面板中设置“黄绿色—蓝绿色—蓝色”三色线性渐变（3 种颜色的参考数值从左至右分别为：CMYK（40，10，90，0），CMYK（60，0，45，0），CMYK（80，0，20，0）），效果如图 8-36 所示。

图 8-35　将矩形与字母“O”组合为一个字母“P”

图 8-36　在字母“P”中填充“黄绿色—蓝绿色—蓝色”三色线性渐变

11）文字“Loop”的制作原理是将它拆分成“LO”、“O”、“P”3 部分，分别填充蓝绿系列的渐变颜色，使整体看起来仿佛是蓝绿色相间的循环。到目前为止，标志文字显得层次单调了一些，尤其是“LO”和“P”部分。下面添加两处局部的阴影，看看视觉上会发生怎样奇妙的变化。方法：将前面步骤 5）中复制在剪贴板上的字母“O”按快捷键〈Ctrl+F〉粘贴一份，此时它会出现在原来的位置（与最初制作的字母“O”重合），如图 8-37 所示。然后利用工具箱中的 (刻刀工具)，按住〈Alt〉键参照图 8-38 所示分别绘制两条直线（注意要先按住〈Alt〉键再绘制直线），将字母“O”从这两个位置裁断。裁完之后，按快捷键〈Shift+Ctrl+A〉取消选择。接着利用工具箱中的 (直接选择工具) 选中字母“O”的右侧部分，按〈Delete〉键将其删除，从而只剩下左侧部分，如图 8-39 所示。

12）打开“渐变”面板，在其中设置“黑色—深灰色—透明”线性渐变（最后一种颜色的“不透明度”为 0），渐变方向从下至上，效果如图 8-40 所示。

图 8-37　将字母“O”原位粘贴一份

图 8-38　利用两条直线将字母“O”从两个位置裁断

图 8-39　将右侧裁断的部分删除

图 8-40　设置“黑色—深灰色—透明”线性渐变

13）接下来将黑色与背景颜色进行半透明融合。方法：按快捷键〈Shift+Ctrl+F10〉打开“透明度”面板，在其中将“不透明度”参数设为 80%，将“混合模式”更改为“正片叠底”，则渐变中黑色的部分变为与底色协调的深蓝绿色，现在看起来字母“LO”中的填充色仿佛是沿着路径进行流动的连续颜色，效果如图 8-41 所示。

图 8-41　在“透明度”面板中调节“不透明度”和“混合模式”

14）将前面复制在剪贴板上的字母“O”按快捷键〈Ctrl+V〉再粘贴一份，并移至右侧与字母“P”中的圆环重合。然后利用工具箱中的（刻刀工具），按住〈Alt〉键参照图 8-42 所示绘制两条直线（注意要先按住〈Alt〉键再绘制直线），将字母“P”从这两个位置裁断。裁完之后，按快捷键〈Shift+Ctrl+A〉取消选择，再利用工具箱中的（直接选择工具）选中字母的上部，按〈Delete〉键将其删除，从而只剩下转折处的一小部分，如图 8-43 所示。

图 8-42　利用“刻刀工具”将字母“P”从两个位置裁断

图 8-43　裁断删除后剩下的一小部分图形

15）接下来将裁剩下的部分也转变为半透明的阴影效果。方法：打开“渐变”面板，在其中设置“黑色—深灰色—透明”线性渐变（最后一种颜色的“不透明度”为 0），渐变方向从左至右，效果如图 8-44 所示。然后按快捷键〈Shift+Ctrl+F10〉打开“透明度”面板，在其中将“不透明度”参数设置为 80%，将“混合模式”更改为“正片叠底”，此时渐变中黑色的部分会变为比底色稍微暗一些的深蓝绿色，且字母“P”转折处的层次关系发生了微妙的变化，效果如图 8-45 所示。

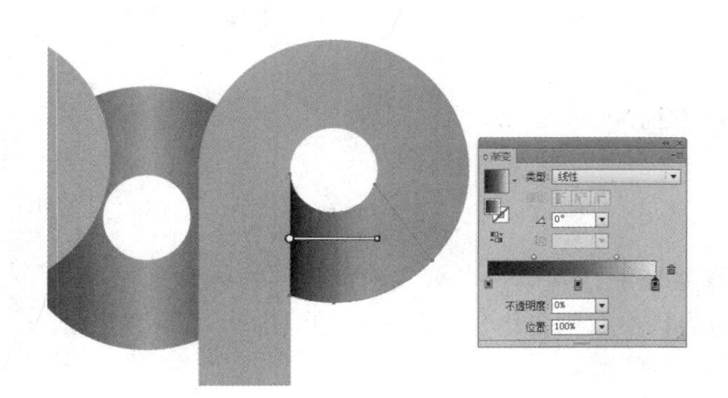

图 8-44　设置“黑色—深灰色—透明”线性渐变

图 8-45　字母“P”转折处添加半透明阴影后的变化

16）最后，再绘制一个大的矩形，并填充从上至下“白色—灰色”的线性渐变作为衬底。经过形状和颜色的艺术化处理后，文字的效果如图 8-46 所示。

图 8-46　最后完成的效果

## 8.3　报纸的扭曲效果

**制作要点：**

本例将制作报纸的扭曲效果，如图8-47所示。通过本例的学习，读者应掌握“封套扭曲”中“用变形建立”、“用网格建立”和“用顶层对象建立”3种变形命令的应用。

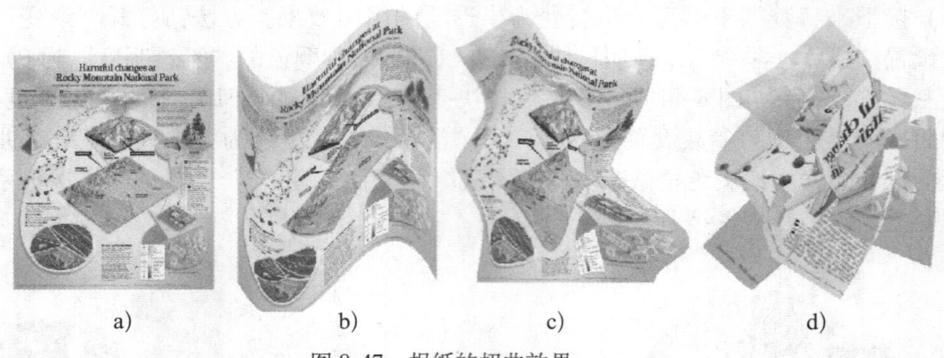


a)　　b)　　c)　　d)

图 8-47　报纸的扭曲效果

a）原图　b）用变形建立　c）用网格建立　d）用顶层对象建立

**操作步骤：**

“蒙版”与“封套扭曲”从某种角度上来说，就像一个剪裁遮色片，物体 B 通过物体 A 显现出来。其中，“蒙版”后物体 B 的形状不发生变化，如图 8-48 所示；而“封套扭曲”后，物体 B 会随着物体 A 被扭曲，如图 8-49 所示。

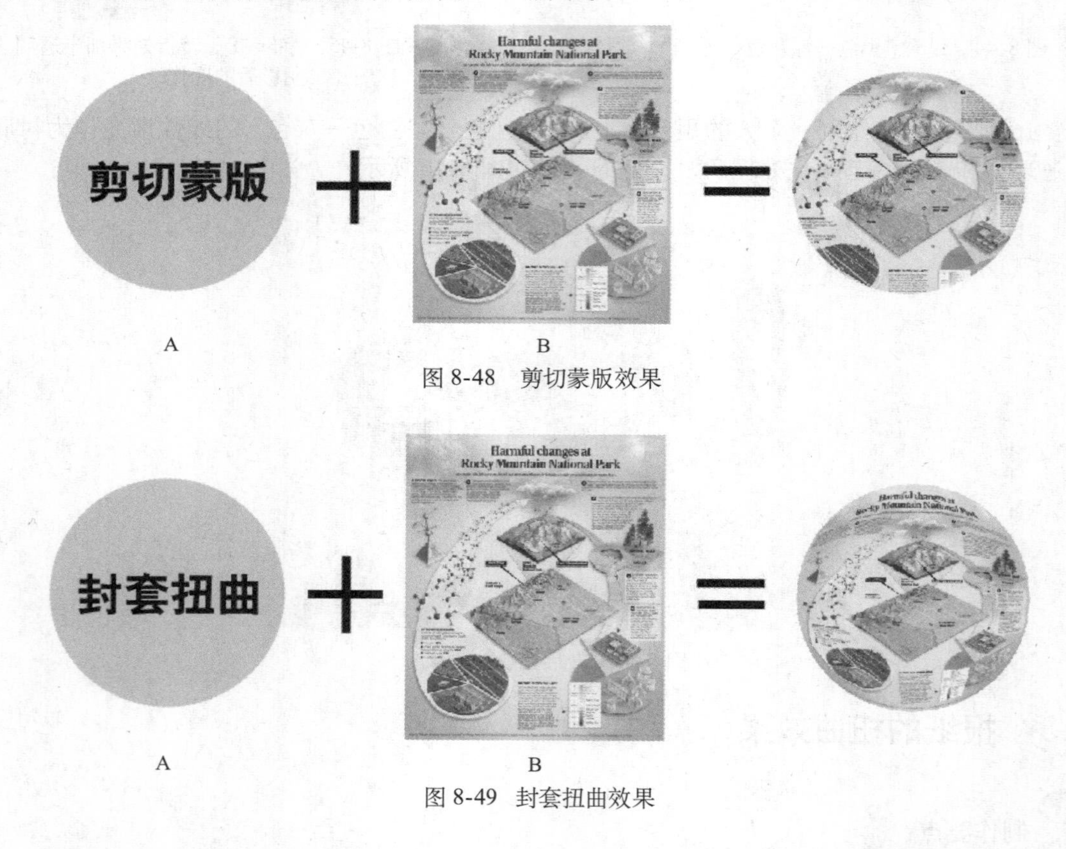


图 8-48　剪切蒙版效果

图 8-49　封套扭曲效果

Illustrator CS6 提供了“用变形建立”、“用网格建立”和“用顶层对象建立”3 种“封套扭曲”的方法，下面来具体说明一下。

### 1. 用变形建立

1）执行菜单中的“文件 | 新建”命令，在弹出的对话框中设置参数，如图 8-50 所示，然后单击“确定”按钮，新建一个文件。

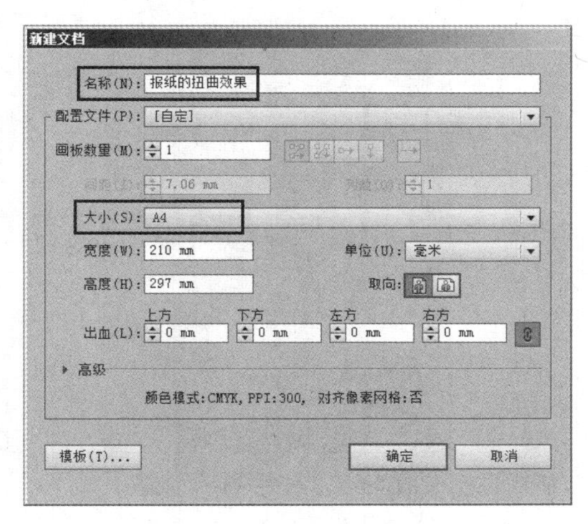


图 8-50　设置“新建文档”参数

2）执行菜单中的“文件 | 置入”命令，导入配套光盘中的“素材及效果 \ 第 8 章 透明度、外观与效果 \8.3 报纸的扭曲效果 \ 报纸 .jpg”图片作为变形对象，如图 8-51 所示。

3）选中导入的图片，按键盘上的〈Alt〉键水平复制出 3 幅图片，以便分别进行扭曲处理。

4）选中复制出的第一幅图片，执行菜单中的“对象 | 封套扭曲 | 用变形建立” 命令，在弹出的“变形选项”对话框中设置参数，如图 8-52 所示，然后单击“确定”按钮，效果如图 8-53 所示。

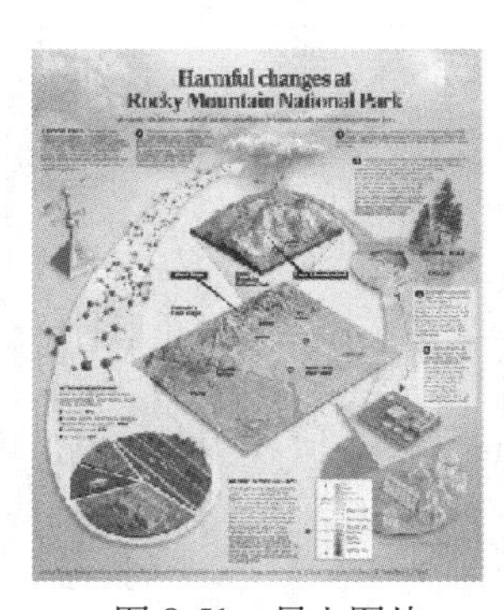


图 8-51　导入图片

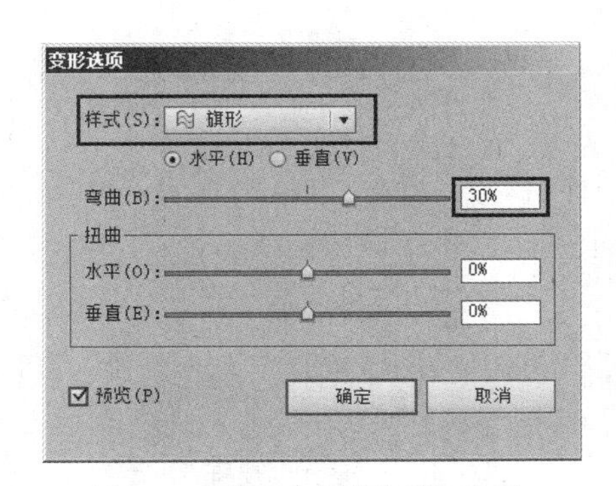


图 8-52　设置“变形选项”参数

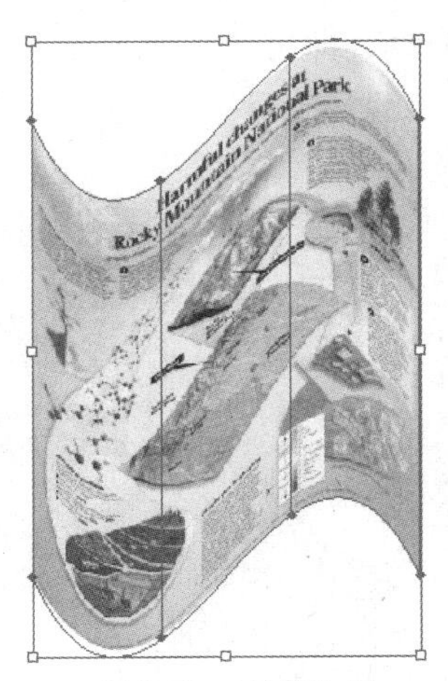

图 8-53　变形效果

### 2. 用网格建立

1）选中复制出的第二幅图片，执行菜单中的“对象 | 封套扭曲 | 用网格建立” 命令，

然后在弹出的“封套网格”对话框中指定网格的具体数值，如图 8-54 所示，再单击“确定”按钮，效果如图 8-55 所示。

2）利用工具箱中的 （直接选择工具）调整节点的位置，效果如图 8-56 所示。

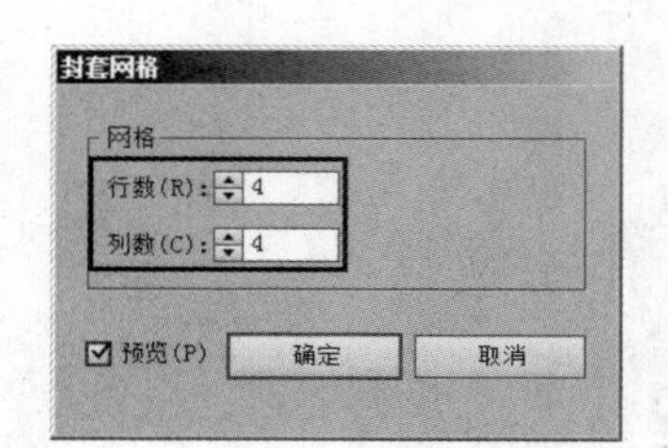


图 8-54　设置“封套网格”参数

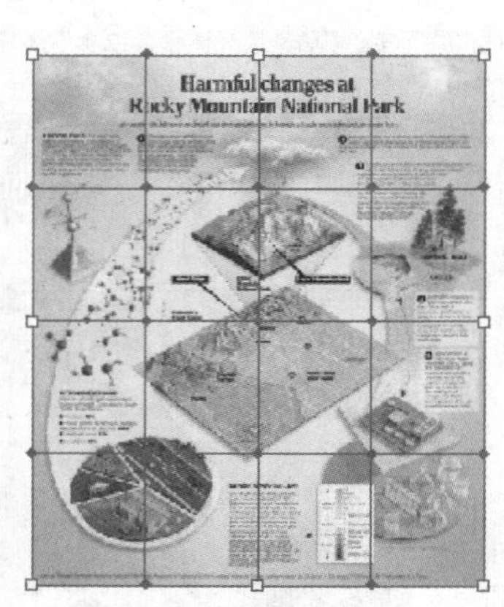


图 8-55 “封套网格”效果

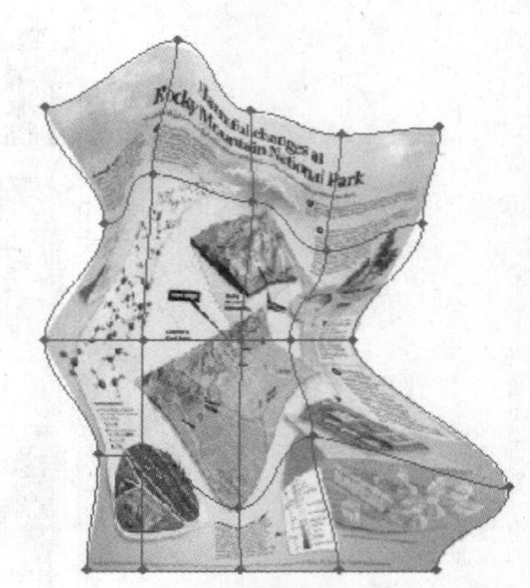

图 8-56　调整节点位置

### 3. 用顶层对象建立

在 3 种“封套扭曲”方法中，这种方法是最灵活的。它以一个自定义的物体作为封套，然后确定该物体的堆叠顺序在最上层，执行菜单中的“用顶层对象建立”命令，则形成皱巴巴的变形效果。

具体操作步骤如下：

1）利用工具箱中的 （钢笔工具）绘制一个封闭的路径作为封套，如图 8-57 所示。

2）将封闭的路径放到复制出的第 3 幅图片上方，如图 8-58 所示。

3）同时选中图片和自定义的路径，执行菜单中的“对象 | 封套扭曲 | 用顶层对象建立”命令，即可产生变形效果，效果如图 8-59 所示。

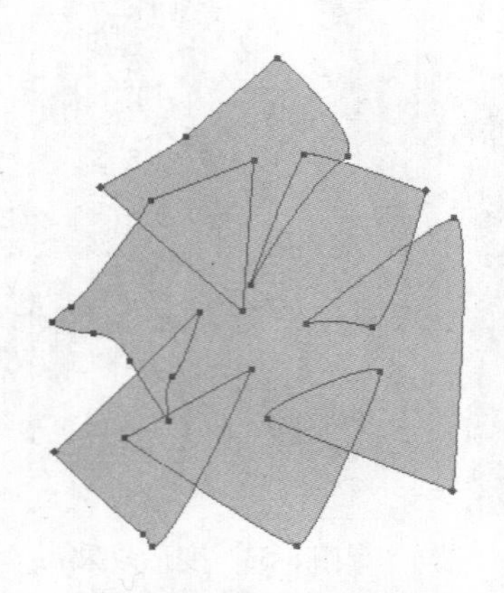

图 8-57　绘制封套路径

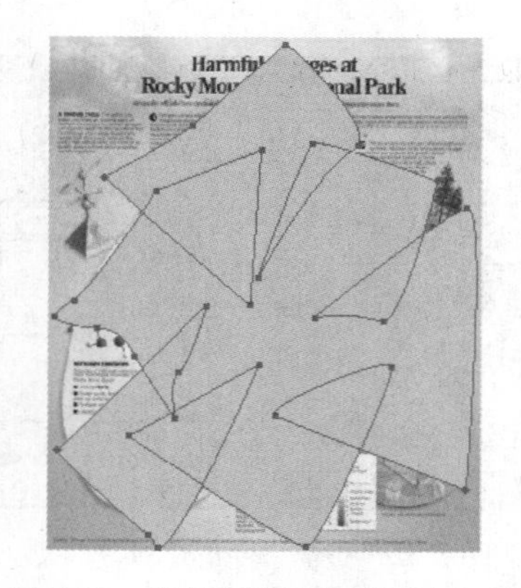

图 8-58　将封套路径放到图片上方

图 8-59　变形效果

提示：可以通过工具箱中的 （直接选择工具）对变形后的对象进行修改，如图8-60所示。

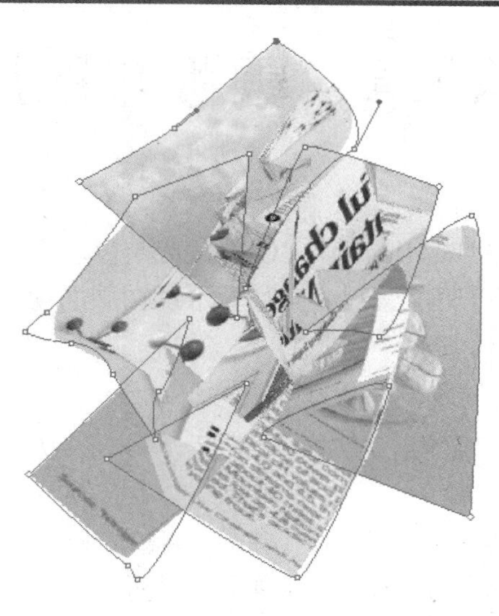

图 8-60　对变形后的对象进行修改

## 8.4　练习

（1）制作盘子中的鸡蛋效果，如图 8-61 所示。参数设置可参考配套光盘中的“课后练习\第 8 章\盘子中的鸡蛋 .ai”文件。

（2）制作花草效果，如图 8-62 所示。参数设置可参考配套光盘中的“课后练习\第 8 章\花草效果 .ai”文件。

图 8-61　盘子中的鸡蛋效果

图 8-62　花草效果

# 第9章 蒙版与图层

## 本章重点：

本章将通过 3 个实例来讲解 Illustrator CS6 蒙版与图层在实际工作中的具体应用。通过本章的学习，读者应掌握不透明度蒙版、剪切蒙版和图层的使用方法。

## 9.1 半透明的气泡

### 制作要点：

本例将制作半透明的气泡效果，如图9-1所示。通过本例的学习，读者应掌握“渐变”面板中的“径向”渐变和“透明度”面板中“不透明蒙版”命令的综合应用。

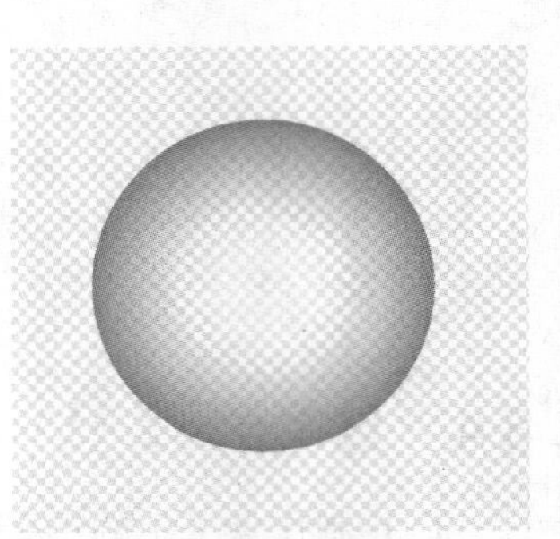

图 9-1 半透明的气泡

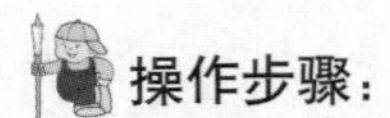

### 操作步骤：

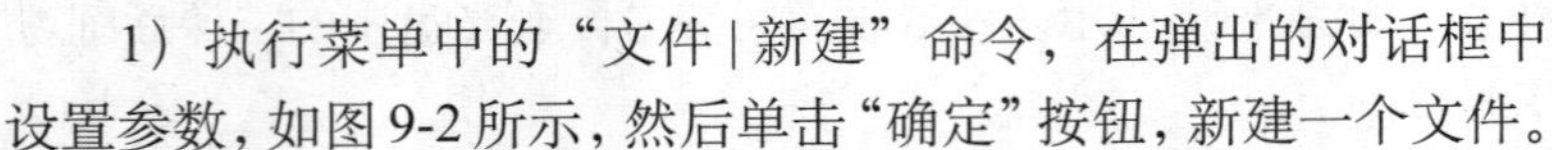

1）执行菜单中的“文件 | 新建”命令，在弹出的对话框中设置参数，如图 9-2 所示，然后单击“确定”按钮，新建一个文件。

2）选择工具箱中的（椭圆工具），设置描边色为无色，填充色为“黑—白”径向渐变，如图 9-3 所示。然后在绘图区中绘制一个将作为蒙版的圆形，效果如图 9-4 所示。

3）选择该圆形，执行菜单中的“编辑 | 复制”命令，然后执行菜单中的“编辑 | 贴在前面”命令，在原图形上方复制一个圆形。

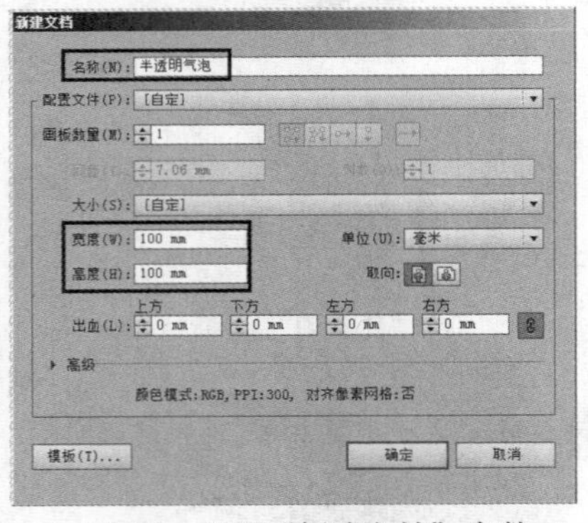


图 9-2 设置“新建文档”参数

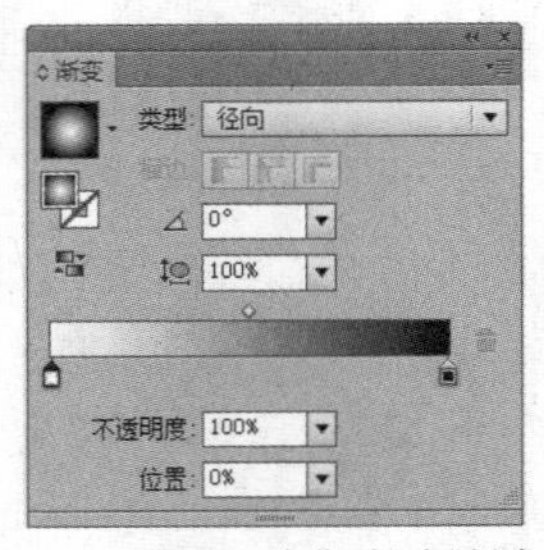


图 9-3 “黑—白”径向渐变

图 9-4 绘制圆形

4）改变渐变颜色。其方法为：在“渐变”面板中单击黑色滑块，然后在“颜色”面板中将其改为天蓝色，如图 9-5 所示。

5）选择蓝—白渐变的圆形，执行菜单中的“对象 | 排列 | 置于底层”命令，将其放置到作为蒙版的黑—白渐变圆形的下方。

6）利用工具箱中的（选择工具），同时框选两个圆形，然后执行菜单中的“窗口 | 透明度”命令，调出“透明度”面板。接着单击“制作蒙版”按钮，如图 9-6 所示。此时“透

明度”面板如图 9-7 所示，效果如图 9-8 所示。

提示：Illustrator中有剪贴蒙版和不透明蒙版两种类型的蒙版。这里使用的是不透明蒙版，它是在“透明度”面板中设定的。

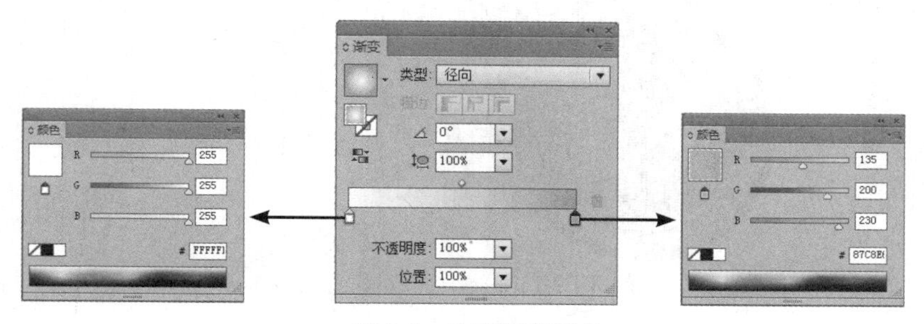

图 9-5　改变渐变颜色

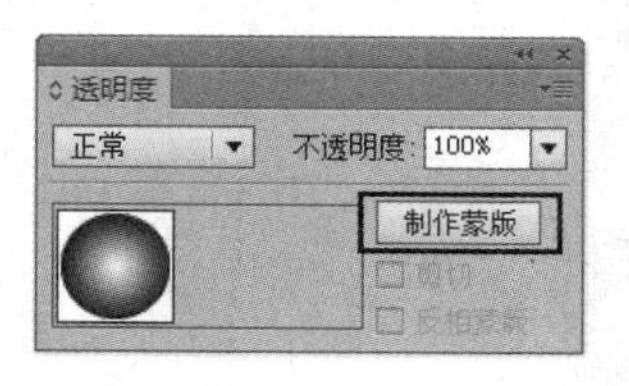

图 9-6　单击“制作蒙版”按钮

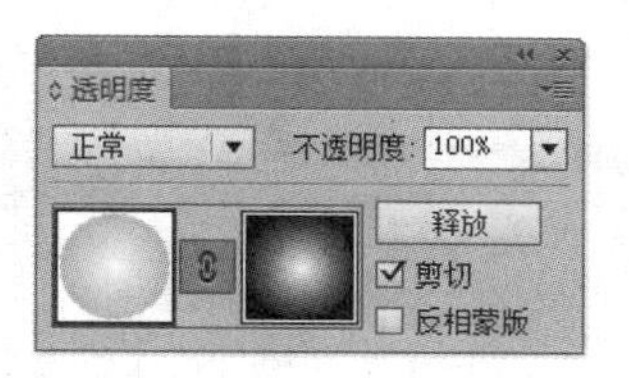

图 9-7　“透明度”面板

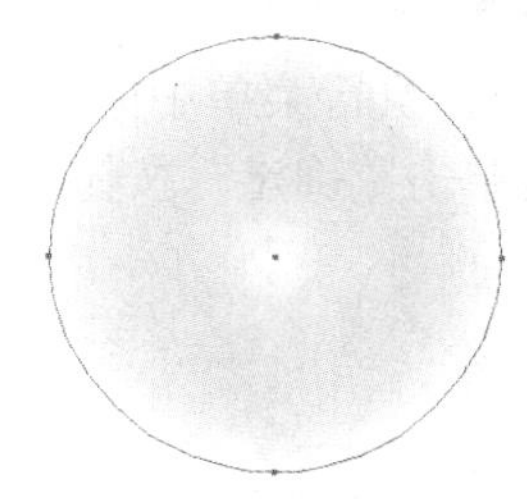

图 9-8　不透明蒙版效果

7）此时半透明气泡的渐变色与我们所需要的是相反的。解决这个问题的方法很简单，只要在“透明度”面板中选中“反相蒙版”复选框即可，如图 9-9 所示，效果如图 9-10 所示。

8）至此，半透明的气泡制作完毕。为了便于观看半透明效果，下面执行菜单中的“视图 | 显示透明度栅格”命令，显示透明栅格，效果如图 9-11 所示。

图 9-9　选中“反相蒙版”复选框

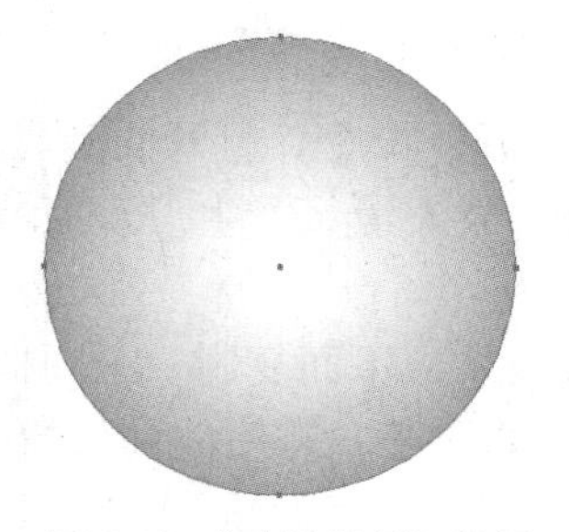

图 9-10　“反相蒙版”效果

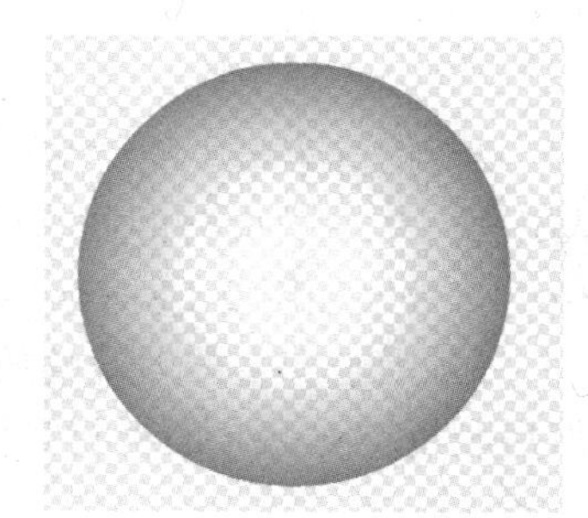

图 9-11　显示透明栅格

## 9.2　放大镜的放大效果

**制作要点：**

本例将制作放大镜效果，如图9-12所示。通过本例的学习，读者应掌握剪切蒙版的使用方法。

图 9-12　放大镜效果

**操作步骤：**

1）执行菜单中的“文件 | 新建”命令，在弹出的对话框中设置参数，如图 9-13 所示，然后单击“确定”按钮，新建一个文件。

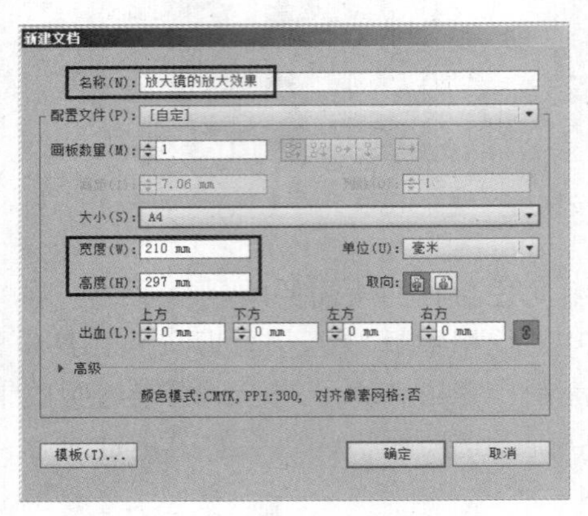


图 9-13　设置“新建文档”参数

2）执行菜单中的“文件 | 打开”命令，打开配套光盘中的“素材及效果 \ 第 9 章　蒙版与图层 \ 9.2　放大镜的放大效果 \ 放大镜 .ai”和“商标 .ai”文件，然后将它们复制到当前文件中，效果如图 9-14 所示。

3）为了产生放大镜的放大效果，下面复制一个图标并将其适当放大，如图 9-15 所示。然后利用“对齐”面板将它们中心对齐，并使放大后的图标位于上方。

图 9-14　将图标和放大镜放置到当前文件中

图 9-15　复制并适当放大图标尺寸

4）绘制一个镜片大小的圆形，放置位置如图 9-16 所示。然后同时选择放大后的图标和圆形，执行菜单中的“对象 | 剪切蒙版 | 建立”命令，效果如图 9-17 所示。

图 9-16　绘制圆形

图 9-17　蒙版效果

5）由于绘制图标时没有绘制白色的圆，因此，会通过上面的图标看到下面的图标，这是不正确的。下面就来解决这个问题。其方法为：首先执行菜单中的“对象 | 剪切蒙版 | 释放”命令，将蒙版打开，然后在放大的图标处放置一个白色圆形，再次进行蒙版操作，效果如图 9-18 所示。

6）调整放大镜和图标到相应位置，最终效果如图 9-19 所示。

图 9-18　再次进行蒙版操作效果

图 9-19　最终效果

## 9.3　制作世界名枪效果

**制作要点：**

本例将制作一把世界名枪“柯尔特911”的效果图，如图9-20所示。由于本例灵活地运用了渐变填充来代替混合与渐变网格，所以文件非常小，加上背景也不过500多KB。此外，通过本例的学习，读者应掌握钢笔工具、渐变工具、图层、剪切蒙版和“路径查找器”面板的综合应用。

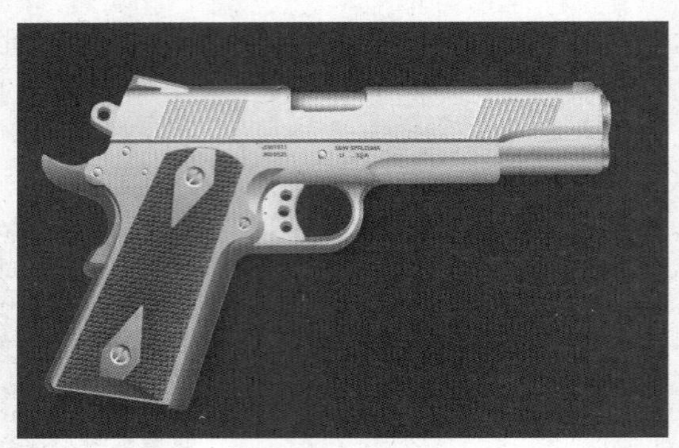

图 9-20　名枪效果

## 操作步骤：

### 1. 制作轮廓

1）执行菜单中的“文件 | 新建”命令，在弹出的对话框中设置参数，如图 9-21 所示，然后单击“确定”按钮，新建一个文件。

2）执行菜单中的“窗口 | 图层”命令，调出“图层”面板，然后在“图层 1”上绘制一个蓝色矩形作为背景，并锁定该图层。接着新建“图层 2”，并将其命名为“轮廓”，效果如图 9-22 所示。

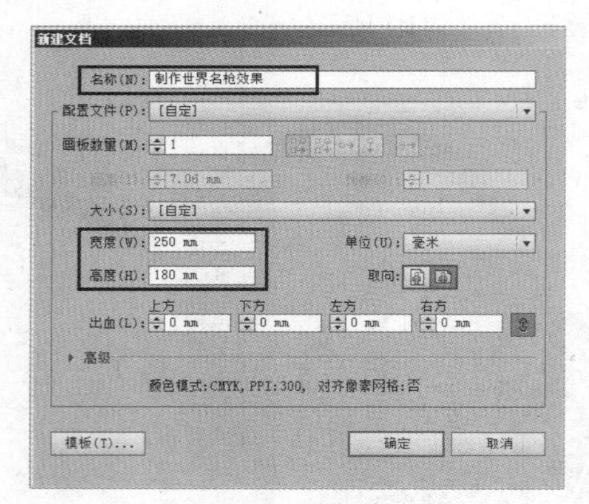


图 9-21　设置“新建文档”参数

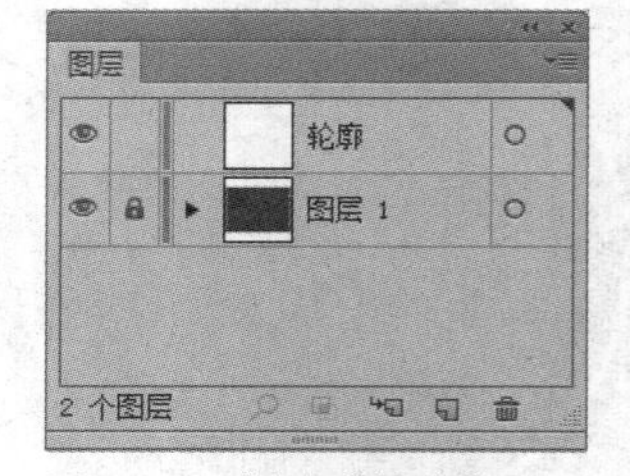


图 9-22　新建“轮廓”图层

3）选择工具箱中的（钢笔工具），在页面中绘制出手枪的轮廓，如图 9-23 所示。然后设置渐变色，如图 9-24 所示，对手枪进行渐变填充，效果如图 9-25 所示。

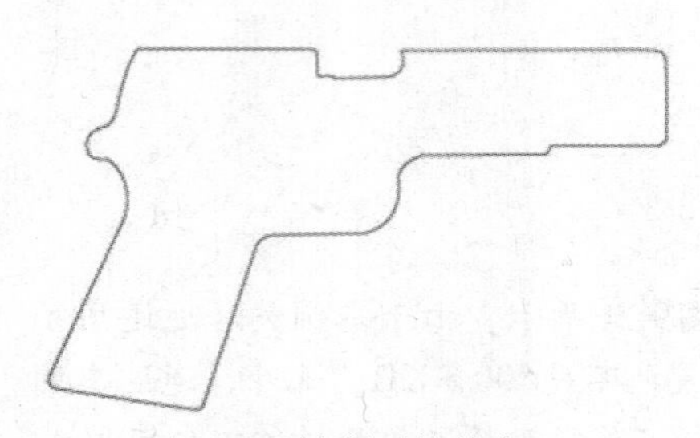

图 9-23　绘制手枪轮廓

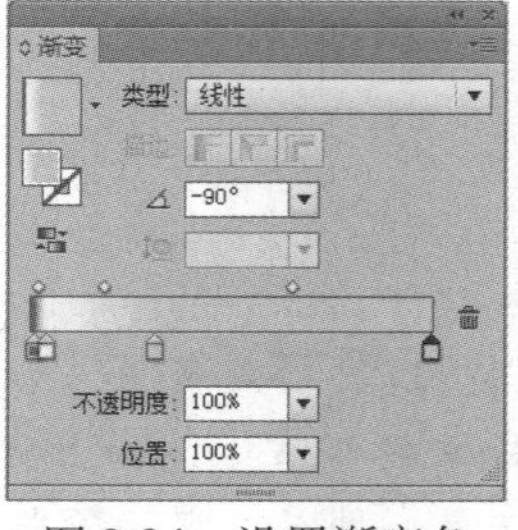


图 9-24　设置渐变色

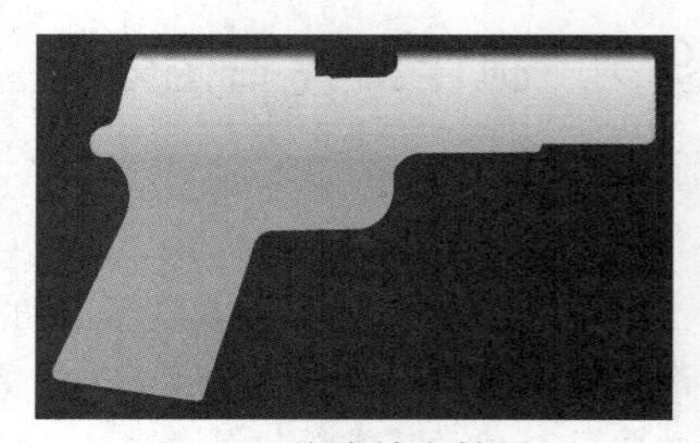

图 9-25　渐变填充效果

### 2. 制作枪筒

1）新建一个图层，并将图层命名为“枪筒”。

2）在“枪筒”图层上绘制枪筒上的零件和曲面，并填充上相应的渐变色，如图 9-26 所示。

3）绘制完成后，将它们添加到手枪的轮廓上，调整好它们之间的前后位置关系，效果如图 9-27 所示。

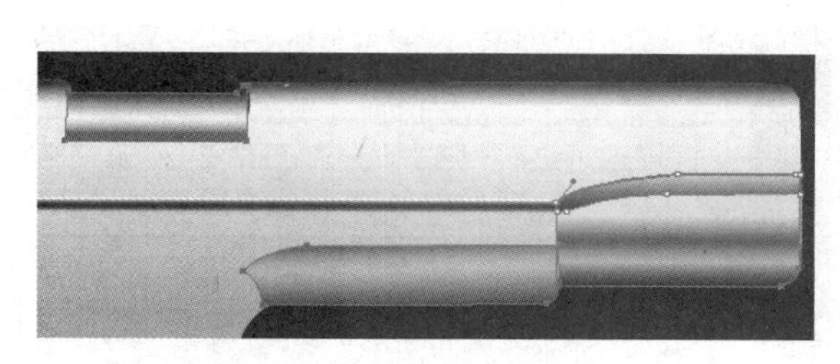

图 9-26　绘制枪筒上的零件和曲面

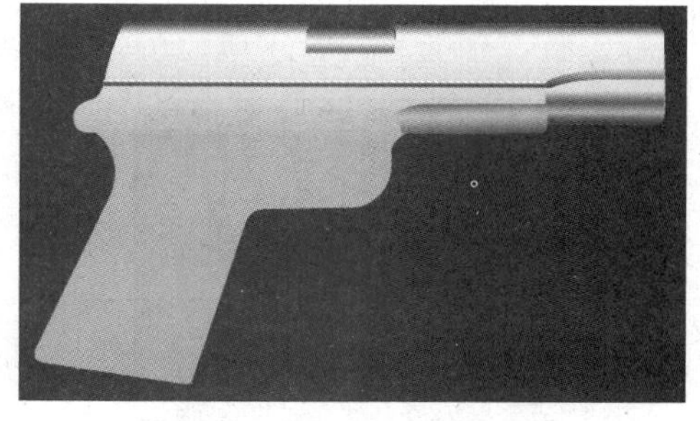

图 9-27　调整位置

4）制作枪筒左侧的条纹，利用（钢笔工具）绘制出图 9-28 所示的形状，并填充如图 9-29 所示的渐变色。

5）制作完成后，利用（选择工具）将其向右拖动，同时按下〈Alt〉键进行复制。然后按快捷键〈Ctrl+D〉进行多次复制，效果如图 9-30 所示。

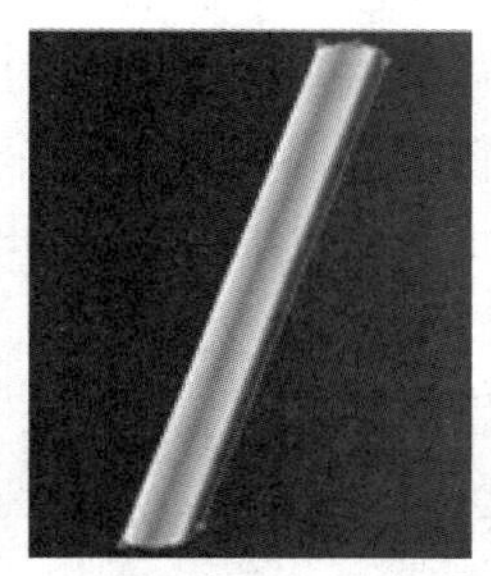

图 9-28　绘制形状

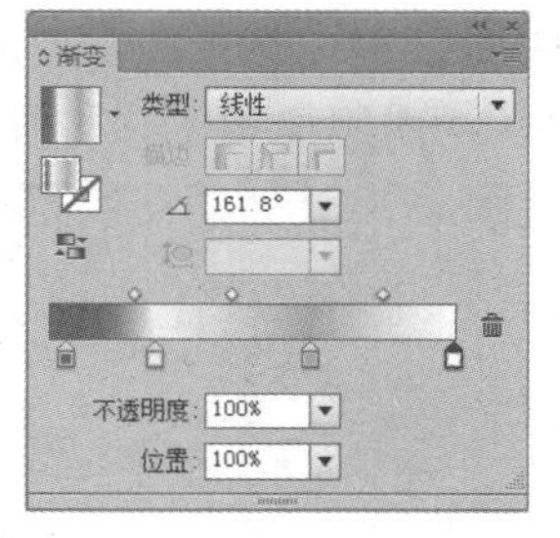


图 9-29　设置渐变色

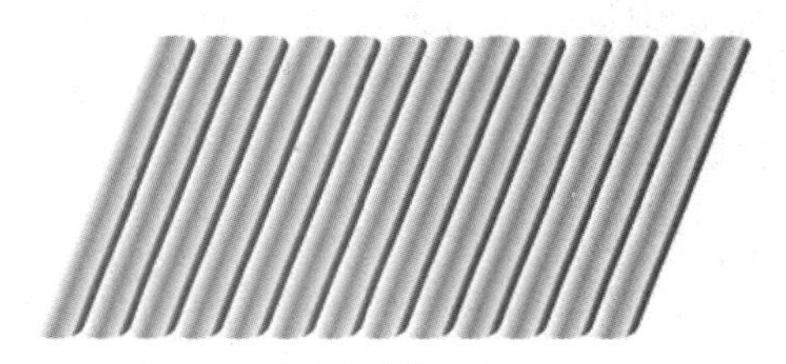

图 9-30　多次复制效果

6）将这些条纹添加到手枪轮廓上的枪筒部分，就制作完成了，效果如图 9-31 所示。

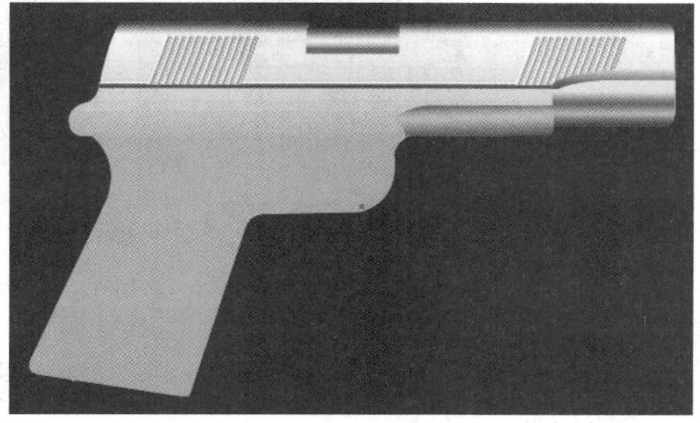

图 9-31　将条纹添加到枪筒部分

### 3. 制作手柄

1）新建一个图层，并将图层命名为“手柄”。

2）利用（钢笔工具）绘制出手枪手柄上的各个凹凸面，并填充适当的颜色，如图 9-32 所示。其中三角形为 80% 的灰色，其余为不同形式的渐变色。

3）将这些凹凸面的图形添加到枪的手柄部分，并调整好它们之间的前后关系，效果如图 9-33 所示。

图 9-32　绘制出手枪手柄上的各个面

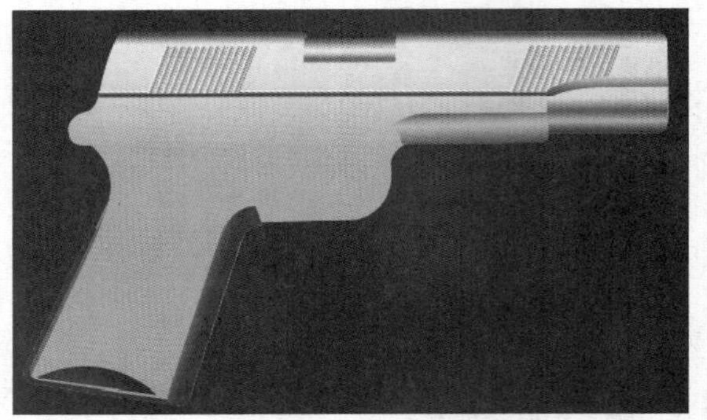

图 9-33　将这些凹凸面的图形添加到枪的手柄部分

4）制作手柄上的花纹。方法为：利用（钢笔工具）绘制出手柄花纹部分的形状，然后执行菜单中的“窗口 | 色板”命令，调出“色板”面板。然后单击“色板”面板下方的（“色板库”菜单）按钮，从弹出的快捷菜单中选择“其他库”命令。接着在弹出的对话框中选择“制作世界名枪效果”，如图 9-34 所示，单击“打开”按钮，调出相关色板库，如图 9-35 所示。最后，选择最后一个色板图案，对手柄花纹部分的形状进行填充，效果如图 9-36 所示。

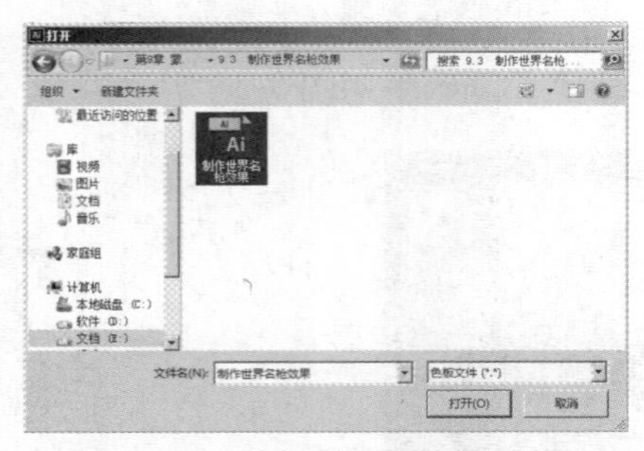


图 9-34　选择需要的枪柄图案

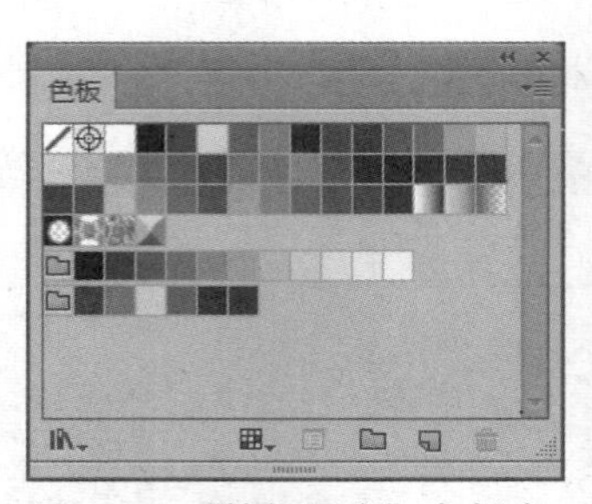


图 9-35　“枪柄图案”色板库

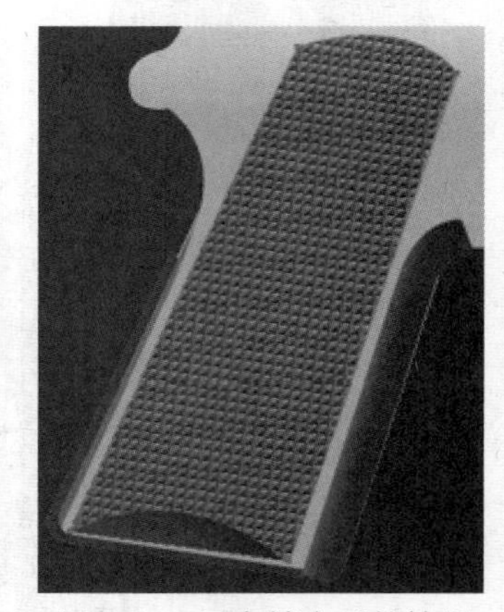

图 9-36　图案填充后的效果

5）为了更好地表现手柄部分的明暗效果，下面绘制一个和花纹部分一样的图形，然后设置填充渐变色，如图 9-37 所示，对其进行填充，效果如图 9-38 所示。

6）选中这个图形，调出“透明度”面板，设置相关参数，如图 9-39 所示，然后将其添加到花纹上，效果如图 9-40 所示。

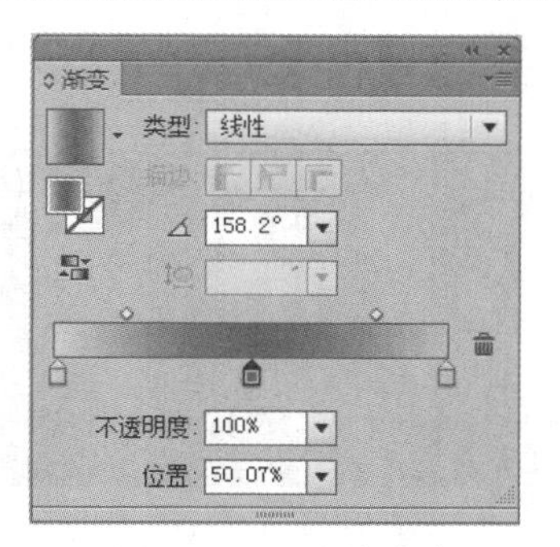


图 9-37　设置渐变色

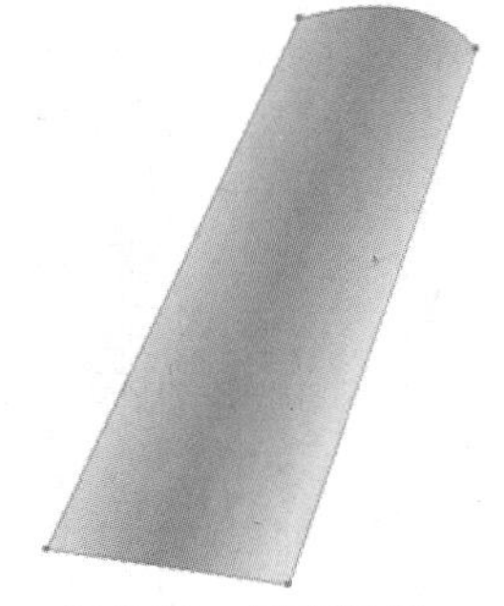

图 9-38　填充效果

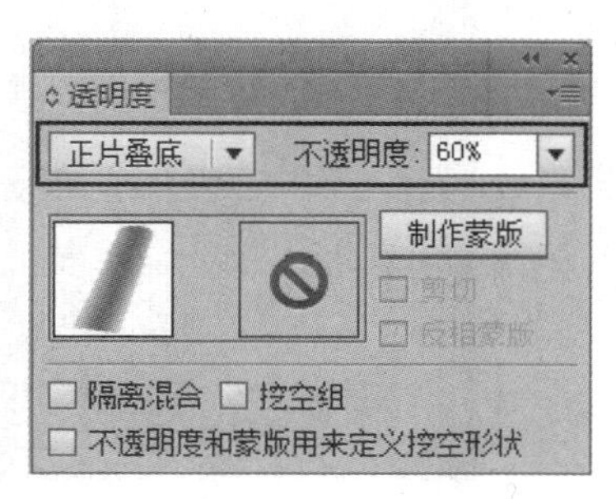


图 9-39　设置相关参数

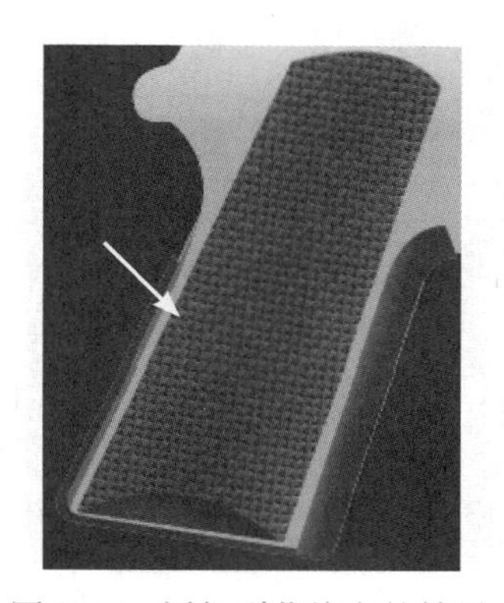

图 9-40　添加到花纹上的效果

7）制作手柄上的菱形块。方法为：选择工具箱中的 （矩形工具），配合〈Shift〉键，绘制出一个矩形并将其旋转 45°，如图 9-41 所示。然后执行“对象 | 变换 | 重设控制线框”命令，将其控制框恢复到水平的位置，如图 9-42 所示。接着将其压扁，如图 9-43 所示。

图 9-41　绘制并旋转矩形

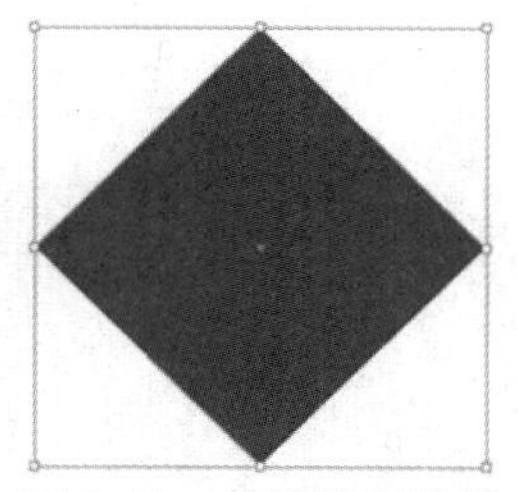

图 9-42　重设控制线框

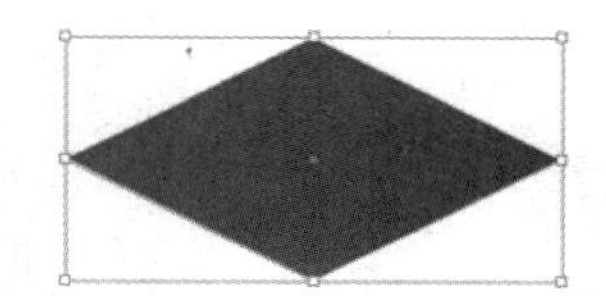

图 9-43　压扁后的效果

8）同理，制作一个菱形并填充如图 9-44 所示的渐变色，然后复制此菱形，并将其描边粗细设为 1 磅，边线色设为 80% 的灰色。接着将复制的菱形放到下面并和上面的菱形错开一点距离，这样就可以产生一定的立体感，如图 9-45 所示。

9）将这个菱形放到手柄花纹的上部，然后再制作一个颜色略微深一些的菱形放到花纹的下方，如图 9-46 所示。

10）选择这两个菱形，执行菜单中的“对象 | 编组”命令，将这两个菱形成组。然后在上面放一个和花纹形状相同的图形作为蒙版，接着将它们全部选中，执行菜单中的“对象 | 剪切蒙版 | 建立”命令，将多余的部分去掉，效果如图 9-47 所示。

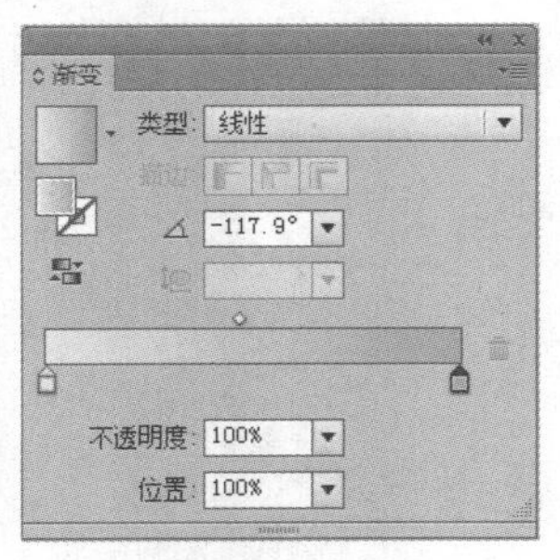


图 9-44　设置渐变色

图 9-45　放置效果

图 9-46　再绘制一个菱形

图 9-47　将多余的部分去掉

11）将做好的这些图形和花纹添加到手枪的手柄位置上，手柄部分就制作完成了，其效果如图 9-48 所示。

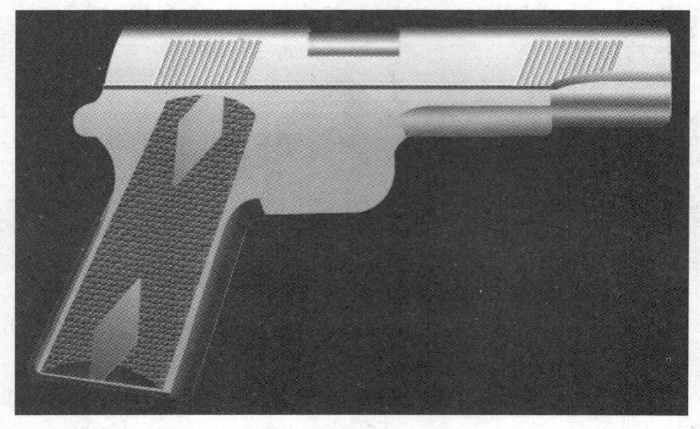

图 9-48　手柄效果

### 4. 制作扳机

1）新建一个图层，并将图层命名为“扳机”。

2）制作手枪的扳机。方法为：利用（钢笔工具）勾画出扳机的轮廓，再填充如图 9-49 所示的渐变色，效果如图 9-50 所示。然后绘制出组成扳机的各个曲面并填充相应的渐变色，如图 9-51 所示。图 9-52 所示为图 9-51 中箭头所指部分的渐变色。

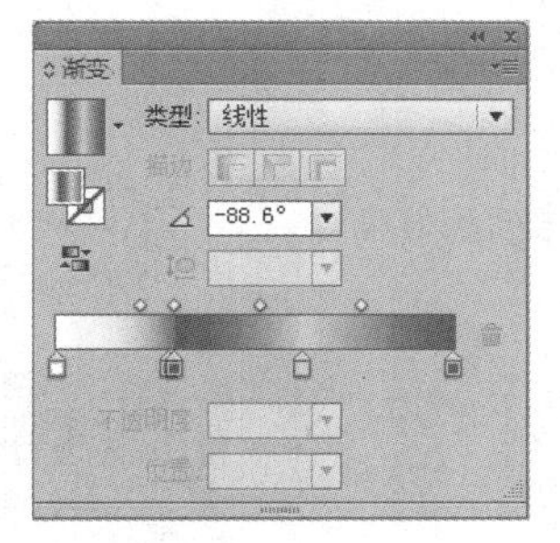


图 9-49　设置渐变色

图 9-50　渐变填充效果

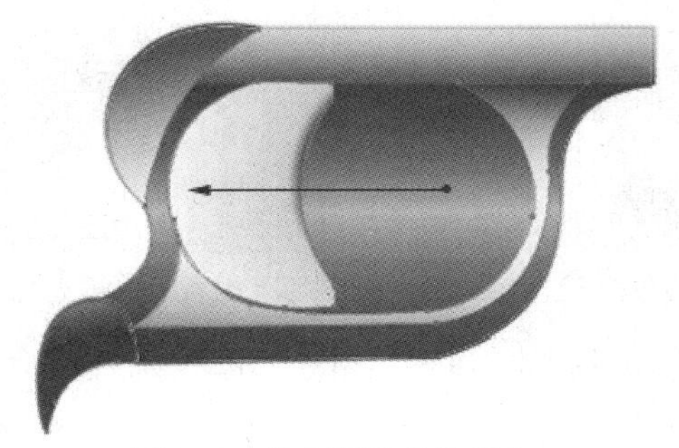

图 9-51　绘制扳机其他部分

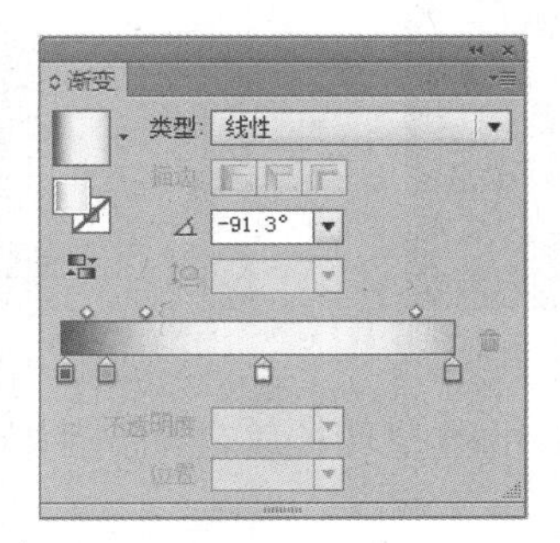


图 9-52　设置渐变色

3）制作扳机上的圆孔和放手指部分的镂空效果，如图 9-53 所示。手指部分的镂空效果可以利用“路径查找器”面板来制作，具体方法与后面“7. 制作螺钉”相同，这里不再说明。

提示：也可以简单地利用（钢笔工具）画一个和镂空部位形状相同的图形，再填上和背景相同的颜色。

4）将做好的扳机各部分添加到手枪轮廓扳机的位置上，调整好相互间的位置关系，扳机就制作完成了，其效果如图 9-54 所示。

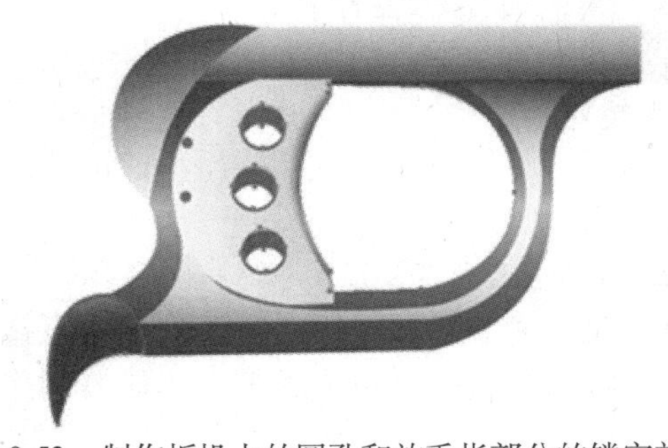

图 9-53　制作扳机上的圆孔和放手指部分的镂空效果

图 9-54　扳机效果

### 5. 制作枪口部分

1）新建一个图层，并将图层命名为“枪口”。

2）枪口包括柱形的枪管部分和准星部分。准星可以利用（钢笔工具）直接绘制，然后再填充简单的渐变色即可。而枪管部分的渐变色却要复杂得多，可以利用（钢笔工具）勾画出枪管部分，如图 9-55 所示，并将枪管部分的描边粗细设为 0.4pt，描边色设置如图 9-56 所示，枪管部分的填充色设置如图 9-57 所示。

提示：渐变的功能非常强大，通过巧妙的设置可以达到意想不到的效果。

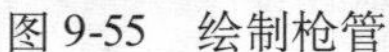

图 9-55　绘制枪管

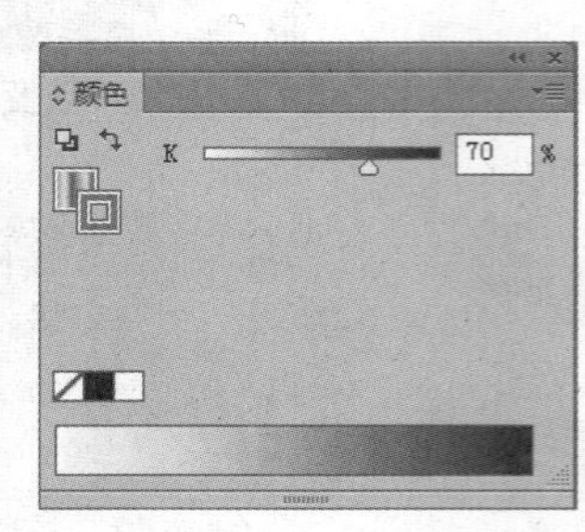


图 9-56　设置描边色

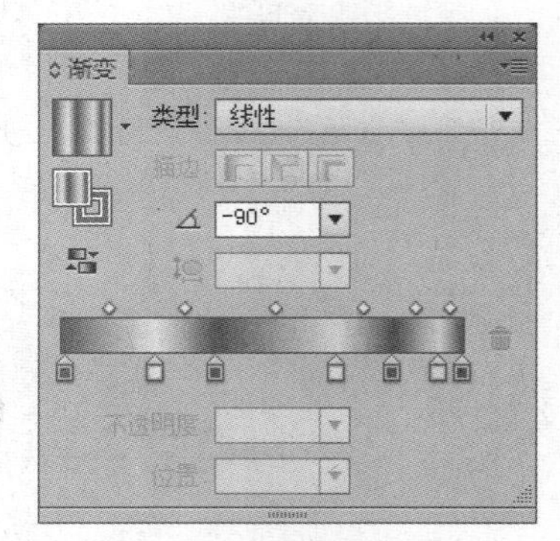


图 9-57　设置枪管填充色

3）将做好的准星和枪管添加到手枪的相应位置上，调整好相互间的位置关系，其效果如图 9-58 所示。

图 9-58　枪口效果

### 6. 制作保险部分

1）新建一个图层，并将图层命名为“保险”。

2）制作手枪的保险。此例的保险分上、下两个部分，下面先制作上面的部分。方法：利用（钢笔工具）勾画出保险各个面的轮廓，然后填充相应的颜色或渐变，接着制作出保险上的小孔，如图 9-59 所示。

3）现在我们制作保险的下半部分。方法：利用（钢笔工具）绘制出保险各个曲面的轮廓，然后填充相应的颜色或渐变，如图 9-60 所示。

4）为了更好地体现其光线的变化，对其中的 3 个斜面进行一些修改，如图 9-61 所示。

5）将做好的上、下两部分保险添加到手枪的相应位置上，调整好相互间的位置关系，其效果如图 9-62 所示。

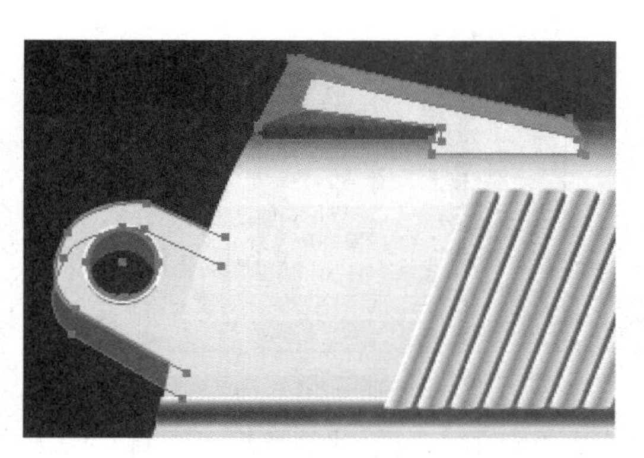

图 9-59　制作出保险上的小孔

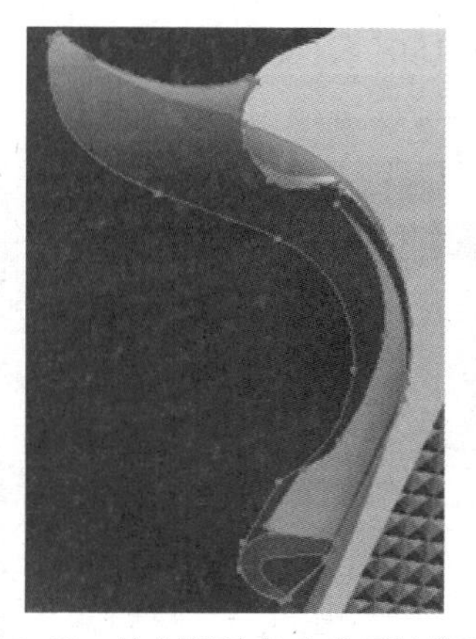

图 9-60　绘制保险各个曲面的轮廓

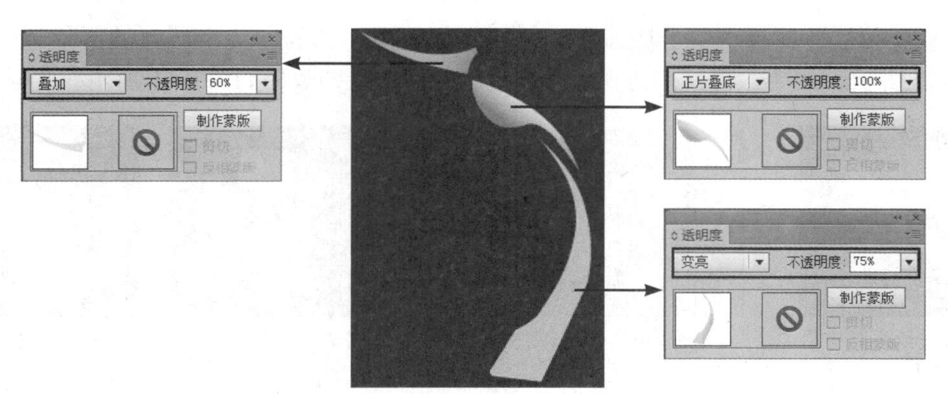


图 9-61　修改斜面

图 9-62　保险效果

### 7. 制作螺钉

1）新建一个图层，并将图层命名为“螺钉”。

2）这把手枪上的螺钉有两种，一种是带帽的一字螺钉；一种是铆钉。先做简单一些的铆钉，如图 9-63 所示，绘制出两个同心圆，然后分别填充渐变色，如图 9-64 所示，接着将大圆旋转 180°，此时铆钉就制作成功了。

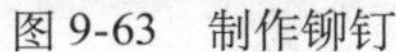
图 9-63 制作铆钉

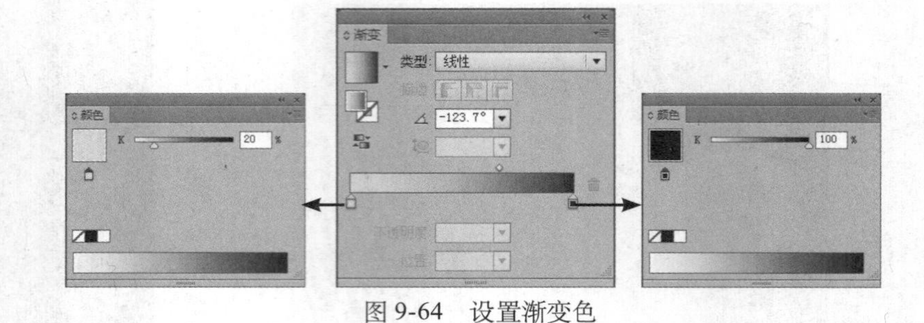

图 9-64 设置渐变色

3）制作带帽的一字螺钉。方法为：确认在铆钉的大圆不动的情况下，将小圆单独提取出来，然后在小圆上绘制一个旋转 45° 的长方形，如图 9-65 所示。接着将其全部选中，调出“路径查找器”面板，单击按钮，如图 9-66 所示，将被长方形覆盖的部分去掉，效果如图 9-67 所示。最后，将其移动到上一步绘制的圆形上，效果如图 9-68 所示。

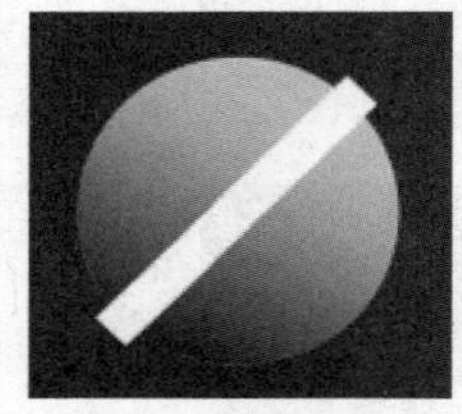
图 9-65 绘制长方形

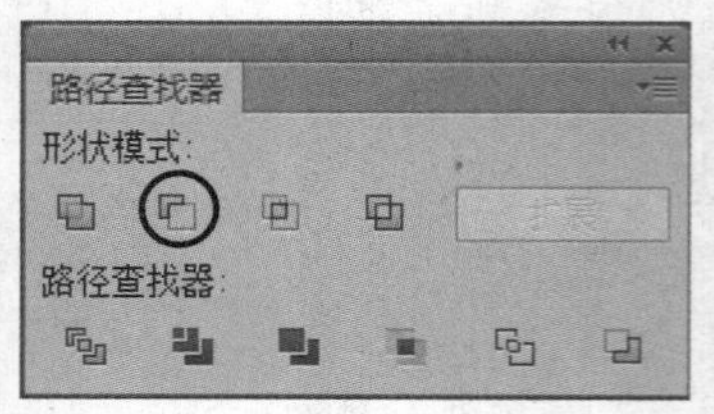

图 9-66 单击按钮

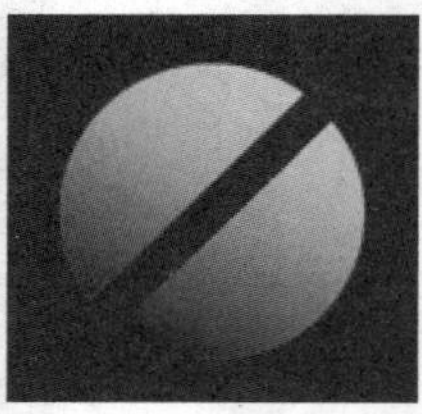
图 9-67 扩展效果

图 9-68 按钮效果

4）将做好的铆钉和一字螺钉添加到手枪的相应位置上，调整好相互间的位置关系，其效果如图 9-69 所示。

图 9-69 将铆钉和一字螺钉添加到手枪的相应位置上

### 8. 制作文字

1）新建一个图层，并将图层命名为“文字”。

2）利用工具箱中的 T（文字工具）输入如图 9-70 所示的文字，颜色设为 75% 的灰色。

为使文字产生一定的凹陷效果，下面复制文字，然后分别填充 25% 和 10% 的灰色，并将它们放到深色文字的下面，相互错开一点距离，其效果如图 9-71 所示。

图 9-70　输入文字

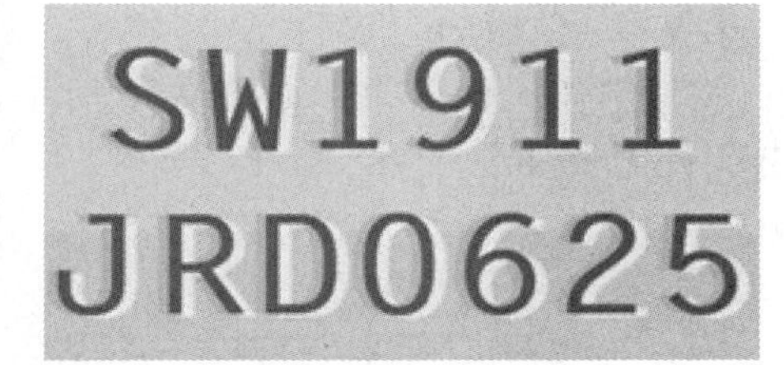


图 9-71　放置文字

3）将所有的文字添加到手枪上并安排好文字之间的距离，此时手枪便基本完成了，其效果如图 9-72 所示。

图 9-72　添加文字效果

4）执行菜单中的“效果 | 风格化 | 投影”命令，给手枪添加阴影，最终效果如图 9-73 所示。

图 9-73　最终效果

## 9.4 练习

（1）制作文字穿越圆环效果，如图 9-74 所示。参数设置可参考配套光盘中的“课后练习 \ 第 9 章 \ 蒙版 .ai”文件。

（2）制作天使效果，如图 9-75 所示。参数设置可参考配套光盘中的“课后练习 \ 第 9 章 \ 天使之翼 .ai”文件。

图 9-74　文字穿越圆环效果

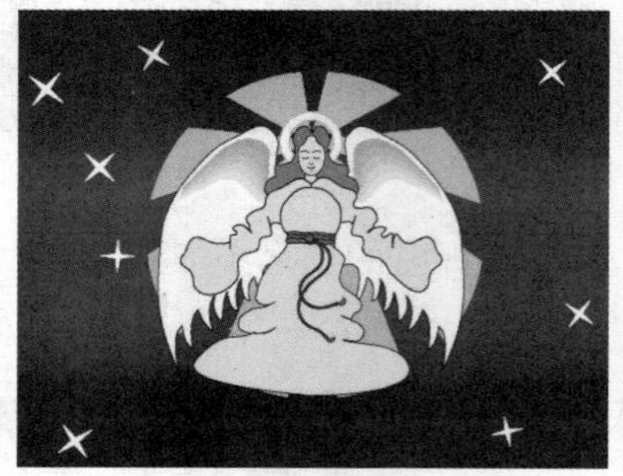

图 9-75　天使效果

# 第3部分　综合实例

■ 第 10 章　综合实例演练

# 第10章 综合实例演练

## 本章重点：

通过前面各章的学习，读者已经掌握了 Illustrator CS6 中的一些基本操作，在实际应用中通常要综合运用这些知识来进行设计。本章将通过 4 个实例来具体讲解利用 Illustrator CS6 制作包装、卡通形象和汽车插画的方法。

## 10.1 面包纸盒包装设计

### 制作要点：

本例将制作一个综合性和实用性都较强的面包纸盒包装在虚拟环境中的立体展示效果图，如图10-1所示。通过本例的学习，应掌握矢量图形的绘制（具有光泽变化的蝴蝶结图形），利用“轮廓化描边”处理颜色微妙变化的边线，制作衬托文字的虚光效果，点阵图的置入、褪底、裁切与透视变形，文字沿线排版，利用“符号”制作包装盒面上的雪花图案效果和整体透视变形等的综合应用。

图 10-1 面包纸盒包装设计

### 操作步骤：

1) 执行菜单中的“文件|新建”命令，在弹出的对话框中设置参数，如图 10-2 所示，然后单击“确定”按钮，新建一个名称为“bread.ai”的文件。

2) 由于纸盒设计以蓝色调为主，下面先设置一个浅蓝色调的淡雅背景。方法：利用工具箱中的（矩形工具），绘制一个与页面等大的矩形，然后按快捷键〈Ctrl+F9〉，打开“渐变”面板，按如图 10-3 所示设置线性渐变（两种颜色的参考数值分别为：CMYK（45，10，0，0），CMYK（0，10，0，20）），渐变的角度为 –110°。

提示：通常食品包装，尤其是糕点类的包装，多用金色、黄色、浅黄色为主调，给人以香味袭人的印象，而以蓝色为主调的包装设计较少。本例打破常规设计，选取的包装盒利用蓝色和黄色的色彩反差对比及漂亮的装饰图形，以获得非常优美醒目的设计效果。

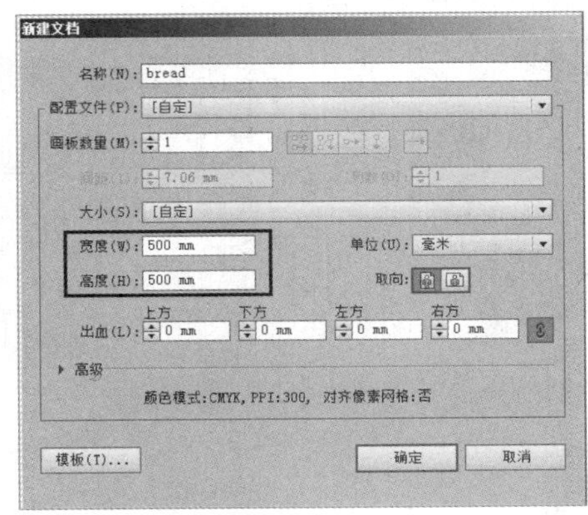


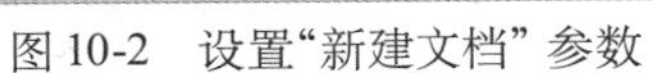
图 10-2　设置“新建文档”参数

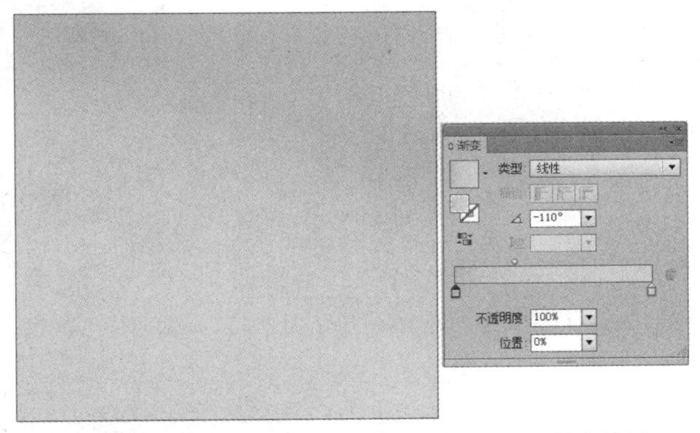


图 10-3　绘制与页面等大的矩形并填充为浅蓝色渐变

3）绘制包装盒的基本造型。为了强调纸质展示的弹性与真实感觉，包装盒的侧面以曲线来暗示微妙的视觉弯曲感，这样比单纯以直线构成的盒型更具说服力。方法：包装盒主要由 3 个侧面构成，先利用工具箱中的（钢笔工具），用直线段的方式绘制出如图 10-4 所示的 3 个侧面图形，为了显示其结构关系，将其暂时填充为 3 种不同的灰色，并将“边线”设置为无。然后利用工具箱中的（转换锚点工具）拖动边角处的锚点，拖出它的两条方向线，将直线调整为曲线形，如图 10-5 所示。

图 10-4　绘制出纸盒的 3 个基本侧面

图 10-5　调整锚点的方向线使直线改变为曲线

4）同理，利用工具箱中的（转换锚点工具）调整 3 个侧面中所有的锚点，使所有的边线都稍微弯曲，注意弯曲程度不能过于夸张，效果如图 10-6 所示。

5）先铺设盒面上大面积的底色（多色渐变）。由于盒面上还有许多图形和文字，因此底色要以稳重简洁为主。方法：利用工具箱中的（选择工具）选中包装正侧面图形，然后按快捷键〈Ctrl+F9〉，打开“渐变”面板，按如图 10-7 所示设置 4 色线性渐变（4 色参考数值分别为：CMYK（65，35，0，0），CMYK（30，10，0，0），白色，CMYK（50，85，100，25）），渐变的角度为 −85° 左右。同理，再为纸盒右侧面填充同样的 4 色渐变，只是将渐变角度改为 −46°，效果如图 10-8 所示。

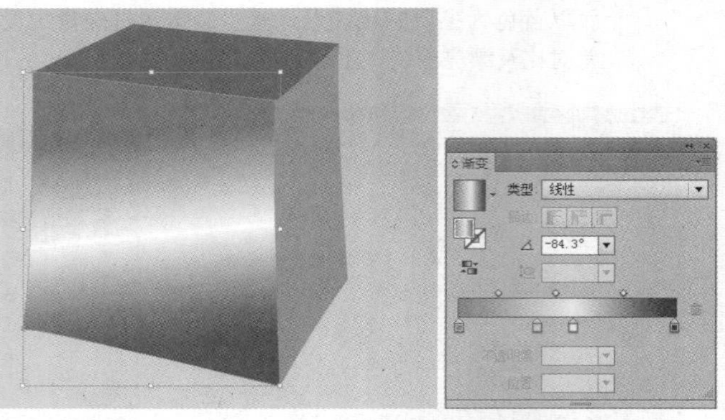


图 10-6　纸盒侧面所有边线都略微弯曲　　图 10-7　在纸盒正侧面内填充 4 色线性渐变

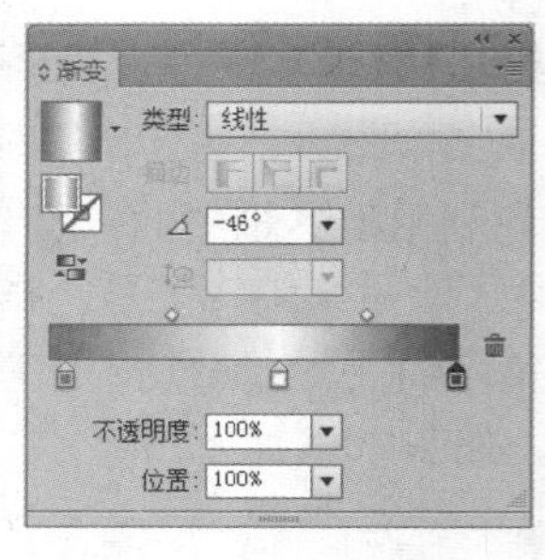


图 10-8　在纸盒右侧面填充同样的 4 色渐变

6）下面绘制包装盒上的一个主要矢量图形——蝴蝶结。方法：利用工具箱中的（钢笔工具）绘制出如图 10-9 所示的蝴蝶结基本外形（由 4 个独立图形拼合而成），然后填充为任意一种单色，并将“描边”设置为浅灰色（参考颜色数值为：CMYK（0，0，0，20）），将“粗细”设置为 1.5pt。

7）继续绘制蝴蝶结中间打结处的图形，如图 10-10 所示。

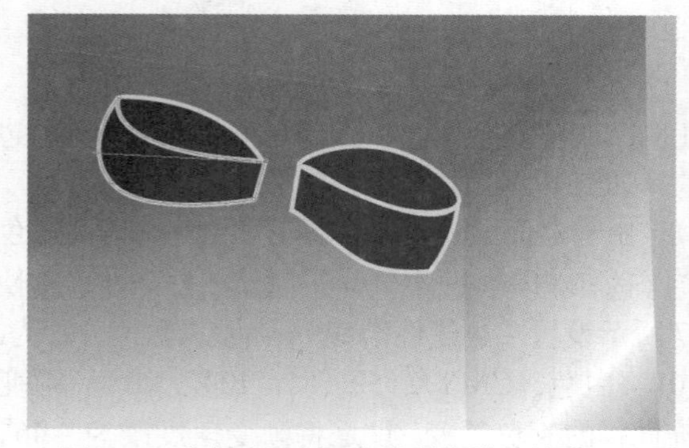

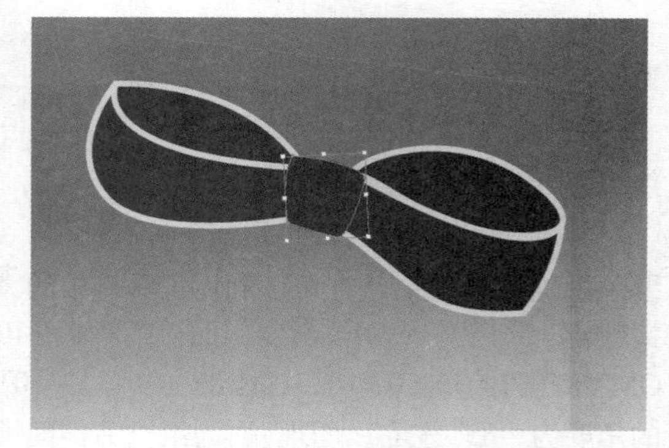

图 10-9　在纸盒正侧面内绘制蝴蝶结基本图形　　图 10-10　绘制蝴蝶结中间打结处的图形

8）此处的设计是左右两侧有浅灰色描边，而上下部分没有，因此“描边”必须以分离的线段表示。方法：利用工具箱中的 （钢笔工具）先绘制出如图 10-11 所示的两条曲线开放路径，此时会发现线端部分与底下图形边缘无法吻合（在矢量软件的细节处理上，“线端”经常出现这样的问题，解决方法是将线条转换为闭合图形，然后调节锚点）。下面选中这两条曲线路径，执行菜单中的“对象 | 路径 | 轮廓化描边”命令，此时路径自动转换为闭合图形，且四周出现许多可调节的锚点，如图 10-12 所示。

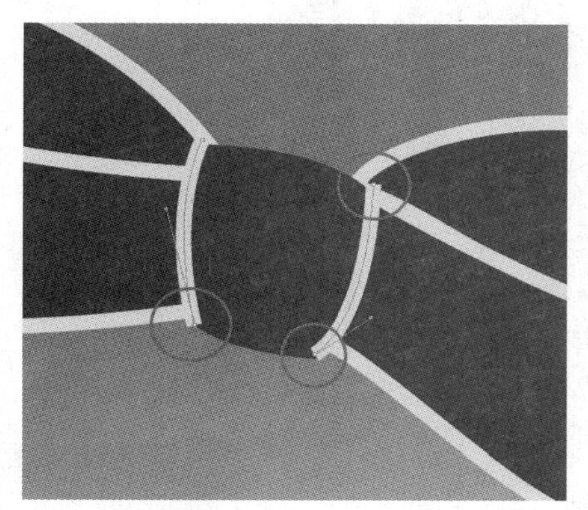

图 10-11　绘制出的曲线路径线端与底下图形无法吻合

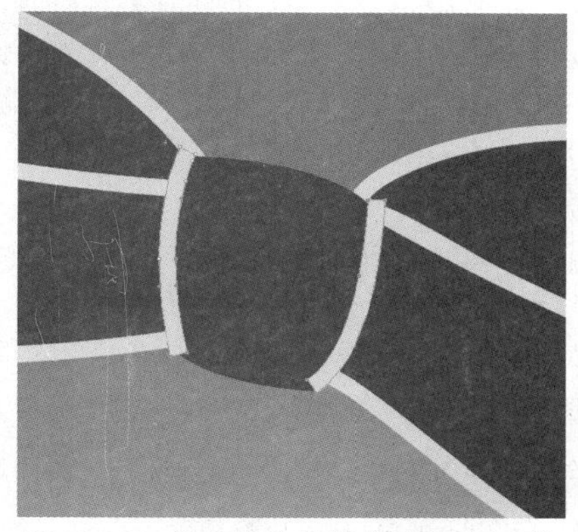

图 10-12　将曲线路径转换为闭合图形

9）放大局部，利用工具箱中的 （直接选择工具）选择锚点进行调节即可。对于图形转折处出现的多余锚点可以用 （删除锚点工具）将其删除。由于蝴蝶结图形是包装盒面上非常重要的核心图形，因此在细节处理上必须格外精心，尤其是边缘处要与底下图形完好地吻合，处理后的效果如图 10-13 所示。

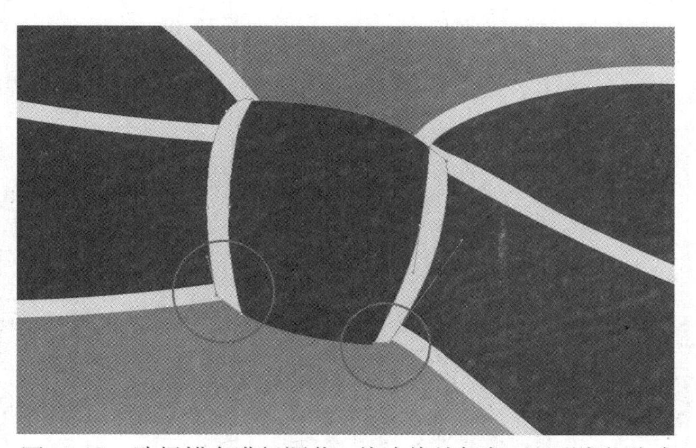

图 10-13　选择锚点进行调节，使边缘处与底下图形完好吻合

10）绘制出蝴蝶结的两根飘带，然后多次执行菜单中的“对象 | 排列 | 后移一层”命令，将它们放置到蝴蝶结图形的后面，如图 10-14 所示。

11）在蝴蝶结图形绘制完成后，即进入了上色阶段。上色阶段包括“蝴蝶结图形”的上色和“图形描边”的上色两部分。下面为图形上色，其方法为：利用工具箱中的 （选择工具）选中左侧蝴蝶图形，然后按快捷键〈Ctrl+F9〉，打开“渐变”面板，按如图 10-15 所示设置 4 色线性渐变（4 色参考数值分别为：CMYK（100，60，0，50），CMYK（30，0，0，10），CMYK（30，

0，0，10)，CMYK(100，60，0，50))，渐变角度为 –15°，接着将“渐变”面板中调节好的渐变色拖动到“色板”中保存起来，如图 10-16 所示。

图 10-14 绘制出蝴蝶结的两根飘带

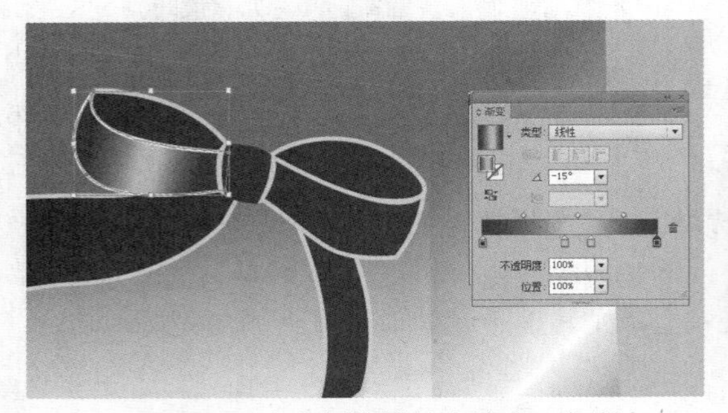


图 10-15 在左侧蝴蝶结中填充 4 色渐变

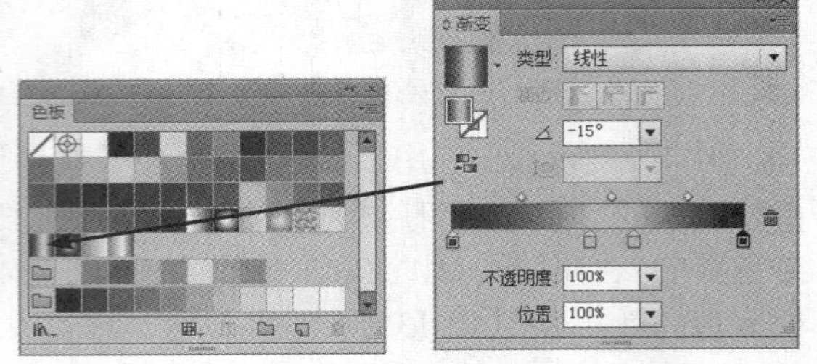


图 10-16 将渐变色存储在“色板”中

提示：“色板”中可以存储制作好的单色、渐变色和图案，以便制作时反复调用，如图10-17所示。

图 10-17 应用“色板”中自定义的渐变色并做角度调节

12）为了使整个图形能够产生生动的光线变化，在蝴蝶结不同局部填充的渐变色类型要有所区别。例如顶部两个图形内填充的渐变类型为“径向”3 色渐变，如图 10-18 所示。蝴蝶结图形填充完成后的效果如图 10-19 所示。

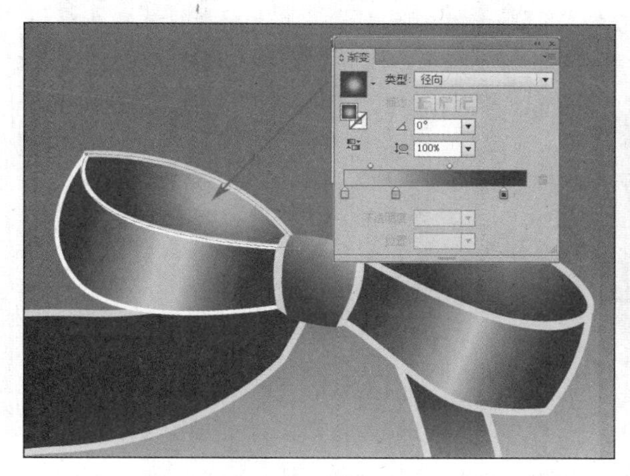


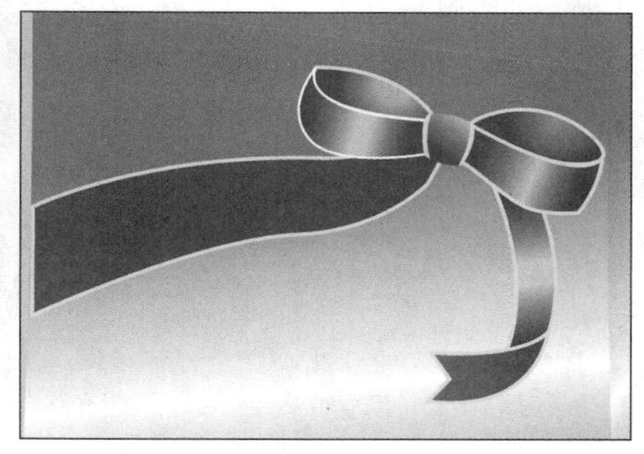

图 10-18　蝴蝶结顶部填充径向渐变　　　图 10-19　蝴蝶结图形填充完成后的效果

13）此时可以看出，白色边线显得单调而突兀，下面要将边线处理为浅灰色的渐变，以获得整体的和谐。Illustrator 中的“描边”无法直接填充渐变色，必须先将描边转换为闭合图形。方法：选中蝴蝶结中的任一闭合图形，然后执行菜单中的“对象 | 路径 | 轮廓化描边”命令，将白色的描边转换为闭合图形，再将边线填充为浅灰色渐变，如图 10-20 所示。同理，将所有白色描边都填充为浅灰色渐变（大部分是“灰色—白色—灰色”的 3 色渐变），如图 10-21 所示。经过边线的细节处理之后，整个蝴蝶结图形显得和谐自然多了。

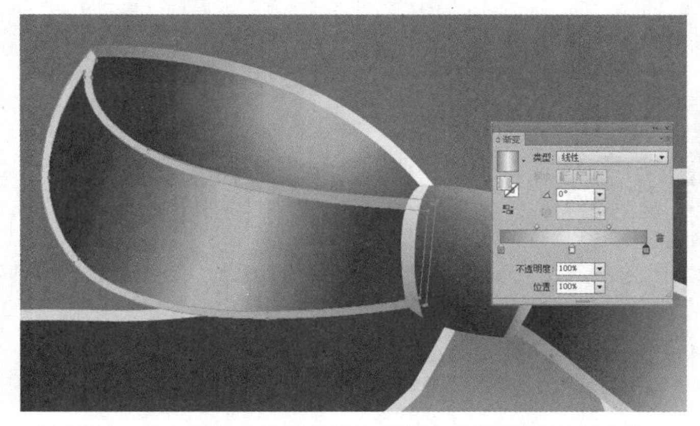


图 10-20　将白色描边转换为闭合图形之后填充浅灰色渐变

图 10-21　经过边线细节处理之后的完整蝴蝶结图形

14）下面在蝴蝶结左侧的飘带图形内添加醒目的白色文字。由于文字要沿飘带飘动的曲线排列，所以要先绘制一条路径，然后沿路径输入文字。方法：用工具箱中的 （钢笔工具）绘制出如图 10-22 所示的一条曲线路径，然后选择工具箱中的 （路径文字工具），在路径左侧端点单击，此时光标会变为文本输入状态。接着直接输入文本，并在工具选项栏内设置

“字体”为 Abadi MT Condensed Extra Bold，“字号”为 36pt，文字颜色为白色，此时输入的文本自动沿曲线路径排列，如图 10-23 所示 。

图 10-22 沿飘带边线绘制一条曲线路径

图 10-23 输入的文本自动沿曲线路径排列

15）再稍微调整一下沿线文字的倾斜方向。方法：选中路径文本，执行菜单中的“文字|路径文字|倾斜效果”命令，此时文字沿线会整体向右侧产生一定程度的倾斜。另外，还可以将最右边 3 个字母字号稍微调小一些，以形成沿飘带逐渐向内收缩的效果，如图 10-24 所示。现在，可以缩小页面看一下整体效果，如图 10-25 所示。

图 10-24 文字沿线向右侧整体产生一定程度的倾斜

图 10-25 蝴蝶结图形的整体效果

16）在包装盒的左上角输入文字“Diet”，然后根据喜好来选择一种带有装饰感的字体，“字号”为 36pt，文字颜色为深蓝色（参考颜色数值为：CMYK（100，70，35，0）），然后将其放置到如图 10-26 所示位置。

17）在文字后面的背景上制作白色半透明发光的效果。下面来界定发光的区域，方法为：利用工具箱中的（钢笔工具）绘制出如图 10-27 所示的闭合路径，并填充为白色。

提示：由于边缘虚化后会向内大幅度收缩，因此可以将发光区域绘制得大一些。

图 10-26　输入文字“Diet”

图 10-27　绘制出白色闭合区域

18) 接下来制作虚化的效果。方法：利用工具箱中的 （选择工具）选中所绘制的白色图形，然后执行菜单中的“效果 | 风格化 | 羽化”命令，在弹出的对话框中将羽化“半径”设置为 18px（数值越大虚化的范围就越大，图形的不透明度就越低），如图 10-28 所示。单击“确定”按钮，得到如图 10-29 所示的效果。此时白色图形边缘经过大幅度的羽化处理，形成了衬托文字的一抹虚光。

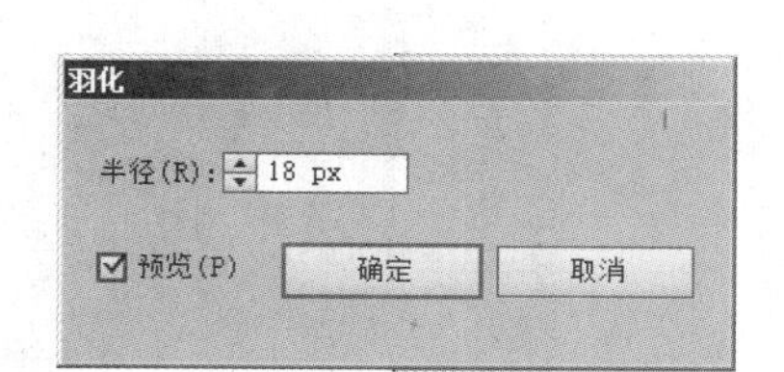


图 10-28 “羽化”对话框

图 10-29　白色图形边缘经过大幅度的羽化处理

19) 利用工具箱中的 （钢笔工具）在文字“Diet”下面绘制一条曲线路径，如图 10-30 所示，然后选择工具箱中的 （路径文字工具），在路径的左侧端点处单击，此时光标会变为文本输入状态。接着直接输入一行文字，并在工具选项栏内设置“字体”为 Brush Script Std Medium，“字号”为 10pt。最后选择工具箱中的 （吸管工具），在文字“Diet”上单击，将这行小字的颜色也设置为同样的深蓝色，如图 10-31 所示。

20) 到目前为止，处理的都是矢量元素，下面要在包装盒上添加面包和点心的摄影图片。由于 Illustrator 中对点阵图主要进行的是裁切变形和排版的处理，对图片颜色清晰度等品质的调节及褪底等工作主要在 Photoshop 中完成。下面先在 Photoshop 中对面包图片进行褪底操作。方法：在 Photoshop 中打开配套光盘中的“素材及效果 \ 第 10 章 综合实例演练 \10.1 面包纸盒

包装设计 \ 面包纸盒包装原稿 \bread–1.jpg” 文件，然后创建出如图 10-32 所示的（两片面包）的选区。接着在“图层”面板的背景图层图标上双击，在弹出的“新建图层”对话框中设置参数，如图 10-33 所示，单击“确定”按钮，此时背景图层变为“图层 0”。最后按快捷键〈Shift+Ctrl+I〉，反转选区，再按〈Delete〉键将选区内的像素删除，得到如图 10-34 所示的透明背景效果，再将其保存为“bread–1.psd”文件。

提示：将这种带有透明区域的图像存储为PSD或TIF格式文件后置入Illustrator 中，透明区域会自动褪底。

图 10-30 再绘制一条曲线路径

图 10-31 在路径上输入一行深蓝色文字

图 10-32 制作面包片的选区

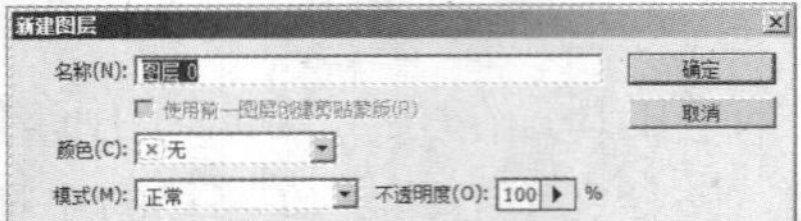


图 10-33 “新建图层”对话框

图 10-34 将面包片处理为背景透明的效果

21) 返回到 Illustrator 中，执行菜单中的“文件 | 置入”命令，将配套光盘中的“素材及效果 \ 第 10 章 综合实例演练 \10.1 面包纸盒包装设计 \ 面包纸盒包装原稿 \bread–1.psd”文件置入到页面中，并放置在如图 10-35 所示的位置（面包片的背景图像已自动褪除）。然后对面包图像的位置与大小进行细致的调整，得到如图 10-36 所示的效果。

图 10-35　将褪底后的面包图片置入 Illustrator

图 10-36　缩放并旋转图像

22）此时右侧的面包片超出了包装盒侧面范围，下面利用 Illustrator 中的“剪切蒙版”命令将多余的部分裁掉。方法：利用工具箱中的（选择工具）选中包装盒正侧面底图（填充渐变的四边形），然后按快捷键〈Ctrl+C〉进行复制，再执行菜单中的“编辑 | 贴在前面”命令，将四边形复制一份。接着将新复制出的图形的“填充”色和“描边”色都设置为无色，如图 10-37 所示。最后执行菜单中的“对象 | 排列 | 置于顶层”命令，则“剪切蒙版”的剪切形状就完成了。

23）下面利用“剪切蒙版”来裁切面包图像。方法：选择工具箱中的（选择工具），按住〈Shift〉键选中刚才制作好的“蒙版”和面包图像，然后执行菜单中的“对象 | 剪切蒙版 | 建立”命令，此时图像超出包装正侧面的部分就被裁掉了，得到如图 10-38 所示的效果。

图 10-37　将新复制出的图形的“填充”色和“描边”色 都设置为无色

图 10-38　图像超出包装正侧面的部分被裁掉

24）随着包装盒上信息的增多，下面分图层进行管理，以便于操作。首先将蝴蝶结和文字放入一个新图层中。方法：利用（选择工具）加〈Shift〉键选中所有蝴蝶结图形和文字（“图层 1”名称之后会出现一个蓝色小方点），然后在“图层”面板中新创建一个“图层 2”，将蓝色小方点拖动到“图层 2”上（“图层 2”名称之后会出现一个红色小方点 ），此时蝴蝶结图形会出现在面包图形的上面，如图 10-39 所示。

图 10-39　将蝴蝶结和文字放入一个新图层中

25）再置入一些小的零碎的点心图像。方法：在 Photoshop 中打开配套光盘中的“素材及效果 \ 第 10 章　综合实例演练 \10.1 面包纸盒包装设计 \ 面包纸盒包装原稿 \bread–2.tif”素材图，如图 10-40 所示。然后制作出曲奇小饼干的选区，接着参照本例步骤 20）的方法进行图像褪底操作，再将文件存储为“bread–2.psd”。最后执行菜单中的“文件 | 置入”命令，将褪底后的曲奇小饼干置入到 Illustrator 包装盒文件中，再对图形进行复制、缩放和旋转等一系列操作，得到如图 10-41 所示的效果。

图 10-40　素材图“bread–2.tif”

图 10-41　将褪底后的饼干置入到包装盒中进行复制、缩放和旋转

26）在“图层”面板中选中“图层 2”，利用工具箱中的 T.（文字工具）在蝴蝶结飘带的下方再输入 3 行英文，然后设置为一种类似手写体的活泼字体（例如 Mistral），并将文字颜色更改为咖啡色（参考颜色数值为：CMYK（60，100，85，50））和橘黄色（参考颜色数值为：CMYK（15，70，100，0））。接下来将文字整体沿逆时针方向旋转一定的角度（与飘带左侧底部边缘大致平行），效果如图 10-42 所示。

27）为了与飘带上方的文字风格统一和衬托文字，下面在文字后面的背景上制作白色半透明的发光效果。首先制作发光的区域，方法为：利用工具箱中的 （钢笔工具）绘制出如图 10-43 所示的闭合路径，并将其“填充”色设置为白色。

图 10-42 输入 3 行英文并逆时针旋转一定的角度

图 10-43 绘制出白色闭合路径

28）接下来制作虚化的效果。方法：利用工具箱中的 （选择工具）选中所绘制的白色图形，然后执行菜单中的“效果 | 风格化 | 羽化”命令，在弹出的对话框中将羽化“半径”设为 14px，如图 10-44 所示。单击“确定”按钮，得到如图 10-45 所示的虚化效果。

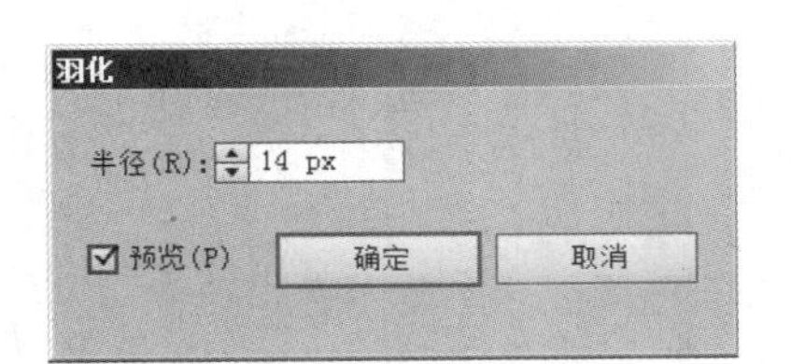


图 10-44 “羽化”对话框

图 10-45 白色图形边缘经过大幅度的羽化处理

29）在 Illustrator 软件自带的符号库中寻找合适的小图形，然后在包装盒底图中增加一定的肌理图形效果。方法：执行菜单中的“窗口 | 符号库 | 自然界”命令，在其中选中符号“雪花 1”并将其拖动到页面上，如图 10-46 所示。此时雪花图形边缘过于生硬，下面选中雪花图形，执行菜单中的“效果 | 风格化 | 羽化”命令，在弹出的对话框中将羽化“半径”设为 4px，如图 10-47 所示，再单击“确定”按钮，得到如图 10-48 所示的虚化效果。

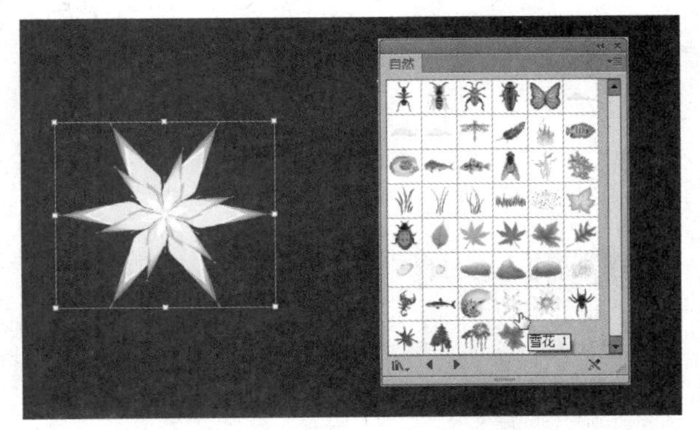


图 10-46 在符号库中选中符号“雪花 1”并将其拖动到页面上

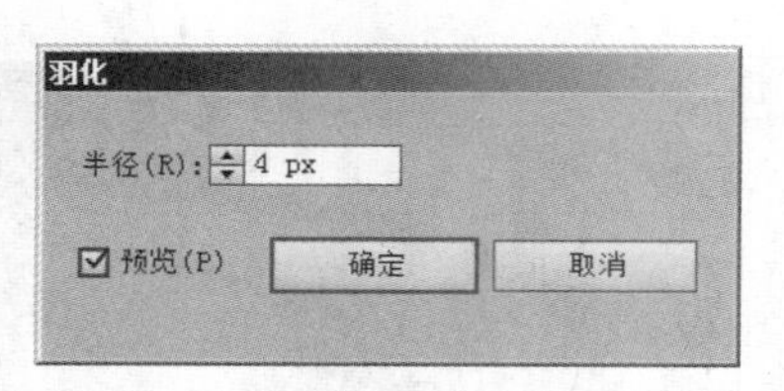


图 10-47　在“羽化”对话框中设置参数

图 10-48　边缘稍微向内虚化的效果

30）在“图层”面板中创建“图层 3”（注意要将“图层 3”放在“图层 2”下面），然后将虚化处理后的雪花图形多次复制，再将它们分散放置于包装盒的正侧面上（背景内蓝色的面积中）。

31）为了防止过于规则化排列，雪花图形要有大小的差别，排列时要尽量错落放置，如图 10-49 所示。另外，可以选取几个面积大一些的雪花图形，然后执行菜单中的“窗口 | 外观”命令，打开如图 10-50 所示的“外观”面板，接着在其中双击“羽化”选项打开“羽化”对话框，修改个别雪花的羽化程度，其中羽化“半径”数值越小，雪花点中心越明亮。雪花点调整后的包装正侧面效果如图 10-51 所示。

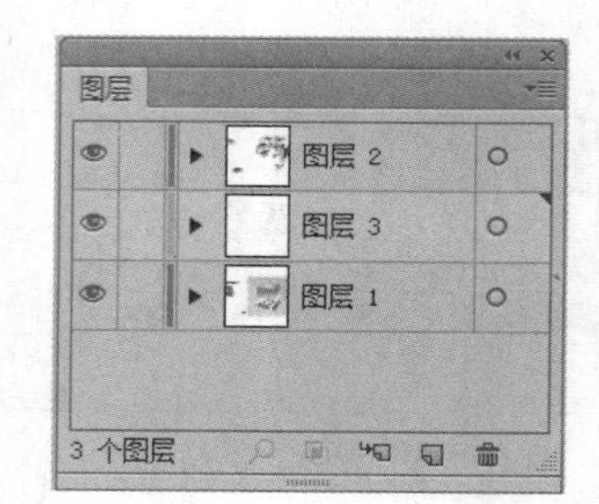


图 10-49　将虚化处理后的雪花图形在“图层 3”上多次复制

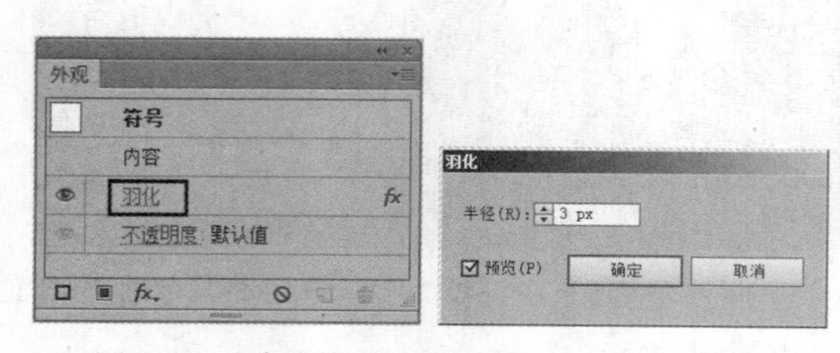


图 10-50　在“外观”面板中双击“羽化”选项

图 10-51　雪花点调整后的包装正侧面效果

32) 下面来处理包装盒的顶部侧面。先利用工具箱中的（选择工具）选中包装盒顶部图形，填充如图 10-52 所示的 3 色线性渐变。然后在“图层”面板中将“图层 1”锁定，这样按快捷键〈Ctrl+A〉就可以轻易地将所有的雪花图形、文字和蝴蝶结图形都一次选中（为避免顶部侧面排版过于拥挤，左上角的文字“Diet”等可以不选取），接着按快捷键〈Ctrl+C〉和〈Ctrl+V〉将这些图形都复制一份，最后按快捷键〈Ctrl+G〉组成一组。

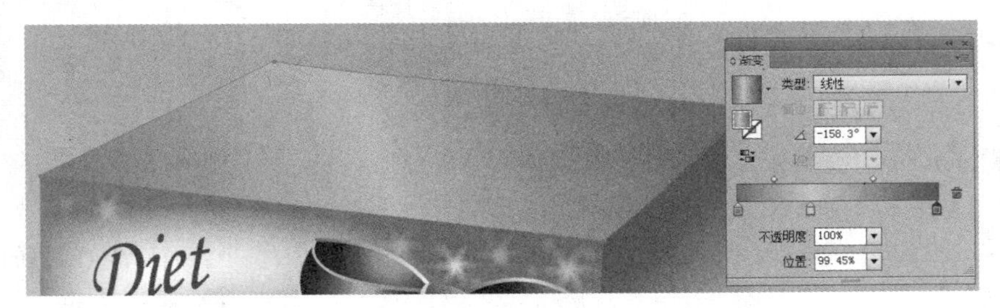


图 10-52　在包装盒顶部图形内填充 3 色线性渐变

33) 由于下面的步骤要进行图形的整体变形，因此要先执行菜单中的“文字 | 创建轮廓”命令，将该组合中的文字都转换为普通路径，如图 10-53 所示。然后利用工具箱中的（倾斜工具）进行透视变形的操作，再结合（自由变换工具）将图形组进行缩小和旋转处理，从而得到初步的变形效果，如图 10-54 所示。

图 10-53　将复制图形中的文字都转换为普通路径　　图 10-54　进行倾斜、缩放和旋转等变形操作

34) 同理，再次对顶部图形进行变形操作。这次利用（倾斜工具）进行透视变形时，程度要轻微一些，以使左侧飘带尽量贴紧包装盒侧面边缘。在变形完成之后，按快捷键〈Ctrl+Shift+G〉取消组合。然后将散落在包装盒外的小雪花图形移动到顶面范围内，如图 10-55 所示。接着缩小全图，查看两个侧面基本完成后的包装盒整体效果，如图 10-56 所示。

35) 处理包装盒的右侧面。方法：先利用工具箱中的（选择工具）选中包装盒正侧面上的蓝色飘带与局部文字，然后按快捷键〈Ctrl+C〉和〈Ctrl+V〉将这些图形复制一份。接着按快捷键〈Ctrl+G〉组成一组，再将其移动到包装盒右侧面的上部位置，如图 10-57 所示。

36) 下面对成组图形进行透视变形操作，这次利用工具箱中的（自由变换工具）结合快捷键来实现。方法：选择工具箱中的（自由变换工具），此时图形四周会出现带有 8 个控制手柄的变形框。然后选中位于右上角的控制手柄，按住鼠标左键不放，再按住〈Ctrl〉键，此时光标变成了一个黑色的小三角，接着向左上方拖动该控制手柄，使图形发生符合正常透视角度的变形。最后，应用同样的方法拖动控制框右下角的手柄，从而得到如图 10-58 所示的变形效果。

图 10-55 再次变形后进行细节调整

图 10-56 两个侧面基本完成后的整体效果

图 10-57 将蓝色飘带与局部文字复制一份放到包装盒右侧面

图 10-58 利用"自由变换工具"进行透视变形

37）对图形透视变形之后，会发现文字"Diet"下面的虚光部分透明度变得过大（几乎消失了），这是因为变形时图形缩小造成的，下面就来解决这个问题。方法：利用工具箱中的 (直接选择工具) 选中白色虚光的图形，然后执行菜单中的"窗口 | 外观"命令，打开如图 10-59 所示的"外观"面板，在其中双击"羽化"选项，在弹出的对话框中设置参数，如图 10-60 所示，减小羽化"半径"数值，最后单击"确定"按钮。此时虚化图形由于羽化"半径"缩小而整体变亮，效果如图 10-61 所示。

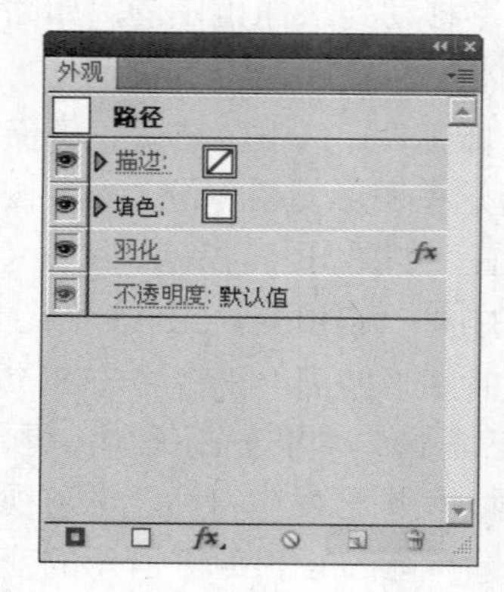


图 10-59 "外观"面板

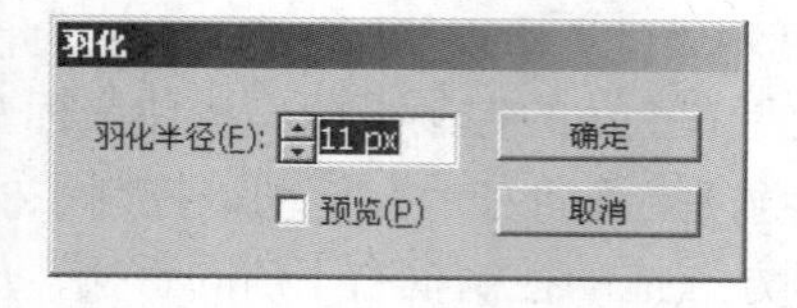


图 10-60 在"羽化"对话框中设置参数

图 10-61 修改虚光效果

38）执行菜单中的“文件 | 置入”命令，将配套光盘中的“素材及效果 \ 第 11 章 综合实例演练 \11.2 面包纸盒包装设计 \ 面包纸盒包装原稿 \bread－1.psd”文件再次置入到页面中，然后缩小、旋转并放置到如图 10-62 所示的位置。

39）接下来将左侧超出包装盒侧面范围的面包片裁掉。方法：利用 （选择工具）选中“图层 1”中包装盒右侧面底图（填充渐变的四边形），然后按快捷键〈Ctrl+C〉进行复制，接着选中“图层 2”，按快捷键〈Ctrl+V〉粘贴。最后将新复制出的图形的“填充”色和“描边”色都设置为无色，再执行菜单中的“对象 | 排列 | 置于顶层”命令，将其置于顶层，可参看本例步骤 22。

40）下面利用“剪切蒙版”来裁切面包图像。方法：利用工具箱中的 （选择工具）加〈Shift〉键选择刚才制作好的“蒙版”和面包图像，然后执行菜单中的“对象 | 剪切蒙版 | 建立”命令，此时图像超出包装盒右侧面的部分就被裁掉了，得到如图 10-63 所示的效果。

41）此时虽然图片已经裁切好，但并没有随包装盒侧面发生透视变形，因此在视觉上还不太合理，下面还需要进行进一步的变形处理。方法：利用工具箱中的 （直接选择工具）选中面包图像，然后利用工具箱中的 （倾斜工具）进行透视变形操作，将变形框调整为如图 10-64 所示的形状，从而得到合理的变形效果。

图 10-62　将“bread-1.tif”再次置入到页面中

图 10-63　将图像超出包装盒右侧面的部分裁掉

图 10-64　蒙版内图像透视变形

42）在包装盒右侧面添加段落文字，然后执行菜单中的“文字 | 创建轮廓”命令，将文字转换为普通路径，接着利用工具箱中的 （倾斜工具）进行透视变形操作，得到如图 10-65 所示的变形效果。

提示：应用工具箱中的 （倾斜工具）可以快速地生成类似于平行四边形的倾斜变化，因此用于处理规则的包装盒透视图形非常适合。

43）最后，参照图 10-66 所示的效果制作包装盒上的小标贴，这是一个简单的图文组合。在完成后将其组成图形和文字全部选中，按快捷键〈Ctrl+G〉将其组成一组。

44）将小标贴放置到包装盒正侧面右下角位置，然后利用工具箱中的 （倾斜工具）进行透视变形操作，得到如图 10-67 所示的变形效果。

图 10-65 输入段落文字并进行透视变形

图 10-66 制作包装盒上的小标贴

图 10-67 将小标贴放置到包装盒正侧面右下角位置

45）至此，包装盒的立体展示效果图已全部完成，如图 10-68 所示。由于展示环境设计得比较明亮，因此不需要过于深暗的投影，用户可以将包装盒输出到 Photoshop 中制作一个浅浅的虚影，最后的整体效果如图 10-69 所示。

图 10-68 包装盒的立体展示效果图

图 10-69 添加投影之后的包装盒立体展示效果图

## 10.2 制作卡通形象

**制作要点：**

卡通图形的制作相对于其他图形来说要轻松自由，读者可以大胆地运用鲜艳的色彩和夸张的线条来表现活泼可爱的卡通气质。本例选取的卡通画是一本趣味图书的封面，效果如图10-70所示。其中包括经过拟人化处理的“书籍”形象（具有生动的五官和喜气洋洋的表情，挥动手脚正在快乐地奔跑）及相同风格的艺术文字的设计，属于明快、可爱且具有亲和力的卡通风格作品。通过本例的学习，读者应掌握卡通画的制作方法。

图 10-70　趣味图书封面

**操作步骤：**

1）执行菜单中的“文件 | 新建”命令，在弹出的对话框中设置参数，如图 10-71 所示，然后单击“确定”按钮，新建一个文件，并将其存储为“卡通形象 .ai”文件。

提示：矢量图形的最大优点是“分辨率独立”，换句话说，用矢量图方式绘制的图形无论输出时放大多少倍，都对画面清晰度、层次及颜色饱和度等因素丝毫无损。因此，在新建文件时，只需保持整体比例恰当，在输出时再调节相应的尺寸和分辨率即可。

2）执行菜单中的“视图 | 显示标尺”命令，显示标尺。然后将鼠标移至水平标尺内，按住鼠标左键向下拖动，拉出一条水平方向参考线。接着将鼠标移至垂直标尺内，拉出一条垂直方向参考线，使两条参考线交汇于如图 10-72 所示的页面中心位置。建立此辅助线的目的是为了定义画面中心，以使后面绘制的图形均参照此中轴架构，不断调整构图的均衡。

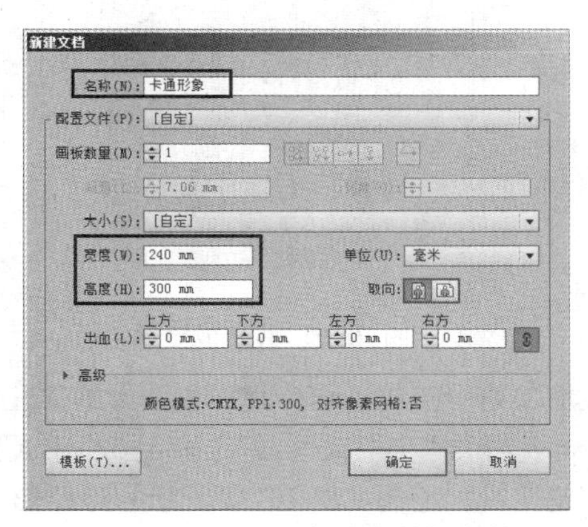


图 10-71　设置“新建文档”参数

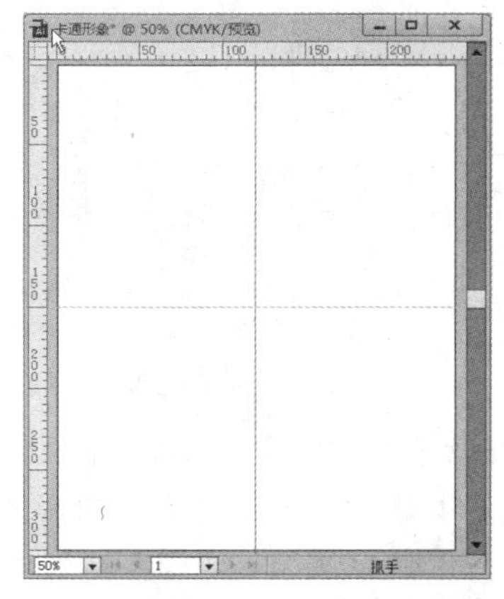


图 10-72　从标尺中拖出交叉的参考线

3）在画面的中心位置绘制出衬底图形—倾斜的蓝色多边形。其方法为：选择工具箱中的（钢笔工具），绘制出如图 10-73 所示的多边形路径，然后按快捷键〈F6〉打开“颜色”面板，将这个图形的“填充”颜色设置为蓝色（参考数值为:CMYK（90，70，10，0）），将“描边”颜色设置为无。

图 10-73　绘制蓝色多边形

4）接下来给这个多边形增加一个半透明的投影，以使其产生一定的厚度感。其方法为：用工具箱中的（选择工具）将这个多边形选中，然后执行菜单中的“效果|风格化|投影”命令，在弹出的对话框中将“不透明度”设置为 77%，将“X 位移”值设置为 4mm，“Y 位移”值设置为 3mm（位移量为正的数值表示生成投影在图形的右下方向），如图 10-74 所示。由于此处需要的是一个边缘虚化的投影，因此，将“模糊”值设为 3mm，将投影“颜色”设置为黑色。单击“确定”按钮，在蓝色多边形的右下方出现了一圈模糊的阴影。添加阴影是使主体产生飘浮感和厚度感的一种方式，效果如图 10-75 所示。

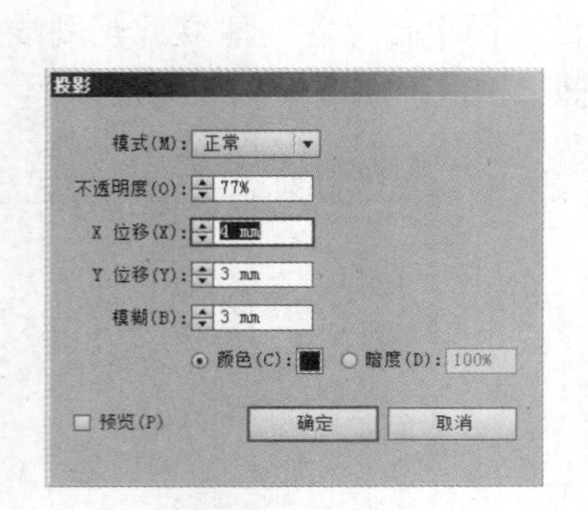


图 10-74　投影参考数值

图 10-75　投影的效果

5）在蓝色的衬底上，开始对画面的主体卡通形象进行描绘。这个封面里图形的“主角”是一本变形的书籍，一个具有生动的五官和喜气洋洋表情的“小书人”。首先确定“小书人”的基本轮廓形态。其方法为：选择工具箱中的（钢笔工具）绘制如图 10-76 所示的路径形状，然后按快捷键〈Ctrl+F9〉打开“渐变”面板，按如图 10-77 所示设置“黄色—红色—黄色”三色径向渐变（红色参考颜色数值为：CMYK（9，100，100，0），黄色参考颜色数值为：CMYK（0，59，100，0）），并将“描边”色设置为黑色。接着按快捷键〈Ctrl+F10〉打开“描边”面板，将其中的“粗细”设置为 5pt。

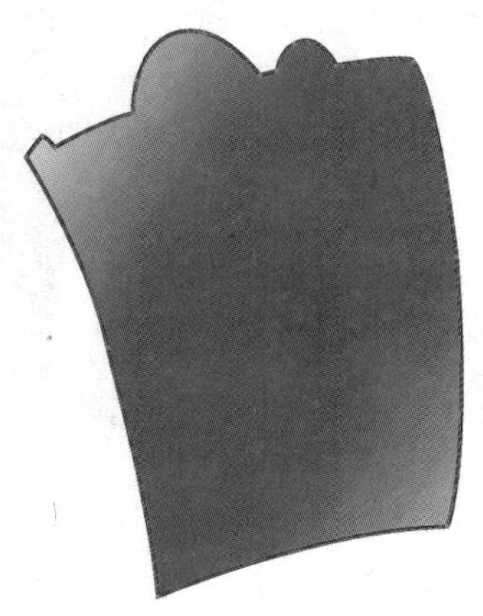

图 10-76　“小书人”的身体轮廓

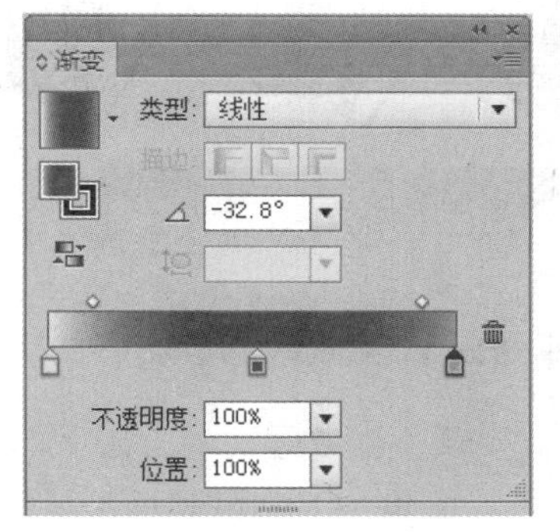


图 10-77　设置渐变色

6）制作“小书人”的面部五官，首先从眼睛开始。在卡通形象拟人化处理中，一般将眼睛设计得大而有神，而且常采用多个颜色对比强烈的圆弧图形层叠在一起。先利用工具箱中的 （钢笔工具）绘制出如图 10-78 所示的弧形路径，将“填充”设置为明艳的大红色（参考颜色数值为：CMYK（0，100，100，0））。接着绘制出如图 10-79 所示的半个椭圆形（一只眼睛的外轮廓），并将“填充”色设置为白色、“描边”色设置为黑色、描边“粗细”设置为 3pt。

图 10-78　小书人的眼睛外轮廓

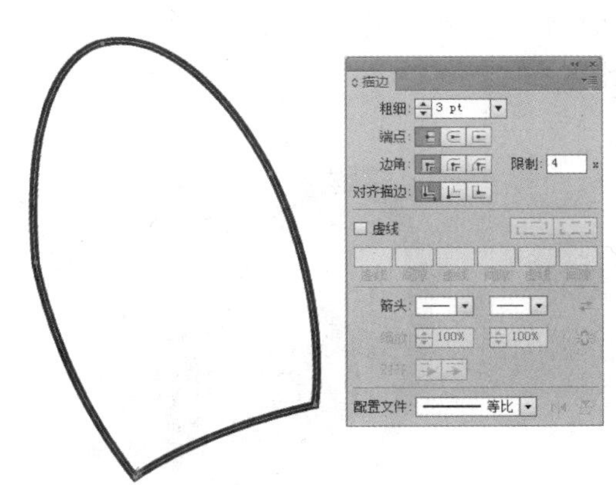


图 10-79　绘制出一只眼睛的外轮廓

7）继续绘制眼睛的内部结构。实际上，眼睛是由很多简单的图形叠加而成的，参看图 10-80 所示的眼睛图形的分解示意图。先添加最左侧眼睛外轮廓内的第一个半圆弧形，填充为一种三色径向渐变（从左及右三种绿色的参考颜色数值分别为：CMYK（78，20，100，0），CMYK（83，43，100，8），CMYK（78，20，100，0）），再将“描边”色设置为黑色，将描边“粗细”设置为 3pt。接着添加一个小一些的半圆弧形，如图 10-80 中的左图所示，并将其填充为“淡紫色—深紫色—黑色”三色线性渐变（其中淡紫色参考颜色数值为：CMYK（36，62，0，45），深紫色参考颜色数值为：CMYK（90，100，27，40）），将“描边”色设置为无。最后，要注意眼睛中的高光部分（两个白色的小圆点）的位置。将各个小图形叠加在一起，放置到红色的眼睛外轮廓图形之上，形成如图 10-81 所示的效果。

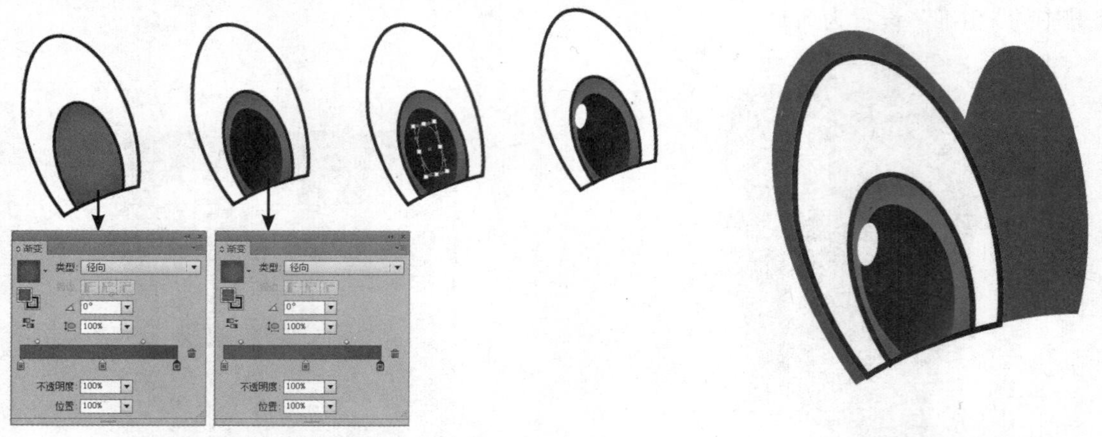


图 10-80　眼睛图形分解示意图　　　图 10-81　一只眼睛的合成效果

8）同理，制作出“小书人”的另外一只眼睛（也可以将第一只眼睛图形复制后缩小）。其方法为：在两只眼睛的下方，利用（钢笔工具）绘制出一条弧形的路径，作为眼睛和鼻子的分界线。然后绘制眼睛上部的弯曲弧线，并将“填充”设置为白色（Illustrator 中线型也可以设置填充色），将“描边”色设置为无，以增加趣味的高光图形，效果如图 10-82 所示。

9）接下来，利用工具箱中的（选择工具），配合键盘上的〈Shift〉键将构成眼睛的所有图形都选中，然后按快捷键〈Ctrl+G〉将它们组成一组。接着利用（选择工具）将眼睛图形移至“小书人”身体轮廓图形上，如图 10-83 所示，确定眼睛在身体轮廓中的位置和大小比例。

图 10-82　两只眼睛的完整效果

图 10-83　确定眼睛在身体轮廓中的位置和大小比例

10）继续进行“小书人”五官的绘制，接下来绘制微微翘起的鼻子。方法：选择工具箱中的（钢笔工具）绘制出鼻子的外形，并将“填充”色设置为黑色，将“描边”色设置为无。然后，绘制出位于鼻子外形上一层的图形，并填充（和“小书人”身体图形相同的）“黄色—红色—黄色”三色径向渐变（红色参考颜色数值为：CMYK（9，100，100，0），黄色参考颜色数值为：CMYK（0，59，100，0））。接着，选择工具箱中的（渐变工具），在鼻子图形内部从左下方向右上方拖动鼠标拉出一条直线，可以多尝试几次，以使左下方的红色与身体部分的红色背景相融合。如图 10-84 所示为鼻子图形的合成示意图。最后，在鼻子上也添加白色的高光图形，然后将鼻子图形放置到“小书人”脸部中间的位置，如图 10-85 所示。

提示：此处不直接用黑色描边来形成鼻子轮廓线，是为了通过两层图形外形的差异来表现鼻子的起伏。

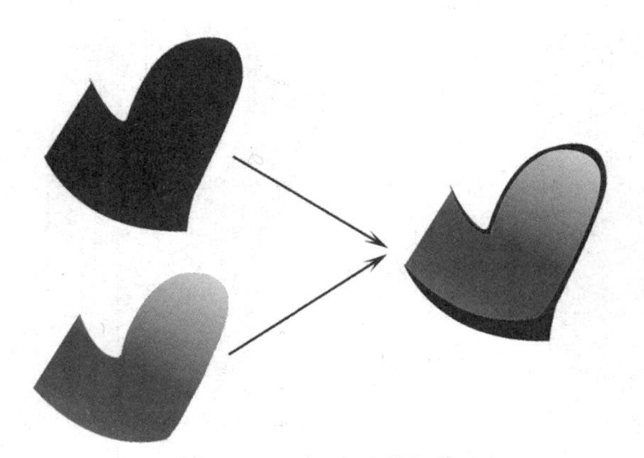

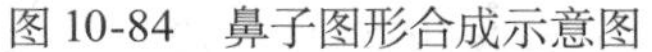

图 10-84　鼻子图形合成示意图

图 10-85　添加了鼻子的脸部效果

11）下面绘制嘴巴部分，开心大笑的嘴形是表现角色性格特色的重要图形。先利用（钢笔工具）绘制出嘴部的基本轮廓，尽量用弯曲夸张的弧线来构成外形，然后填充如图 10-86 所示的“深红色—黑色”线性渐变（其中深红色参考颜色数值为：CMYK（25，100，100，40）），将“描边”色设置为无。接下来在口中添加舌头图形，如图 10-87 所示。并将“填充”色设置为一种亮紫红色（参考数值：CMYK（33，98，6，0）），将“描边”色设置为黑色，“粗细”设置为 2pt，以形成一种非常可爱的形状及颜色的对比效果。

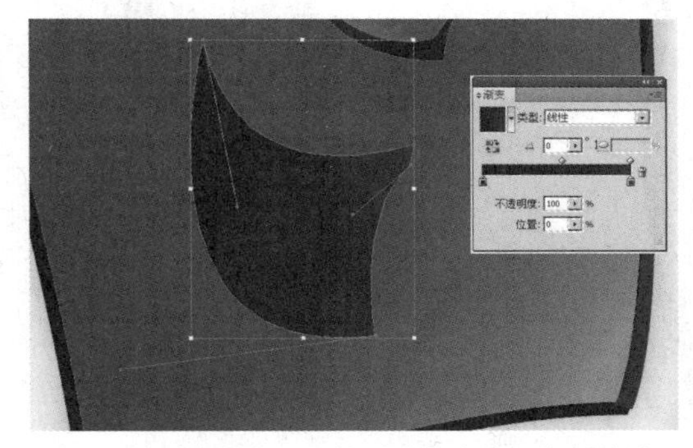

图 10-86　绘制嘴巴的外形并填充偏深色的渐变

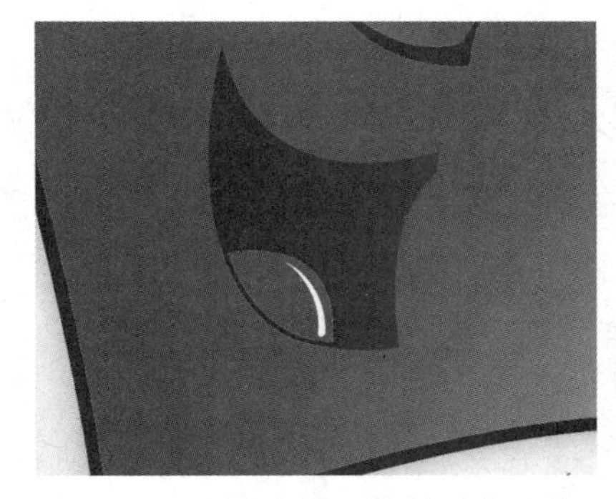

图 10-87　添加颜色明快的舌头图形

12）下面绘制脸部一些细小的装饰形。其方法为：先贴着下唇绘制一条逐渐变细的高光图形，作为嘴部的反光。然后用黑色线条表现出嘴巴的轮廓边界线（粗细 3pt），接着给“小书人”加上表示腮红的趣味图形——利用工具箱中的（画笔工具）绘出的一个 e 形螺旋线圈，其“填充”色为无，“描边”色为一种橘黄色（参考数值：CMYK（8，50，80，0）），效果如图 10-88 所示。

13）面部制作完成后，下一步要补充完善书脊和书内页的侧面厚度。书脊部分比较简单，只需用两个色块暗示一下它的特征即可。其方法为：参照如图 10-89 所示的效果，利用（钢笔工具）绘制出一个弧形色块，并填充稍深一些的枣红色（参考颜色数值为：CMYK（40，100，100，9）），从而体现书脊的立体褶痕和翘起的外形。另外，还有一个重要的细节，就是在书的左上角和右下角添加一个小图形，以强化书两端由渐变色产生的光效。这两个小图形的“填色”为一种淡橘黄色（参考颜色数值为：CMYK（0，30，55，0））。

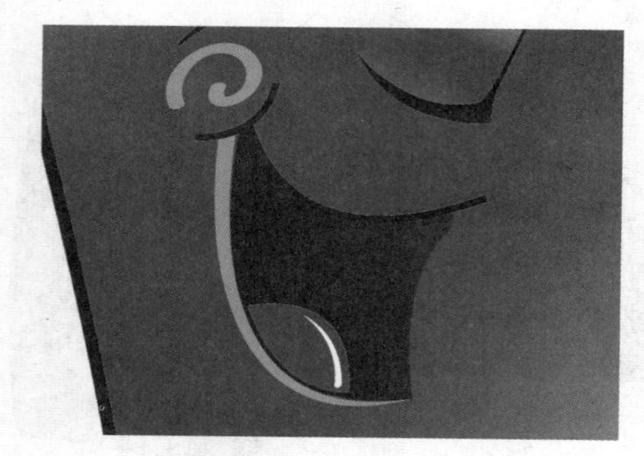

图 10-88　脸部一些细小的装饰形

图 10-89　书脊部分的处理效果

14）至此，书还处于平面的状态，下面给出“小书人”的侧面厚度，使它从平面转为立体。参看图 10-90 所示书侧面的分解示意图，这里的难度在于如何表现书页的数量。其方法为：先在书侧面区域上部绘制波浪形状，接下来在波浪的每个转折处加入细长的线条，然后再绘制一些装饰性的小圆点（从上到下逐渐变小），如图 10-91 所示。以简单的线和点来体现书纸页的数量，是一种象征性的表现手法。

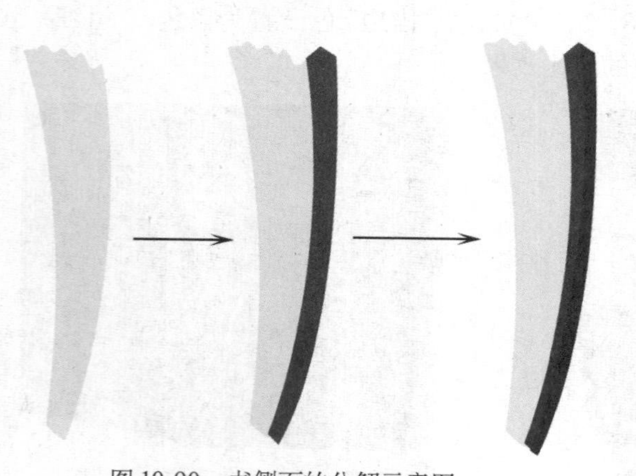

图 10-90　书侧面的分解示意图

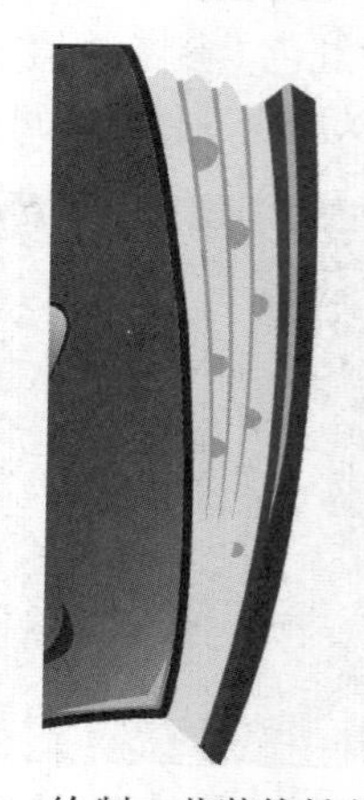

图 10-91　绘制一些装饰性的小圆点

15）为了表现正常的视角效果，还需要绘制书的底部，且底部的弧线要与正面形状底部边缘平行，如图 10-92 所示。将“填充”设置为“黄—橘红”线性渐变（黄色参考数值为：CMYK（0，0，60，0），橘红色参考数值为：CMYK（5，85，90，25）），将“描边”色设置为深红色（参考数值：CMYK（24，100，87，50）），将“粗细”设置为 4pt，勾上一圈深红色的粗边。

16）现在，这个“小书人”变成了一本带有厚度和重量的卡通书，效果如图 10-93 所示。

小结：卡通形象来源于生活真实与虚拟想象的结合，要善于抓住实际事物的本质特征，将繁复的组成部分归纳概括为简洁的形体。为了在尽量简化形体的基础上强化主要对象的性格特征，可以借助想象，将事物进行适度的夸张变形处理（例如将生活中一本普通的书籍变形为活泼可爱的“小书人”）。读者可以尝试将生活中司空见惯的物品转为个性化的卡通形象。

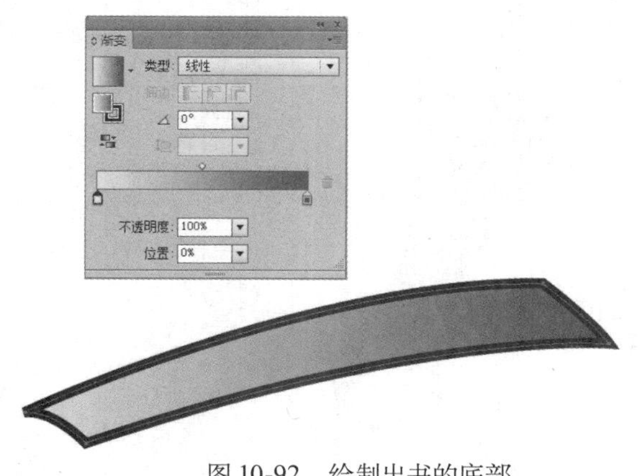


图 10-92　绘制出书的底部

图 10-93　一本带有厚度和重量的卡通书

17）继续进行“书”的拟人化处理。在躯干绘制完成后，再给它添加四肢，以使它产生更加生动活泼的动势。下面先从左手部分开始（“小书人”被设计为左手拿着一张标注“A”的成绩单），如图 10-94 所示，绘制出一只手臂和半个手掌形状（形状有点奇怪，这是因为还没有添加拇指，手掌在成绩单下，但是拇指在成绩单上，因此分两部分绘制）。然后将手掌部分图形的“填充”色设置为白色，“描边”色设置为深蓝色（参考数值：CMYK（100，100，50，10）），“粗细”设置为 3pt。

18）将拿在手中的成绩单底色填充为明亮的黄色（参考数值：CMYK（0，0，100，0）），将“描边”色设置为红色（参考数值：CMYK（0，100，100，10）），将“粗细”设置为 3pt。参考如图 10-95 所示的效果，在成绩单上添加“A+”字样（本例中是艺术化的字体，是用钢笔工具绘制出来的，用户也可以直接应用字库里的字体）。由于成绩单的颜色是全画面中最鲜亮的部分，很容易抢夺人的第一视线，因此，绘制的线条一定要保证流畅和谐。

图 10-94　小书人的左手臂和半个手掌

图 10-95　在左手掌上添加成绩单

19）接下来添上左手拇指形状，让小书人紧握成绩单，如图 10-96 所示。方法为：绘制一条开放的曲线路径，设置其填充色和描边色与手掌部分相同，将它与手掌边缘完好地衔接在一起，并置于成绩单上面。

20）在绘制右手之前，先来绘制一只经过夸张变形的卡通铅笔（“小书人”的右手中握有一只铅笔）。其方法为：如图 10-97 所示，绘制出铅笔的基本轮廓外形（卡通形状带有轻松随意性，不需要完全对称），并填充一种绿色（参考颜色数值为：CMYK（70，17，100，0）），设置“描边”色为深绿色（参考颜色数值为：CMYK（65，0，75，65）），“粗细”为 3pt。

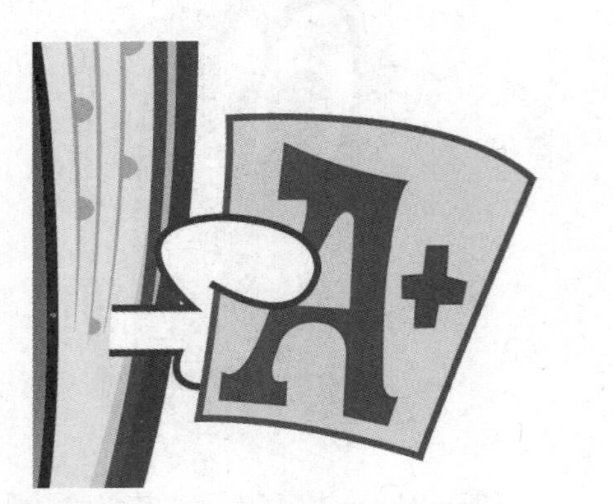

图 10-96　在成绩单上添加左手拇指

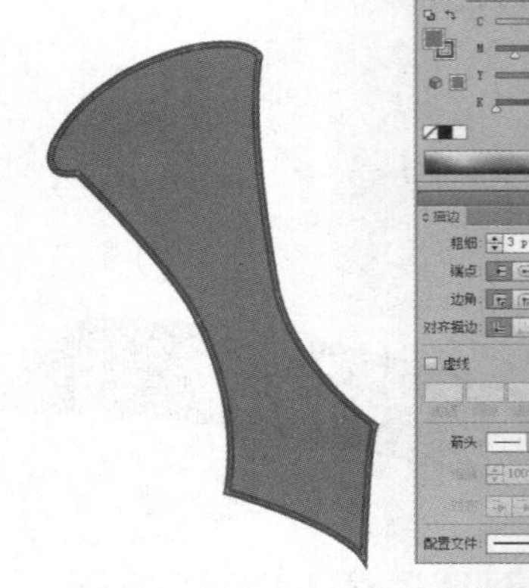

图 10-97　铅笔的轮廓外形

21）为了使铅笔也具有可爱的立体模式，下面分别对笔中部、笔尖和笔末端进行立体化处理。其方法为：参考图 10-98 中提供的思路，绘制笔中部的装饰形，并将“填充”设置为“橘红—黄—黄绿”三色线性渐变（参考颜色数值：橘红 CMYK（4，53，68，3），黄 CMYK（0，0，100，0），黄绿 CMYK（48，20，100，0）），将“描边”色设置为无，再将此装饰形移到铅笔的上面，作为铅笔的笔杆部分。

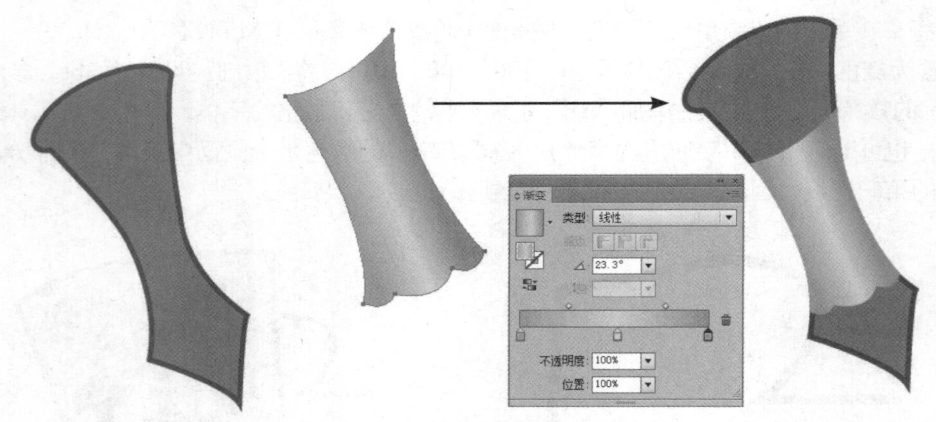


图 10-98　铅笔笔杆部分的装饰处理

22）如图 10-99 所示，接下来给铅笔“削”一个尖，以绘制出铅笔的笔尖部分，并用黑色填充表示铅笔的铅芯。如图 10-100 所示为笔末端的立体化处理，在侧面加入高光和阴影的效果（符合圆柱体的外形），用户还可以根据自己的想象添加更多的趣味细节。最后，应用工具箱中的（选择工具）将构成铅笔的所有图形选中，按快捷键〈Ctrl+G〉将它们组成一组，使铅笔的组成部分作为一个整体来处理。完整的铅笔图形如图 10-101 所示。

提示：应该养成每绘制完成一个完整的局部（例如眼睛部分、铅笔部分等）就将构成这个局部的零散图组成一组的习惯，否则在再次编辑时会很难选取。

23）下面绘制“小书人”的右手图形，右手为紧握铅笔的造型，先参照图 10-102，分别绘制“小书人”的右手臂、紧握的手指和右手拇指图形（拇指图形是一个独立路径）。将它们的“填充”色都设置为白色，“描边”色设置为深蓝色（参考数值：CMYK（100，100，50，10）），“粗细”设置为 3pt。

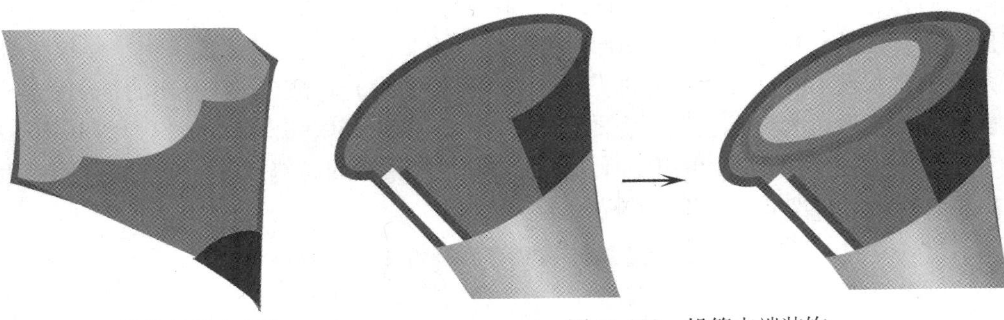

图 10-99　铅笔的笔尖部分　　图 10-100　铅笔末端装饰

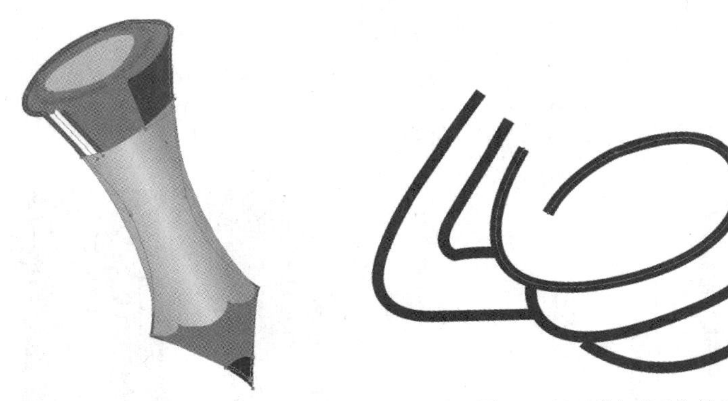

图 10-101　成组后的铅笔图形　　图 10-102　“小书人”的右手臂、手指和右手拇指图形

24）移动组成右手的图形和铅笔图形将它们拼合在一起，然后调整位置关系，得到如图 10-103 所示的右手握笔的效果。在添加了左右手之后，“小书人”显得灵动而栩栩如生，合成的整体效果如图 10-104 所示。

图 10-103　“小书人”右手握笔的效果

图 10-104　添加了左右手之后的“小书人”

25）对“小书人”整个上身（包括左右手和手持物）的外部，添加一圈蓝色的外发光效果。由于右手和铅笔图形位于最前方，在它的外围也单独添加外发光，因此，选取工具箱中的（选择工具），选中“小书人”主体图形和左手（持成绩单）图形，按快捷键〈Ctrl+G〉将它们组成一组。然后选中右手及铅笔图形，按快捷键〈Ctrl+G〉将它们组成一组。接着按〈Shift〉键将两个组合都选中，执行菜单中的“效果 | 风格化 | 外发光”命令，在弹出的“外发光”对话框中设置外发光颜色为天蓝色（参考颜色数值为：CMYK（80，0，0，0）），如图 10-105 所示，单击“确定”按钮，效果如图 10-106 所示。放大右手和铅笔的局部，可以在书的红底色上清晰地看出蓝色外发光的效果，如图 10-107 所示。

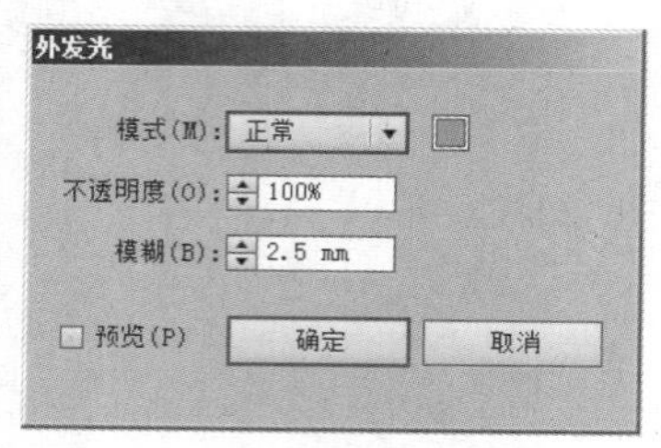


图 10-105 “外发光”对话框

图 10-106 整体添加天蓝色的外发光效果

图 10-107 蓝色外发光效果

26）按照顺序，绘制“小书人”的腿和脚。在本例中，小书人只出现一只迈步向前的腿和脚，另一只则被身体和文字挡住。下面先绘制腿部简单的外形。其方法为：选择工具箱中的（钢笔工具），根据如图 10-108 所示的形状绘制出“小书人”的腿部，它由两个独立的形状组成，分别填充为紫色系列的渐变（可选择深浅不同的紫色）。

27）如图 10-109 所示，添加黑色的脚踝部分，然后按照如图 10-110 所示的分解示意图，用 3 个独立的闭合路径拼合成鞋面边缘的效果。这里采用的“色块拼接法”是矢量绘画中的一种常规思路，读者一定要逐渐熟悉这种用形态各异的色块拼合成复杂层次的方法。

28）同理，使用“色块拼接法”绘制出鞋底的形状和鞋底上的花纹。然后选取工具箱中的（选择工具），将构成腿、脚踝和鞋的所有图形都选中，按快捷键〈Ctrl+G〉将它们组成一组，如图 10-111 所示。

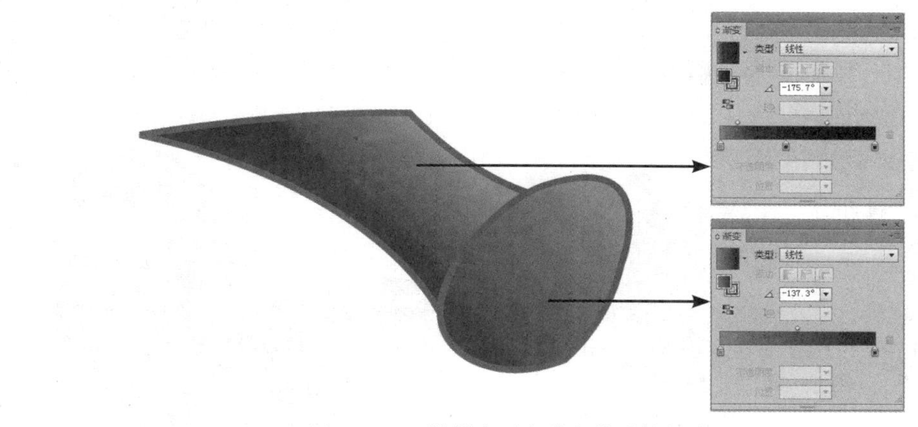


图 10-108　腿部由两个独立的形状组成

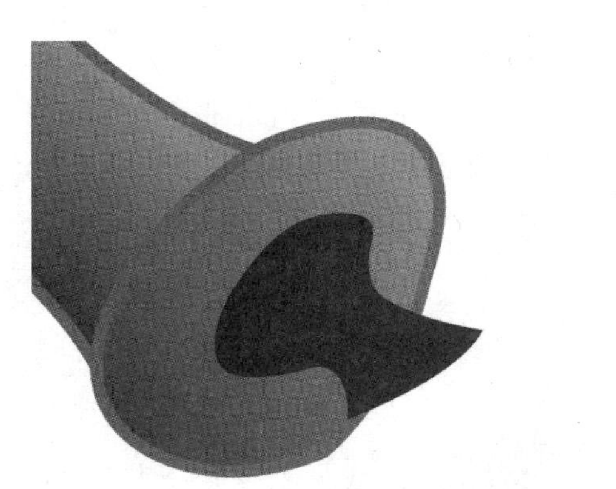

图 10-109　脚踝的形状

图 10-110　应用“色块拼接法”合成鞋面边缘的效果

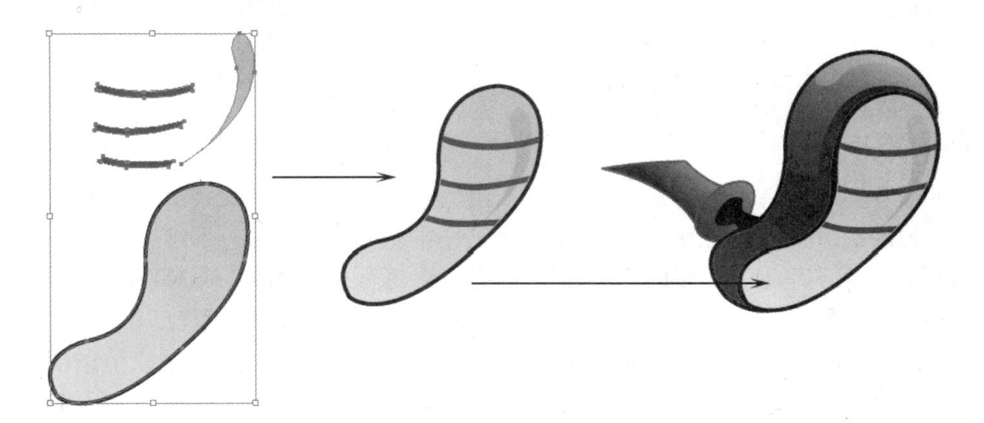

图 10-111　绘制出鞋底的形状和鞋底上的花纹并组成一组

29）在腿和脚的整体外部，添加一道灰色投影和一圈蓝色的外发光效果。其方法为：用工具箱中的 （选择工具），将成组的腿、脚图形选中，然后执行菜单中的“效果 | 风格化 | 投影”命令，在弹出的对话框中将“不透明度”设置为 65%，将“X 位移”设置为 1mm，将“Y 位移”设置为 4mm（位移量为正的数值表示生成投影在图形的右下方），如图 10-112 所示。由于此处

需要的是一个边缘为实线的投影，因此，“模糊”值一定要设为 0，投影“颜色”设置为黑色。单击“确定”按钮，在腿、脚图形的右下方（一定距离处）出现了一个灰色的投影，投影使主体产生了飘浮感，效果如图 10-113 所示。

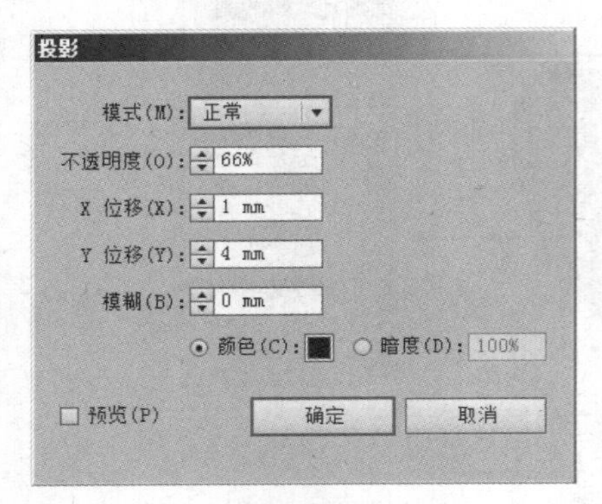


图 10-112 “投影”对话框

图 10-113　灰色的投影

30）执行菜单中的“效果 | 风格化 | 外发光”命令，在弹出的“外发光”对话框中设置外发光颜色为天蓝色（参考颜色数值为：CMYK（80，0，0，0）），以与身体部分的外发光效果一致，如图 10-114 所示。单击“确定”按钮，效果如图 10-115 所示。

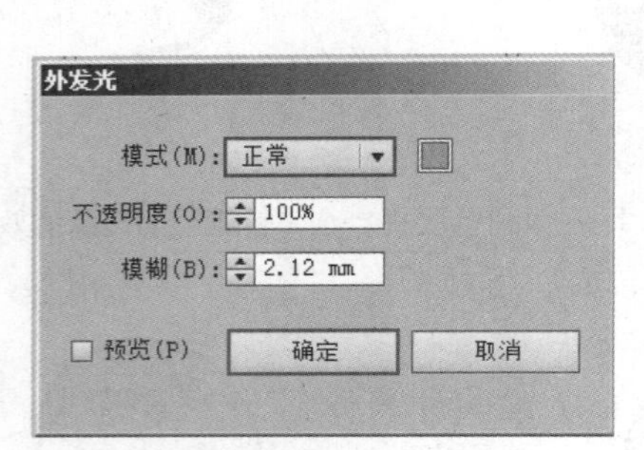


图 10-114　“外发光”对话框

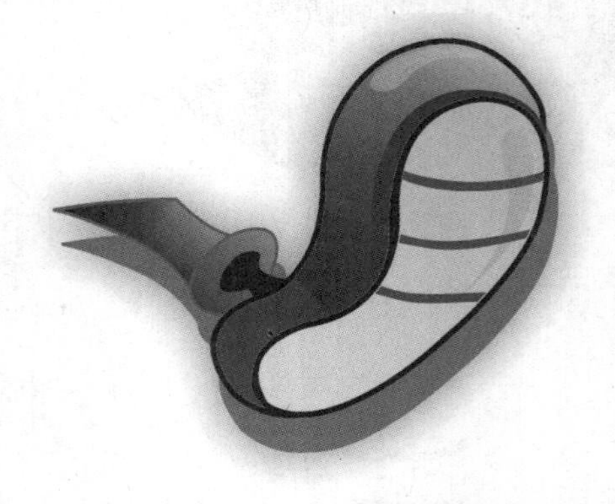

图 10-115　腿脚部整体添加天蓝色的外发光效果

31）现在“小书人”基本绘制完了，下一步要处理的是画面的主体文字部分。先为文字绘制一个整体的衬底图形。其方法为：参考图 10-116 所示的效果，在页面外部绘制一个类似云形的形状，然后将“填充”色设置为一种明艳的蓝色（参考颜色数值为：CMYK（70，10，15，0）），将“描边”色设置为黑色，将“粗细”设置为 1pt。接着在其底部用较深一点的蓝色（参考颜色数值为：CMYK（85，53，45，0））绘制一些很窄的图形，以体现立体的层次效果。如图 10-117 所示（此处比较细节化，使用“钢笔工具”一次性处理不了的地方，可以在绘制好之后选择工具箱中的（转换锚点工具）进行细枝末节的修改，以达到更佳细致的效果）。

32）为了进一步强化衬底图形的立体感觉，需要在它下面添加半透明的虚影。其方法为：用工具箱中的（选择工具）将蓝色的衬底图形选中，然后执行菜单中的“效果 | 风格化 | 投影”命令，在弹出的对话框中将“不透明度”设置为 100%，将“X 位移”设置为 3mm，将“Y 位移”设置为 4mm（位移量为正的数值表示生成投影在图形的右下方），如图 10-118 所示。并设置“模

糊”值为 1.76mm，投影“颜色”为黑色，单击“确定”按钮，在蓝色衬底图形的右下方出现了一个灰色的投影，效果如图 10-119 所示。

图 10-116　绘制出云形路径，并填充为天蓝色

图 10-117　描绘底部的立体效果

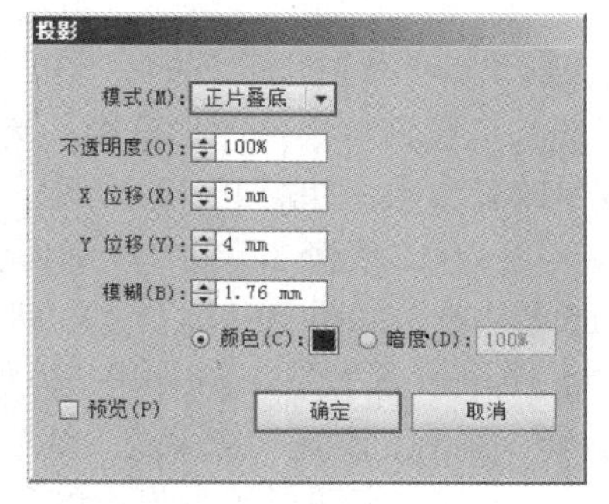


图 10-118　“投影”对话框

图 10-119　衬底图形右下方出现了一个灰色的投影

33）主体文字部分“WORD”属于艺术字形，如果字库里找不到合适的字体，可用“钢笔工具”(参照如图 10-120 所示的效果)描绘出“WORD”4 个字母的外形，然后将它的“填充”色设置为“粉色—白色”渐变(粉红色的参考数值为：CMYK (0，70，15，0))。按快捷键〈Ctrl+G〉将它们组成一组。

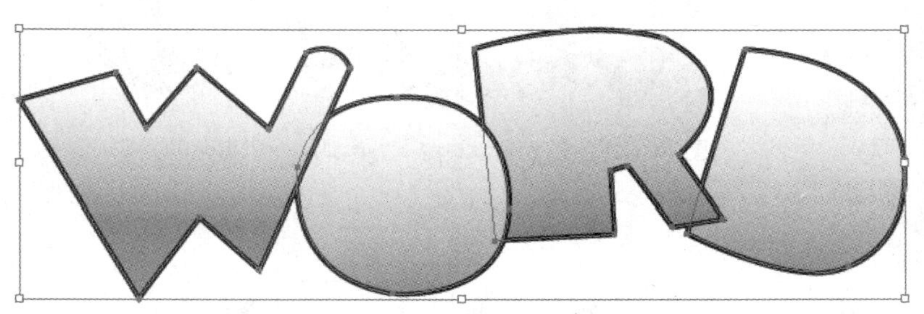

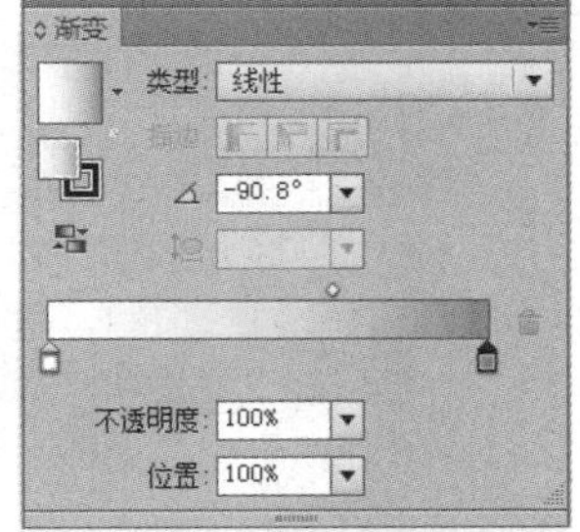


图 10-120　描绘出“WORD”字母的外形

34）字母“O”、“R”、“D”中间都有镂空的部分，需要再绘制出 3 个独立的闭合路径，如图 10-121 所示。然后利用工具箱中的 (选择工具) 将这 3 个独立的闭合路径和“WORD”图形同时选中，按快捷键〈Shift+Ctrl+F9〉打开如图 10-122 所示的“路径查找器”面板，在其中单击 (减去顶层) 按钮，则图形间发生相减的运算，中间形成镂空的区域。接着在文字结构内部绘制紫红色的窄条图形，以体现文字的立体效果，如图 10-123 所示。最后按快捷键〈Ctrl+G〉将全部字母图形组成一组。

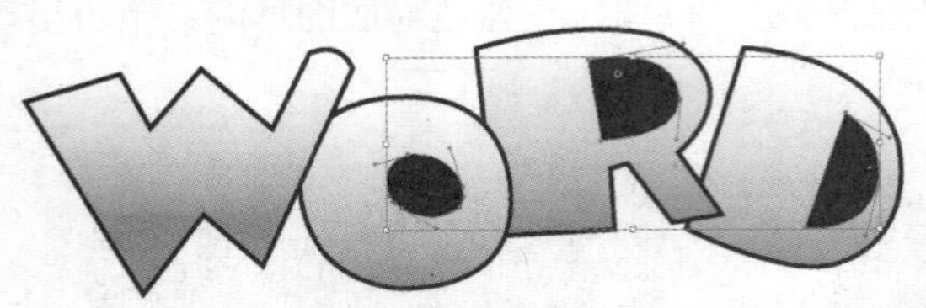


图 10-121 在字母图形上绘制 3 个独立的闭合路径

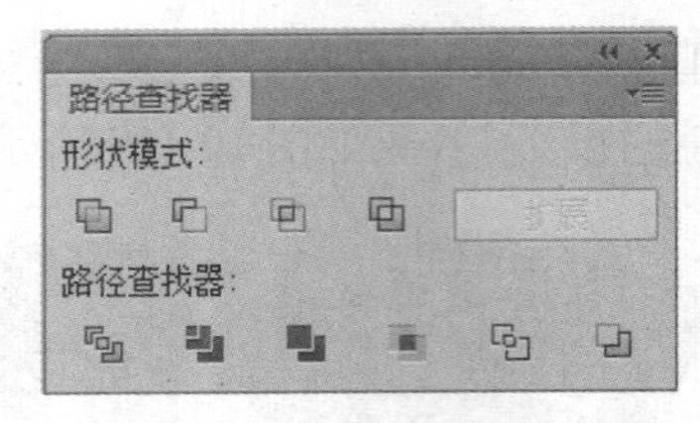


图 10-122 “路径查找器”面板

图 10-123 中间部分镂空的处理

35）下面为文字设置两重投影（一实一虚），这需要接连两次应用“投影”命令，在此按照先实后虚的步骤来进行。其方法为：用工具箱中的 （选择工具）将字母图形选中，然后执行菜单中的“效果|风格化|投影”命令，在弹出的对话框中设置参数，如图 10-124 所示，由于需要先添加一个边缘为实线的投影，因此，“模糊”值一定要设为 0，投影“颜色”设置为黑色。单击“确定”按钮，文字图形的右下方出现了一个黑色的投影，效果如图 10-125 所示。接着再次执行菜单中的“效果|风格化|投影”命令，在弹出的对话框中设置参数，如图 10-126 所示，这一次制作的是虚化的投影，因此，“模糊”值设为 1，投影“颜色”设置为深蓝色（参考颜色数值为：CMYK（100，90，40，0）），效果如图 10-127 所示，此时文字图形黑色投影的右下方又出现了一个蓝色的虚影。

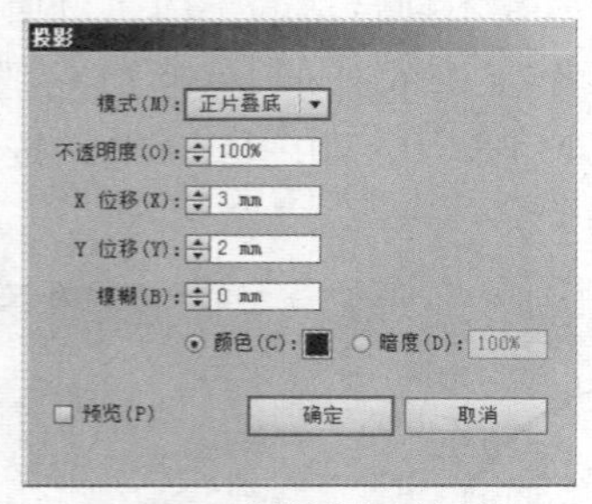


图 10-124 “投影”对话框

图 10-125 文字图形的右下方出现了一个黑色的投影

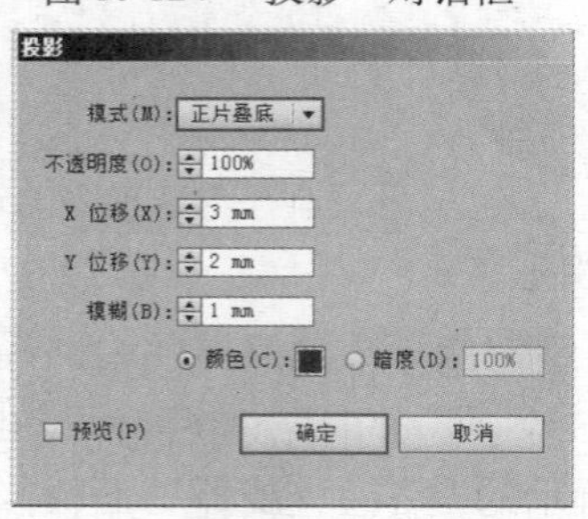


图 10-126 设置参数

图 10-127 在黑色投影的右下方又出现了一个蓝色的虚影

36）同理，制作出另一个单词“EXPLORER”的效果，由于它采用的也是字库里没有的艺术字体，因此需要逐个描绘。利用工具箱中的 （自由变换工具）调整每个字母的旋转角度，并将它们按照图 10-128 所示进行排列，然后添加黑色实边的阴影，制作方法与前面相似，此处不再赘述。

图 10-128　另一个单词“EXPLORER”的效果

37）选择工具箱中的 T（文字工具），输入文本“Deluxe”。然后在“工具”选项栏中设置“字体”为 Franklin Gothic Demi，“字号”为 48pt，文本填充颜色为黑色。接着执行菜单中的“文字 | 创建轮廓”命令，将文字转换为由锚点和路径组成的图形。

38）为这个单词添加简单的描边和虚影效果。其方法为：选中这个文本图形，将其“描边”色设置为黑色，“粗细”设置为 1pt。然后执行菜单中的“效果 | 风格化 | 投影”命令，在弹出的对话框中设置参数，如图 10-129 所示。单击“确定”按钮，最后的文字效果如图 10-130 所示。

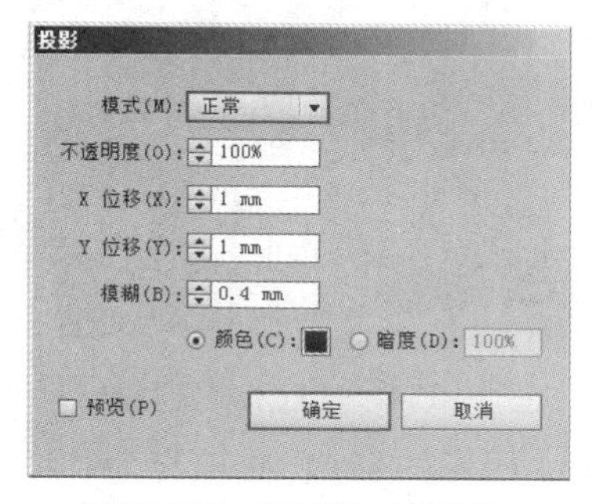


图 10-129 “投影”对话框

图 10-130　添加投影效果的文字

39）将底图及艺术文本部分进行拼合，调整相对位置与大小，最后的标题文字整体效果如图 10-131 所示。将整个标题文字部分成组后，移至“小书人”下面的位置。执行菜单中的“对象 | 排列 | 置于底层”命令，将它置于“小书人”的后面。此时，“小书人”和标题文字的合成画面如图 10-132 所示。

图 10-131　标题文字最后的整体效果

图 10-132 “小书人”和标题文字的合成画面

40）至此，画面的主体基本制作完成，下面来处理背景。前面步骤 5）已经绘制好一个倾斜的蓝色背景形状。接下来在上面添加一些手写体的小文字形，以形成一种类似图案的效果。其方法为：选择工具箱中的（画笔工具），将“填色”色设置为无，“描边”色设置为淡蓝色（参考颜色数值为：CMYK（70，45，10，0））。然后绘制出如图 10-133 所示的两个手写体字母，作为图案单元。

41）以这两个手写体字母为单元，进行复制（不规则复制，位置可随意散排），直到将整个背景都布满这种文字的图案为止，如图 10-134 所示。最后，按快捷键〈Ctrl+G〉将全部背景图形组成一组。

图 10-133　绘制出两个手写体字母，作为图案单元

图 10-134　进行不规则复制

42）利用（钢笔工具）在背景上绘制一个如图 10-135 所示的形状，并填充为“白色—粉色”径向渐变（其中浅粉色的参考数值为：CMYK（0，30，0，0）），将“描边”色设置为深红色（参考颜色数值为：CMYK（45，100，100，40））。最后将“小书人”和标题文字放在制作好的背景上，效果如图 10-136 所示。

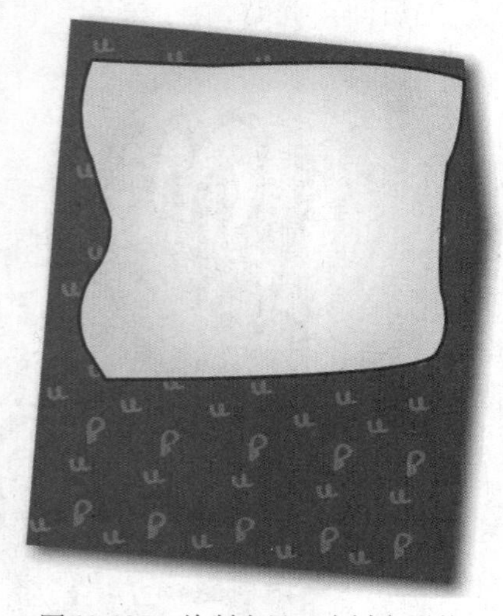

图 10-135　绘制出另一个衬底形状

图 10-136　合成效果

43）页面下部还有一行小标题文字，它的设计采取的是“沿线排版”的思路。其方法为：先用工具箱中的（钢笔工具）绘制出一段开放的曲线路径。保持这段曲线路径为选中的状态，应用工具箱中的（路径文字工具）在曲线左边的端点上单击，则路径左端上出现了一个跳动的文本输入光标，直接输入文本，所有新输入的字符都会沿着这条曲线向前进行排列，效果如图 10-137 所示。接着将路径上的文字全部涂黑选中，并设置“字体”为 Arial Black，“字号”为 20pt。最后执行菜单中的“文字 | 创建轮廓”命令，将文字转换为由锚点和路径组成的图形。

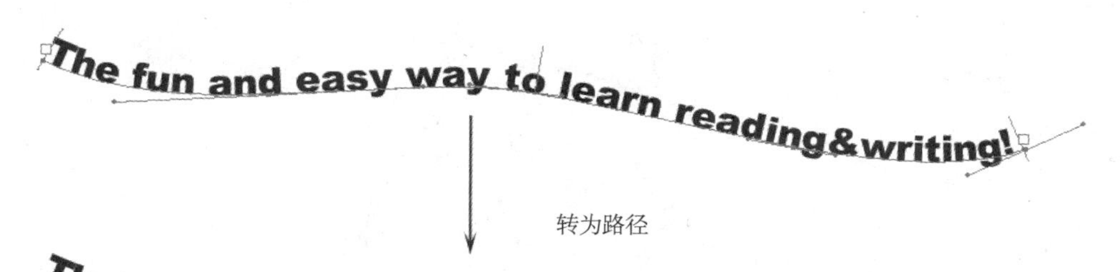


图 10-137　沿线排版的文字

44）将文字转为路径后，才可以进行更多的图形化处理。选中转为图形的文字，将它的“填充”色设置为白色，“描边”色设置为大红色（参考颜色数值为：CMYK（0，100，100，0），描边“粗细”设置为 1pt。接着执行菜单中的“效果 | 风格化 | 外发光”命令，在弹出的对话框中设置参数，如图 10-138 所示，单击“确定”按钮，则文字加上了灰色的外发光效果，如图 10-139 所示。如图 10-140 所示是文字移至底图上的层次关系。

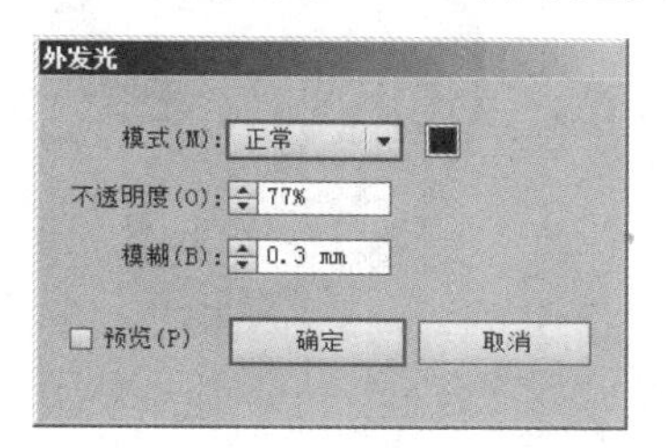


图 10-138　“外发光”对话框

图 10-139　文字被描上了红边并添加了灰色外发光效果

图 10-140　将文字移至底图中

45）为了使画面元素进一步丰富，可以在“小书人”的两侧点缀一些装饰物，其中包括“翻开的书”、“调色板”、“画有卡通猫的小卡片”、“带钥匙的盒子、“苹果和心形”等卡通图形，制作思路基本都采用了“色块拼接法”，用户可参照图 10-141~ 图 10-145 所示的效果来完成。这些装饰元素也可以根据自己的想象进行自由创作。最后将所有装饰元素拼合到主画面中，形成以“小书人”为中心而展开的炫丽而热闹的卡通场景。完整的主体效果如图 10-146 所示。

图 10-141 “翻开的书”图形的制作思路

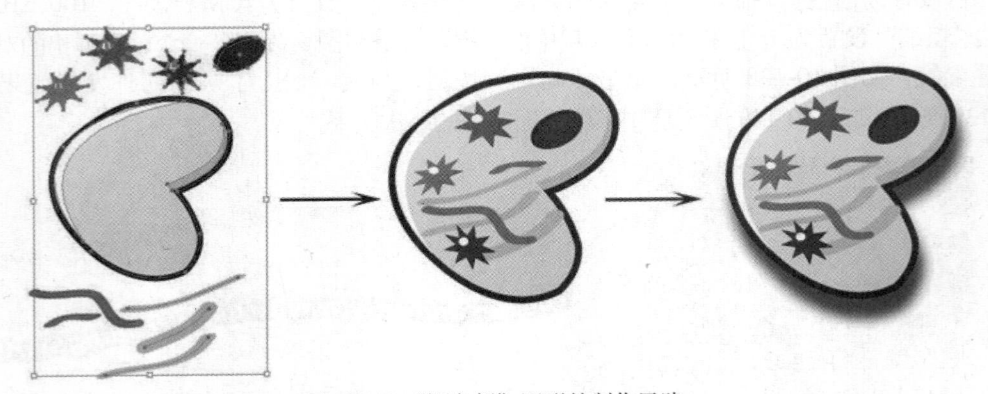

图 10-142 “调色板”图形的制作思路

图 10-143　画有卡通猫的小卡片　　图 10-144　带钥匙的盒子

图 10-145　苹果和心形

图 10-146　画面主体的完整效果

46）最后，赋予主体卡通画面一个更大的背景，以使视觉空间得以舒缓。其方法为：利用工具箱中的（矩形工具）绘制一个和画面尺寸同样大小的矩形，将其“填充”色设置为温和的草绿色（参考颜色数值为：CMYK（30，0，80，0）)，并执行菜单中的“对象 | 排列 | 移至最后”命令，将该矩形移至画面的最下面。

47）至此，这本趣味图书的封面已制作完成，画面虽然显得繁复，但各元素都各司其职，主次分明，共同营造出一种充满情趣、引人发笑而又耐人寻味的幽默意境。最终效果如图 10-147 所示。

图 10-147　最终完成的效果

## 10.3　制作汽车插画设计

**制作要点：**

数码插画从表现手法上可分为二维与三维两种表现法，三维表现法比二维表现法在视觉上展开的领域更广阔，一般是在二度空间的平面上表现三度空间的立体感。应用Illustrator等图形软件也可制作出具有一定空间感与质感的写实图形，这种图形具有较好的装饰性、较高的绘画技巧及强烈的数码艺术特色，因此在广告设计中应用较为广泛。本例制作的写实性汽车图形，如图10-148所示，便是这类矢量写实风格的典型代表之一。

图 10-148　写实性汽车效果

**操作步骤：**

应用矢量图形软件来制作一辆逼真的汽车是对技术和审美能力的一次全面考验。因为汽车是一个具有多重复杂结构的机械形体，它不仅包含金属质感的表现，还涉及透明玻璃、皮质座椅、反光车灯等大量复杂的细节，因此要特别注意块面间光影明暗的变化。在技术上还要深入研究与掌握渐变网格工具的用法。

下面，将汽车分为 8 个部分来进行绘制与合成。

### 1. 绘制基本车身外形

在绘制基本车身外形前，首先要选定一张车型的图片以供参考，本例选择了一辆颜色鲜艳的红色跑车。在动手绘制之前，大致先将车身解构一下，将一辆汽车划分成几个部分，然后从主要的或面积最大的部分开始着手（如车头、车身、车门和车窗等），将大的结构先定好，再逐步添加一些小的部件（如车灯、座椅等）。

1）执行菜单中的“文件 | 新建”命令，在弹出的对话框中设置参数，如图 10-149 所示，然后单击“确定”按钮，新创建一个图形文件，然后将其存储为“汽车插画设计 .ai”。

2）首先来绘制汽车前部车身，由于汽车包含大量优美流畅的曲线，因此对于形状绘制的能力也有较高的要求，下面通过（钢笔工具）来完成绘制。方法为：选择工具箱中的（钢笔工具），在画面的左下部分先绘制出汽车的车前盖形状，并将其外轮廓封闭为曲线路径。绘制完成后，还可以利用工具箱中的（直接选择工具）对路径形状进行调节，需要注意的是，两侧弧度较大的曲线路径上需设置较少的节点，以保持曲线的流畅自然，效果如图 10-150 所示。

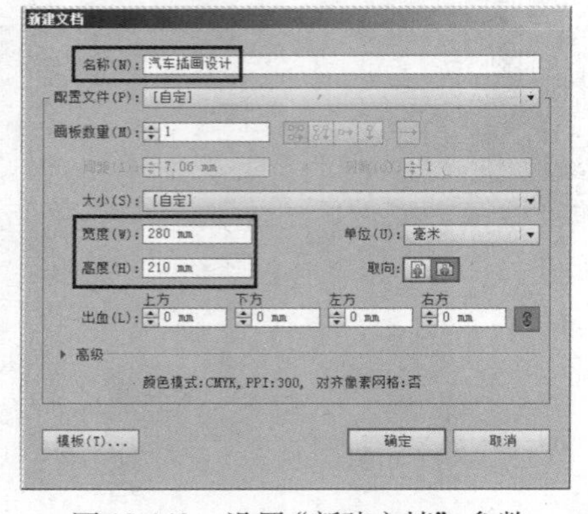


图 10-149　设置“新建文档”参数

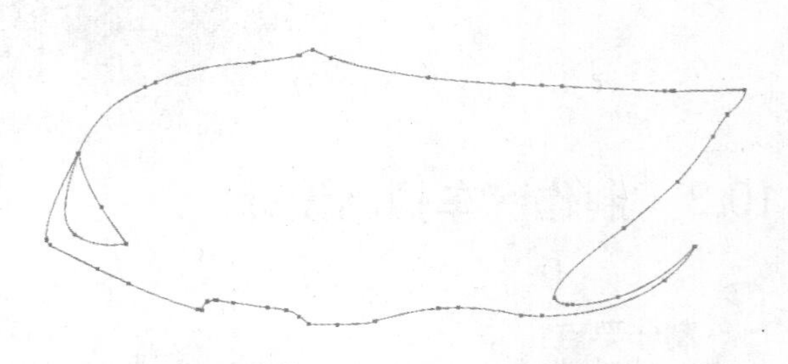

图 10-150　利用（钢笔工具）绘制出车前盖的路径

3）利用工具箱中的 ▶（选择工具）选中绘制好的路径，然后按快捷键〈F6〉，打开“颜色”面板，如图 10-151 所示。在面板右上角的弹出菜单中选择“CMYK”选项，再将这个形状的“填色”设置为一种深红色，其参考颜色数值为 CMYK（20，94，85，7），将“描边”色设置为“无”。效果如图 10-152 所示。

提示：为了避免调色的重复性操作，可以执行菜单中的“窗口｜色板”命令，打开“色板”面板，将“颜色”面板中设置好的色样直接拖动到“色板”面板中存储起来。

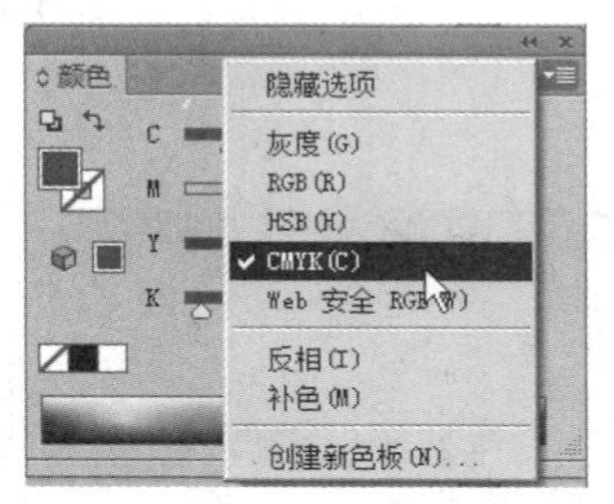


图 10-151　将“颜色”面板的色彩模式设为 CMYK

图 10-152　为汽车车前盖图形填充一种深红色

4）这幅图片是从汽车的侧面角度进行拍摄的，因此接着绘制侧面的车身轮廓。方法为：选用工具箱中的（钢笔工具），绘制出汽车侧面上半部分的封闭曲线路径，与车前盖衔接在一起，“填色”设置为同样的深红色，其参考颜色数值为 CMYK（20，94，85，7），效果如图 10-153 所示。

图 10-153　用“钢笔工具”绘制出车体侧面上半部分图形

### 2. 侧面车身制作

1）在车侧面图形中逐步添加光影的变化，这种光影变化是金属表面所特有的反光效果。请注意：在本例这种写实性矢量绘图中，颜色过渡得细腻、自然与流畅是至关重要的，因此需要大量应用到 Illustrator 的强大功能——渐变网格。

提示：所谓“渐变网格”，是指利用工具或命令在图形内部形成网格，组成网格的网线具有路径的属性，因此可以通过调节网格形状来对图形进行多方向、多颜色的混合填充。“渐变网格”在应用时又分为“自己创建渐层网格”和“在已有的渐变基础上添加渐层网格”两种类型，本例主要依靠“自己创建渐层网格”方式。

下面介绍自己创建渐层网格并根据网格点上色的两种方法。

方法 1：选择工具箱中的（网格工具），在画好的车侧面路径内单击制作网格点（注意：利用（网格工具）在图形内每次单击可以新增一个网格点，并且增加一条新的网格路径）。

然后利用工具箱中的 （直接选择工具）选中并拖动网格点，对网格路径形状进行相应的调节，就像调节普通的节点与路径一样，如图 10-154 所示。

方法 2：利用工具箱中的 （选择工具）选中车侧面路径，然后执行菜单中的“对象｜创建渐变网格”命令，在弹出的如图 10-155 所示的对话框中设置网格的行数和列数，再单击“确定”按钮，此时，系统会在图形内部自动建立均匀的纵横交错的网格。

提示：网格行列数的设置要根据图形颜色的复杂程度而定，颜色变化较丰富的位置可适当手动增加网格点。

图 10-154　设置并调节渐变网格点

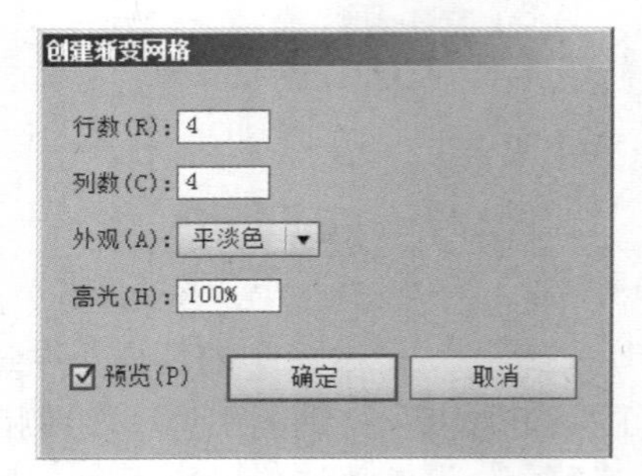


图 10-155　“创建渐变网格”对话框

2）形成初步的网格后，可以进行编辑和上色。方法为：选择工具箱中的 （直接选择工具）或 （网格工具）选中网格点或网格单元，然后在“颜色”面板中直接选取颜色，如图 10-156 所示（注意：渐变网格的颜色是依照网格路径的形状而分布的，只要移动和修改路径，即可改变渐变的颜色分布）。接着，利用渐变网格原理将车身侧面边缘部分的颜色调暗一些，形成初步的光影效果，如图 10-157 所示。

提示：如果单击选不中节点，可以按住〈Shift〉键点选。

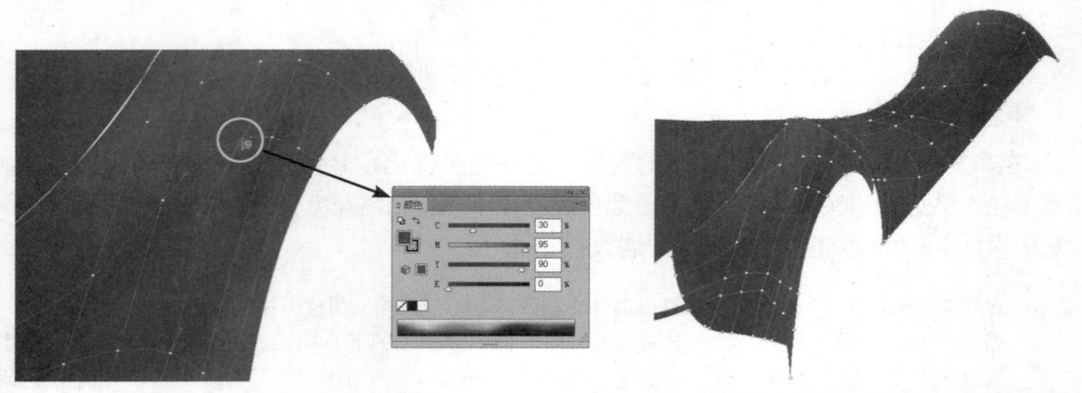


图 10-156　改变网格点的颜色　　图 10-157　用渐变网格将车身侧面边缘部分颜色调暗

3）利用工具箱中的 （钢笔工具）继续绘制出汽车侧身下半部分的受光面。由于汽车的构造比较复杂，所以车体侧面下半部分的受光面要分解为多个封闭的曲线路径。方法为：先将如图 10-158 所示（左侧）绘制出的路径填充为偏红的浅灰色，其参考颜色数值为 CMYK（27,

66，54，14）。然后选择工具箱中的 （网格工具），在每一个块面中设置网格，改变网格点的颜色。在设置颜色时，要注意这部分的受光方向及明暗关系，使块面具有立体浮凸效果，调节完成后的效果如图 10-158 所示（右侧）。对于初学者来说，渐变网格并不容易随心所欲地控制，因此需要耐心地对网格点进行布局和调整。

提示：每个网格以节点和它发射出的四条线为一个着色单位，节点处的颜色是选中的颜色，沿着线的走向，这个颜色与周围颜色形成自然过渡。因此，网格点的疏密要根据颜色渐变的繁复和简单程度来排列，网格线的走向也要依照颜色的走向来安排。

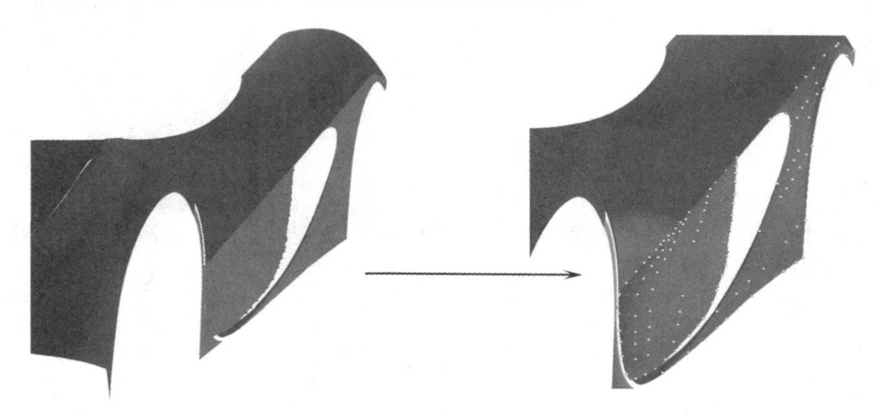

图 10-158　绘制出汽车侧身下半部分的受光面并添加渐变网格

4）利用工具箱中的 （钢笔工具）画出这一区域的背光部分。背光部分一共由 4 个小块面拼接组成，分别将其填充为不同深浅的暗色。注意，这几种颜色虽然整体明度较低，但仍然能够区分开来，以形成向内凹陷的视觉效果，如图 10-159 所示。

提示：图形的前后层叠顺序可通过菜单中“对象｜排列”下的子命令来进行调整。

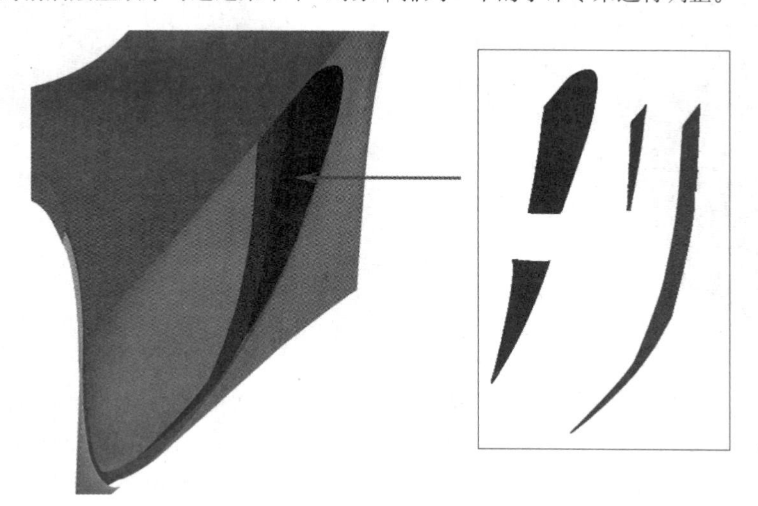

图 10-159　通过 4 个层叠的图形构成这一区域的背光部分

5）细节部分的光影颜色变化也不能草率处理。下面放大局部，分别对这 4 个小图形添加渐变网格，进行微妙的颜色设置，4 个小图形中渐变网格的设置如图 10-160 所示。在调整这些细小部分的时候要注意暗调的变化，要与整体车身的基本色调相呼应。由于是对独立的块面进行分别调节，所以一定要注意各个块面之间的衔接关系，此部分最后的效果如图 10-161 所示。

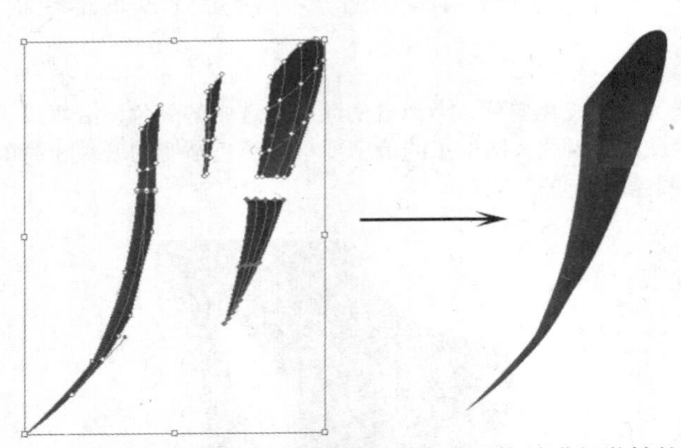

图 10-160　分别对这 4 个小图形添加渐变网格并进行微妙的颜色设置

图 10-161　此部分形成向内凹陷的效果

### 3. 车轮的制作

1）轮胎也是车侧面的一个重要组成部分，而且对于整个车身来说是一个亮点，所以此部分的制作比较重要。下面首先绘制车轮胎的大致外形。方法为：利用工具箱中的（椭圆工具）绘制出一个基本的椭圆形，填充为浅灰色，其参考颜色数值为 CMYK（60，45，40，30）。然后，在左下角绘制一块深灰色的图形用于表示橡胶外胎的部分（为了表现微妙的光线变化，此部分也可以参考图 10-162 所示设置渐变网格），轮胎大致外形和基本色如图 10-163 所示。

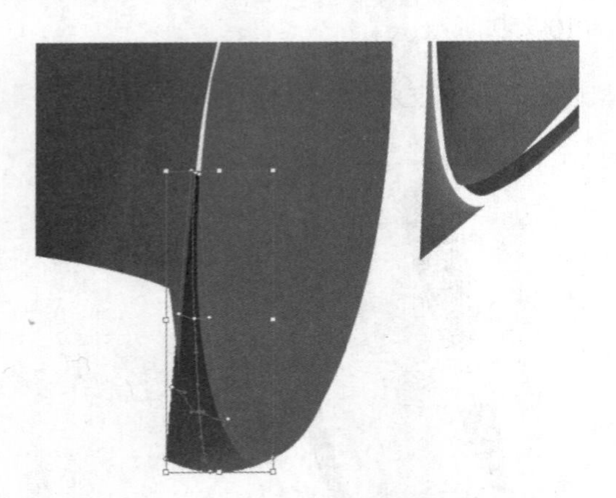

图 10-162　橡胶外胎部分的渐变网格效果

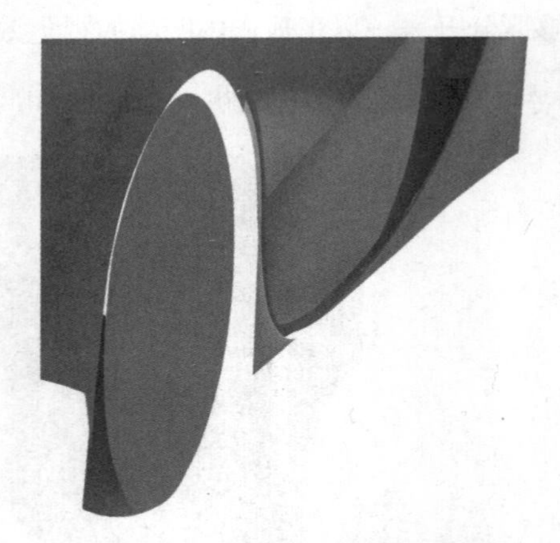

图 10-163　轮胎大致外形和基本色

2）车胎内部反光强烈的银色金属结构，同样采用渐变网格工具进行色彩调整，渐变网格的形状及颜色设置请参照图 10-164 所示效果。依据光源的位置，将这个块面调整成中间暗、四周亮具有一定立体效果的形体。金属质感是通过不同深浅的灰色间自然过渡而形成的，这些都要归功于渐变网格形成的微妙色效。下面利用工具箱中的（钢笔工具）画出金属面中间的光影块面部分，一共绘制出 3 个图形，分别填充为（从左至右）：白色；深灰色，其参考颜色数值为 CMYK（70，50，50，60）；一个由浅灰到白的渐变。效果如图 10-165 所示。

图10-164　用渐变网格形成车胎内部反光强烈的银色金属结构

图10-165　画出金属面中间的光影块面部分

3）现在来制作车胎里的轮毂。轮毂的结构比较复杂和琐碎，但可将其表现为由富有趣味性的图形构成。方法为：利用工具箱中的（钢笔工具）画出轮毂的中轴，中轴由两个部分组成，先分别填充为两种基本的灰色（请读者自己调色），如图10-166所示。然后利用工具箱中的（网格工具）调整出合适的光影效果，使其形成具有强烈立体感的小型圆柱体。注意，从亮部到暗部一些细微的明暗变化，以及边缘部分的亮光。网格的具体设置如图10-167所示。

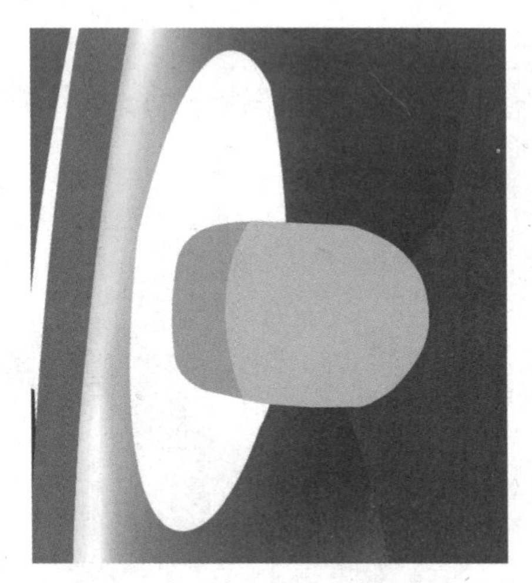

图10-166　先画出中轴两个基本组成图形

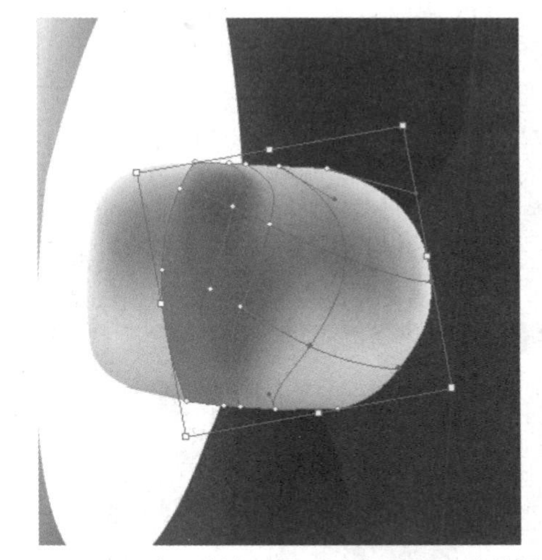

图10-167　应用渐变网格形成趣味的立体效果

4）接下来制作轮毂的两个小翼，制作小翼比较简单，直接用"钢笔工具"绘制出小翼的亮部和暗部即可，暗面填充为深灰色，其参考颜色数值为CMYK（48，40，40，86），亮面填充为白色，效果如图10-168所示。这里注意要先画白色的部分，然后再在其上添加深色的背光面部分，达到增加厚度的效果。

5）下面来处理车轮与车身的衔接部分。方法为：首先画出车身的厚度，要根据车身边缘的形状来画，尽量贴近车身，然后再画出阴影部分的形状，因为此处为背光面，可填充较暗的颜色。效果如图 10-169 所示。

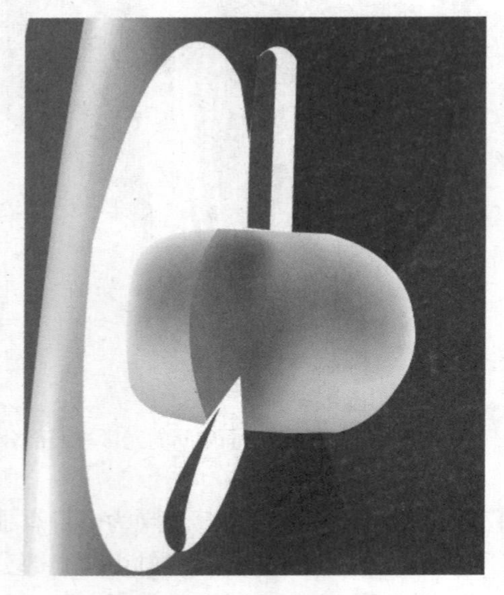

图 10-168　制作轮毂的两个小翼

图 10-169　处理车轮与车身的衔接部分

6）车轮的材质包括金属和橡胶两种。金属部分的着色要非常流畅，而轮胎橡胶的颜色则比较滞，反光也较弱，另外，不要忽略轮胎上的纹理。下面参考图 10-170 所示绘制简单的花纹效果，将其填充为一种深灰色，其参考颜色数值为 CMYK（70，55，60，80），车胎的绘制基本完成。

7）至此，侧面车身的效果如图 10-171 所示。绘制这类复杂的矢量图形有助于培养对形象的概括能力、对实物对象的刻画能力及对待复杂图形的耐心程度。

提示：在绘制复杂结构的物体时，一定要建立起清晰的思路。一般要先画出一个整体的形态，然后再处理细节，这样才不容易出错。也就是在处理局部时，要时时具有整体意识。

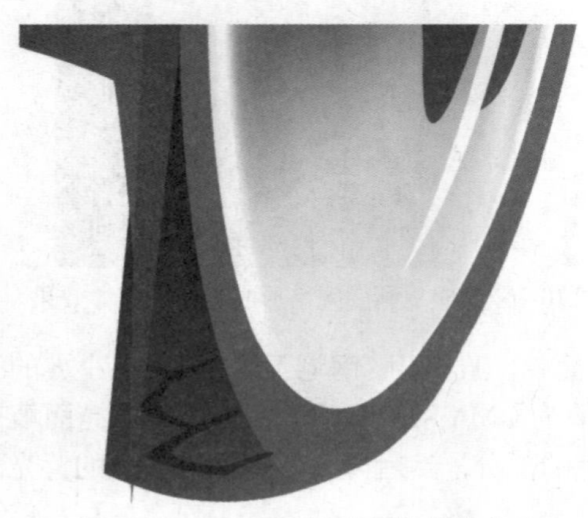

图 10-170　绘制车胎表面的简单花纹

图 10-171　侧面车身的完整效果

8）后车胎的制作与前车胎的制作步骤大体一致，请读者参照前车胎的制作方法自行绘制。加上两个车轮后的车体效果如图 10-172 所示。

图 10-172　加上两个车轮后的车体效果

### 4. 车前盖底部进气口

1）车轮绘制完成后，接下来绘制车前盖的底座（底部进气口）。这一部分结构具有各种不同深度的凹陷感，因此也形成了极其丰富的阴影效果，需要很好的形象处理能力与耐心才能完成。下面首先绘制车前盖与底座衔接部分的大体形状，这里将这一部分分解为 3 个块面图形进行处理。方法为：使用工具箱中的 （钢笔工具）绘制出外形，注意块面与车前盖边缘的贴合，为其随意填充 3 种颜色便于区分，如图 10-173 所示，然后使用与前面步骤同样的方法，利用工具箱中的 （网格工具）设置网格点，调整金属表面的光影效果及明暗对比。3 个块面的渐变网格结构设置分别如图 10-174 ～图 10-176 所示。

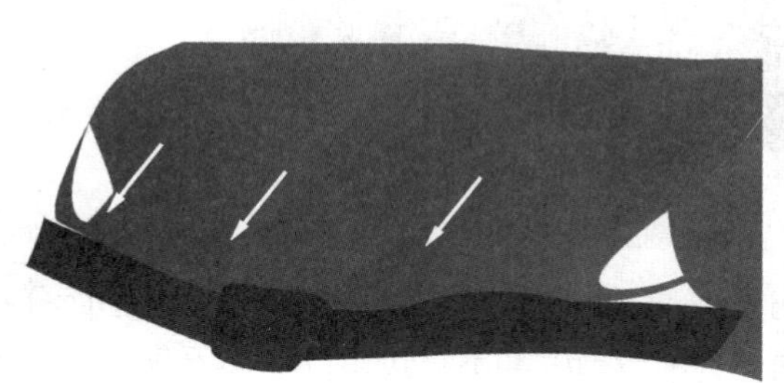

图 10-173　绘制出车前盖与底座的衔接部分

图 10-174　左侧图形渐变网格形状

图 10-175　中间图形渐变网格形状

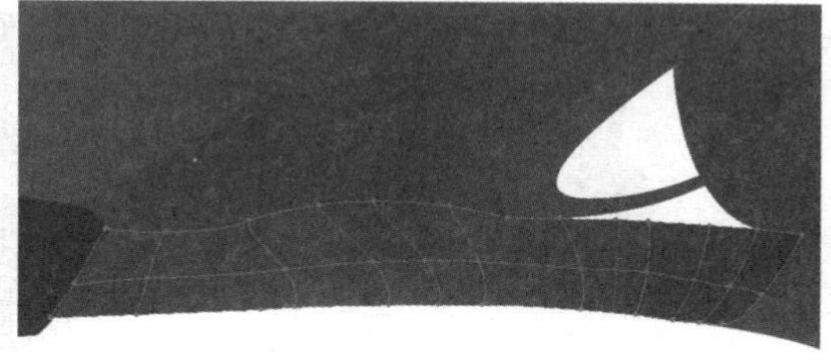

图 10-176　右侧图形渐变网格形状

2）底座是位于车头前端的突出部分，本例选取的车型底座部分被许多金属的块面所分割，具有强烈的向内凹陷的三维效果，块面之间投下非常微妙动人的阴影。下面首先利用 （钢笔工具）绘制出底座的大体形态，由于是金属质感，所以块面的轮廓要画得相对干净利落一些，节点无须过多。然后为最暗的部分填充单色，其参考颜色数值为 CMYK（60，50，52，80）。其余部分用渐变网格生成光影效果，网格的具体形态分别如图 10-177 和图 10-178 所示，这样显得暗部结构比较有层次感，更加逼真。调节完成后，车前端的初步效果如图 10-179 所示。

提示：应用渐变网格上色的过程和作画的过程一样，不是一遍就可以完成得很完美的，还要不断通过拖动、增加、删除网格点或改变颜色来进行调整，以达到最满意的效果。

图 10-177　网格的节点根据需要适当添加，不宜过多

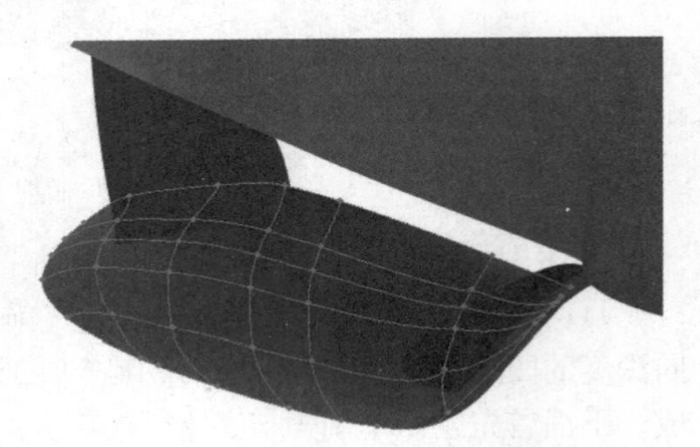

图 10-178　车前端底座部分的阴影效果

图 10-179　调节完成后车前端的初步效果

3）接下来继续绘制底座内部的具体结构，这个部分主要由 3 个金属薄片组成。下面分别绘制出 3 个薄片的具体形态，由于都是较硬的质感，所以节点都不宜过多，这样不仅易于调节路径形状，而且线条干净利落。块面轮廓和位置请参看图 10-180 中的标示。轮廓绘制完成后再分别利用 （网格工具）调整明暗光影效果，网格形状如图 10-181 ~图 10-183 所示。

图 10-180　3 个块面块面轮廓和位置

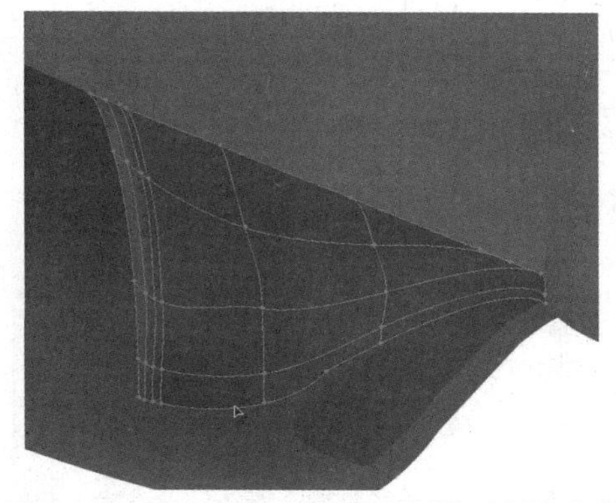
图 10-181　标注①所指形状的网格及颜色分布

图 10-182　标注②所指形状的网格设置

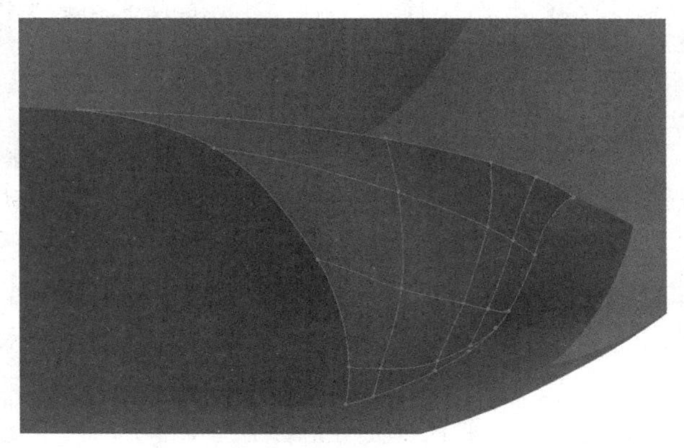
图 10-183　标注③所指形状的网格设置，此部分颜色稍亮一些

4）最终完成的车头效果如图 10-184 所示，各局部呈现出向内延伸的通透感。

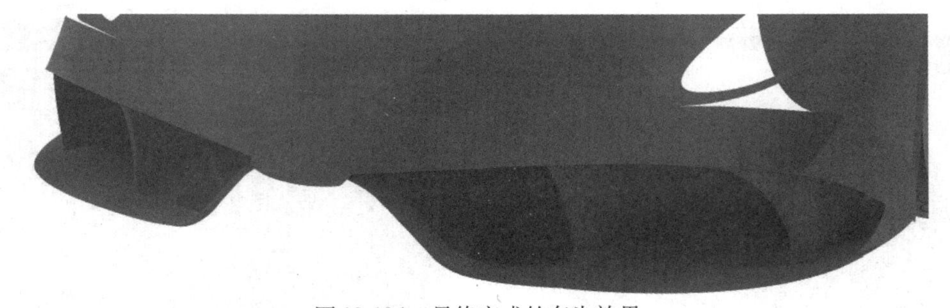
图 10-184　最终完成的车头效果

### 5. 车前灯的制作

1）车头、车侧身与车轮都制作完成后，下面进入车灯的制作阶段。车灯部分结构较为复杂琐碎，但它却是整张汽车插画图形的点睛之处，包含非常精彩的细节，所以对图形的归纳提炼能力有较高要求。车灯部分由一个主灯和 3 个小的辅灯组成，其中主灯的结构最为复杂，所以要先从主灯开始绘制。方法为：首先绘制出车灯的大体形态，它共由 4 个块面组成，为了更好地将形状描绘得贴切逼真，同样选择工具箱中的（钢笔工具）绘制出大致轮廓，然后添加渐变网格，使用网格控制颜色的分布，从而形成车灯球体状的立体感。单击如图 10-185

所示标注①处的网格点，将该点颜色设为白色，以强调反光的效果；而标注②处的网格点颜色偏绿。球体下半部分暗调区域则偏暗红色。

2）车灯底座的金属圈上也有几道金属反光，网格形状的设置请参考图 10-186。

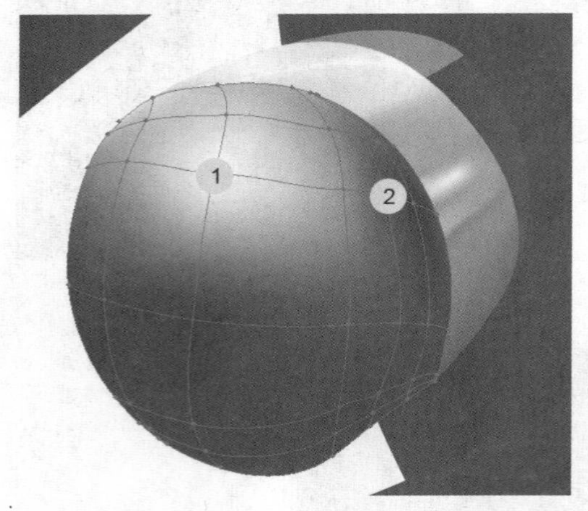


图 10-185　标注①处颜色为白色高光，标注②处颜色偏绿

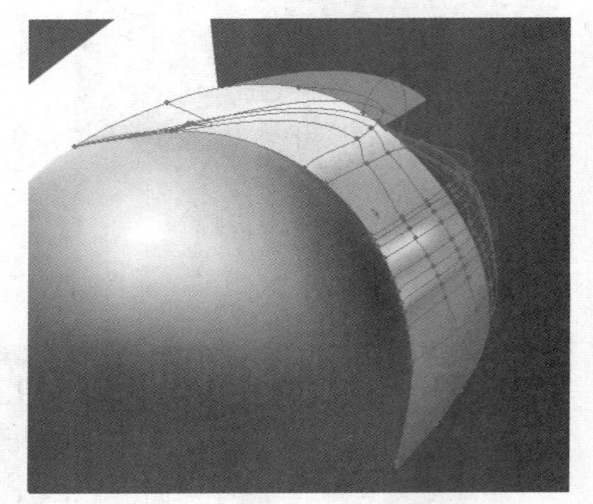

图 10-186　调节车灯底座金属圈的反光

3）车灯外形解决之后，下面再进一步绘制车灯的内部结构，首先要画出车灯向内的阴影，使车灯内部形成一个向里延伸的空间。此部分网格形状如图 10-187 所示，为了显示透明效果，网格中间的颜色要尽量接近汽车的本色红。

4）如图 10-188 所示的左上方位置有一块较亮的小圆角部分，由于这部分暗示整个车灯的高光，因此要填充一种相对较亮的颜色，以便与车灯的外玻璃光影相呼应。将此色块的“填色”设置为亮灰色，其参考颜色数值为 CMYK（50，40，35，25）。

图 10-187　车灯内部结构

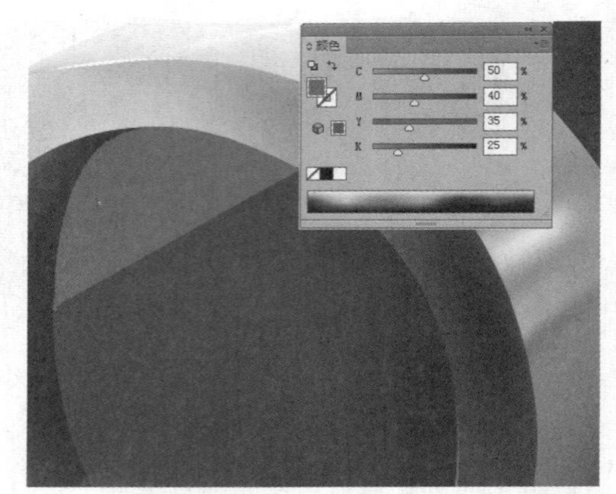


图 10-188　左上方位置添加一块较亮的小圆角部分

5）由于车灯还包含灯泡外面的玻璃板，所以还得再绘制一个块面，但是要注意，为这一块面内设置渐变网格颜色的时候，渐变的方向与下一层图形是刚好相反的，这样才能显示出玻璃透明的质感，网格形状和颜色分布如图 10-189 所示。但由于它表现的是内部隐约可见的车灯，所以颜色整体要亮一些。

图 10-189　表现内部隐约可见的车灯

6）车灯内部具有大量的细节，下面绘制出车灯内部和车灯外框的小高光，形状如图 10-190 所示，然后利用 （网格工具）在需要的地方进行简单调整。由于面积较小，直接填充一种单色也可以，其参考颜色数值为：CMYK（35，30，20，5）。到此为止，主车灯就基本制作完成了，效果如图 10-191 所示。

图 10-190　绘制出车灯内部和车灯外框的高光路径

图 10-191　主车灯基本制作完成

7）另外 3 个小的副车灯的制作方法与主车灯基本一样，而且难度系数相对低一些，请读者根据主车灯的制作方法，自己参考图 10-192 所示绘制出其他 3 个小车灯。注意几个车灯之间的摆放位置，尽量让亮部和暗部的分界线位于一条直线上，车灯上的高光形状在写实基础上模拟卡通图形，形成一种趣味的构成。最终 4 个车灯拼合的效果如图 10-193 所示。

图 10-192　其他 3 个小车灯参照图

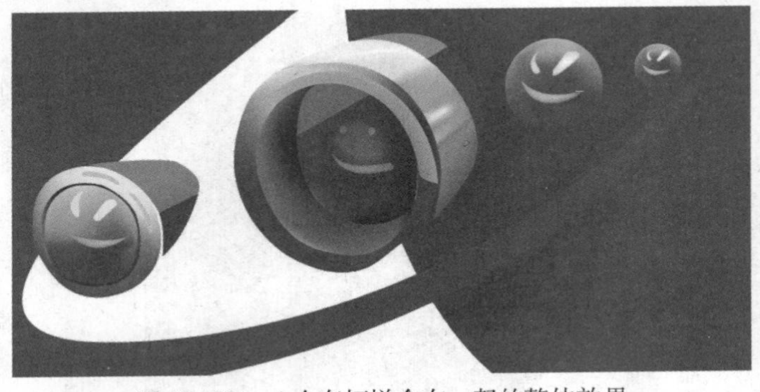

图 10-193　4 个车灯拼合在一起的整体效果

8）接下来，制作车灯的外围结构，此部分也是车灯的衬底图形。方法为：选择工具箱中的 （钢笔工具）绘制出如图 10-194 所示的形状，并设置网格点以获得稍暗一些的过渡色。然后应利用工具箱中的 （选择工具）选中该图形，多次执行菜单中的“对象|排列|后移一层”命令，将其置于这 4 个车灯的下层，效果如图 10-195 所示。

图 10-194　绘制车灯的衬底图形

图 10-195　将衬底图形置于所有车灯的下层

9）最后，制作车灯外围玻璃的高光部分，这一部分与各车灯上的高光部分相结合，就能使所有看似零散的车灯成为一个整体。方法为：首先利用 （钢笔工具）绘制出如图 10-196 所示的轮廓路径，设置具有轻微颜色变化的渐变网格（填充为一种单色也可以），然后按快捷键〈Ctrl+Shift+F10〉，打开“透明度”面板，将“不透明度”设置为 55%，如图 10-197 所示。

提示：当“不透明度”设置为0%时，选中的图形对象完全透明而不可见；而当“不透明度”设置为100%时，图形对象正常显示，完全覆盖下层图形。

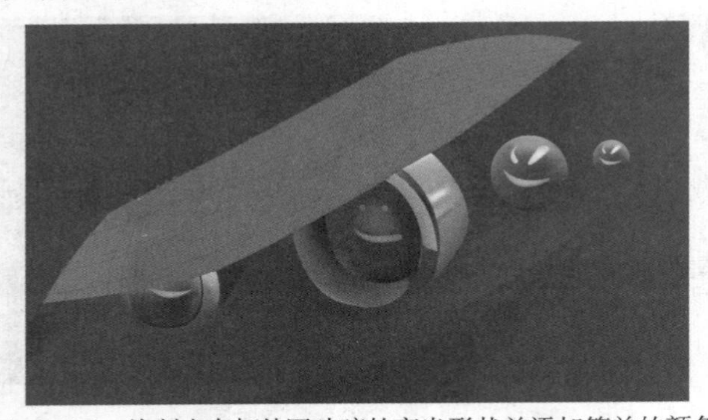

图 10-196　绘制出车灯外围玻璃的高光形状并添加简单的颜色

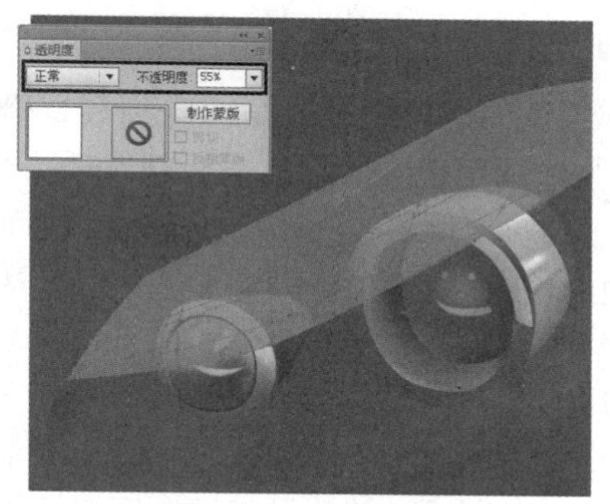


图 10-197　将该色块的“不透明度”设置为 55%

10）车灯周围的车前盖色彩比较暗，这里需要再添加一块颜色较深的结构。方法为：利用 （钢笔工具）绘制出如图 10-198 所示的轮廓形状，注意其块面要与车底座上的结构相吻合（前端留的白缝是为了区分轮廓，后面将被其他形状覆盖）。调节出相应的明暗色彩后，汽车右侧车灯部分基本绘制完成，然后利用工具箱中的 （选择工具）将组成车灯的图形全都选中（按住〈Shift〉键逐个点选），再按快捷键〈Ctrl+G〉将它们组成一组。右侧车灯最终效果如图 10-199 所示。

提示：车灯是本例中较为细致且具有代表性的制作部分，请读者参看配套光盘中提供的视频文件。

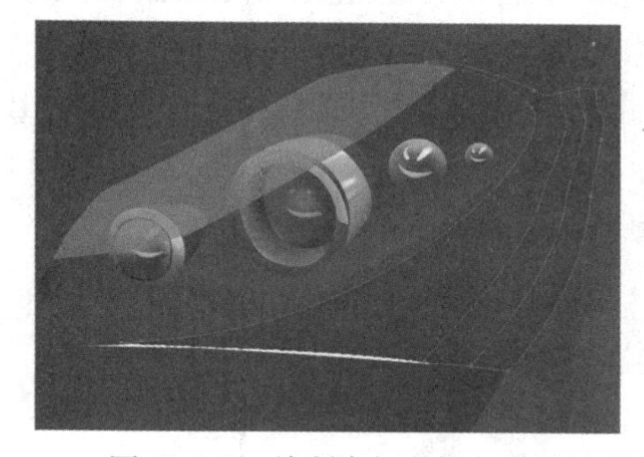

图 10-198　绘制车灯旁颜色稍深的部分

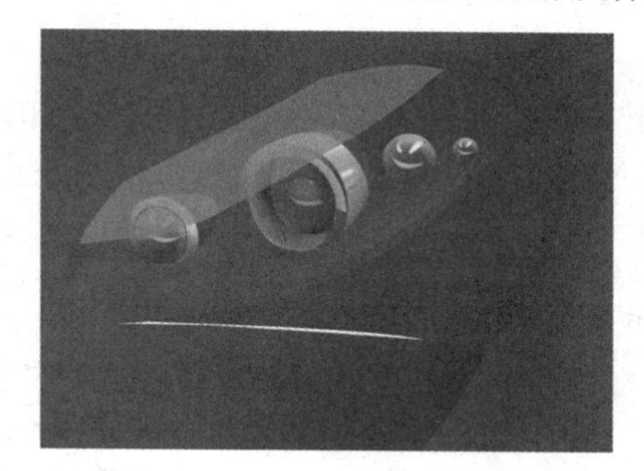

图 10-199　右侧车灯的最终效果

11）左侧车灯的制作方法与右侧车灯的制作方法大同小异，请读者依据右侧车灯的制作方法，自己绘制完成左侧车灯，如图 10-200 所示，然后按快捷键〈Ctrl+G〉，将左侧车灯的所有图形也组成一组，接着将两边车灯图形分别移至车头上的相应位置，整体效果如图 10-201 所示。

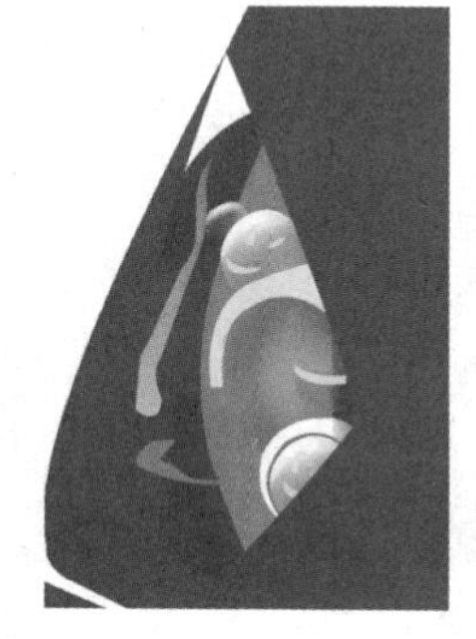

图 10-200　绘制左侧车灯

图 10-201　车灯的最终组合效果

### 6. 车窗外框及车内设施的制作

1）下一个颇具难度的构成部分是车窗。透明的玻璃窗后是隐约可见的座椅、方向盘等内部构造。下面先来绘制车窗的大致框架。在绘制这一部分的时候要注意，由于框架是有一定厚度的，所以不能仅仅由一个简单的长条块面构成，而要由多个块面叠加以形成厚度。首先利用（钢笔工具）绘制出最左边的轮廓，一共 3 层，都呈长条状，从上到下分别填充深浅不同的颜色，其参考颜色数值为 CMYK（10，80，67，0），CMYK（36，90，80，30），CMYK（68，55，55，60），效果如图 10-202 所示。

2）绘制出前挡风玻璃位于上面和右面的框架结构，面积较大的块面需要用渐变网格调节颜色，而面积小的块面直接填充单色即可。前挡风玻璃的框架结构如图 10-203 所示。

图 10-202　左侧车窗框架

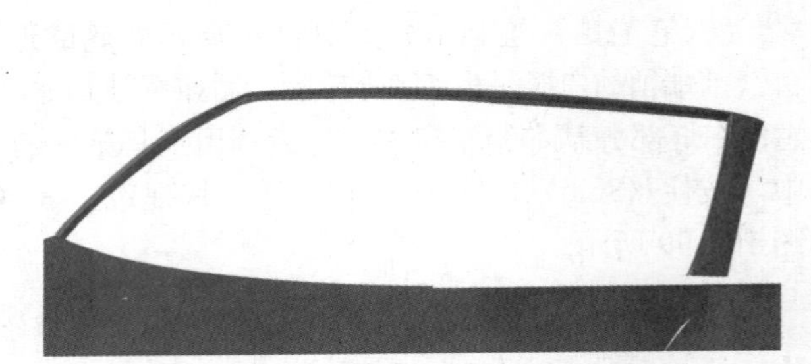

图 10-203　前挡风玻璃框架结构

3）车厢后部框架结构与前车窗外框相响应与重叠，可利用工具箱中的（钢笔工具））将其先绘制出来，如图 10-204 所示，要注意曲线部分的光影变化。绘制完之后，还可利用工具箱中的（直接选择工具）调节锚点及其手柄，以修改曲线形状。

提示：对于颜色变化幅度较大的整体，可分为几个部分来处理，这样能更容易地控制网格线的分布。如图10-205所示为车厢后部框架的色块拆分示意图，读者可参考它的拼接思路。

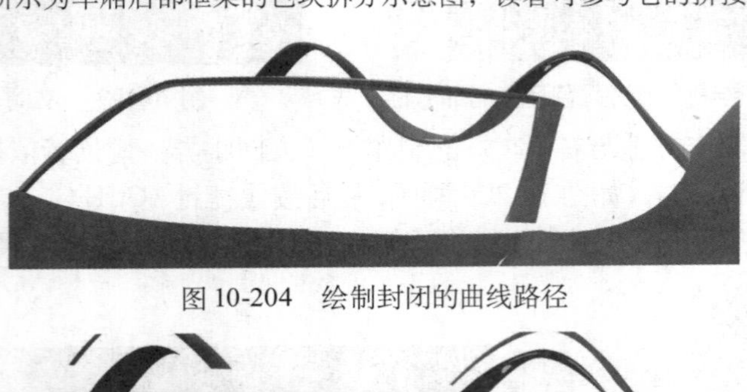

图 10-204　绘制封闭的曲线路径

图 10-205　车厢后部框架的色块拆分示意图

4）车窗框架与车身部分的衔接处还有一些结构需要绘制，网格形状如图 10-206 所示，调节网格时，要注意整体的光影过渡及高光的位置。

图 10-206　注意整体的光影过渡及高光的位置

5）接下来要处理的是车内的结构，这部分结构比较复杂，包括方向盘、座椅和后车镜等多个物体，而且考虑到外围都有玻璃车窗，所以颜色整体要比外部设置得浅一些。首先来绘制靠近车窗的圆形仪表盘。这部分由多个块面组成，先用（钢笔工具）绘制出下面的锥形部分，再利用（网格工具）进行色彩调节，得到一定的立体效果（网格形状请参考图 10-207）。接着添加外圈的一层厚度，利用工具箱中的（渐变工具）设置从左至右“浅灰—黑”的线性渐变，如图 10-208 所示。请读者参考图 10-209 所示的效果，自行制作位于外层的两个小翼。

图 10-207　靠近车窗的圆形仪表盘组件

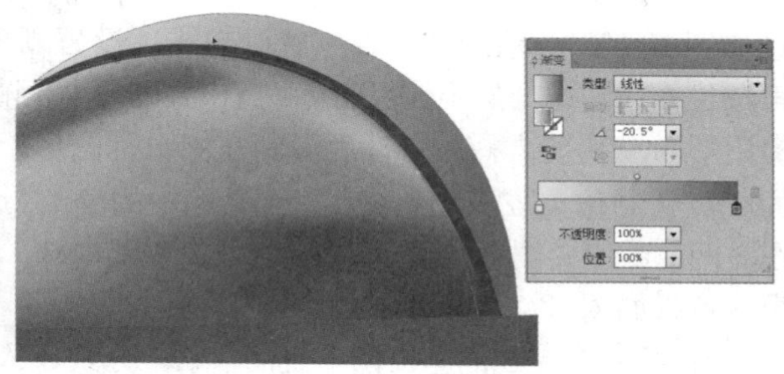


图 10-208　外圈图形填充为“浅灰—黑”渐变

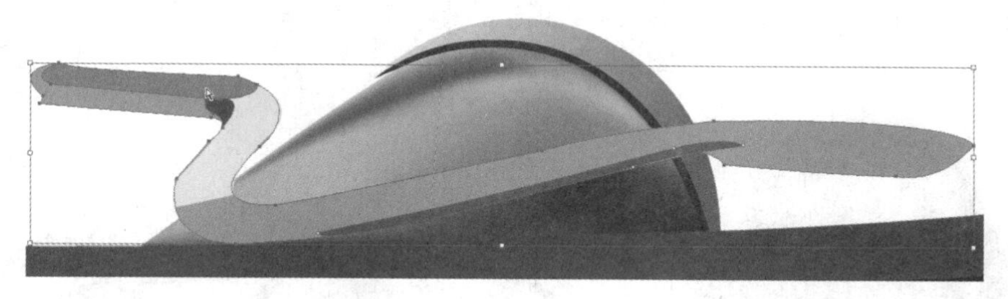

图 10-209　绘制外层的小翼时，要注意亮部与暗部的相对位置及块面叠加的顺序

6）座椅是车内部占面积较大的组成部分，由于车内的座椅为左右对称结构，因此只需绘制半个座椅然后进行复制和镜像即可。注意，车座椅为深色皮质，尤其是扶手部分，在处理渐变网格时要注意区分金属和皮革的材质差别：金属材质反光区域对比度较大，受光线影响显著；而皮革材质的反光较弱，颜色差异小，过渡非常柔和。网格设置请参考图 10-210 所示效果。各部分调节完成后，利用工具箱中的（选择工具）将组成半个座椅的图形全都选中（按住〈Shift〉键逐个点选），然后按快捷键〈Ctrl+G〉将它们组成一组。半个座椅的拼合效果如图 10-211 所示。

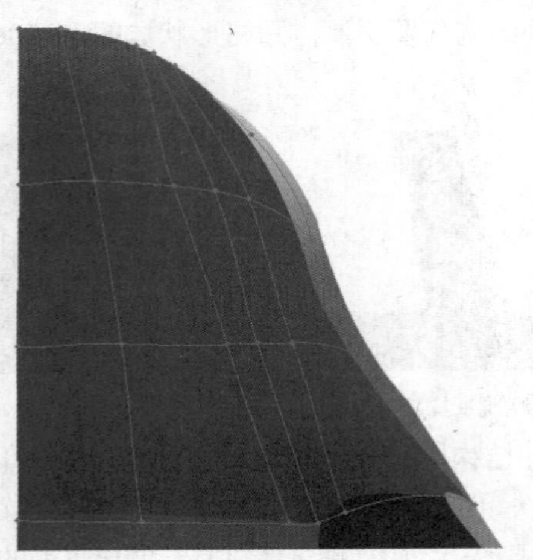

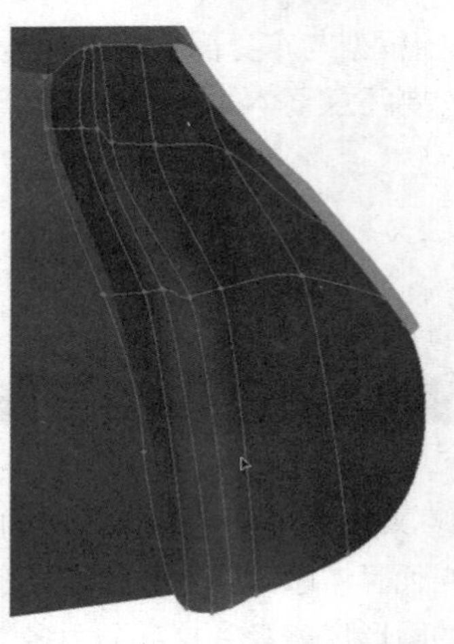

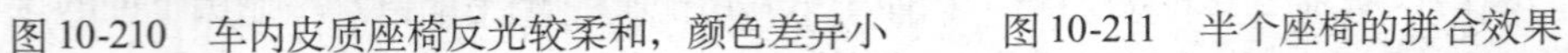

图 10-210 车内皮质座椅反光较柔和，颜色差异小 图 10-211 半个座椅的拼合效果

7）下面利用镜像和复制的手法，将半个座椅变成一个完整的对称结构。方法为：首先利用工具箱中的 （选择工具）将已经成组的这半个座椅选中，然后利用工具箱中的 （镜像工具），在如图 10-212 所示的中心点位置处单击，设置新的镜像中心点。再按住〈Alt〉键（这时光标变成黑白相叠的两个小箭头）并拖动座椅图形向左转动，释放鼠标后得到左侧对称图形，这样一个完整的座椅就制作完成了。接着利用工具箱中的 （选择工具），将左右两侧的座椅图形全部选中，按快捷键〈Ctrl+G〉将它们组成一组。效果如图 10-213 所示。

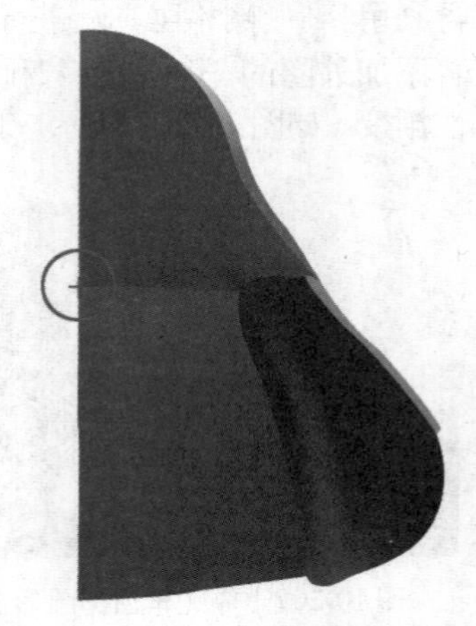

图 10-212 设置新的镜像中心点

8）将制作完成的座椅图形复制一份，分别放入已绘制好的车内，调整位置，摆放于两个车窗框架之间。注意，座椅根据车斜放的程度也要具有一定的倾斜度，利用工具箱中的 （旋转工具）将其稍微旋转一定的角度，效果如图 10-214 所示。

图 10-213 完整的左右对称图形构成座椅

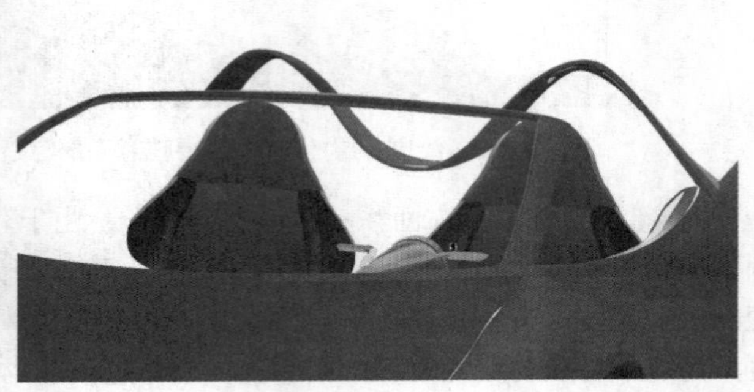

图 10-214 注意两个座椅的摆放位置，并且具有一定的倾斜度

9）前车窗上还有一个后视镜，它的绘制很简单，几个色块拼接而成即可。请读者参照图 10-215 所示自行制作，并将其放置于挡风玻璃的上部中间位置，如图 10-216 所示。下一个要绘

制的零部件是汽车方向盘，方向盘的绘制也相对比较简单，主要由一个较亮的弧形路径（设置渐变网格）和几个相同的小块面组成（小块面中填充为“灰—白”的线性渐变），拼接完成的最终效果如图 10-217 所示。

图 10-215 后视镜的绘制

图 10-216 将后视镜置于挡风玻璃上部中间位置

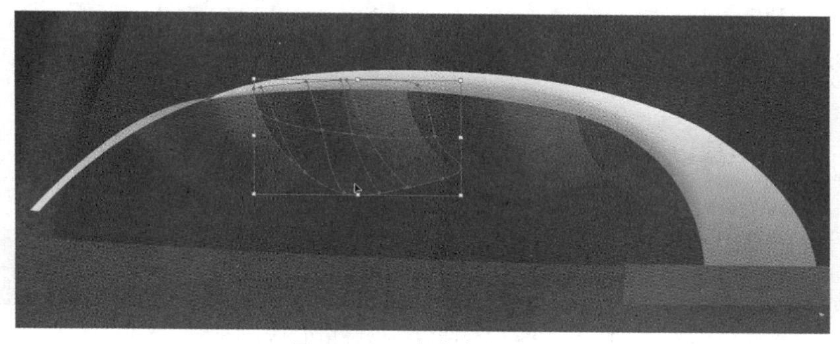

图 10-217 方向盘的绘制

10）放大汽车左侧局部，接下来绘制左车门的内部构造，这一部分也是由多个块面组成的，但制作思路并无异处，仍然采用 （钢笔工具）勾勒大致轮廓，然后再设置渐变网格进行色彩调节，调节方法这里就不再赘述，网格形状如图 10-218 所示。但要注意光源的方向，使局部受光情况与整体车身保持一致。

11）利用工具箱中的 （钢笔工具）绘制一个较大的块面，填充为深暗的颜色，其参考颜色数值为 CMYK（70，60，60，78）。然后利用工具箱中的 （选择工具）选中该图形，多次执行菜单中的“对象|排列|后移一层”命令，将其置于两个车座椅的后面，深色的挡板将车内其他局部很好地衬托了出来。现在，车内设施看上去已基本完备了，效果如图 10-219 所示。

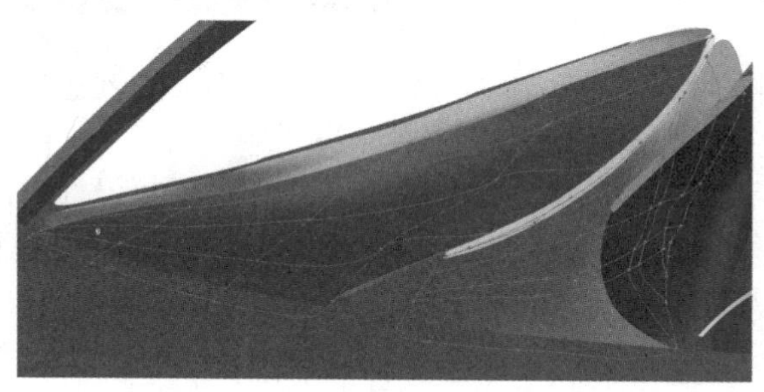

图 10-218 绘制左车门的内部构造，反光部分要注意色彩的调节

图 10-219 深色的挡板将车内其他局部很好地衬托了出来

12）继续绘制后车窗部分和车后盖的部分，这部分的金属光泽很奇妙，形体也被前面的物件在视觉上分割为很多局部。因此最好是绘制多个小图形，然后分别添加渐变网格，这样可以使各个面上形成的反光效果更为丰富。调节后的网格形状如图 10-220 所示。

提示：为了更好地使程序流畅运行和加速屏幕重绘，生成多个小而简单的网格物体比生成一个大而复杂的网格物体要好。

图 10-220 调节后的网格形状

### 7. 车窗透明玻璃的制作

1）这一步要做的是，在绘制完成的车窗外框内镶上玻璃，玻璃这种材质的主要特点是具有变化的透明度，使用 Illustrator 中的透明度特性可以模拟玻璃等透明材质上的高光，再结合透明度混合模式和渐变可创建出精致的透明与反光效果，这一部分要注意高光部分的处理。首先制作左车窗玻璃效果。方法为：先用“钢笔工具”勾画出轮廓，填充一个从灰至白色的较亮的线性渐变，效果如图 10-221 所示。

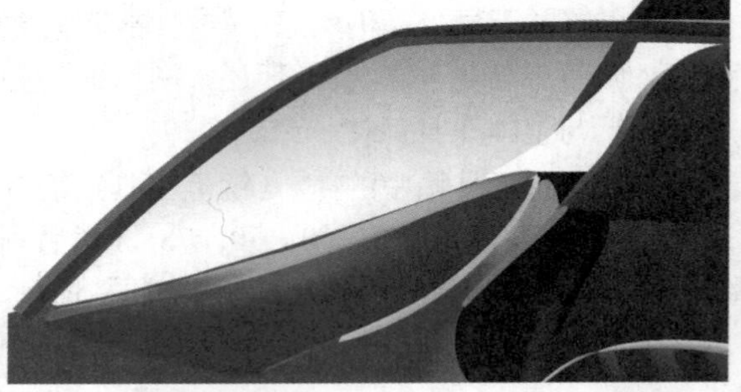

图 10-221 绘制左车窗玻璃形状，填充从灰至白色的较亮的线性渐变

2）本例中最重要的玻璃是前车窗上大面积的挡风玻璃，下面沿着窗框的形状，先绘制出这块玻璃的外轮廓路径，并将其“填色”设置为纯白色，此时车内的物件被完全覆盖，如图 10-222 所示。然后用工具箱中的 （选择工具）选中这个白色图形，按快捷键〈Ctrl+Shift+F10〉，打开“透明度”面板，将“不透明度”设置为 30%，将“混合模式”设置为“正常”，如图 10-223 所示。此时，整块挡风玻璃变为半透明状，后面被其覆盖住的图形清晰度一概降低。

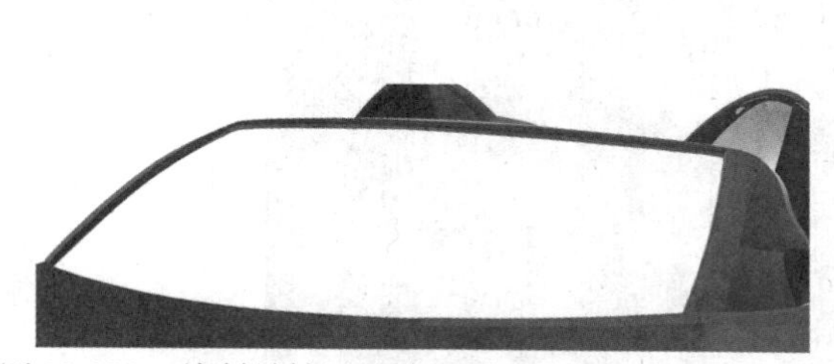

图 10-222　绘制前挡风玻璃图形，并将其先填充为白色

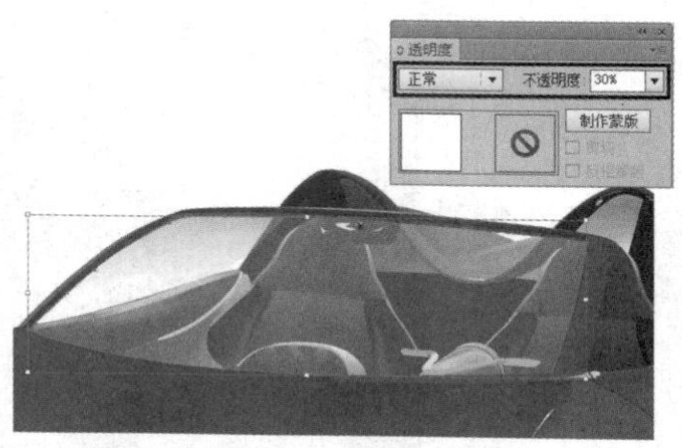


图 10-223　将挡风玻璃图形处理为半透明状

3）利用（钢笔工具）绘制出主车窗上面的高光形状，由于玻璃上的高光形状随着视角和光线的改变而变幻无穷，因此一般将其用完整的色块来体现，也可以分解为几个小色块），然后将其“填色”设置为白色，如图 10-224 所示，再在“透明度”面板中将其“不透明度”设置为 70%，效果如图 10-225 所示。

图 10-224　主车窗上面的高光形状可用完整的色块来体现

图 10-225　完成后的前车窗玻璃效果

## 8. 细节部位的加工

1）至此，汽车的基本形态已经绘制完成；接下来，在细节的地方再进一步处理（主要集中在车身和底座部分），如补充车身的光泽感与局部厚度感等。首先绘制车前盖上几个较大的高光部分。方法为：先用（钢笔工具）绘制出如图 10-226 所示的主要的高光形状，然后将其填充为“橙色—白色”的线性渐变。注意，高光的形状非常重要，它必须由极其光滑与流畅的曲线构成，这样才能体现出汽车表面材质固有的反光属性。

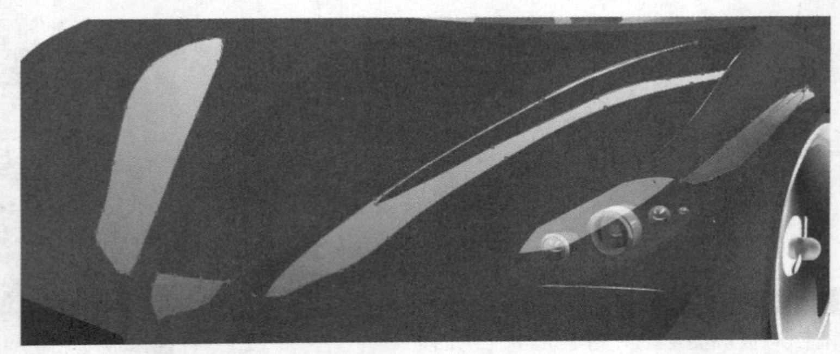

图 10-226　以极其光滑与流畅的曲线绘制出车前盖上的高光部分

2）同理，绘制前车轮附近的光泽部分，车轮弧形转折部位一般都会形成不同的高光形状，这些细节的添加可以使汽车表面产生锃亮发光的视觉效果。参考光效如图 10-227 所示。

3）前面绘制汽车大块面时，曾遗留下许多衔接处的接缝需要处理。下面仔细检查这些部位，在其中绘制出黑色线条，以暗示阴影和厚度，如图 10-228 所示。

图 10-227　丰富的局部高光使汽车表面产生锃亮发光的效果

图 10-228　在块面接缝处绘制黑色线条

4）至此，整个汽车基本绘制完成，下面显示整个页面，看一看目前的整体效果，如图 10-229 所示。

图 10-229　绘制完成的汽车效果

5）如图 10-230 所示，参考汽车底部外形绘制出两个表示投影形状的图形，通过渐变网格调节颜色的分布，形成较深暗的色调。将投影图形移至整体汽车之下，效果如图 10-231 所示。

图 10-230　绘制出两个表示投影形状的图形

图 10-231　添加投影后的汽车效果图

6）最后，置入一张背景图片（可以依据个人的喜好来选择不同的背景图片，也可以在 Illustrator 中绘制出背景），本例置入一张图库中的抽象背景图。一幅完整的汽车题材写实性装饰画全部制作完成，可以看出，全篇简直都是对“渐层网格”的一次大演绎，调节网格点的过程也非常烦琐和复杂；但是，从中也不难体会出矢量软件在细节表现和特殊材质生成上的无穷乐趣。最终效果如图 10-232 所示。

提示：用黑色线条是因为简单的黑色细线条会给人一种精致的感觉。

图 10-232　最终效果

## 10.4　制作柠檬饮料包装

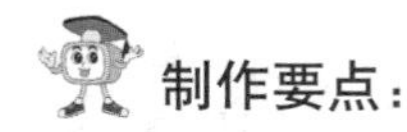

### 制作要点：

本例的柠檬饮料包装包括包装平面展开效果图和金属拉罐包装的立体展示效果图两部分，最终效果如图 10-233 所示。

包装平面展开效果图是一个非常典型的包含大量矢量设计概念的作品，这种设计风格之所以在现代流行的原因之一，要归功于图形类软件的发展在一定程度上对设计师思维的影响。食品包装采用矢量风格常常会获得更加亮丽、清晰和醒目的效果。通过第一部分制作饮料包装的平面展开图的学习，读者应掌握在“路径查找器”面板中实现图形运算、多重复制技巧（包括图形在复制时如何沿圆弧等分的问题），剪切蒙版，制作虚化投影的技巧，文字的修饰与扩边效果（利用“位移路径”功能来实现），以及通过自定义“符号”来制作散点与星光效果等知识的综合应用。

在制作第二部分金属拉罐包装的立体展示效果图时，要求对包装成品有一定的三维想象力。拉罐采用的一般是金属材质，造型简洁、流畅，在制作时要注意保持金属表面所特有的反光效果，颜色过渡得细腻、自然与流畅是至关重要的，因此需要应用“渐变网格”功能来形成拉罐表面的金属外壳。另外，拉罐上图形与文字的曲面变形需要自然与贴切。通过第二部分制作金属拉罐包装的立体展示效果图的学习，读者应掌握利用“渐变网格”形成自然的颜色过渡、利用“封套扭曲”的方法对图形进行扭曲变形、制作高光与阴影来强调金属感和体积感，以及利用反复循环排列的灰色渐变来形成微妙的金属反光等的综合应用。

a）

b）

图 10-233 制作柠檬饮料包装

a）饮料包装的平面展开效果图 b）金属拉罐包装的立体展示效果图

**操作步骤：**

### 1. 制作饮料包装的平面展开图

1）执行菜单中的“文件|新建”命令，在弹出的对话框中设置参数，如图 10-234 所示，然后单击“确定”按钮，新建一个名称为“饮料包装平面图 .ai”的文件。

2）本例制作的是微酸的橙子＋柠檬口味的饮料包装。人的视觉器官在观察物体时，在最初的 20 秒内，色彩感觉占 80%，而其造型只占 20%；2 分钟后，色彩占 60%，造型占 40%；5 分钟后，各占一半。随后，色彩的印象在人的视觉记忆中继续保持。因此，好的商品包装的主色调会格外引人注目。此外在饮料包装上，色彩还有引起特殊味感的作用，例如绿色会让人感到酸味，红、黄、白会让人感到甜味。下面来设置渐变背景，以确定主色调。方法：选择工

具箱中的 （矩形工具），绘制一个与页面等大的矩形，然后按快捷键〈Ctrl+F9〉打开“渐变”面板，设置如图 10-235 所示的线性渐变（两种颜色的参考数值分别为：CMYK（60，0，100，0），CMYK（0，15，95，0））。

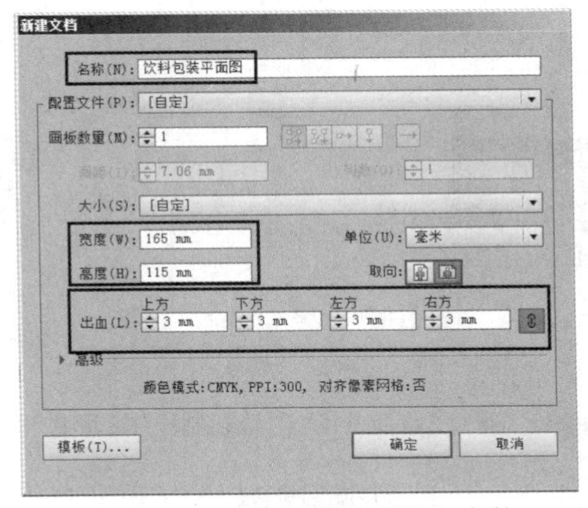


图 10-234　设置“新建文档”参数

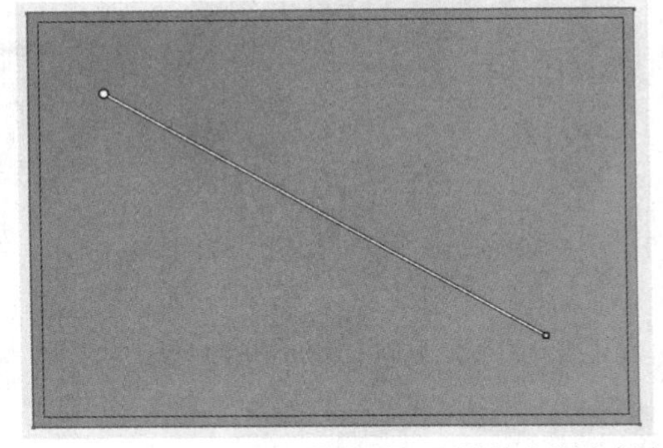

图 10-235　绘制与页面等大的矩形并填充渐变颜色

3）利用工具箱中的 （椭圆工具），按住〈Shift〉键绘制一个正圆形，并将其填充为白色，如图 10-236 所示。然后双击工具箱中的 （比例缩放工具），在弹出的“比例缩放”对话框中将“比例缩放”设置为 90%，如图 10-237 所示，单击“复制”按钮，从而得到一个中心对称的缩小一圈的圆形。最后将其填充为绿色（颜色参考数值为：CMYK（30，0，100，0）），如图 10-238 所示。

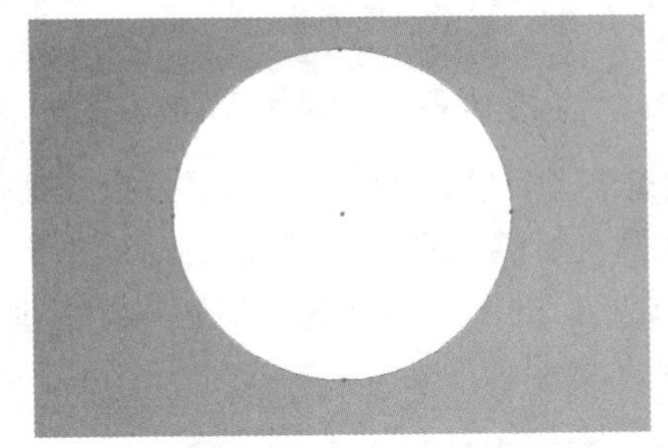

图 10-236　绘制一个白色正圆形

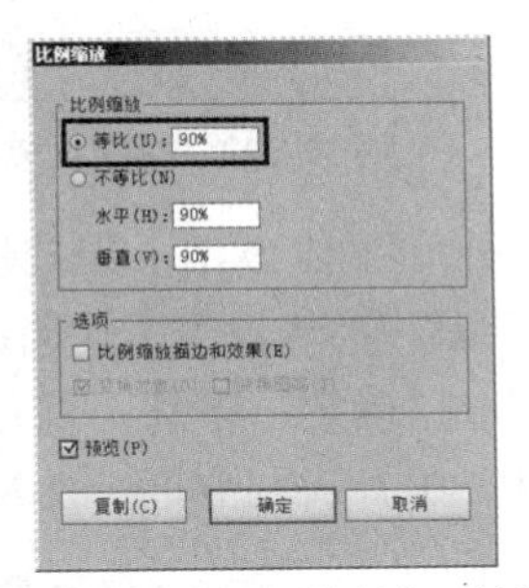


图 10-237　“比例缩放”对话框

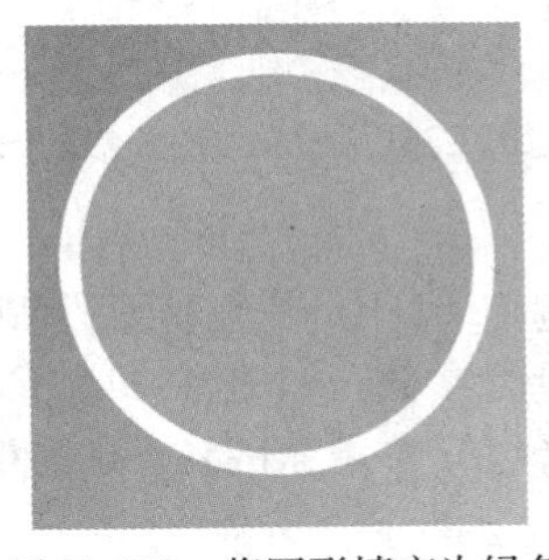

图 10-238　将圆形填充为绿色

4）选中刚才新复制出的圆形，通过复制粘贴的方法再复制出两份，然后将它们拖到页面外的空白处进行重叠放置(先暂时填充为不同颜色以示区别)，如图 10-239 所示。接着利用 （选择工具）同时选中两个圆形，再按快捷键〈Shift+Ctrl+F9〉打开“路径查找器”面板，在其中单击 （减去顶层）按钮，这个按钮命令的含义是“用顶层图形形状减去底层图形”，减完后得到如图 10-240 所示的月牙形状。最后将这个月牙图形移至如图 10-241 所示的位置，并将其填充为暗绿色（颜色参考数值为：CMYK（60，20，100，0）），从而形成一道弧形的内阴影。

5）这个包装平面图的设计中包括许多典型的矢量图形（也有对图库中矢量图形的处理应用），下面先来制作规则的矢量图形。方法：双击工具箱中的 （星形工具），在弹出的“星形”对话框中设置参数，如图 10-242 所示，然后单击“确定”按钮，创建出一个星形。接着将它移动到圆形的右上角位置，效果如图 10-243 所示。

图 10-239　将圆形复制两份并重叠放置

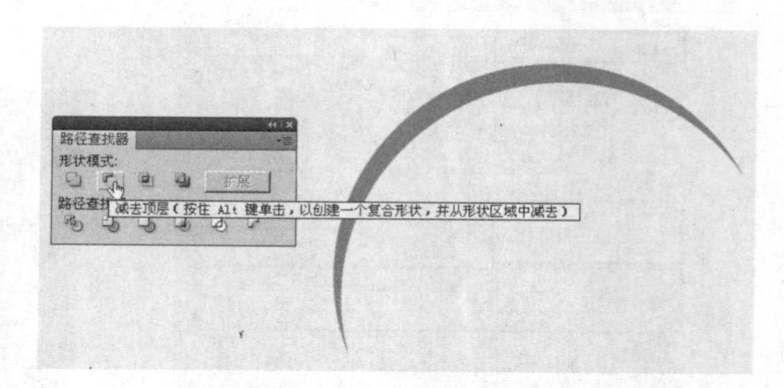


图 10-240　通过“路径查找器”面板制作月牙形状

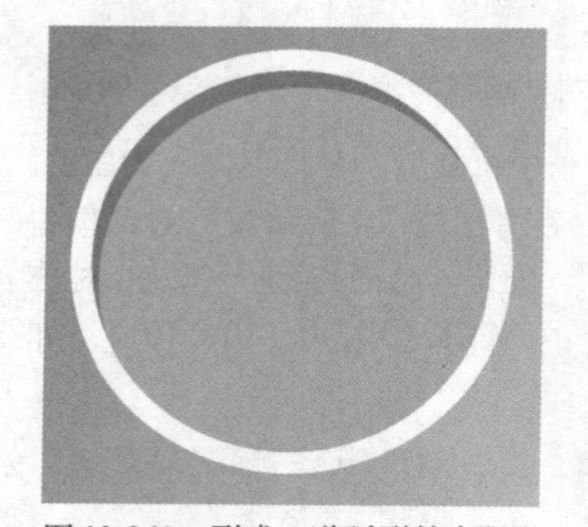

图 10-241　形成一道弧形的内阴影

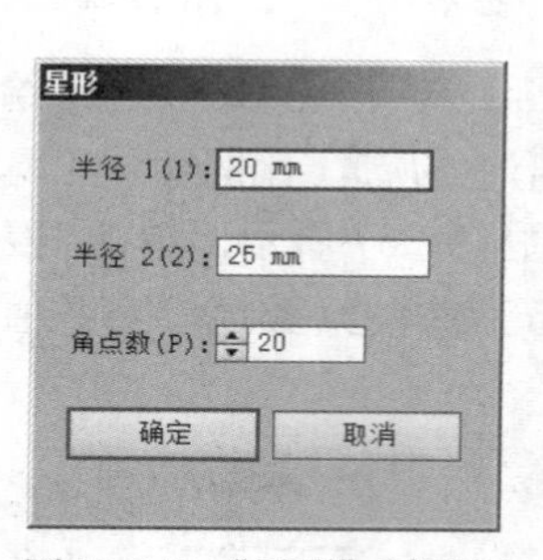


图 10-242 “星形”对话框

图 10-243　自动生成的星形图案

6）下面为星形增加一个绿色的虚影。方法：先按快捷键〈Ctrl+C〉复制星形，然后按快捷键〈Ctrl+B〉将复制图形粘贴在后面，接着双击工具箱中的（旋转工具），在弹出的对话框中设置参数，如图 10-244 所示，单击“确定”按钮。最后将旋转后的图形填充为深绿色（颜色参考数值为：CMYK（60，20，100，0）），得到如图 10-245 所示效果。

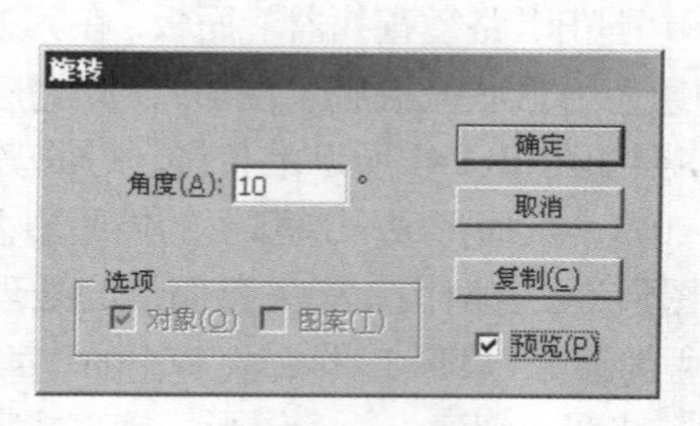


图 10-244 “旋转”对话框

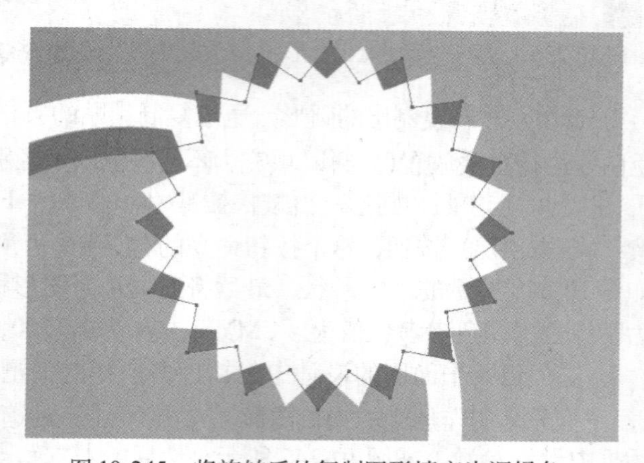

图 10-245　将旋转后的复制图形填充为深绿色

7）利用“模糊”效果将图形的边缘进行虚化处理。方法：先选中复制图形，然后执行菜单中的“效果 | 模糊 | 高斯模糊”命令，在弹出的对话框中设置模糊“半径”为 8 像素，如图 10-246 所示，单击“确定”按钮，效果如图 10-247 所示。

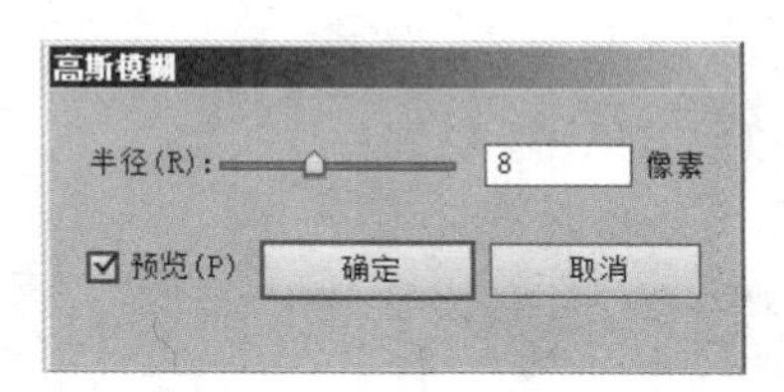


图 10-246　“高斯模糊”对话框

图 10-247　投影边缘得到虚化的处理

8）制作一个类似太阳的放射状抽象图形。方法：在星形内再绘制一个橙色的正圆形（颜色参考数值为：CMYK（0，55，100，0））和两个对称的三角形，注意：两个三角形的宽度正好等于星形的一个放射角，可以采用工具箱中的（钢笔工具）绘制。另外，最好从标尺中拖出参考线以定义圆心，如图 10-248 所示。

9）利用 Illustrator 中最常用的“多重复制”方法制作沿同一圆心不断旋转复制的多个小三角形。方法：利用（选择工具）选中两个三角形，然后选择工具箱中的（旋转工具），在如图 10-249 所示的圆心位置单击鼠标左键，确定旋转中心点。接着按住〈Alt〉键沿顺时针方向拖动两个三角形，从而得到第一个复制单元。注意第一个复制图形边缘要与外部星形的一个放射角对齐。

图 10-248　绘制一个橙色的正圆形和两个对称的三角形

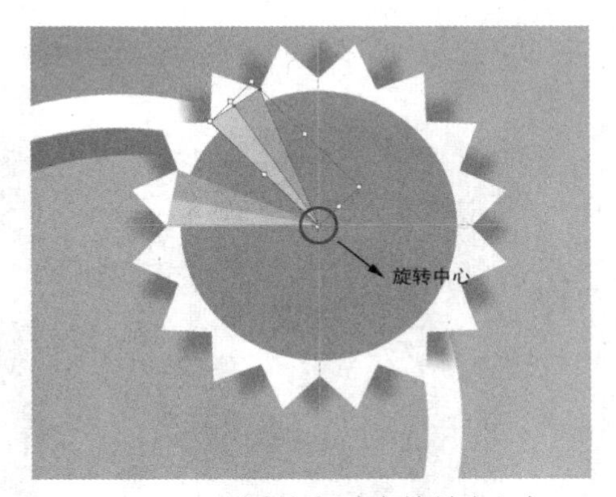


图 10-249　单击鼠标确定旋转中心点

10）反复按快捷键〈Ctrl+D〉，得到如图 10-250 所示的一系列沿圆心旋转复制的图形。然后利用（选择工具）选中所有的小三角形，按快捷键〈Ctrl+G〉组成一组。

11）利用“剪切蒙版”将超出橙色圆形范围的三角形多余部分裁掉。方法：利用（选择工具）选中橙色圆形，按快捷键〈Ctrl+C〉进行复制，然后按快捷键〈Ctrl+F〉进行原位粘贴。

接着将新复制出的图形的“填充”色和“描边”色都设置为无色，再执行菜单中的“对象|排列|置于顶层”命令，这样“剪切蒙版”的剪切形状就准备好了。最后按住〈Shift〉键选中制作好的“剪切形状”和已成组的三角形，执行菜单中的“对象｜剪切蒙版｜建立”命令，得到如图10-251 所示的效果。

图 10-250　得到一系列沿圆心旋转复制的图形

图 10-251　将超出橙色圆形范围的三角形的多余部分裁掉

12) 在包装中还需要绘制两个不同风格的柠檬（或橙子）切面的图形，这种图形也是一种典型的沿圆心旋转复制类图形，下面先来制作第一个切面图形。方法：选择工具箱中的（椭圆工具），按住〈Shift〉键绘制一个正圆形（需要从标尺中拖出水平和垂直参考线以定义圆心），然后将其填充为白色，这是位于最外圈的圆形。接着绘制出一系列逐渐向内缩小的同心圆（按住〈Alt+Shift〉组合键可绘制出沿中心向外发射的正圆形），再分别填充为不同的颜色（颜色可自行设定），效果如图 10-252 所示。

13) 利用工具箱中的（钢笔工具）绘制出如图 10-253 所示的图形，然后打开“渐变”面板，在其中设置“橙色—黄色—深红色”的三色线性渐变，并设置渐变角度为 −88°。

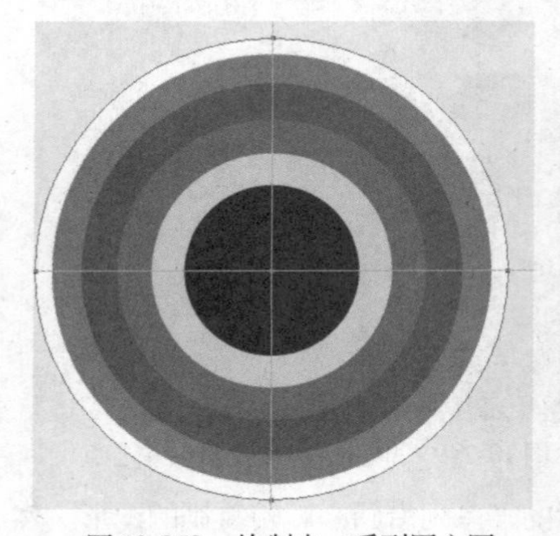
图 10-252　绘制出一系列同心圆

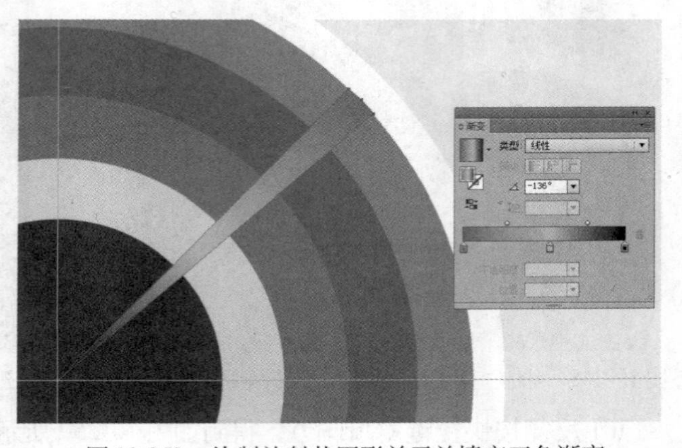

图 10-253　绘制放射状图形单元并填充三色渐变

14) 在进行“多重复制”之前，面临一个沿圆弧等分的问题（前面的太阳图形是以星形边角为参照的），因此需要自定义一条参考线。方法：利用工具箱中的（直线段工具）绘制出如

图 10-254 所示的直线段，注意该直线一定要穿过圆心并且贴近三角形一侧边缘。然后双击工具箱中的 （旋转工具），在弹出的对话框中设置参数，如图 10-255 所示，单击“确定”按钮，此时直线会沿逆时针方向旋转 12°。最后执行菜单中的“视图|参考线|建立参考线”命令，将直线转变为参考线。

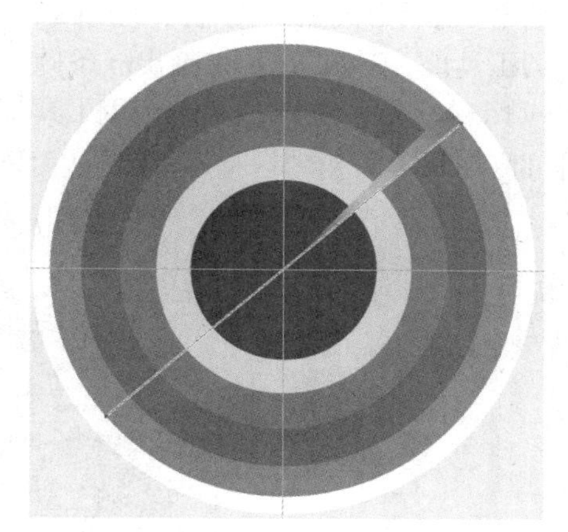

图 10-254 绘制一条穿过圆心并贴近三角形一侧边缘的直线段

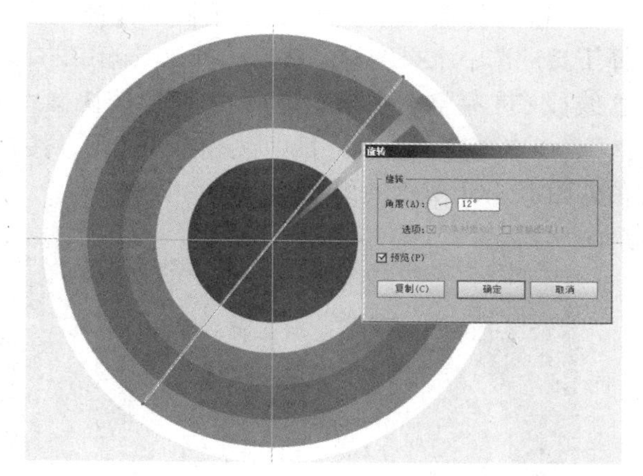


图 10-255 直线沿逆时针方向旋转 12°

15）制作复制单元。在制作复制单元的过程中，第一个复制单元的位置很重要，它是决定图形沿圆弧等分的关键。方法：利用 （选择工具）选中三角形，然后选择工具箱中的 （旋转工具），在如图 10-256 所示的圆心位置单击鼠标左键，以确定旋转中心点。接着按住〈Alt〉键沿逆时针方向拖动三角形，直到其右侧边缘与参考线对齐后松开鼠标，从而得到第一个复制单元。同理，反复按快捷键〈Ctrl+D〉，即可得到如图 10-257 所示的一系列沿圆心旋转复制的图形，而且它们依次相邻 12°。最后利用 （选择工具）选中所有的组成图形，按快捷键〈Ctrl+G〉组成群组。

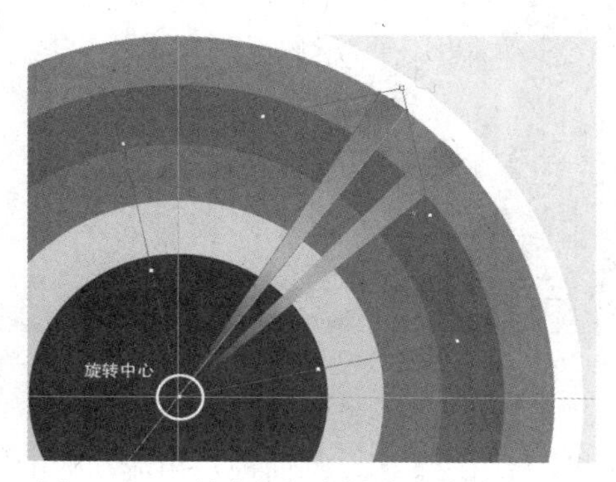


图 10-256 单击鼠标左键确定旋转中心点

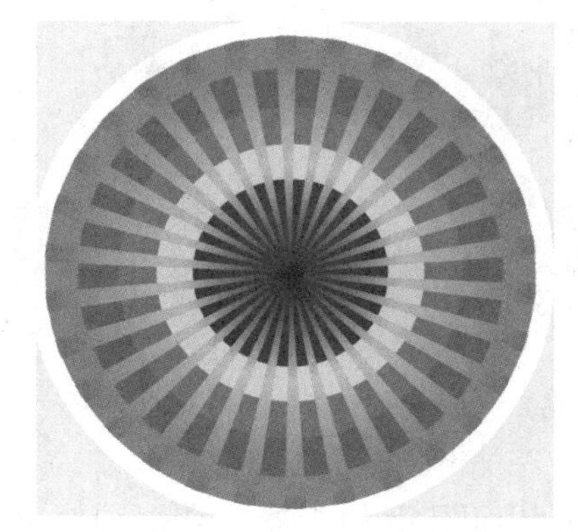

图 10-257 得到一系列沿圆心旋转复制的图形

16）将模拟橙子切面构成的抽象图形移至背景中，进行缩放后复制一份，并放置在如图 10-258 所示的位置（主体圆形的下面）。

17）制作另一种风格的柠檬（或橙子）切面图形。方法：先绘制两个同心正圆（分别填充为黄色和白色），然后利用工具箱中的（钢笔工具）绘制如图 10-259 所示的水滴状图形，并将其填充为“黄色—橙色”的径向渐变。然后参照本例的步骤 14）和 15）中关于自定义参考线进行多重复制的方法，自行完成如图 10-260 所示的沿中心旋转的花瓣状图形（模拟橙子的切面结构）。最后利用（选择工具）选中所有的组成图形，按快捷键〈Ctrl+G〉组成一组。

18）将柠檬（或橙子）的切面图形裁掉一半，只保留半个水果的效果。方法：利用（选择工具）选中水果图形，然后选择工具箱中的（刻刀工具），按住〈Alt〉键拖出一条倾斜的直线段（贯穿整个水果图形），裁完后按快捷键〈Shft+Ctrl+A〉取消选取。接着利用工具箱中的（直接选择工具）选中被裁掉的图形，按键盘上的〈Delete〉键将其一一删除，从而只保留如图 10-261 所示的部分。

图 10-258　将模拟橙子切面构成的抽象图形移至背景中

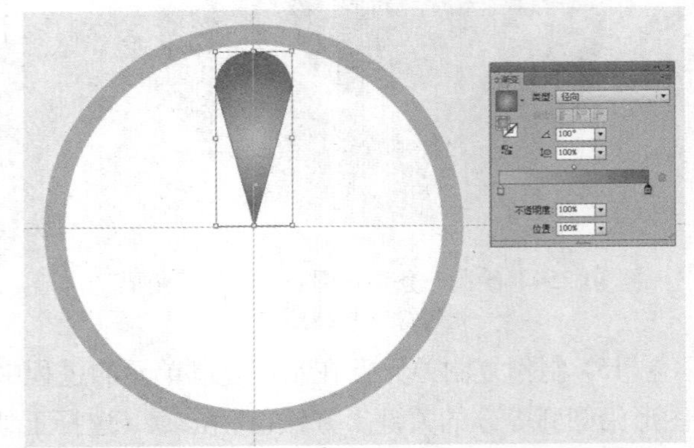

图 10-259　绘制两个同心正圆和一个水滴状图形

图 10-260　制作另一种风格的柠檬（或橙子）切面图形

图 10-261　将柠檬（或橙子）的切面图形裁掉一半

19）利用工具箱中的（钢笔工具）绘制出一些闭合曲线图形，从而模拟出流动的液体或四溅的水滴形状，然后将它们填充为“黄色—橙色”的径向渐变。这里要注意的是每个水滴的高光位置不同，因此需要利用工具箱中的（渐变工具），通过拖动鼠标的方法更改每一个小图形的渐变方向与色彩分布，如图 10-262 所示。最后，在周围添加一些活泼的散点，以构成生动的想象图形，如图 10-263 所示。

图 10-262　绘制一些闭合曲线图形模拟流动的液体或四溅的水滴形状

图 10-263　在水滴周围添加一些活泼的散点

20）图库中关于水果的图形资料很丰富，这里选用的是配套光盘中的“素材及效果 \ 第 10 章　综合实例演练 \10.4 制作柠檬饮料包装 \ 制作饮料包装的平面展开图 \ 饮料包装原稿 \ 柠檬素材图 .ai”文件，其包含几种形态与角度的柠檬图形，如图 10-264 所示。选中位于最左上角的图形，将其复制到包装背景中。由于需要的是正面的柠檬截面图，因此需要对素材进行变形与修整。方法：利用工具箱中的 （直接选择工具）选中柠檬下部图形，将其删除，然后利用工具箱中的 （自由变换工具），对柠檬进行变形（注意在拖动变形框中的每一个控制手柄时，要先按下鼠标左键，再按〈Ctrl〉键，这样可以进行透视变形），变形后的效果如图 10-265 所示。最后将变形后的柠檬图形移至背景中，进行缩放后复制一份，并放置在如图 10-266 所示的位置（主体圆形的下面）。

图 10-264　从图库中找到一张简单的柠檬矢量图

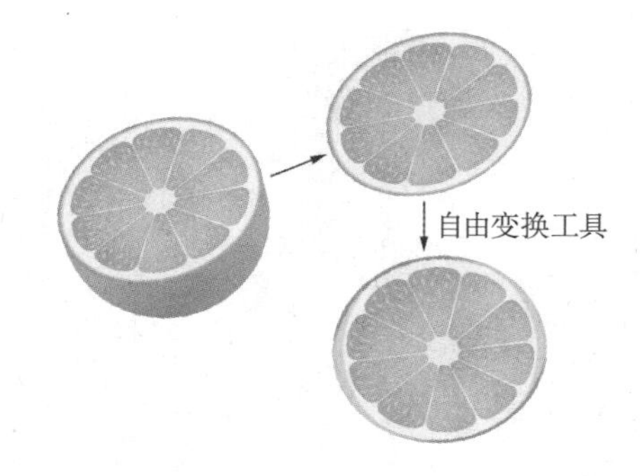

图 10-265　对黄柠檬图形进行变形与修整

图 10-266　将变形后的黄柠檬图形进行缩放和复制

21) 同理，再对“柠檬素材图 .ai”中的另一个青柠檬图形进行同样的变形处理，如图 10-267 所示。然后将变形后的柠檬图形移至背景中，进行缩放和复制后，将其放置在如图 10-268 所示的位置。

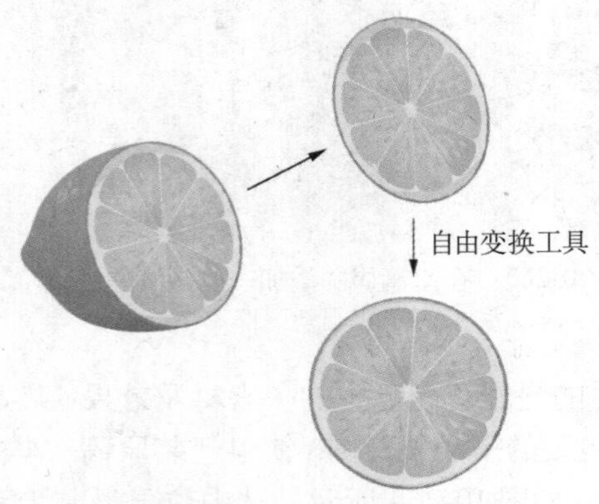


图 10-267　对青柠檬图形进行变形与修整

图 10-268　将变形后的青柠檬图形进行缩放和复制

22) 利用工具箱中的（椭圆工具），绘制一个如图 10-269 所示的椭圆形（在包装中心位置的白色大圆形下面，向左侧偏移一定距离）作为白色圆形的投影图形，并将它填充为墨绿色（颜色参考数值为：CMYK（80，50，100，30））。然后执行菜单中的“效果 | 模糊 | 高斯模糊”命令，在弹出的对话框中设置模糊“半径”为 20 像素，如图 10-270 所示，单击“确定”按钮，从而使投影边缘得到虚化的处理，如图 10-271 所示。

图 10-269　绘制一个向左侧偏移一定距离的墨绿色圆形

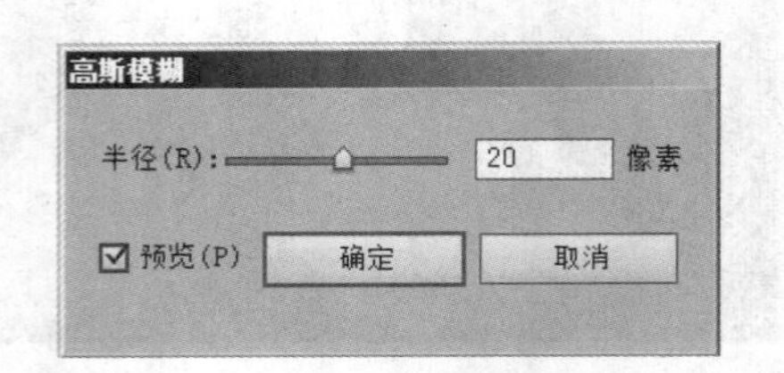


图 10-270　“高斯模糊”对话框

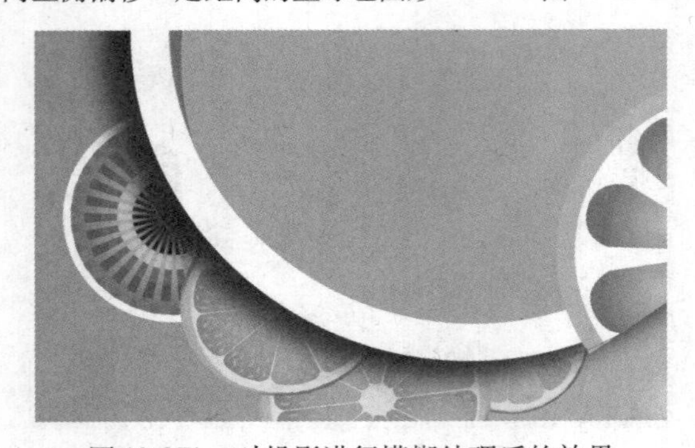

图 10-271　对投影进行模糊处理后的效果

提示：执行菜单中的“效果 | 风格化 | 投影”命令也可以直接生成投影，但对于偏移状态需要反复调整数值以取得理想效果。用户可尝试应用两种方法来制作投影。

23）调整投影的透明度。方法：按快捷键〈Shift+Ctrl+F10〉，打开“透明度”面板，然后将“不透明度”参数设置为 70%，如图 10-272 所示。此时投影形成半透明状态，缩小查看全图的效果，如图 10-273 所示。

图 10-272　在“透明度”面板中调节投影的不透明度

图 10-273　添加完半透明投影后的全图效果

24）包装的正面有非常醒目的标题文字，由于是夏季的饮料，所以应尽量采用轻松活泼的文字风格，并且应用不规则编排的方式。方法：选择工具箱中的 T（文字工具），分别输入文本“SOUR”和“LEMONADE”（分为两个独立的文本块输入）。并在“工具”选项栏中设置“字体”为 Plastictomato。由于要将本例的文字拆分为字母单元进行自由的编排，因此必须执行“文字 | 创建轮廓”命令，将文字转换为如图 10-274 所示的由锚点和路径组成的图形。

提示：Plastictomato 字体位于配套光盘中的“素材及效果 \ 第 11 章　综合实例演练 \11.6 制作柠檬饮料包装 \ 制作饮料包装的平面展开图 \ 饮料包装原稿”文件夹中，用户需将该字体复制，粘贴到 C:\Windows\Fonts 文件夹后，才可以在 Illustrator 中使用该字体。

25）利用（选择工具）选中标题文字“SOUR”，然后将它移动到包装的中心位置，并将文本填充颜色设置为深蓝色（参考颜色数值：CMYK（100，85，0，20））。接着利用工具箱中的（直接选择工具）逐个选择每个字母，再利用工具箱中的（自由变换工具）对每一个字母进行缩放和旋转，从而得到如图 10-275 所示的效果。

SOUR
LEMONADE

图 10-274　输入正面标题文字

图 10-275　对每一个字母进行缩放和旋转

26）利用“路径偏移”功能，在标题文字周围添加两圈不同颜色的描边。在描边之前，要先将分离的字母变成复合路径，这样才能统一向外扩边。方法：利用 （选择工具）选中文字，然后执行菜单中的“对象 | 复合路径 | 建立”命令，此时文字会自动生成复合路径。接着执行菜单中的“对象 | 路径 | 偏移路径”命令，在弹出的对话框中设置参数，如图 10-276 所示，单击“确定”按钮后，得到如图 10-277 所示的文字扩宽效果。接着将“填充”颜色更改为白色，将“描边”颜色设置为浅蓝色（参考颜色数值为：CMYK（50，0，0，20）），将描边“粗细”设置为 1pt，得到如图 10-278 所示的效果。

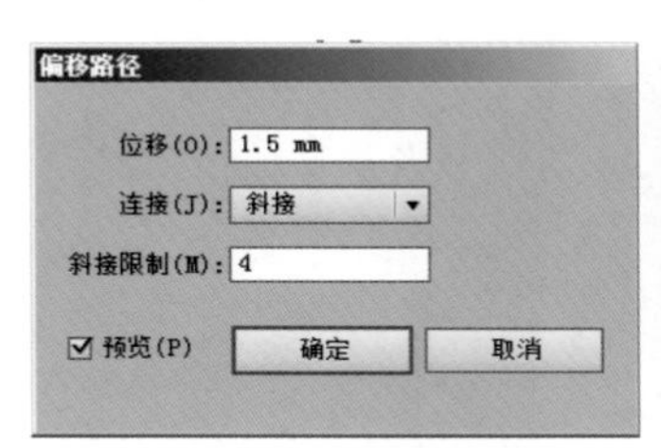

图 10-276 “偏移路径”对话框

图 10-277 进行“偏移路径”操作后文字向外扩宽

图 10-278 设置“填充”颜色为白色，“描边”颜色为浅蓝色

27）处理第二部分小标题文字“LEMONADE”。方法：先将文字移入主标题文字下，然后将其缩小并逆时针旋转一定角度，如图 10-279 所示。现在文字的编排过于整齐死板，与主标题文字风格不协调，下面利用工具箱中的 （直接选择工具）逐个选择每个字母，再利用工具箱中的 （自由变换工具）对每一个字母进行缩放和旋转，从而得到如图 10-280 所示的错落有致的效果。接着利用 （选择工具）选中文字，再执行菜单中的“对象 | 复合路径 | 建立”命令，此时文字会自动生成复合路径。

图 10-279 将文字“LEMONADE”缩小并逆时针旋转一定角度

图 10-280 对每一个字母进行缩放和旋转，得到错落有致的效果

28）在（已形成复合路径的）文字中填充如图 10-281 所示的“蓝色—浅蓝色”线性渐变（两种颜色的参考数值分别为：CMYK（190，90，20，0），CMYK（60，0，0，0））。然后执行菜单中的“对象 | 路径 | 偏移路径”命令，在文字外部扩充出一圈白色的边线。最后利用工具箱中的 （钢笔工具）在文字“SOUR”上绘制出一些小的闭合图形，作为趣味的高光，如图 10-282 所示。现在缩小全图，整体效果如图 10-283 所示。

图 10-281　在文字中填充“蓝色—浅蓝色”线性渐变

图 10-282　在文字外部扩充出一圈白色边线并作为趣味高光

图 10-283　缩小全图的整体效果

29）散点和星光图形都是设计中常用的点缀，可以应用“符号”功能来快速实现，“符号”是在文档中可重复使用的图形对象，使用符号可节省时间并显著减小文件大小，下面利用简单的“符号”来设置散点。方法：先绘制一个白色小正圆形（为了便于观看，暂时将背景设置为深色），然后将它直接拖动到“符号”面板中（按快捷键〈Shift+Ctrl+F11〉），打开“符号”面板，如图 10-284 所示，接着在弹出的“符号选项”对话框中为符号命名并选择“图形”选项，如图 10-285 所示，单击“确定”按钮，则圆点会自动保存为符号单元。最后选择工具箱中的 （符号喷枪工具）在图中反复拖动鼠标，此时符号喷枪就像一个粉雾喷枪，可一次将大量相同的圆点添加到页面上，从而得到如图 10-286 所示的许多随意散布的圆点图形。

提示：每次拖动鼠标喷涂出的符号都自动形成一个符号组，松开鼠标后再次喷涂就形成另一个符号组。

30）刚开始喷涂出的圆点都是大小相同的，下面利用 Illustrator 提供的一系列符号工具对其进行更进一步的细致调整。方法：利用 （选择工具）选中要调节的符号组，然后选择工具箱中的 （符号缩放器工具）在符号上单击或拖动符号图形（直接拖动鼠标为放大符号，按住〈Alt〉键拖动鼠标为缩小符号），如图 10-287 所示，即可将局部符号缩小一些，以形成一定的大小差异。

提示：按住〈Shift〉键单击或拖动，可以在缩放时保留符号实例的密度。

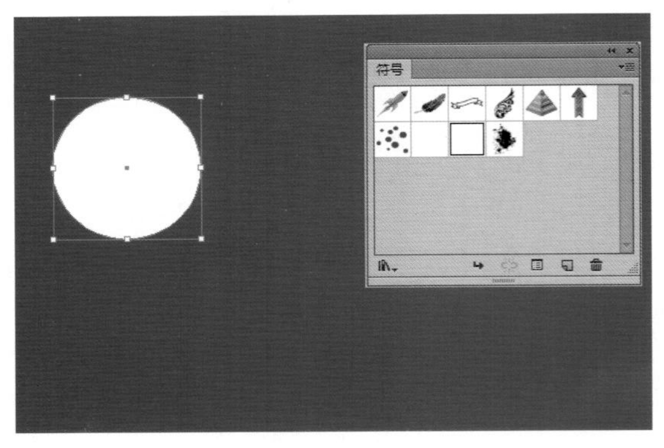


图 10-284　将绘制的白色小正圆形拖动到“符号”面板中

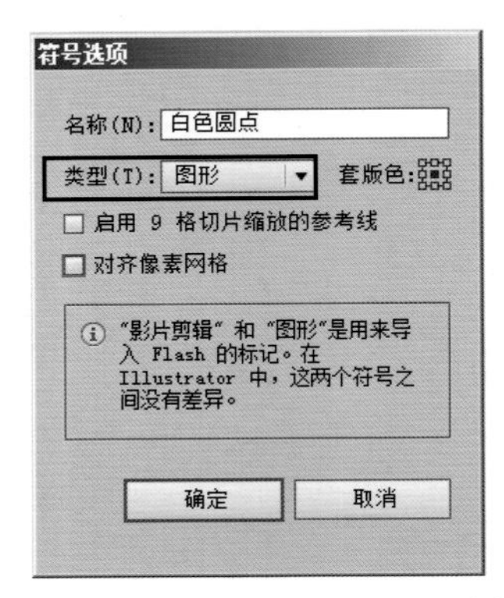


图 10-285　在“符号选项”对话框中为符号命名

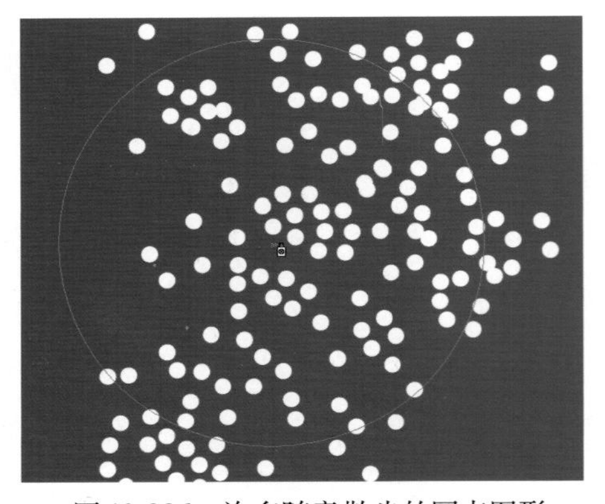

图 10-286　许多随意散步的圆点图形

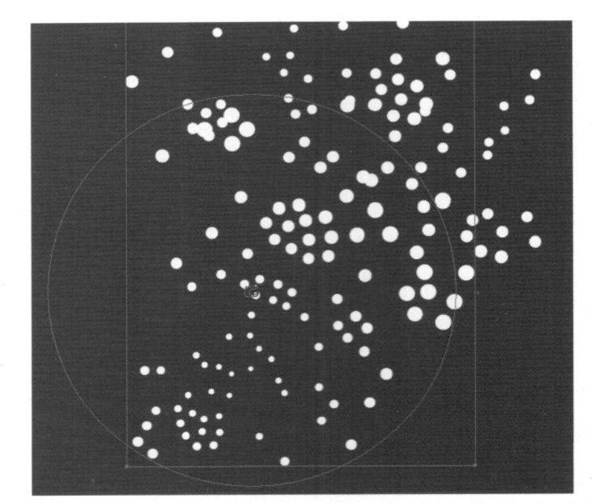

图 10-287　应用“符号缩放工具”形成一定的大小差异

31）接下来，选择工具箱中的（符号紧缩器工具）在符号上单击或拖动符号图形（直接拖动鼠标可使一定范围内的符号向中心汇聚，而按住〈Alt〉键拖动鼠标可使一定范围内的符号向四周扩散），使用该工具可以调节符号的疏密分布，效果如图 10-288 所示。最后选中调节完成后的散点，将它们移至包装背景图中如图 10-289 所示的位置。同理，在页面左下角位置也喷涂一些散点，如图 10-290 所示。

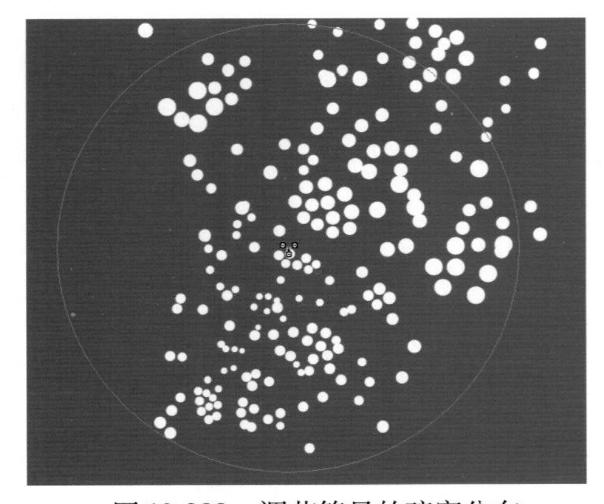

图 10-288　调节符号的疏密分布

图 10-289　将调节完成后的散点移至包装背景图中

提示：执行菜单中的“效果 | 风格化 | 投影”命令也可以直接生成投影，但对于偏移状态需要反复调整数值以取得理想效果。用户可尝试应用两种方法来制作投影。

23) 调整投影的透明度。方法：按快捷键〈Shift+Ctrl+F10〉，打开“透明度”面板，然后将“不透明度”参数设置为 70%，如图 10-272 所示。此时投影形成半透明状态，缩小查看全图的效果，如图 10-273 所示。

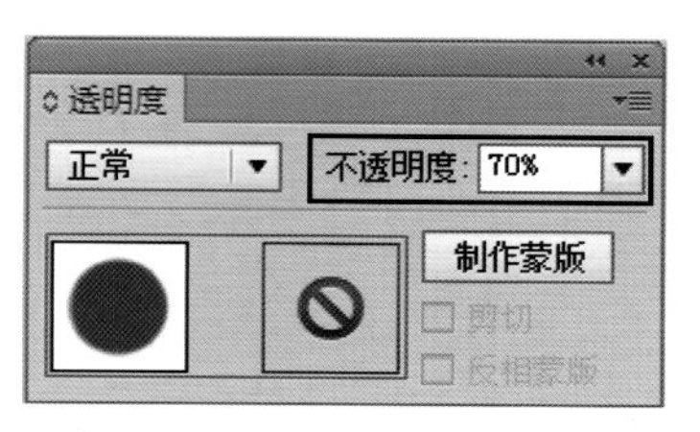


图 10-272　在“透明度”面板中调节投影的不透明度

图 10-273　添加完半透明投影后的全图效果

24) 包装的正面有非常醒目的标题文字，由于是夏季的饮料，所以应尽量采用轻松活泼的文字风格，并且应用不规则编排的方式。方法：选择工具箱中的 T（文字工具），分别输入文本“SOUR”和“LEMONADE”（分为两个独立的文本块输入）。并在“工具”选项栏中设置“字体”为 Plastictomato。由于要将本例的文字拆分为字母单元进行自由的编排，因此必须执行“文字 | 创建轮廓”命令，将文字转换为如图 10-274 所示的由锚点和路径组成的图形。

提示：Plastictomato 字体位于配套光盘中的“素材及效果 \ 第 11 章　综合实例演练 \11.6 制作柠檬饮料包装 \ 制作饮料包装的平面展开图 \ 饮料包装原稿”文件夹中，用户需将该字体复制，粘贴到 C:\Windows\Fonts 文件夹后，才可以在 Illustrator 中使用该字体。

25) 利用（选择工具）选中标题文字“SOUR”，然后将它移动到包装的中心位置，并将文本填充颜色设置为深蓝色（参考颜色数值：CMYK（100，85，0，20））。接着利用工具箱中的（直接选择工具）逐个选择每个字母，再利用工具箱中的（自由变换工具）对每一个字母进行缩放和旋转，从而得到如图 10-275 所示的效果。

SOUR
LEMONADE

图 10-274　输入正面标题文字

图 10-275　对每一个字母进行缩放和旋转

26）利用“路径偏移”功能，在标题文字周围添加两圈不同颜色的描边。在描边之前，要先将分离的字母变成复合路径，这样才能统一向外扩边。方法：利用 （选择工具）选中文字，然后执行菜单中的“对象 | 复合路径 | 建立”命令，此时文字会自动生成复合路径。接着执行菜单中的“对象 | 路径 | 偏移路径”命令，在弹出的对话框中设置参数，如图 10-276 所示，单击“确定”按钮后，得到如图 10-277 所示的文字扩宽效果。接着将“填充”颜色更改为白色，将“描边”颜色设置为浅蓝色（参考颜色数值为：CMYK（50，0，0，20）），将描边“粗细”设置为 1pt，得到如图 10-278 所示的效果。

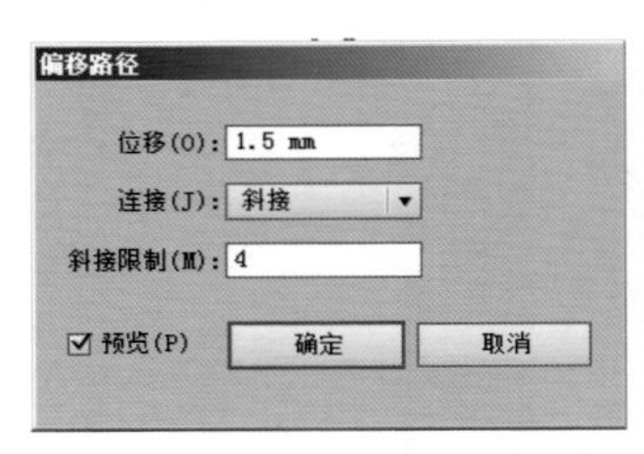

图 10-276 “偏移路径”对话框

图 10-277 进行“偏移路径”操作后文字向外扩宽

图 10-278 设置“填充”颜色为白色，“描边”颜色为浅蓝色

27）处理第二部分小标题文字“LEMONADE”。方法：先将文字移入主标题文字下，然后将其缩小并逆时针旋转一定角度，如图 10-279 所示。现在文字的编排过于整齐死板，与主标题文字风格不协调，下面利用工具箱中的 （直接选择工具）逐个选择每个字母，再利用工具箱中的 （自由变换工具）对每一个字母进行缩放和旋转，从而得到如图 10-280 所示的错落有致的效果。接着利用 （选择工具）选中文字，再执行菜单中的“对象 | 复合路径 | 建立”命令，此时文字会自动生成复合路径。

图 10-279 将文字“LEMONADE”缩小并逆时针旋转一定角度

图 10-280 对每一个字母进行缩放和旋转，得到错落有致的效果

28）在（已形成复合路径的）文字中填充如图 10-281 所示的“蓝色—浅蓝色”线性渐变（两种颜色的参考数值分别为：CMYK（190，90，20，0），CMYK（60，0，0，0））。然后执行菜单中的“对象 | 路径 | 偏移路径”命令，在文字外部扩充出一圈白色的边线。最后利用工具箱中的 （钢笔工具）在文字“SOUR”上绘制出一些小的闭合图形，作为趣味的高光，如图 10-282 所示。现在缩小全图，整体效果如图 10-283 所示。

图 10-302 将圆形复制到拉罐的中间位置

图 10-303 将标题文字粘贴过来

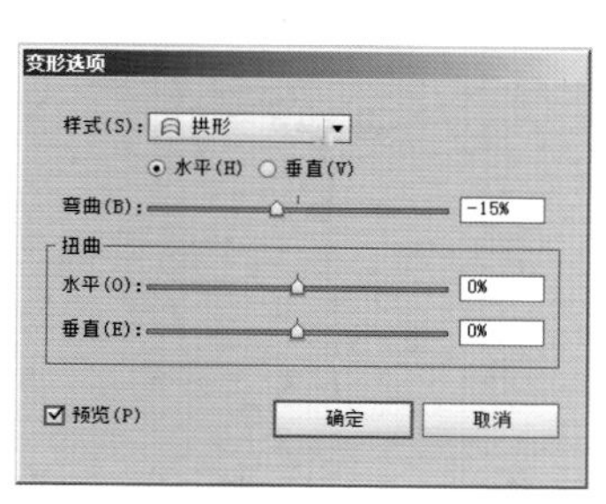


图 10-304 “变形选项”对话框

图 10-305 文字形成一定的弧形扭曲

10）再将太阳图形粘贴到拉罐上，然后采用同样的方法对其进行“拱形”变形，在“变形选项”对话框中设置参数，如图 10-306 所示，单击“确定”按钮，从而使图形发生向右侧卷曲的曲面变形，效果如图 10-307 所示。

图 10-306 “变形选项”对话框

图 10-307 图形发生向右侧卷曲的曲面变形

11）继续置入其他设计元素，然后将它们摆放在拉罐上相应的位置，如图 10-308 所示。

12）对置入的元素逐个进行变形处理。方法：选中右下角的橙子图形，然后执行菜单中的“对象 | 封套扭曲 | 用网格建立”命令，在弹出的对话框中设置网格的行数和列数，如图 10-309 所示，单击“确定”按钮，此时太阳图形上出现了封套网格。接着利用工具箱中的 （直接选择工具）或 （网格工具）拖动封套网格上的任意锚点，此时封套内的图形相应地发生了扭曲变形，如图 10-310 所示。

提示：除图表、参考线或链接对象以外，可以在任何对象上使用封套。

13）接下来处理溅出的水滴图形，由于它们只是简单的分离路径，只需要将超出罐子视角的部分裁掉，再稍微调整一下边缘形状即可。方法：利用 （选择工具）选中靠近边缘的水滴，然后利用工具箱中的 （刻刀工具），按住〈Alt〉键以直线的方式将其裁断，如图 10-311 所示。在裁完之后，按快捷键〈Shift+Ctrl+A〉取消选择，再利用工具箱中的 （直接选择工具）选中位于拉罐外的水滴部分，按〈Delete〉键将其删除，效果如图 10-312 所示。

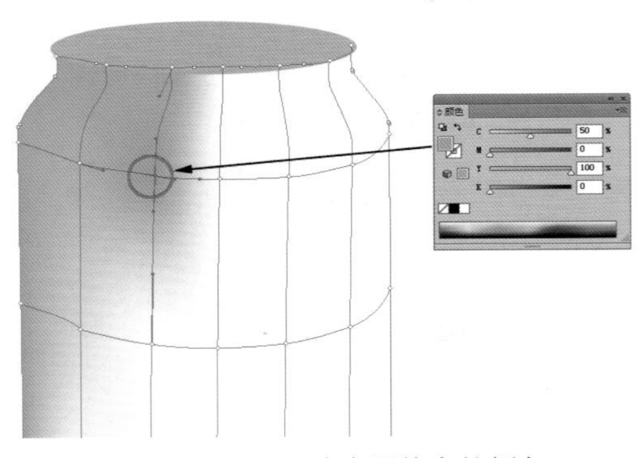

图 10-298　改变网格点的颜色

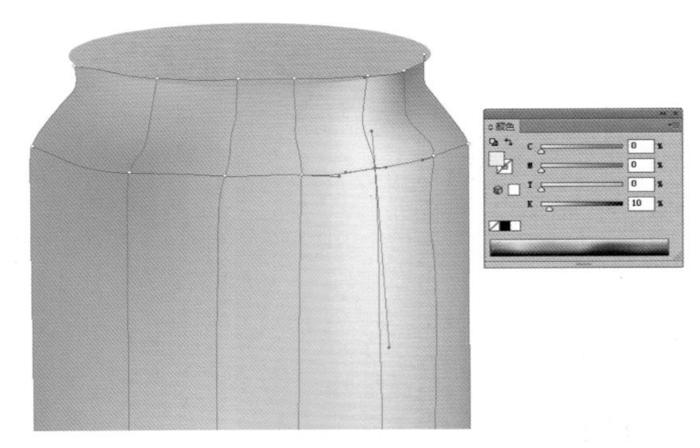

图 10-299　在拉罐右上部分要注意形成颜色的对比

6）为了顺应拉罐底部向内收缩的形状，需要利用工具箱中的（直接选择工具）或（网格工具）将第 2 行和第 3 行网格线向下移动，另外，靠近侧面与底部的颜色要稍微深一些，这样有助于形成柱体的立体膨胀感觉，效果如图 10-300 所示。

7）继续进行网格的调节和上色，由于金属材质反光区域对比度较大，受光线影响显著，但同时又要保持包装的主体颜色——橙色与绿色的变化，请参照图 10-301 所示效果，尽量应用恰当的网格控制颜色的分布，从而形成拉罐柱体的立体感和光影变化。

图 10-300　靠近底部的颜色要稍微深一些

图 10-301　应用网格控制颜色的分布，形成拉罐柱体的立体感和光影变化

8）现在，从刚才制作完成的“饮料包装平面图 .ai”中逐步将图形与文字元素复制过来，之所以不使用全部成组进行一次复制，而采用分局部进行粘贴的方式，是考虑到拉罐柱体的三维形态（某些图形在正面视角看不到）和曲面的微妙变形，还有虽然设计元素相同，但编排方式上稍有差异。下面先将两个大的圆形复制到拉罐的中间位置，如图 10-302 所示，然后将标题文字粘贴过来，并稍微放大一些置于如图 10-303 所示的位置。

9）对文字进行曲面变形。方法：选中标题文字，然后执行菜单中的“对象 | 封套扭曲 | 用变形建立”命令，在弹出的对话框中设置变形“样式”为拱形，“弯曲”为 –15%（负的数值表示向下方弯曲），如图 10-304 所示。单击“确定”按钮，此时文字形成了一定的弧形扭曲，效果如图 10-305 所示。

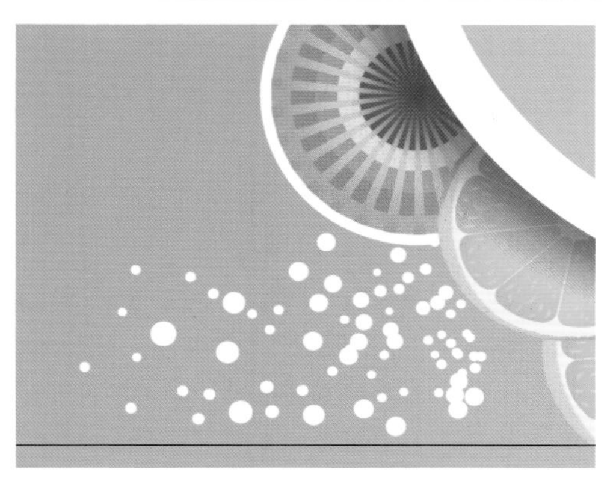

图 10-290　在页面左下角位置也喷涂一些散点

32）制作一个简单的星星图形，用于点缀在柠檬片和散点之中。方法：选择工具箱中的 ⬡（多边形工具）在页面上单击，在弹出的对话框中设置参数，如图 10-291 所示，单击“确定”按钮，绘制出一个白色正五边形。然后执行菜单中的“效果 | 扭曲和变换 | 收缩和膨胀”命令，在弹出的对话框中设置参数，如图 10-292 所示（负的数值可使图形边缘向内弯曲收缩），单击“确定”按钮，得到一个简单的具有弧形边缘的星形。接着将它复制多份并移动到图中不同的位置，以形成闪光效果，如图 10-293 所示。

33）至此，饮料包装的平面展开图制作完成，最终效果如图 10-294 所示。

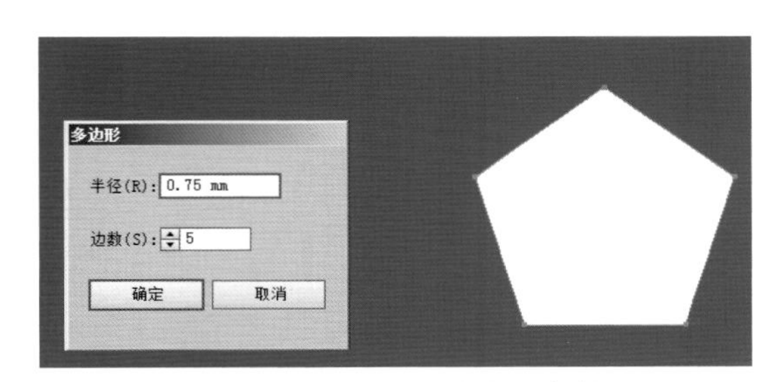


图 10-291　设置多边形参数

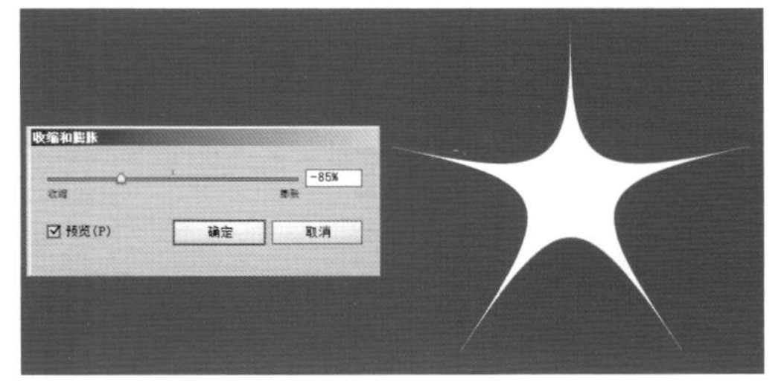


图 10-292　设置“收缩和膨胀”参数

图 10-293　将星形移动到不同位置以形成闪光效果

图 10-294　饮料包装的平面展开图

## 2. 制作金属拉罐包装的立体展示效果图

1）执行菜单中的“文件 | 新建”命令，新建一个名称为“饮料拉罐 .ai”的文件，并设置文档宽度与高度均为 200mm。

2）利用工具箱中的（椭圆工具）和（钢笔工具）绘制出拉罐的大致外形轮廓，如图 10-295 所示。

3）由于饮料拉罐的材质为金属，在制作时要注意保持金属表面所特有的反光效果。该效果可以利用 Illustrator 的强大功能——“渐变网格”来实现。Illustrator 中的“渐变网格”是一种多色对象，其上的颜色可以沿不同方向顺畅分布，且从一点平滑过渡到另一点。下面先来设置基本网格。方法：利用工具箱中的（选择工具）选中拉罐主体图形，然后执行菜单中的“对象 | 创建渐变网格”命令，在弹出的对话框中设置行数和列数，如图 10-296 所示（行数和列数的多少要根据图形上颜色变化的复杂程度来设定，由于本例的饮料拉罐外形简单，表面颜色变化不太复杂，因此设置为 4 行 6 列），单击“确定”按钮，此时系统会在图形内部自动建立均匀的纵横交错的网格，如图 10-297 所示。

图 10-295　绘制拉罐外形轮廓

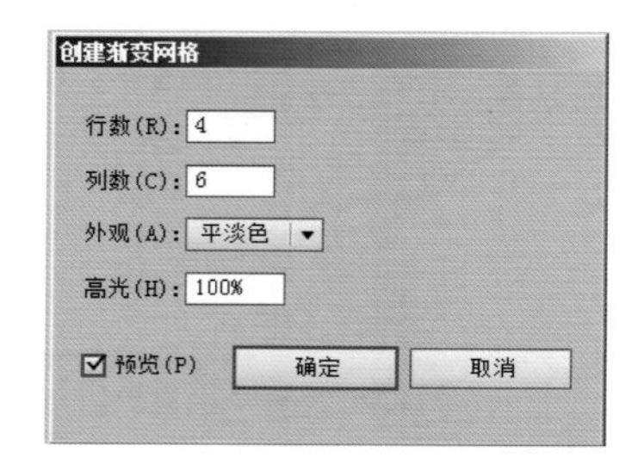


图 10-296　创建 4 行 6 列渐变网格

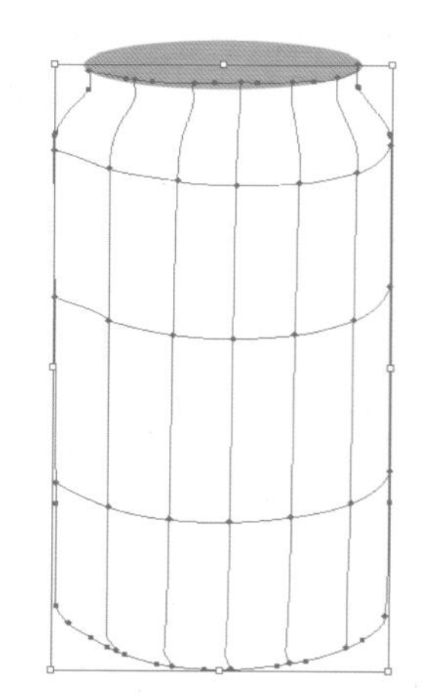

图 10-297　图形内部自动建立均匀的纵横交错的网格

4）在创建网格对象时，将会有多条线（称为网格线）交叉穿过对象，在两条网格线相交处有一种特殊的锚点，称为网格点。下面针对网格点进行编辑和上色。方法：利用工具箱中的（直接选择工具）或（网格工具）选中网格点或网格单元，然后在“颜色”面板中直接选取颜色，如图 10-298 所示。渐变网格的颜色是依照网格路径的形状而分布的，只要移动和修改路径即可改变渐变的颜色分布。

5）利用渐变网格原理将拉罐左侧面边缘部分设为绿色，以形成初步的光影效果。网格点具有锚点的所有属性，只是增加了接受颜色的功能。可以在上色的过程中灵活地添加和删除网格点、编辑网格点和网格线的形状，处理后的效果如图 10-299 所示。注意在拉罐的右上部分要形成颜色的对比。

提示：拉罐柱体上的金属反光是沿着柱身纵向出现的，因此要将右起第3列网格的颜色设置为浅黄色。

图 10-308　将其他设计元素摆放在拉罐上相应的位置

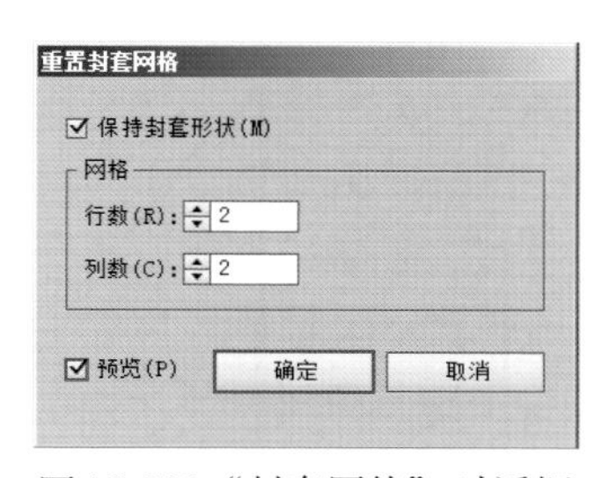


图 10-309“封套网格”对话框

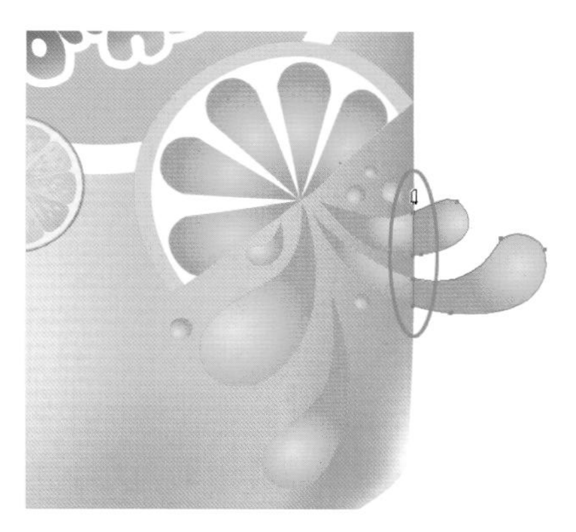

图 10-310　拖动封套网格上的锚点，图形相应地发生扭曲变形

图 10-311　利用刻刀工具将水滴图形裁断

图 10-312　将位于拉罐外的水滴部分删除

14）同理，参照图 10-313 和图 10-314 所示处理拉罐上其他部分图形的变形和裁切，注意要给白色大圆形添加向左侧的投影（或者将原来制作的投影图形复制过来）。

图 10-313　裁切与变形柠檬片，并添加投影

图 10-314　图形基本添加完成后的拉罐效果

15）由于拉罐体上的渐变网格与粘贴图形上的光影关系并不统一，下面要在拉罐的表面上强调金属高光与阴影，这需要在最上层添加半透明图形来实现。方法：按快捷键〈F7〉，打开“图层”面板，在其中单击“创建新图层”按钮，新建“图层 2”，然后利用工具箱中的 （钢笔工具）绘制出罐体右上部的高光图形，并填充为白色，如图 10-315 所示。注意高光的形状要沿拉罐表面的起伏呈现出曲线变化。接着执行菜单中的“效果｜模糊｜高斯模糊”命令，在弹出的对话框中设置模糊“半径”，如图 10-316 所示，单击“确定”按钮，此时高光图形边缘变得虚化。最后按快捷键〈Shift+Ctrl+F10〉打开“透明度”面板，在其中将“不透明度”参数设为 85%，如图 10-317 所示，从而使高光图形变为半透明状，效果如图 10-318 所示。

16）由于罐体上的高光不止一处，下面应用同样的方法，再绘制出几处高光，从而增强拉罐的立体凸起感，得到如图 10-319 所示的效果。

图 10-315 绘制高光图形并填充为白色

图 10-316 对高光图形边缘进行高斯模糊

图 10-317 降低高光部分的“不透明度”

图 10-318 处理完成后的右侧高光

图 10-319 添加高光后拉罐的立体凸起感增强

17）明暗关系是构建形体结构与空间感的重要因素，此时拉罐虽然有了高光，但整体还显得扁平，体积感仍然不够强，这是因为还没有制作背光部分的阴影。下面就来制作背光部分的阴影。方法：利用工具箱中的 （钢笔工具）绘制出罐体左侧的阴影图形（假设光是从右侧照射而来），然后填充如图 10-320 所示的黑白线性渐变。接着按快捷键〈Shift+Ctrl+F10〉，打开“透明度”面板，在其中将“不透明度”参数设为 65%（或更低一些），将“混合模式”更改为“正片叠底”，此时罐体左侧形成了半透明状的阴影，使拉罐的金属感和体积感得到增强，效果如图 10-321 所示。

提示：高光与阴影都位于“图层2”中。

图 10-320　绘制罐体左侧阴影图形，然后填充黑白渐变

图 10-321　调节“不透明度”参数形成半透明状阴影

18）制作拉罐左下角的一行沿曲线排列的文字。方法：在“图层”面板上选中“图层 1”，然后利用工具箱中的 （钢笔工具）绘制出如图 10-322 所示的曲线路径，再利用工具箱中的 （路径文字工具）在路径左端单击插入光标，接着输入文本“GREAT LEMON TASTE”（或者先单独输入文本再复制粘贴到路径上），此时文字沿曲线路径进行排列，如图 10-323 所示。

图 10-322　绘制出曲线路径并输入文字

图 10-323　文字沿曲线路径进行排列

19）此时文字的边缘与拉罐的柱体并不贴切，这主要是由于文字角度造成的。下面选中

文字，然后执行菜单中的“文字 | 路径文字 | 倾斜效果”命令，调整文字的排列与罐体方向一致，效果如图 10-324 所示。

20）处理拉罐顶部的金属盖。这是一个略微向内凹陷的金属面，下面先在“图层”面板中单击“创建新图层”按钮，新建“图层 3”，然后利用 （钢笔工具）绘制一个向下弯曲的金属边，并在其中填充不同深浅灰色的多色线性渐变，如图 10-325 所示。

图 10-324　使文字倾斜角度与罐体方向一致

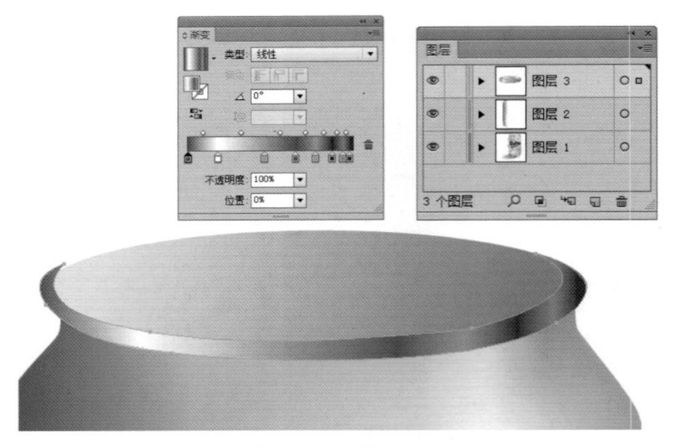

图 10-325　绘制一个向下弯曲的金属边并填充为灰色渐变

21）为了丰富拉罐边缘的细节和增强金属感，下面再添加一圈细细的金属边。这种很窄的弧形利用 （钢笔工具）绘制有一定的困难，在此采用描边转换为图形的方法来完成。方法：利用工具箱中的 （椭圆工具）在刚才绘制的渐变图形上绘制一个椭圆形（“填充”色为无，“描边”色暂时为黑色，描边“粗细”为 2pt），如图 10-326 所示。然后执行菜单中的“对象 | 路径 | 轮廓化描边”命令，此时黑色边线自动转换为闭合路径，如图 10-327 所示。

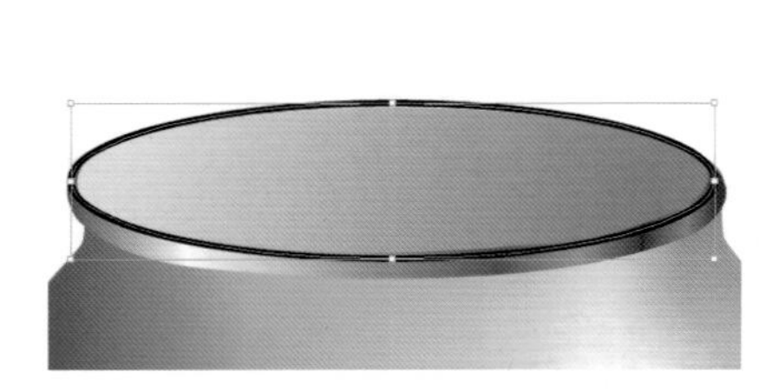

图 10-326　绘制一个椭圆形边框

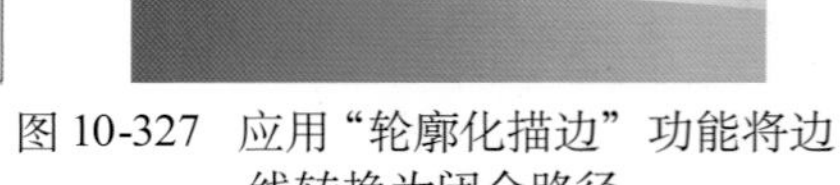
图 10-327　应用“轮廓化描边”功能将边线转换为闭合路径

22）参照图 10-328，在这圈很窄的圆环状闭合路径内填充不同深浅灰色的多色线性渐变。

提示：循环排列的灰色渐变很容易形成微妙的金属反光，该方法经常用来制作银色的金属边或金属面。

23）填充完成后观察一下，会发现上半部分和下半部分填充的渐变颜色是完全对称的，这样会显得有些机械，下面通过将其裁成上下两半，并分别填充不同的渐变色来解决这个问题。方法：先利用 （选择工具）选中圆环状闭合路径，然后利用工具箱中的 （刻刀工具）并按住〈Alt〉键将它水平裁断。接着按快捷键〈Shift+Ctrl+A〉取消选择，再利用工具箱中的（直接选择工具）选中下半部分圆环，并修改它的左侧边缘形状，如图 10-329 所示。

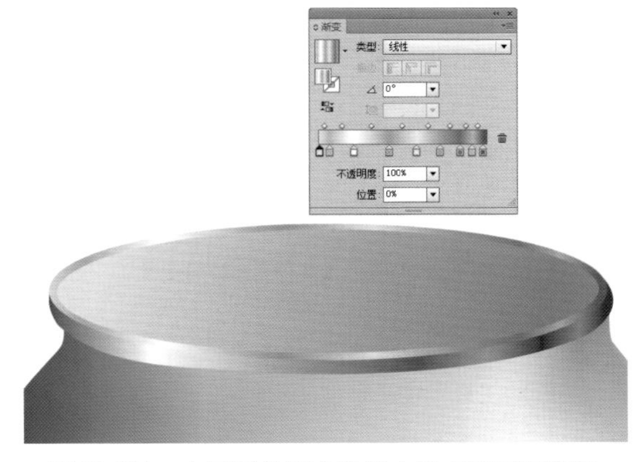


图 10-328　在圆环状闭合路径内填充不同深浅灰色的多色线性渐变

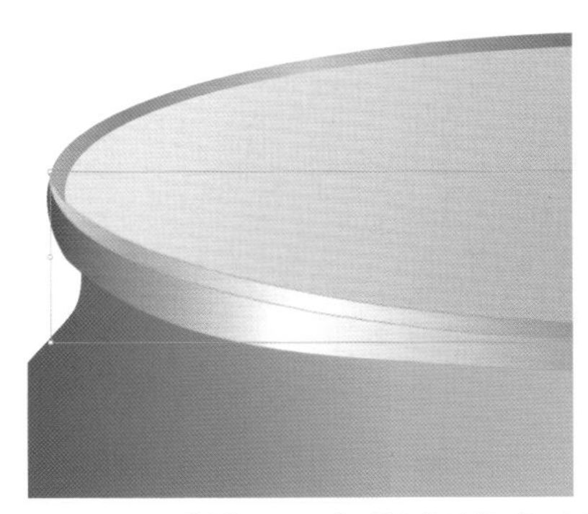

图 10-329　用“刻刀工具”将圆环裁成两半

24）参照图 10-330，利用工具箱中的（直接选择工具）选中上半部分圆环，改变它的渐变填充，使上半部分圆环的渐变色配置与下半部分圆环有所区别。然后利用（钢笔工具）绘制出一些小的曲线图形，并参照图 10-331 将它们填充为渐变或单色，从而构成拉罐顶部开口处金属拉手的形状。至此，拉罐顶部金属盖制作完成。

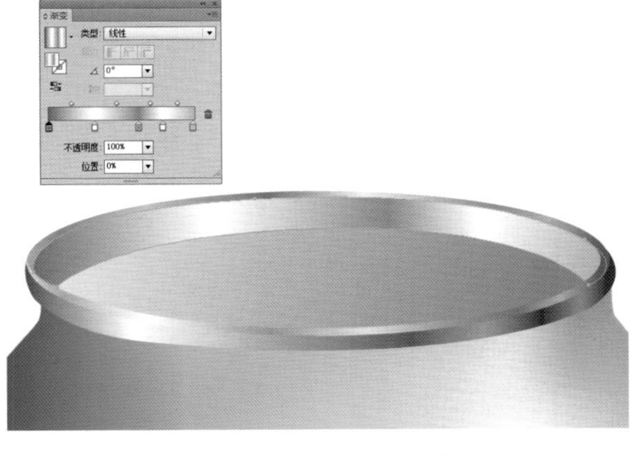


图 10-330　改变上半部分的渐变色颜色配置

图 10-331　绘制拉罐顶部开口处金属拉手的形状

25）底部的金属边与顶部相比要简单，下面参照图 10-332 所示制作拉罐底部的金属边缘，可以在绘制出图形后填充灰色渐变，也可以通过添加渐变网格来进行调整。

26）最后，制作地面的投影并进行其他一些细节的修饰工作，先来制作地面上的投影。方法：利用工具箱中的（钢笔工具）绘制出投影的形状（在“图层 1”中），然后填充为“深灰—浅灰”的线性渐变，如图 10-333 所示。接着执行菜单中的“效果 | 模糊 | 高斯模糊”命令，在弹出的对话框中设置模糊“半径”，如图 10-334 所示（这是外圈的扩散范围较大的虚影，模糊“半径”可以设置得大一些），单击“确定”按钮，此时图形边缘变得虚化而隐入白色背景之中，如图 10-335 所示。

图 10-332　制作拉罐底部的金属边缘

图 10-333　绘制出投影的形状然后填充为“深灰—浅灰”的线性渐变

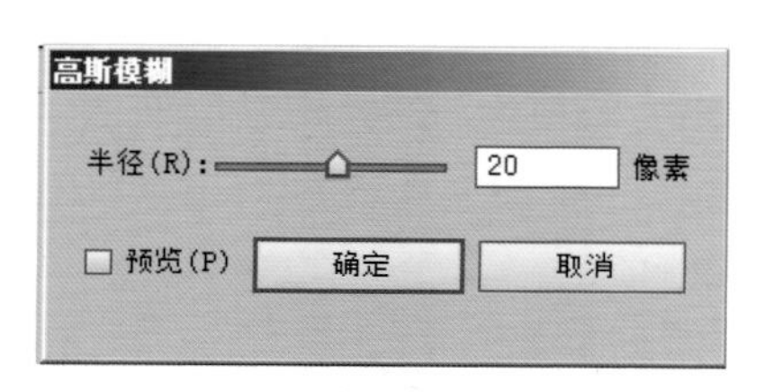


图 10-334　设置“高斯模糊”参数

图 10-335　图形边缘变得虚化而隐入白色背景中

27) 同理，绘制出内圈的阴影，并填充为深一些的灰色。然后执行菜单中的“效果｜模糊｜高斯模糊”命令，将模糊“半径”数值设置得小一些（20 像素左右），效果如图 10-336 所示。

图 10-336　制作内圈的阴影

28) 处理细节。细节的修饰很重要，这往往是最后一步需要细心完成的工作，例如处理拉罐顶部金属边下很窄的投影，如图 10-337 所示。制作思路是先绘制弧形的投影形状，然后填充“深灰色—白色”的渐变色，接下来在“透明度”面板中将“不透明度”参数设置为 60%，将“混合模式”更改为“正片叠底”，如果投影边缘有些生硬，还可以执行一次“高斯模糊”命令。至此，饮料金属拉罐的立体展示效果图已制作完成，最终效果如图 10-338 所示。通过这个案例，读者可以体会到金属材质的特殊光影变化与物体体积感的表现思路，由此可以举一反三，制作出在各种不同背景环境与光线条件下的立体展示效果。

图 10-337　制作拉罐顶部金属边下很窄的投影

图 10-338　最终完成的拉罐效果图

## 10.5　练习

（1）制作卡通形象设计，如图 10-339 所示。参数设置可参考配套光盘中的“课后练习 \ 第 10 章 \ 卡通形象设计 .ai”文件。

（2）制作人物插画效果，如图 10-340 所示。参数设置可参考配套光盘中的“课后练习 \ 第 10 章 \ 人物插画 \ 人物插画 .ai”文件。

图 10-339　卡通形象设计

图 10-340　人物插画效果

# 精品教材推荐目录

| 序号 | 书号 | 书名 | 作者 | 定价 | 配套资源 |
|---|---|---|---|---|---|
| 1 | 978-7-111-39525-6 | 多媒体技术应用教程(第 7 版)<br>——“十二五”本科国家级规划教材 | 赵子江 | 39.00 | 配光盘、电子教案、素材 |
| 2 | 978-7-111-42032-3 | Photoshop CS6 中文版基础与实例教程(第 6 版)<br>——北京高等教育精品教材 | 张　凡 | 45.00 | 配光盘、素材、电子教案、教学视频 |
| 3 | 978-7-111-35877-0 | Photoshop CS5 中文版实用教程(第 5 版) | 张　凡 | 46.00 | 配光盘、素材、电子教案、教学视频 |
| 4 | 978-7-111-41370-7 | Flash CS6 中文版基础与实例教程(第 5 版)<br>——北京高等教育精品教材 | 张　凡 | 46.00 | 配光盘、素材、电子教案、教学视频 |
| 5 | 978-7-111-37095-6 | Flash CS5 中文版实用教程 | 张　凡 | 38.00 | 配光盘、素材、电子教案、教学视频 |
| 6 | 978-7-111-38660-5 | 3ds max 2012 中文版基础与实例教程(第 5 版)<br>——北京高等教育精品教材 | 张　凡 | 45.00 | 配光盘、素材、电子教案、教学视频 |
| 7 | 978-7-111-36157-2 | Premiere Pro CS4 中文版基础与实例教程(第 2 版) | 张　凡 | 45.00 | 配光盘、素材、电子教案、教学视频 |
| 8 | 978-7-111-31834-7 | After Effects CS4 中文版基础与实例教程(第 3 版) | 张　凡 | 47.00 | 配光盘、素材、电子教案、教学视频 |
| 9 | 978-7-111-45901-9 | Illustrator CS6 中文版基础与实例教程(第 4 版) | 张　凡 | 45.00 | 配光盘、素材、电子教案、教学视频 |
| 10 | 978-7-111-26617-4 | CorelDraw X4 中文版基础与实例教程 | 张　凡 | 45.00 | 配光盘、素材、电子教案、教学视频 |
| 11 | 978-7-111-30208-7 | Dreamwerver CS3 中文版基础与实例教程(第 2 版) | 张　凡 | 39.00 | 配光盘、素材、电子教案、教学视频 |
| 12 | 978-7-111-43256-2 | Flash 动画设计(第 3 版) | 张　凡 | 39.90 | 配光盘、素材、电子教案、教学视频 |
| 13 | 978-7-111-45655-1 | 3ds max+Photoshop 游戏场景设计(第 4 版) | 张　凡 | 55.00 | 配光盘、素材、电子教案、教学视频 |
| 14 | 978-7-111-42406-2 | 3ds max+Photoshop 游戏角色设计(第 2 版) | 张　凡 | 55.00 | 配光盘、素材、电子教案、教学视频 |
| 15 | 978-7-111-44863-1 | 3ds max 游戏动画设计(第 2 版) | 张　凡 | 49.00 | 配光盘、素材、电子教案、教学视频 |
| 16 | 978-7-111-31718-0 | Maya+Photoshop 游戏角色设计 | 张　凡 | 56.00 | 配光盘、素材、电子教案、教学视频 |
| 17 | 978-7-111-31477-6 | Maya+Photoshop 游戏场景设计 | 张　凡 | 62.00 | 配光盘、素材、电子教案、教学视频 |
| 18 | 978-7-111-44863-1 | 3ds max 游戏动画设计(第 2 版) | 张　凡 | 49.00 | 配光盘、素材、电子教案、教学视频 |
| 19 | 978-7-111-37531-9 | 分镜头设计 | 张　凡 | 62.00 | 配光盘、视频文件 |
| 20 | 978-7-111-41956-3 | 动画角色设计 | 李喜龙 | 22.00 | |
| 21 | 978-7-111-09435-7 | 多媒体技术应用教程(第 6 版)<br>——“十二五”本科国家级规划教材 | 赵子江 | 35.00 | 配光盘、电子教案、素材 |
| 22 | 978-7-111-26505-4 | 多媒体技术基础(第 2 版)<br>——北京高等教育精品教材 | 赵子江 | 36.00 | 配光盘、电子教案、素材 |
| 23 | 978-7-111-24805-7 | 数字媒体应用教程<br>——北京高等教育精品教材 | 刘惠芬 | 39.00 | 配光盘 |
| 24 | 978-7-111-37081-9 | 产品设计——数码平面表现 | 张　捷 | 47.00 | 配光盘、电子教案 |